आर्थिक विकास
एवं
प्राकृतिक संसाधन

आर्थिक विकास
एवं
प्राकृतिक संसाधन

अनुराग शर्मा

इशिका पब्लिशिंग हाउस

जयपुर दिल्ली

इशिका पब्लिशिंग हाउस
ए –25, ''गणेश सदन'', गली न. 4, आदर्श बस्ती,
बी.एल. हाउस के पास, टोंक फाटक,
जयपुर–302018 (राजस्थान) भारत
फोन : 0141-2761280, Mob. 9887532741
Email: ishikapublishinghouse@yahoo.in

दिल्ली कार्यालय : 102, प्रथम मंजिल, 'सत्यम हाउस'
4324/3, अंसारी रोड़, दरियागंज, नई दिल्ली – 110 002
फोन : 011–45652440

ISBN: 9788189471057

Price: ₹ 1750.00

टाइपसेटिंग : बी.एस. कम्प्यूटर्स, जयपुर

मुद्रक : थॉमसन प्रेस, नई दिल्ली

भूमिका

भारतीय अर्थव्यवस्था ने विकास, आधुनिकीकरण, आत्मनिर्भरता व सामाजिक न्याय की दिशा में कदम बढ़ाये हैं। यह विकासशील देशों में सबसे अधिक विकसित अर्थव्यवस्था मानी जाने लगी है। देश में इंजीनियरों, प्रबन्धकों व उद्यमकर्त्ताओं के नये दल तैयार हुए हैं। कृषि व उद्योग को उधार देने के लिए नये वित्त व विकास निगमों की स्थापना की गई है एवं देश का विदेशी व्यापार (आयात व निर्यात) बढ़े हैं। इस प्रकार अर्थव्यवस्था के विभिन्न क्षेत्रों में हुए परिवर्तनों को देखते हुए यह कहा जा सकता है कि भारत एक पिछड़ा हुआ व अल्पविकसित देश होते हुए भी एक विकासशील देश है। जुलाई, 1991 से आर्थिक सुधारों के फलस्वरूप विदेशी विनिमय कोष 1 अरब डालर से बढ़कर 13 जुलाई, 2001 को 40.8 अरब डालर हो गया है। इसका उचित उपयोग किया जाना आवश्यक है। भारत में उदारीकरण को बढ़ावा दिया जा रहा है। भारत विकास का मध्यम मार्ग अपनाकर आगे बढ़ रहा है। आर्थिक उदारीकरण की नीति के तहत निजी क्षेत्र को बढ़ावा दिया जा रहा है। बाजार-संयंत्र का अधिक उपयोग किया जा रहा है तथा देश की अर्थव्यवस्था को विश्व की अर्थव्यवस्था से जोड़ने का प्रयास चल रहा है।

भारतीय अर्थव्यवस्था की उपर्युक्त विशेषताओं के कारण इसे एक विकासशील अर्थव्यवस्था कहा जा सकता है। अक्सर कहा जाता है कि भारत एक धनी देश है, लेकिन भारतवासी निर्धन हैं। इसका अभिप्राय यह है कि प्रकृति ने भारत को अपने उपहार उदारतापूर्वक प्रदान किये हैं, लेकिन उनका ठीक से विदोहन, उपयोग व संरक्षण न कर सकने के कारण देश आर्थिक दृष्टि से निर्धन रह गया है। इस प्रकार भारत में प्राकृतिक सम्पन्नता के बीच निर्धनता व्याप्त है। राष्ट्रीय आय की वृद्धि भारत की विकासशील अर्थव्यवस्था की क्षमता की सूचक है। योजनाकाल में राष्ट्रीय आय में (1980-81 के मूल्यों पर) प्रथम योजना में 3.6 प्रतिशत की वृद्धि हुई थी, जो आठवीं योजना में 6.7 प्रतिशत हो गई। योजनाकाल में पहले की तुलना में तीव्र गति से आर्थिक विकास हुआ है। राष्ट्रीय आय (स्थिर मूल्यों पर) 1999-2000 में 1950-51 की तुलना में 7.64 गुनी तथा प्रति व्यक्ति आय इसी अवधि में 2.77 गुनी हो गई है। 1999-2000 में स्थिर भावों पर राष्ट्रीय आय लगभग 10,112 अरब रुपये व प्रति व्यक्ति आय 10,204 रुपये रही।

लेखक

अनुक्रमणिका

1

भारत में आर्थिक विकास

एक विकासशील अर्थव्यवस्था के रूप में भारतीय अर्थव्यवस्था की प्रमुख विशेषताएँ इस प्रकार हैं—

1. आर्थिक सुधारों के कार्यक्रम—जुलाई, 1991 से भारत में आर्थिक सुधारों के कार्यक्रमों को अपनाया गया है जिसके अन्तर्गत आर्थिक उदारीकरण का मार्ग अपनाया गया है। सरकार निजीकरण, बाजारीकरण व अन्तर्राष्ट्रीयकरण पर बल देने लगी है। औद्योगिक क्षेत्र, विदेशी व्यापार क्षेत्र, राजकोषीय क्षेत्र, वित्तीय व बैंकिंग क्षेत्र में उदार नीतियाँ अपनायी जाने लगी हैं। प्रतिस्पर्धा व कार्यकुशलता बढ़ाने पर बल दिया जा रहा है।

2. कृषिगत उत्पादन में वृद्धि—कृषिगत उत्पादन में वृद्धि भी भारत की विकासशील अर्थव्यवस्था का सूचक है। योजनाकाल के प्रथम तीन दशकों में कृषिगत उत्पादन 2.7% वार्षिक दर से बढ़ा तथा यह लगभग दुगुना हो गया। खाद्यान्नों का उत्पादन 1950-51 में 5.1 करोड़ टन से बढ़कर 1999-2000 में 20.9 करोड़ टन हो गया है। भारत खाद्यान्नों में आत्मनिर्भरता के स्तर तक जा पहुँचा है, हालांकि सूखे

व अकाल के वर्षों में खाद्यान्नों का आयात करना पड़ता है ताकि इनकी कमी न रहे। योजनाकाल में कपास का उत्पादन चार गुना, जूट व मेस्टा का तिगुना व गन्ने का 4.5 गुना हो गया है।

3. कृषि का आधुनिकीकरण—भारतीय कृषि अब परम्परागत स्तर से हटकर व्यावसायिक कृषि की ओर मुड़ी है। किसान अब बाजार के लिए फसलें उगाने लगे हैं। हरित क्रान्ति की शुरुआत से कृषि में एक बड़ा परिवर्तन आया है। अधिक उपज देने वाली किस्मों के उपयोग, सिंचाई का विस्तार, साख की मात्रा में वृद्धि, यन्त्रीकरण, कीटनाशक दवाइयों के उपयोग व रासायनिक उर्वरकों के बढ़ते उपभोग ने कृषि की काया पलट कर दी है। सिंचित क्षेत्र 1950-51 में 2.5 करोड़ हैक्टेयर से बढ़कर 1999-2000 में 8.47 करोड़ हैक्टेयर तक जा पहुँचा है। प्रति हैक्टेयर उत्पादन में वृद्धि हुई है। भविष्य में देश के पूर्वी भागों व सूखे क्षेत्रों में कृषि की पैदावार बढ़ाने के प्रयास चल रहे हैं। देश द्वितीय हरित क्रान्ति के दौर में प्रवेश कर रहा है।

4. राष्ट्रीय आय में वृद्धि—गत वर्षों में राष्ट्रीय आय की वृद्धि भारत की विकासशील अर्थव्यवस्था की क्षमता की सूचक है। योजनाकाल में राष्ट्रीय आय में (1980-81 के मूल्यों पर) प्रथम योजना में 3.6 प्रतिशत की वृद्धि हुई थी, जो आठवीं योजना में 6.7 प्रतिशत हो गई। योजनाकाल में पहले की तुलना में तीव्र गति से आर्थिक विकास हुआ है। राष्ट्रीय आय (स्थिर मूल्यों पर) 1999-2000 में 1950-51 की तुलना में 7.64 गुनी तथा प्रति व्यक्ति आय इसी अवधि में 2.77 गुनी हो गई है। 1999-2000 में स्थिर भावों पर राष्ट्रीय आय लगभग 10,112 अरब रुपये व प्रति व्यक्ति आय 10,204 रुपये रही।

5. बचत व विनियोगों में वृद्धि—भारत में सकल घरेलू बचत राष्ट्रीय आय का 1950-51 में 8.9% (नयी सिरीज) थी, जो 1999-2000 में बढ़कर 22.3% हो गई है। यह एक महत्त्वपूर्ण उपलब्धि है। पूँजी-निर्माण या विनियोग की समायोजित दर इसी अवधि में 8.7% से बढ़कर 23.3% हो गई है। इस प्रकार भारत में अधिकांश विकास घरेलू बचतों का उपयोग करके किया गया है। योजनाकाल में बचत व विनियोग की दरों की वृद्धियाँ भारत में विकासशील अर्थव्यवस्था को प्रगट करती है।

6. सामाजिक व आर्थिक आधारभूत ढाँचे का विकास—सामाजिक आधार ढाँचे में शिक्षा, चिकित्सा वगैरह आते हैं तथा आर्थिक आधार-ढाँचे में विद्युत, परिवहन, बैंकिंग वगैरह आते हैं। योजनाकाल में साक्षरता की दर बढ़ी है। यह 2001 में 65.38% रही है जो पहले से अधिक होते हुए भी काफी नीची है।

शक्ति की प्रस्थापित क्षमता 1950-51 में 23 लाख किलोवाट से बढ़कर 1999-2000 में 1130 लाख किलोवाट (लगभग 49 गुनी) हो गयी है। गाँवों के विद्युतीकरण, पम्प सेटों के विस्तार एवं रेल व सड़कों के विस्तार से कृषि व उद्योगों को लाभ पहुँचा है। रेल मार्गों की लम्बाई वर्तमान में 62.9 हजार किमी. से अधिक होने का अनुमान है।

7. **औद्योगिक विकास**—योजनाकाल में भारत के औद्योगिक विकास में भी वृद्धि हुई है। योजनाकाल में औद्योगिक उत्पादन में काफी विविधता आयी है। कई प्रकार के नये उद्योगों का विकास हुआ है। योजनाकाल में औद्योगिक उत्पादन लगभग छह गुना हो गया है। भारत में तैयार इस्पात का उत्पादन 1950-51 में 10.4 लाख टन से बढ़कर 2000-01 में 2 करोड़ 73 लाख टन, क्रूड तेल का 3 लाख टन से बढ़कर 3 करोड़ 24 लाख टन व कोयले का (लिग्नाइट सहित) 3.2 करोड़ टन से बढ़कर 33.26 करोड़ टन हो गया है।

योजनाकाल में भारत में औद्योगिक ढाँचे का स्वरूप बदल गया है। इसमें उपभोक्ता-वस्तुओं के स्थान पर आधारभूत व पूँजीगत वस्तुओं का स्थान ऊँचा हो गया है। निर्यातों में औद्योगिक माल का अंश बढ़ा है। इस प्रकार भारत में औद्योगीकरण की दिशा में काफी प्रगति हुई है, सार्वजनिक क्षेत्र में विनियोग बढ़ा है तथा निजी क्षेत्र का काफी विस्तार हुआ है।

हाल के वर्षों में भारतीय अर्थव्यवस्था में परिवर्तन—वर्तमान में भारतीय अर्थव्यवस्था ने विकास, आधुनिकीकरण, आत्मनिर्भरता व सामाजिक न्याय की दिशा में कदम बढ़ाये हैं। यह विकासशील देशों में सबसे अधिक विकसित अर्थव्यवस्था मानी जाने लगी है। देश में इंजीनियरों, प्रबन्धकों व उद्यमकर्त्ताओं के नये दल तैयार हुए हैं। कृषि व उद्योग को उधार देने के लिए नये वित्त व विकास निगमों की स्थापना की गई है एवं देश का विदेशी व्यापार (आयात व निर्यात) बढ़े हैं। इस प्रकार अर्थव्यवस्था के विभिन्न क्षेत्रों में हुए परिवर्तनों को देखते हुए यह कहा जा सकता है कि भारत एक पिछड़ा हुआ व अल्पविकसित देश होते हुए भी एक विकासशील देश है। जुलाई, 1991 से आर्थिक सुधारों के फलस्वरूप विदेशी विनिमय कोष 1 अरब डालर से बढ़कर 13 जुलाई, 2001 को 40.8 अरब डालर हो गया है। इसका उचित उपयोग किया जाना आवश्यक है।

भारत में उदारीकरण को बढ़ावा दिया जा रहा है। भारत विकास का मध्यम मार्ग अपनाकर आगे बढ़ रहा है। आर्थिक उदारीकरण की नीति के तहत निजी क्षेत्र को बढ़ावा दिया जा रहा है। बाजार-संयंत्र का अधिक उपयोग किया जा रहा है तथा

देश की अर्थव्यवस्था को विश्व की अर्थव्यवस्था से जोड़ने का प्रयास चल रहा है। भारतीय अर्थव्यवस्था की उपर्युक्त विशेषताओं के कारण इसे एक विकासशील अर्थव्यवस्था कहा जा सकता है।

अक्सर कहा जाता है कि भारत एक धनी देश है, लेकिन भारतवासी निर्धन हैं। इसका अभिप्राय यह है कि प्रकृति ने भारत को अपने उपहार उदारतापूर्वक प्रदान किये हैं, लेकिन उनका ठीक से विदोहन, उपयोग व संरक्षण न कर सकने के कारण देश आर्थिक दृष्टि से निर्धन रह गया है। इस प्रकार भारत में प्राकृतिक सम्पन्नता के बीच निर्धनता व्याप्त है।

प्राकृतिक साधनों की दृष्टि से भारत एक धनी राष्ट्र

प्राकृतिक साधनों की दृष्टि से भारत एक धनी राष्ट्र है, इसका विवेचन निम्नलिखित बिन्दुओं के अन्तर्गत किया जा सकता है-

1. उत्तम भौगोलिक स्थिति—भारत अपनी भौगोलिक स्थिति के कारण धनी है। उत्तरी गोलार्द्ध के पूर्वी देशान्तरों में भारत की मध्यवर्ती स्थिति के कारण यह विश्व के प्रमुख व्यापारिक मार्गों पर पड़ता है। कर्क रेखा के देश के बीचों-बीच गुजरने से भारत में उष्ण व शीतोष्ण जलवायु का श्रेष्ठ संयोग विविध फसलों के उत्पादन एवं उपभोग का अवसर प्रदान करता है।

2. विशाल भू-भाग—भारत की सम्पन्नता इस दृष्टि से भी है कि यह विश्व का एक विशाल भू-भाग है जो विश्व के कुल क्षेत्रफल का 2.4% भाग है, जिसमें विश्व की लगभग 16.87% जनसंख्या रहती है।

3. उपयुक्त धरातल—भारतीय भू-भाग की प्राकृतिक धरातलीय बनावट भी इसे धनी बनाती है। जहाँ एक ओर इसके पर्वतीय एवं पठारी भाग, नदियों के उद्गम स्थल, वन सम्पदा व खनिजों के भण्डार हैं, वहाँ दूसरी ओर इसके मैदानी व तटीय भाग कृषि क्षेत्र की दृष्टि से उपयोगी हैं। धरातल की बनावट की भिन्नता विविध फसलों के लिए उपयोगी है।

4. विस्तृत उपजाऊ मैदान—भारत की सम्पन्नता उसके विस्तृत उपजाऊ मैदानों में निहित है जो उसकी विशाल जनसंख्या के जीवनयापन एवं रोजगार का साधन होने के साथ-साथ कृषि की समृद्धि का आधार है। उत्तरी भारत में गंगा, ब्रह्मपुत्र एवं सतलज का 2400 किमी. लम्बा और 250-300 किमी. चौड़ा विश्व का सबसे उपजाऊ मैदान है, जिसमें मुख्यत: चावल, कपास, जूट व गेहूँ आदि फसलें पैदा होती हैं। समुद्रतटीय मैदान भी उपजाऊ है।

5. विपुल खनिज भण्डार—खनिज सम्पत्ति की दृष्टि से भारत एक धनी राष्ट्र है। भारत में कच्चे लोहे का भण्डार संसार में सबसे अधिक है। अभ्रक की दृष्टि से भारत विश्व में सबसे बड़ा उत्पादक देश है। मैंगनीज के उत्पादन में भारत का विश्व में दूसरा स्थान है। इस्पात को कठोर बनाने वाली धातुओं में क्रोमियम, टिटेनियम आदि भी भारत में पर्याप्त मात्रा में पाये जाते हैं। एल्यूमीनियम बनाने के लिए बहुत बड़ी मात्रा में बाक्साइट पाया जाता है। मोनोजाइट तथा बेरिल आदि काफी मात्रा में पाये जाते हैं। जिप्सम भी, जिससे रासायनिक उर्वरक और गन्धक का तेजाब बनाया जाता है, बड़ी मात्रा में पायी जाती है। असम में प्राकृतिक गैस बहुतायत से पायी जाती है। इस प्रकार खनिज पदार्थों के भण्डार की दृष्टि से भारत एक धनी राष्ट्र है। जहाँ 1947 में लगभग 64 करोड़ रुपये मूल्य के 22 प्रकार के खनिज पदार्थ निकाले जाते थे, वहीं अब लगभग 43,524 करोड़ रुपये मूल्य के 65 खनिज पदार्थ निकाले जाते हैं।

6. प्रचुर वन-सम्पदा—भारत के 6.7 हैक्टेयर क्षेत्र में वन फैले हुए हैं जो उसके कुल क्षेत्रफल का 22.6% भाग है। इन वनों से अनेक प्रकार की उपयोगी लकड़ी, तेल, गोंद, लाख, चन्दन मिलता है। वनों से कागज, दियासलाई, रबर, रेशम एवं प्लाईवुड आदि उद्योगों के लिए कच्चा माल भी मिलता है। ये पर्यटकों के आकर्षण केन्द्र तथा जंगली जानवरों के आश्रय स्थल हैं।

7. अनुकूल जलवायु—जलवायु की दृष्टि से भारत की अच्छी स्थिति है। भारत में समग्र रूप से अर्द्ध उष्ण प्रदेशीय मानसूनी जलवायु पायी जाती है। अनुकूल जलवायु से विविध प्रकार की फसलों के उत्पादन व उपभोग का अवसर मिलता है।

8. अपार जल-स्रोत—भारत में जल काफी मात्रा में विद्यमान है। नदियों का जल सिंचाई के काम आ सकता है। अभी तक उसका काफी कम अंश ही सिंचाई में प्रयुक्त किया जा रहा है, शेष जल बहकर समुद्र में चला जाता है। अतः भविष्य में सिंचाई की काफी सम्भावनाएँ हैं।

9. पर्याप्त शक्ति के साधन—भारत की सम्पन्नता इस तथ्य में भी है कि यहाँ शक्ति के प्राप्य साधनों के पर्याप्त भण्डार हैं। पर्याप्त कोयला भण्डारों, समुद्र तटों, आसाम, कच्छ एवं मरुस्थल में व्याप्त खनिज तेल भण्डारों, स्वच्छ आकाश से सौर ऊर्जा तथा अणु शक्ति के यूरेनियम एवं थोरियम खनिज भण्डारों के विकास एवं विदोहन में भारत तेजी से आगे बढ़ सकता है। इस प्रकार देश में थर्मल विद्युत के विकास के उत्तम अवसर विद्यमान हैं।

10. विशाल जनसंख्या—भारत की 10.45 करोड़ से अधिक जनसंख्या उसकी बहुमूल्य उत्पादन शक्ति है। मेधावी एवं कुशल श्रम शक्ति विकास का आधार है।

11. उपयोगी पशु सम्पदा—भारत में सर्वाधिक 35.5 करोड़ पशु सम्पत्ति है जो दूध, खाद, चमड़ा, घी एवं हड्डियाँ प्रदान करते हैं और यातायात एवं कृषि कार्य में उपयोगी हैं।

भारत में सामाजिक तथा आर्थिक अवरोधों को दूर करने के निरन्तर प्रयास किये जा रहे हैं। विभिन्न योजनाबद्ध कार्यक्रमों के द्वारा देश में व्याप्त निर्धनता, बेरोजगारी, निम्न जीवन-स्तर, अशिक्षा, अन्धविश्वास, रूढ़िवादिता, पूँजी निर्माण की कमी तथा सामाजिक गतिरोधों को दूर करने के उपरान्त हम भारत में अप्रयुक्त संसाधनों का अधिकाधिक प्रयोग कर सकेंगे। इस प्रकार भारत की गणना अल्प-विकसित राष्ट्रों में की जाती हैं।

कृषि की प्रधानता

भारत एक कृषि-प्रधान देश है। भारत की जनसंख्या का लगभग 70 प्रतिशत भाग प्रत्यक्ष व अप्रत्यक्ष रूप से कृषि व्यवसाय में जुटा हुआ है। भारत में कृषि की प्रधानता निम्नलिखित तथ्यों से स्पष्ट हो जाती है—

(i) **राष्ट्रीय आय का प्रमुख स्रोत**—सन् 1974-75 में भारत की कुल राष्ट्रीय आय में कृषि का भाग 41.2 प्रतिशत था जो बढ़कर सातवीं पंचवर्षीय योजना के अन्त में 48% हो गया। कृषि से राष्ट्रीय आय का 30% से 35% भाग प्राप्त होता है।

(ii) **रोजगार की दृष्टि से**—सन् 1991 की जनगणना रिपोर्ट के आधार पर भारत में कृषि व्यवसाय में लगभग देश की 69% जनसंख्या लगी हुई है। उद्योग धन्धों में कुल जनसंख्या का लगभग 12 प्रतिशत भाग तथा अन्य कार्यों में जनसंख्या का लगभग 18 प्रतिशत भाग लगा हुआ है। इस प्रकार भारत में अधिकांश व्यक्तियों का जीवन निर्वाह कृषि तथा पशुपालन सम्बन्धी व्यवसायों से होता है। 1991 में मुख्य श्रमिकों में कृषकों का अनुपात 38.4% तथा खेतिहर श्रमिकों का 26.4% रहा। इस प्रकार कृषि में संलग्न श्रमिकों का अनुपात कुल श्रमिकों में 64.8% रहा।

(iii) **कृषि का पिछड़ापन**—भारत में कृषि व्यवसाय अत्यन्त पिछड़ा हुआ है। भारतीय किसान अभी पुराने हल, कमजोर बैल, घटिया बीज तथा अनुपयुक्त

खाद का ही प्रयोग करते हैं। इसके परिणामस्वरूप भारतीय कृषि की उत्पादकता बहुत कम है।

(iv) **ग्रामीण अर्थतन्त्र**—सन् 1991 की जनगणना रिपोर्ट के अनुसार भारत में लगभग 5 लाख 76 हजार गाँव हैं। सन् 2001 में ग्रामीण जनसंख्या 72.21% तथा शहरी जनसंख्या 27.78% प्रतिशत के लगभग थी। सन् 2001 की जनगणना के अनुसार, भारत में लगभग 72 प्रतिशत जनसंख्या गाँवों में निवास करती थी। विकसित राष्ट्रों में कुल जनसंख्या का बहुत कम भाग गाँवों में निवास करता है। भारत में ग्रामीण अर्थतन्त्र आर्थिक पिछड़ेपन का परिचायक है।

(v) **प्रतिकूल भूमि-श्रम अनुपात**—भारत में भूमि-श्रम अनुपात अनुकूल नहीं है। प्रति व्यक्ति भूमि बहुत कम है अथवा प्रति हैक्टेयर व्यक्तियों की संख्या अधिक है।

मानसून पर अधिक निर्भरता

भारतीय अर्थव्यवस्था मानसून पर अधिक निर्भर रहती है। मानसून की पर्याप्तता देश में आर्थिक समृद्धि की परिचायक होती है। मानसून की असफलता उद्योग-धन्धों, व्यापार तथा कृषि व्यवसाय पर बुरा प्रभाव डालती है। देश में राष्ट्रीय आय कम हो जाती है तथा बेरोजगारी की स्थिति उत्पन्न हो जाती है। भारतीय अर्थव्यवस्था को मानसून का जुआ कहकर पुकारा जाता है। मानसून की पर्याप्तता से देश में पर्याप्त खाद्यान्न, कपास, तिलहन, गन्ना, पटसन आदि उत्पन्न होते हैं। इससे अनेक उद्योग-धन्धों, जैसे-वस्त्र, जूट, चीनी, तेल, चाय आदि का विस्तार होता है, जिनमें लाखों व्यक्तियों को रोजगार प्राप्त होता है। इस प्रकार मानसून भारतीय अर्थव्यवस्था को सर्वाधिक रूप से प्रभावित करने वाला घटक है।

4. अप्रयुक्त प्राकृतिक संसाधन—भारत एक धनी देश है, परन्तु यहाँ के निवासी अत्यन्त निर्धन हैं। भारत में प्राकृतिक संसाधनों का बाहुल्य पाया जाता है। इन प्राकृतिक संसाधनों का देश की अर्थव्यवस्था के अनुकूल विदोहन नहीं हुआ है। भारत में पर्याप्त उपजाऊ भूमि, जल विद्युत उत्पन्न करने की पर्याप्त क्षमता तथा विशाल खनिज भण्डार उपलब्ध हैं। खनिज पदार्थों की दृष्टि से भारत की गणना विश्व के चार बड़े देशों में की जाती है। भारत में अभी तक प्राकृतिक संसाधनों का समुचित उपयोग सम्भव नहीं हो पाया है।

5. जनसंख्या का दबाव—सन् 2001 की जनगणना रिपोर्ट के आधार पर गत दस वर्षों में भारत की जनसंख्या में कुल वृद्धि 18.1 करोड़ हुई है। जनसंख्या की वार्षिक वृद्धि की दर लगभग 1.93 प्रतिशत रही है। जनसंख्या की इस वार्षिक वृद्धि के लिए हमें प्रतिवर्ष 1.7 करोड़ नये व्यक्तियों के लिए भोजन, आवास तथा अन्य सुविधाओं का प्रबन्ध करना पड़ता है। 2001 की जनगणना के अनुसार भारत की जनसंख्या 102.7 करोड़ रही है, जबड़क 1991 में यह 84.6 करोड़ रही थी। भारत में जनंसख्या की वृद्धि के अनुपात में प्रति व्यक्ति उत्पादकता अत्यधिक कम है। भारत में विश्व की 15% जनसंख्या है, किन्तु उसका क्षेत्रफल विश्व के क्षेत्रफल का 2.4% ही है। कुछ विद्वानों का मत है कि तीव्र आर्थिक विकास की प्रारम्भिक अवस्था में मृत्यु-दर तो चिकित्सा व स्वास्थ्य की सुविधाएँ बढ़ाने से घटने लगती हैं लेकिन जन्म-दर के कम होने में समय लगता है। इस बीच जनसंख्या का दबाव और भी बढ़ जाता है। इस प्रकार वर्तमान में जनसंख्या की समस्या भारत के आर्थिक विकास में बाधक हो रही है। जनसंख्या बढ़ने से ग्रामीण क्षेत्रों में बेरोजगारी व अल्प रोजगार की समस्या और भी अधिक बढ़ जाती है।

6. बेरोजगारी व अर्द्धबेरोजगारी—भारतीय जनसंख्या में तीव्र गति से वृद्धि निरन्तर रूप से बेरोजगारी तथा अर्द्ध बेरोजगारीह की वृद्धि में सहायक सिद्ध हुई है। प्रथम पंचवर्षीय योजना के आरम्भ में भारत में 45 लाख व्यक्ति बेरोजगार थे, वह अब बढ़कर 6.5 करोड़ होने की सम्भावना है, जबड़क योजनाओं में लगभग 21.5 करोड़ अतिरिक्त लोगों को रोजगार प्रदान किया गया है। भारत में अर्द्ध-बेरोजगारी भी व्यापक रूप से पायी जाती है। भारत में कई करोड़ किसान वर्ष में केवल 6 माह तक ही काम करते हैं तथा शेष समय बेकार रहते हैं।

7. निम्न जीवन-स्तर—विश्व बैंक ने 136 देशों की प्रति व्यक्ति वार्षिक आय की सूची प्रकाशित की है, जिसमें 110 देशों की प्रति व्यक्ति राष्ट्रीय आय भारत में प्रति व्यक्ति राष्ट्रीय आय से अधिक है। भारत में आधे से अधिक व्यक्ति प्राय: आधे भूखे तथा अर्ध-नग्न अवस्था में रहते हैं। इस प्रकार भारतवासियों का जीवन-स्तर निम्न होने के साथ-साथ इनकी कार्यकुशलता भी अन्य देशों की तुलना में कम है।

8. प्राविधिक ज्ञान का अभाव—भारतीय अर्थव्यवस्था में प्राविधिक ज्ञान का सदैव अभाव रहा है। भारत को प्राविधिक ज्ञान के लिए विदेशों पर निर्भर रहना पड़ता है। भारतीय कृषि तथा उद्योग-धन्धों में पुरातन तथा परम्परागत विधियों का उपयोग किया जाता है। भारत में 75 प्रतिशत खेत आकार में बहुत छोटे हैं, स्वचालित यन्त्रों का उपयोग सम्भव नहीं होता है। भारत में लगभग 15 प्रतिशत कारखानों में

ही स्वचालित यन्त्रों का उपयोग किया जाता है। स्वचालित यन्त्रों का उपयोग नहीं होने से उत्पादन प्रक्रिया में समय तथा श्रम अधिक लगता है, जिससे उत्पादन लागत अधिक आती है। भारतीय श्रमिक की अपेक्षा सूती वस्त्र का उत्पादन अमेरिका में छह गुना, फिनलैण्ड में तीन गुना तथा हांगकांग में दुगुना होता है।

9. अविकसित पूँजी तथा मुद्रा बाजार—भारतीय अर्थव्यवस्था में पूँजी तथा मुद्रा बाजार अत्यन्त अविकसित दशा में है। भारत में लगभग 6 लाख गाँव तथा लगभग तीन हजार नगर हैं, जिनमें बैंकों की लगभग 80 हजार शाखाएँ हैं। अभी भी ग्रामीण क्षेत्र में अधिकांश निवासियों को अपनी वित्तीय आवश्यकता की पूर्ति हेतु साहूकार तथा महाजनों पर निर्भर रहना पड़ता है। लघु तथा वृहद् उद्योग-धन्धों में भी कतिपय पूँजीपतियों का ही सहारा लेना पड़ता है। भारत में स्थापित वित्त निगम भारतीय कृषक की आर्थिक आवश्यकताएँ पूरी करने में सफल नहीं हो पाया है। मुद्रा तथा पूँजी बाजार की निरन्तर कमी से देश में कृषि तथा औद्योगिक क्षेत्र में वित्तीय अभाव का वातावरण बना रहता है।

10. मुद्रा स्फीति तथा निरन्तर मूल्य वृद्धि—भारतीय अर्थव्यवस्था की यह महत्त्वपूर्ण विशेषता है कि यहाँ पर वस्तुओं की कीमतों में निरन्तर वृद्धि हुई है तथा मुद्रा स्फीति भी अत्यधिक बढ़ी है। निरन्तर मूल्य वृद्धि तथा मुद्रा स्फीति का सबसे बड़ा दुष्परिणाम यह हुआ है कि भारतीय रुपये के मूल्य में तीव्र गति से गिरावट आती जा रही है। कभी भारतीय रुपये का मूल्य सूचकांक 100 पैसे था जो अब गिरकर लगभग 20 पैसे के बराबर रह गया है।

11. आर्थिक असमानताएँ—भारतीय अर्थव्यवस्था की यह महत्त्वपूर्ण विशेषता है कि यहाँ पर आर्थिक विषमता अत्यधिक रूप में व्याप्त है। यहाँ धन और आय के वितरण में भारी असमानता पायी जाती है। राष्ट्रीय व्यावहारिक अर्थ शोध परिषद् के एक सर्वेक्षण के अनुसार, देश में कुल जनसंख्या के केवल 30% लोगों के पास कुल आय का 55% भाग केन्द्रित है, जबड़क कुल जनसंख्या के 60% व्यक्ति ऐसे हैं, जिनकी दैनिक आय 50 पैसे या उससे कम है। धन के वितरण की असमानता आय के वितरण की असमानता से अधिक पायी जाती है। **महालनोबिस समिति** की रिपोर्ट के अनुसार देश में केवल एक प्रतिशत व्यक्तियों को राष्ट्रीय आय का केवल 22 प्रतिशत भाग ही प्राप्त होता है। रिपोर्ट में कहा गया है कि योजनाकाल में बड़े उद्योगों का अधिक विकास हुआ है, जिसके फलस्वरूप देश में आर्थिक सत्ता कुछ ही व्यक्तियों के हाथों में केन्द्रित हो गई है। **चेस्टर बोल्स** के अनुसार, भारत में एक प्रतिशत व्यक्तियों के पास 20 प्रतिशत भूमि उपलब्ध है, जबड़क 30 प्रतिशत व्यक्तियों

के पास कुल भूमि का 50 प्रतिशत भाग उपलब्ध है, शेष 69 प्रतिशत व्यक्तियों के पास कुल भूमि का 30 प्रतिशत भाग ही उपलब्ध है। योजना आयोग के आकलन के अनुसार, भारत में ग्रामीण क्षेत्र में 47.65 प्रतिशत तथा शहरी क्षेत्र में 40.7 प्रतिशत जनसंख्या दरिद्रता की रेखा के नीचे है।

12. विदेशी व्यापार में शिथिलता—भारत में विदेशी व्यापार की गति पिछले 20 वर्षों में बहुत शिथिल रही है। सन् 1951-1952 में भारत के निर्यात विश्व के सम्पूर्ण निर्यात के लगभग 2.15 प्रतिशत थे, और अब भारत के निर्यात सम्पूर्ण विश्व के निर्यात से घटकर केवल 1.5 प्रतिशत रह गए हैं। इस कारण भारत को अपने आयातों का भुगतान करने के लिए विदेशों से बहुत बड़ी मात्रा में ऋण लेना पड़ा है। भारत का विदेशी व्यापार प्रायः घाटे में रहता है।

13. परिवहन साधनों की अपर्याप्तता—भारत के प्रति 1500 वर्ग किलोमीटर में केवल 40 किलोमीटर लम्बे रेल मार्ग हैं, जबड़क ब्रिटेन में 306 किलोमीटर, फ्रांस में 180 किलोमीटर तथा संयुक्त राज्य अमेरिका में 120 किलोमीटर लम्बे रेल मार्ग उपलब्ध हैं। इसी तरह भारत में प्रतिवर्ग किलोमीटर सड़कों की लम्बाई भी अन्य देशों के मुकाबले काफी कम है। इसी प्रकार मालवाहक जहाज देश के विदेशी व्यापार का केवल 20 प्रतिशत माल ही वहन करते हैं तथा शेष 80 प्रतिशत भारतीय माल विदेशी जहाजी कम्पनियों के माध्यम द्वारा लाया तथा ले जाया जाता है। भारत में अधिकांश सड़कें कच्ची एवं मौसमी हैं, जो वर्षा ऋतु में अयोग्य हो जाती हैं।

14. मिश्रित एवं नियोजित अर्थव्यवस्था—भारत में स्वतंत्रता प्राप्ति के पश्चात् देश के आर्थिक पुनर्निर्माण के लिए सन् 1948 में मिश्रित अर्थव्यवस्था की आर्थिक प्रणाली का चयन किया गया। निजी सार्वजनिक क्षेत्र, संयुक्त क्षेत्र एवं सरकारी क्षेत्र में सह-अस्तित्व को स्वीकार किया गया। इस प्रकार निजी क्षेत्र एवं सार्वजनिक क्षेत्र के मध्य सहयोग, विचार-विमर्श एवं सह-अस्तित्व से देश का आर्थिक विकास कर आत्मनिर्भर होने का रास्ता अपनाया गया है। भारतीय अर्थव्यवस्था मिश्रित होने के साथ-साथ नियोजित भी है। भारत में नियोजित आर्थिक विकास 1 अप्रैल, 1951 से प्रारम्भ किया गया। अभी तक देश में नौ पंचवर्षीय योजनाएँ तथा अनेक वार्षिक योजनाएँ क्रियान्वित की जा चुकी हैं और दसवीं पंचवर्षीय योजना पर कार्य चल रहा है।

15. विकासोन्मुखी अर्थव्यवस्था—भारतीय अर्थव्यवस्था एक विकासोन्मुखी अर्थव्यवस्था है। विभिन्न योजनाकालों में भारतीय अर्थव्यवस्था निरन्तर प्रगति की ओर अग्रसर हुई है। सन् 1960-61 में देश में खाद्यान्न का उत्पादन 82.0 मिलियन टन

करोड़ टन था, जो 2008-09 में बढ़कर लगभग 250 मिलियन टन करोड़ टन पहुँच गया। इसी प्रकार योजनाकाल में कपास का उत्पादन बढ़कर 2008-09 में 110 लाख गांठें हो गया। पटसन उत्पादन क्षेत्र में भी भारत ने आत्मनिर्भरता प्राप्त कर ली है। औद्योगिक क्षेत्र में भी उत्पादन में वृद्धि हुई है। वस्त्र, लोहा तथा इस्पात, सीमेंट उत्पादन में भी पर्याप्त वृद्धि हुई है।

भारत की विकासोन्मुख अर्थव्यवस्था को स्पष्ट करने वाले अन्य तथ्य हैं-कृषि का आधुनिकीकरण, औद्योगिक विकास, सामाजिक व आर्थिक आधारभूत ढाँचे का विस्तार तथा निर्धनता दूर करने के विशिष्ट कार्यक्रम आदि। **कृषि के आधुनिकीकरण** के अन्तर्गत कृषकों का व्यावसायिक जिन्सों के उत्पादन की ओर उन्मुख होना, अधिक उपज देने वाली किस्मों के उपयोग, सिंचाई का विस्तार, साख की मात्रा में वृद्धि, यन्त्रीकरण, कीटनाशक दवाओं के उपयोग व रासायनिक उर्वरकों का बढ़ता उपयोग आता है। योजना काल में भारत में उपभोक्ता-वस्तुओं के स्थान पर आधारभूत व पूँजीगत वस्तुओं का स्थान बढ़ा है; निर्यातों में औद्योगिक माल का अंश बढ़ा है, सार्वजनिक क्षेत्र में विनियोग बढ़ा है तथा निजी क्षेत्र का भी काफी विस्तार हुआ है। इस प्रकार भारत में औद्योगिक विकास की दर ऊँची रही है।

16. सम्पन्नता में दरिद्रता—भारतीय अर्थव्यवस्था के सम्बन्ध में यह कहा जाता है कि यहाँ पर सम्पन्नता के मध्य दरिद्रता विद्यमान है। इसका अभिप्राय यह है कि यहाँ पर प्राकृतिक साधन पर्याप्त मात्रा में उपलब्ध हैं, लेकिन उनका उचित विदोहन नहीं हो पाता है, जिसके कारण राष्ट्रीय आय, जीवन-स्तर इत्यादि अन्य राष्ट्रों की तुलना में काफी निम्न है।

17. शिक्षण एवं प्रशिक्षण सुविधाओं का अभाव—भारतीय अर्थव्यवस्था के पिछड़ेपन का यह भी कारण है कि यहाँ पर बढ़ती हुई जनसंख्या की माँग के अनुसार शिक्षण एवं प्रशिक्षण संस्थाओं का अभाव है। यहाँ के नागरिक अशिक्षित, रूढ़िवादी व परम्परावादी हैं। आधुनिक मशीनों, यन्त्रों का उपयोग नहीं जानते, जिससे वे देश के विकास में मदद नहीं कर पाते हैं।

18. पूँजी विनियोग का अभाव—भारतीय जनसंख्या ग्रामीण व निर्धन है। इसमें से अधिकांश लोग गरीबी की रेखा के नीचे जीवनयापन करते हैं, ऐसी स्थिति में उनके पास अतिरिक्त धन का तो कोई प्रश्न ही नहीं उठता, जिससे वे बचत कर किसी अच्छी जगह विनियोग कर सकें। लेकिन कुछ किसान अच्छी फसल के कारण बचत भी करते हैं तो वे उसको जेवर खरीदने, जमीन में दबाकर रखने, भूमि खरीदने

इत्यादि में नासमझी के कारण खर्च कर देते हैं और उत्पादन कार्यों में नहीं लगा पाते हैं।

19. विविधता में एकता—भारत के सम्बन्ध में यह कहा जाता है कि भारत विविधताओं वाला एक राष्ट्र है। यहाँ अनेक जाति, धर्म, भाषाओं के लोग रहते हैं। इनके सामाजिक रीति-रिवाज, रहन-सहन के ढंग एक-दूसरे से बिल्कुल भिन्न हैं; फिर भी लोगों में एकता की भावना है। एक राज्य संकट के समय दूसरे राज्य की मदद करता है। कई बार दो या दो से अधिक राज्य मिलकर परियोजनाएँ प्रारम्भ करते हैं। केन्द्र सरकार भी सम्पूर्ण राष्ट्र के विकास के लिए प्रयत्नशील है।

20. क्षेत्रीय विषमताएँ—भारतीय अर्थव्यवस्था में क्षेत्रीय विषमता पर्याप्त मात्रा में देखने को मिलती है। भारत के कुछ राज्य काफी समृद्ध, विकसित और साधन सम्पन्न हैं; जैसे-उत्तरप्रदेश, मध्यप्रदेश, पंजाब, हरियाणा, महाराष्ट्र व गुजरात जबड़क दूसरी ओर राजस्थान, उड़ीसा, आसाम व जम्मू-कश्मीर कई दृष्टि से काफ़ी पिछड़े हुए हैं। भारत सरकार ने इन राज्यों की ओर जनसंख्या की बढ़ती हुई माँग के अनुसार विकास की ओर पूरा ध्यान नहीं दिया है।

21. दोहरी अर्थव्यवस्था—यदि हम भारतीय अर्थव्यवस्था का गहराई से अध्ययन करें तो पता लगता है कि भारतीय अर्थव्यवस्था दोहरे स्वरूप को लिए हुए है। एक ओर शहरी अर्थव्यवस्था, जहाँ पर बैंकिंग, बीमा, यातायात, संचार व आधुनिक जीवन की लगभग सभी सुविधाएँ उपलब्ध हैं; जबड़क दूसरी ओर ग्रामीण व निर्धन अर्थव्यवस्था, जहाँ पीने के पानी, बिजली, रहने के पक्के मकान, स्कूल, चिकित्सालय इत्यादि जीवन की अनिवार्य आवश्यकताओं का अभाव है और देश की लगभग 75 प्रतिशत जनसंख्या गाँवों में निवास करती है।

22. अपूर्ण बाजार—भारतीय अर्थव्यवस्था में उत्पादन के साधनों में गतिशीलता का अभाव, कीमतों में लोच की कमी, परम्परागत एवं रूढ़िवादी प्रविधियों का प्रयोग, विशिष्टीकरण का अभाव, सन्तोषजनक सामाजिक ढाँचा और बाजार की पूर्ण जानकारी का अभाव, अपूर्ण बाजार की ओर संकेत देते हैं, जिनके कारण उत्पादन के विभिन्न साधनों में समन्वय स्थापित नहीं हो पाता है जिससे उनका उचित विदोहन किया जा सके। भारत जैसे समस्त विकासशील राष्ट्र उपलब्ध प्राकृतिक एवं मानवीय साधनों के उचित विदोहन की ओर प्रयत्नशील हैं, जिससे अर्थव्यवस्था विकास की ओर अग्रसर हो सके।

23. असन्तुलित औद्योगिक विकास—प्रत्येक विकासशील अर्थव्यवस्था में यह बात देखने को मिलती है कि वहाँ औद्योगिक विकास संतुलित नहीं हुआ है।

ऐसे राष्ट्रों में प्रारम्भ में उपभोग उद्योग स्थापित किए जाते हैं, बाद में आधारभूत उद्योग। आधारभूत उद्योगों को स्थापित करने में बड़ी मात्रा में पूँजी व तकनीकी ज्ञान की आवश्यकता होती है जिसे एक विकासशील राष्ट्र आसानी से पूरा नहीं कर सकता है। ठीक यही स्थिति भारत की है।

24. उपभोग का निम्न स्तर—भारत में प्रति व्यक्ति आय बहुत कम होने के कारण यहाँ के लोगों का उपभोग स्तर बहुत निम्न है। वर्ष 1999-2000 में भारत में प्रति व्यक्ति 2000 कैलोरी खाद्यान्न व प्रति व्यक्ति औसत 30.6 मीटर कपड़े का उपभोग है तथा वर्ष 2000-2001 में 30.7 मीटर कपड़ा मिलने का अनुमान है। जो अन्य राष्ट्रों की तुलना में बहुत कम है।

25. युद्ध के भय से पीड़ित अर्थव्यवस्था—भारत को सदैव इस बात का भय बना रहता है कि कहीं पड़ोसी राष्ट्र आक्रमण न कर दे, जिसके कारण हम अपने सीमित साधनों में से लगभग 10-15 प्रतिशत कुल वार्षिक व्यय का सुरक्षा पर खर्च करते हैं। यह एक अनुत्पादक व्यय है, लेकिन फिर भी सुरक्षा विकास से पहले जरूरी होती है। यदि इस रकम का प्रयोग विकासात्मक कार्यों पर किया जाए तो अर्थव्यवस्था का और भी तीव्रगति से विकास सम्भव हो सकता है।

26. भ्रष्टाचार और लालफीताशाही का बोलबाला—भारतीय अर्थव्यवस्था की यह भी एक प्रमुख विशेषता है कि यहाँ पर भ्रष्टाचार व लालफीताशाही बहुत अधिक मात्रा में देखने को मिलती है। यह बात निजी और सार्वजनिक दोनों ही क्षेत्रों में पायी जाती है। वर्तमान में कोई भी व्यक्ति किसी कार्य को करने के लिए पूरी औपचारिकताएँ नहीं निभाता है, बड़ल्क उस काम काम करवाने के लिए रिश्वत व घूस का सहारा लेता है। इसी प्रकार विभिन्न कार्यालयों में अधिकारी एवं कर्मचारीगण जिम्मेदारी से काम नहीं करते हैं, उनमें लालफीताशाही की भावना पायी जाती है।

27. काले धन की भरमार—भारतीय अर्थव्यवस्था में काला धन भी बहुत बड़ी मात्रा में पाया जाता है। ऐसा अनुमान है कि भारत में 60 हजार करोड़ रुपये से अधिक का काला धन है। इसके लिए पूर्ण रूप से जिम्मेदार भारत सरकार की कर प्रणाली है। यदि इसमें आवश्यक सुधार किए जाएँ, तो बढ़ते हुए काले धन पर रोक लगाई जा सकती है।

28. विदेशी सहायता पर निर्भरता—भारत एक विकासशील राष्ट्र है। वर्ष 1950-51 में भारत पंचवर्षीय योजनाओं के माध्यम से अपने विकास के लिए प्रयत्नशील है। लेकिन पंचवर्षीय योजनाओं को पूरा करने के लिए वित्तीय एवं तकनीकी साधनों

का अभाव है, जिनके लिए हमें दूसरे राष्ट्रों पर बहुत बड़ी मात्रा में निर्भर रहना पड़ता है। पंचवर्षीय योजना का प्रारूप तैयार करते समय ही यह व्यवस्था कर ली जाती है कि आगामी वर्षों में दूसरे राष्ट्रों से कितना ऋण व अनुदान लिसा जायेगा।

29. आर्थिक उदारीकरण की ओर अग्रसर—जुलाई, 1991 से देश में आर्थिक उदारीकरण को अपनाया गया है। इसमें सरकार निजीकरण, बाजारीकरण और अन्तर्राष्ट्रीयकरण पर बल दे रही है।

भारतीय अर्थव्यवस्था की विशेषताओं के अध्ययन से यह स्पष्ट होता है कि भारत एक अर्द्धविकसित राष्ट्र है। अल्प विकास एवं पिछड़ेपन में आर्थिक, सामाजिक एवं राजनैतिक कारणों का सम्मिलित दुष्प्रभाव पड़ा है। तीव्र विकास करने के लिए इन सब कारणों को दूर करना होगा। औद्योगीकरण, कृषि विकास एवं परिवहन के साधनों को बढ़ाना होगा। प्रभावी एवं कुशल नियोजन से निर्धनता के कुचक्र को तोड़ना होगा। बेकारी एवं उत्कृष्ट उपभोग पर रोक लगानी होगी। जनसंख्या पर नियंत्रण करना होगा। रूढ़िवादी समाज की कुरीतियों को दूर कर उनमें चेतना एवं सहयोग की भावना जागृत करनी पड़ेगी। तभी देश पिछड़ेपन की गर्त से ऊपर उठ सकेगा।

▣▣▣

2

प्राकृतिक संसाधन

मनुष्य द्वारा आकलित और विश्वसनीय, किसी वस्तु या पदार्थ का वह गुण या क्षमता और कार्य, जो मानव की परिसम्पत्ति (Assets) बन जाता है, संसाधन कहलाता है, दूसरे शब्दों में, वे सभी पदार्थ, वस्तुएं या ऊर्जाएं जो मनुष्य की सहायता के लिए या किसी आवश्यकता की पूर्ति के लिए प्रयोग किये जाते हैं, **संसाधन (Resources)** कहलाते हैं। "संसाधन का अर्थ किसी उद्धेश्य की प्राप्ति करना है, यह उद्धेश्य व्यक्तिगत आवश्यकताओं व सामाजिक उद्धेश्यों की पूर्ति करता है"। इस दृष्टि से जल, वायु, ताप, सूर्य, मिट्टी, वन, भूमि, कोयला आदि सभी को संसाधन की संज्ञा दी जा सकती हैं क्योंकि इन सभी से मानव की किसी न किसी आवश्यकता की पूर्ति होती है। मानव स्वयं भी अपने आप में एक संसाधन है क्योंकि वह भी स्वयं के विकास हेतु कार्य करता है।

संसाधन दो प्रकार के होते हैं-

1. प्राकृतिक संसाधन (Natural resources)

2. मानवीय संसाधन (Human resource)

1. प्राकृतिक संसाधन (Natural resources)–वायु व जल के अतिरिक्त मानव की नितान्त आवश्यकताओं में भोजन, वस्त्र व आश्रय आते हैं। इस सभी आवश्यकताओं की पूर्ति के लिए मानव को प्रकृति (Nature) पर निर्भर रहना पड़ता है क्योंकि में सभी वस्तुएँ या तत्व पृथ्वी के धरातल या भूगर्भ में पाये जाते हैं। मानव इन्हें निकालकर, परिवर्धन, संशोधन या परिष्कृतिकरण द्वारा उपयोग हेतु तैयार करता है। सभी पदार्थ जो मानव के लिए उपयोगी हैं, प्रकृति की देन हैं अत: इन्हें प्राकृतिक संसाधन या प्रकृति का उपहार (Natural resources or Gift of nature) कहा जाता है। दूसरे शब्दों में ''वे तत्व तथा तत्व-समुच्चय (Combination of elements) जो मनुष्य के लिए उपयोगी होते हैं'' प्राकृतिक संसाधन कहलाते हैं।

2. मानवीय संसाधन (Human resources)–प्राकृतिक संसाधनों के अतिरिक्त मानव संसाधन भी अति महत्वपूर्ण हैं क्योंकि बिना मानव श्रम के प्राकृतिक संसाधनों का कोई मूल्य नहीं है। मानव ही अपने वातावरण में परिवर्तन कर उसे आवश्यकतानुसार उपयोग में लाता है। पृथ्वी के धरातल पर जो भी पदार्थ है उन सब को संसाधनों की श्रेणी में मनुष्य ने ही सम्मिलित किया है। इसलिए कहा जाता है कोई भी वस्तु संसाधन नहीं होती है बल्कि उन्हें बनाया जाता है। अत: मानव को एक मुख्य सक्रिय संसाधन माना गया है।

प्राकृतिक संसाधनों का वर्गीकरण (Classification of natural resources) – प्राकृतिक संसाधनों के उपयोग की एक अवधि होती है। कुछ संसाधन शीघ्र समाप्त हो जाते हैं जबकि कुछ का निरन्तर उपयोग किया जा सकता है। अत: **उपयोग की निरन्तरता के आधार पर प्राकृतिक संसाधनों को दो भागों में विभाजित किया जा सकता है –**

(i) नव्यकरणीय संसाधन (Renewable resources)

(ii) अनव्यकरणीय संसाधन (Non-renewable resources)

(i) नव्यकरणीय संसाधन (Renewable resources) – वे सभी संसाधन जिनका भौतिक, यान्त्रिक या रासायनिक क्रियाओं द्वारा नवीनीकरण या पुन: उत्पादन किया जा सकता हो, नव्यकरणीय संसाधन (Renewable resources) कहलाते हैं। अर्थात् नव्यकरणीय संसाधन वे हैं जिनका प्राकृतिक रूप से स्वत: पुनर्स्थापन होता रहता है या जिनका मानवीय प्रयासों से पुनर्स्थापन किया जा सकता है। सौर ऊर्जा, वायु, जल, वनस्पति, भूमि, वन्यजीव, जन्तु आदि नव्यकरणीय संसाधन के उपकरण है।

(ii) अनव्यकरणीय संसाधन (Non-renewable resources) – ये प्रकृति में सीमित मात्रा में पाये जाते हैं जिनका अत्यधिक दोहन होने पर समाप्त हो जाते हैं। अतः वे संसाधन जिनका एक बार दोहन होने के पश्चात् उनकी पुनः पूर्ति नहीं हो सकती हो, उन्हें अनव्यकरणीय संसाधन (Non-renewable resources) कहते हैं। इनकी रचना में बहुत समय लगता है। भू-गर्भ से प्राप्त होने वाले सभी खनिज इस श्रेणी में आते हैं।

प्राकृतिक संसाधन एवं उनसे सम्बन्धित समस्यायें (Natural resources and associated problems)

विश्व का कोई भी ऐसा क्षेत्र नहीं है जहाँ मनुष्य प्राकृतिक संसाधनों का उपयोग कुछ न कुछ आर्थिक उन्नति एवं आवश्यकताओं की पूर्ति के लिए न करता आया हो। प्राकृतिक संसाधन मनुष्य के पूँजी के समान है। बढ़ती आवश्यकताओं की पूर्ति के लिए प्रकृति का संहार एवं प्राकृतिक संसाधनों का शोषण इसी तीव्र गति से होता रहा तो एक भीषण प्राकृतिक संकट (Ecological crisis) उत्पन्न हो जायेगा। मनुष्य अदूरदर्शी-नीति द्वारा तात्कालिक लाभ प्राप्ति के लिए संसाधनों का गलत उपयोग तथा अन्धाधुन्ध क्षरण करता जा रहा है। अतः उपरोक्त पहलू के अन्तर्गत निम्नलिखित प्राकृतिक संसाधनों के उपयोग एवं उनसे सम्बन्धित समस्याओं का अध्ययन किया जा रहा है –

1. वन संसाधन (Forest resources)
2. जल संसाधन (Water resources)
3. खनिज संसाधन (Mineral resources)
4. खाद्य संसाधन (Food resources)
5. उर्जा संसाधन (Energy resources)
6. भू संसाधन (Land resources)

1. वन संसाधन Forest Resources

पृथ्वी के धरातल पर आवरित बड़े भू-भाग को वन (Forest) कहते हैं। विविध प्रकार के कच्चे माल के लिए मनुष्य वनों पर ही आश्रित रहता है। प्राचीनकाल में जब मानव सभ्यता विकसित हो रही थी उस समय मनुष्य पूर्ण रूप से वनों पर ही आश्रित था। धीरे-धीरे जब मानव सभ्यता विकसित हो गई तथा जनसंख्या बढ़ती गई तो मानव अपने निजी स्वार्थों की पूर्ति हेतु असीमित रूप से वनों को काटता गया। इमारती लकड़ी तथा अन्य वन उपजों को प्राप्त करने के लिए अत्याधिक मात्रा में वनों का विनाश किया

जाने लगा। भूमि कृषि योग्य बनाने के लिए भी वनों को अत्याधिक मात्रा में काटा जा रहा है। यदि हमारे देश में इसी तरह वन विनाश होता गया तो यहाँ की अनेक बहुमूल्य वृक्ष प्रजातियाँ तथा वन्य जीव की अनेक जातियाँ लुप्त हो जायेंगी। देश में प्रतिदिन लगभग 500 हैक्टेयर वनों का सफाया किया जा रहा है। अत: वनों का अति दोहन देश के लिये चिन्ता का विषय है।

वनों का महत्व (Importance of Forest)

वन महत्वपूर्ण प्राकृतिक संसाधन तथा प्रमुख राष्ट्रीय आय का स्त्रोत है जो आदिकाल से ही मनुष्य की अनेक आवश्यकताओं की पूर्ति करते आ रहे हैं। वनों का पर्यावरण तथा भौगोलिक दृष्टि से अत्यधिक महत्वपूर्ण स्थान है तथा मानव की दैनिक क्रियाओं को सम्पन्न करने में भी महत्वपूर्ण भूमिका का निर्वाह करते हैं। वनों के महत्व को निम्न प्रकार समझा जा सकता है -

1. वनों से ईंधन, इमारती लकड़ी तथा अन्य पदार्थ कच्चे माल के रूप में प्राप्त होते हैं।

2. वन मिट्टी एवं जल जैसे महत्वपूर्ण संसाधनों की सुरक्षा एवं सरक्षण करते हैं।

3. वन आच्छादित क्षेत्र वायु मण्डल की आर्द्रता बनाये रखते हैं, जिससे अधिक वर्षा होने की सम्भवना रहती है।

4. ये नदियों के प्रवाह को नियमित करते हैं, बाढ़ रोकते या कम करते हैं।

5. वन अनेक पशु-पक्षियों और जीव-जन्तुओं का आश्रय स्थल होते हैं। शेर जैसे वन्य जीव को आश्रय देकर पर्यावरण संतुलन की भूमिका निर्वाह करने में सहायक बनते हैं।

6. वनों से औषधियॉ प्राप्त होती हैं जिनसे अनेक अस्वस्थ लोगों का उपचार सम्भव होता है।

7. कई प्रकार के कुटीर उद्योगों को कच्चा माल उपलब्ध कराते हैं, जैसे -बेंत, फर्नीचर, खिलौने आदि।

8. गोंद, लाख, कत्था, रबर, शहद, मोम आदि न जाने कितने प्रकार की गौण उपजें वनों से प्राप्त होती है।

9. वन ऑक्सीजन अर्थात प्राण वायु के संचित कोष स्थल हैं जो कार्बन-डाई-ऑक्साइड को अवशोषित कर ऑक्सीजन देते हैं। विश्व तापन को अप्रत्यक्ष रूप से रोकने में वनों की महत्वपूर्ण भूमिका होती है।

10. जल-चक्र तथा वायु-चक्र में प्रमुख भूमिका का निर्वाह करते हैं।

11. वन भूमि की उर्वरता को बढ़ाते हैं। वृक्षों से भूमि पर गिरने वाली पतियाँ सड़-गलकर मिट्टी में मिल जाती हैं, जिनसे मिट्टी को जीवाश्म की प्राप्ति होती है।

12. वन उद्योगों से होने वाले प्रदूषण को रोकते हैं, वनों की घनी वृक्षावली कई प्रकार की विषैली गैसों का अवशोषण करती है। वन वृक्ष ध्वनि प्रदूषण को भी कम करते हैं।

वनोन्मूलन अथवा वन विनाश के कारण (Causes of Deforestation)

वन किसी भी देश के पर्यावरण के प्रमुख अंग तथा महत्वपूर्ण प्राकृतिक सम्पदा होते हैं। वनों के उन्मूलन अथवा विनाश के साथ मानव का विनाश भी जुड़ा हुआ है। इसके बावजूद भी वनों का तेजी से उन्मूलन हो रहा है अर्थात वनों को काटा जा रहा है और उनका ह्रास हो रहा है। विनाश के अनेक कारण हैं जिनमें निरन्तर बढ़ती जनसंख्या प्रमुख कारण है। जनसंख्या वृद्धि के साथ कृषि योग्य भूमि में वृद्धि करने, भवन, सड़क, बाँध एवं अनेक परियोजनाओं के निर्माण फर्नीचर, ईंधन, पशुपालन, चारा, शहरीकरण, औद्योगीकरण, कृषि योग्य भूमि आदि के लिए वनों की कटाई का काम तीव्र गति से करना आदि वन विनाश के प्रमुख कारण हैं। इस प्रकार वनों के कटने व ह्रास होने का प्रमुख कारण यहाँ वनों की क्षमता से अधिक जैविक दबाव होना है।

वन प्राकृतिक संसाधन है तथा एक ऐसी सम्पदा है, जिसका उपयोग मानव आदिकाल से करता आया है और आज भी कर रहा है, किन्तु आज के तकनीकी व वैज्ञानिक युग में बढ़ती जनसंख्या के दबाव और मानव की स्वार्थपरता ने इस प्राकृतिक सम्पदा के पर्यावरणीय महत्व को नहीं समझा तथा उसके उन्मूलन में ही प्रवृत्त हो गया। यह वनोन्मूलन मानव-सभ्यता की विकास यात्रा का परिणाम है, यद्यपि यदा-कदा प्राकृतिक कारण और वन की आग भी इन्हें नष्ट करती है, परन्तु यह उतनी हानिप्रद नहीं है, जितना की मानव द्वारा वनों का विनाश है। वनोन्मूलन अथवा वन विनाश के मुख्य कारणों को निम्न प्रकार समझाया जा सकता है -

1. कृषि के लिये वन विनाश (Deforestation for Agriculture)-आज हमें विश्व में जो कृषि-क्षेत्र दिखाई देता है, उसमें से अधिकांश वनों को नष्ट व साफ करके प्राप्त किया गया है। यह मानव के लिए आवश्यक भी था क्योंकि कृषि-क्षेत्रों से प्राप्त अन्न रूपी भोजन मनुष्य की प्राथमिक आवश्यकता है, परन्तु जब जनसंख्या में निरन्तर वृद्धि होने से जनसंख्या विस्फोट हुआ तो वनोन्मूलन का प्रारम्भ हुआ, जो आज एक समस्या बन गया है। कृषि अवश्य होनी चाहिये, क्योंकि कृषि-उपज से मनुष्यों के पेट भरते हैं, लेकिन यदि इसके लिये वनों को नष्ट तथा समाप्त किया जायेगा तो पर्यावरण पर विपरीत प्रभाव पड़ेगा और कृषि पर भी। यहीं नहीं अफ्रीका, एशिया तथा दक्षिणी अमेरिका में आज भी स्थानान्तरित कृषि करने के लिये वनों को जलाया जाता है, उसके बाद कृषि-भूमि प्राप्त की जाती है तथा कुछ वर्षों तक वहाँ कृषि करके अन्य स्थानों पर पुनः यही क्रिया की जाती है। एक अनुमान के अनुसार दुनिया में लगभग 4 करोड़ वर्गमीटर क्षेत्र में बसने वाले 20 करोड़ आदिवासी इसी पद्धति से कृषि-कार्य करते हैं। इस प्रकार की स्थानान्तरित कृषि से होने वाली क्षति का अनुमान इससे लगाया जा सकता है कि अकेले आइवरी कोस्ट में 1956 से 1966 तक के दस वर्षों में 40 प्रतिशत वन स्थाई रूप से नष्ट हो गये। भारत में भी इसी प्रकार की खेती मिजोरम, नागालैण्ड, मणिपुर, मेघालय, अरूणाचल प्रदेश व असम में की जा रही है। एक अनुमान के आधार पर भारत में 1951-52 तथा 1987-88 के मध्य कृषि कार्य के लिये 29.7 लाख हेक्टेयर भूमि से वनोन्मूलन किया गया। इस प्रकार निरन्तर बढ़ते जनसंख्या के दबाव के कारण कृषि के लिए वनों का विनाश किया जा रहा है। दूसरे शब्दों में जनसंख्या वृद्धि तथा कृषि, वनोन्मूलन का एक मुख्य कारण है।

2. निर्माण कार्यों हेतु वनोन्मूलन (Deforestation for construction work) - जनसंख्या वृद्धि के साथ-साथ आवासीय भूमि की अधिक आवश्यकता, उद्योगों, रेल-लाइनों, तथा सड़कों का विस्तार, शहरीकरण और नगरों का फैलाव तथा नदियों पर बड़े बाँधों का निर्माण भी वनोन्मूलन का मुख्य कारण रहा है, क्योंकि भूमि का विस्तार तो सीमित है तथा अधिक क्षेत्र की आवश्यकता को वनों को समाप्त करके ही पूरा किया जा सकता है। भारत में ही वर्ष 1951-52 से 1985-86 के मध्य नदी घाटी योजनाओं के निर्माण के अन्तर्गत 5.84 लाख हेक्टेयर, सड़क निर्माण कार्यों में 73000 हेक्टेयर, उद्योगों में 14.6 लाख हेक्टेयर और अन्य विधि निर्माण कार्यों हेतु 93.8 लाख हेक्टेयर भूमि से वनों को काटा गया। इसके बाद के वर्षों में तो इससे भी अधिक वनों को नष्ट किया गया। जितने भी बड़े बाँध बनाये जाते हैं उनमें हजारों कि0मी0 का क्षेत्र जलमग्र हो जाता है तथा उसी के साथ वन भी समाप्त हो जाते हैं। ये बाँध लाभप्रद होते हुए भी पर्यावरण तथा पारिस्थितिकी पर विपरीत प्रभाव डालते है।

3. खनिज-खनन के लिये वन विनाश (Deforestation for mining)- विश्व में खनिज-खनन के लिए विस्तृत भू-भाग की खुदाई की जाती है, परिणामस्वरूप उन क्षेत्रों के वन निश्चित रूप से नष्ट हो जाते हैं। विश्व के अधिकांश देशों में जहाँ खनिजों का व्यापारिक खनन होता है, वहाँ के वनों के क्षेत्र में कमी आ जाती है। भारत में बिहार, प0 बंगाल, उड़ीसा, मध्य प्रदेश के खनिज प्रदेश इसके प्रत्यक्ष उदाहरण हैं। स्थानीय तथा क्षेत्रीय स्तर पर भी इसका प्रभाव वन विनाश के रूप में पड़ता है, परन्तु खनिजों से होने वाले लाभों के अधिक होने से वनों का विनाश अवश्यम्भावी हो जाता है।

4. काष्ठ, ईंन्धन तथा अन्य उपयोग हेतु वन विनाश (Deforestation for Wood, fuel and other uses) - वनों से प्राप्त लकड़ी को विविध रूप में उपयोग में लेने की मानव की प्रवृत्ति रही है तथा सभ्यता के विकास के साथ-साथ यह प्रवृत्ति कम होने के स्थान पर अधिक से अधिकतर व अधिकतर से अधिकतम होती जा रही है। ईंधन के लिए वनों से प्राप्त लकड़ी का उपयोग तो मानव अग्नि के आविष्कार के समय से ही करता आ रहा है। यद्यपि विकसित देशों में अन्य वैकल्पिक ऊर्जा स्रोतों का विकास हो जाने से ईंधन के रूप में लकड़ी का उपयोग, आज भी होता है तथा यह वनोन्मूलन का एक मुख्य कारण है। इसी प्रकार लकड़ी का उपयोग भवन-निर्माण, जहाज, फर्नीचर, रेल के डिब्बे, रेल लाइनों के स्लीपर, सेल्योलाज, कागज आदि के निर्माण के लिए भी किया जाता है। इन सबके लिए अत्यधिक मात्रा में वनों की व्यापारिक कटाई होती है। सोवियत रूस, कनाड़ा, स्केन्डेनेविया और उष्ण कटिबन्धीय प्रदेशों में वनों का व्यापारिक स्तर पर शोषण आज पर्यावरण संकट का कारण बन गया है। कागज, दियासलाई, धागा, रबर, पेन्ट, वारनिश, रेगजीन, कत्था, प्लाइवुड, लाख आदि वस्तुओं की प्राप्ति के लिए भी वनों को काटा जाता है। एक अनुमान के अनुसार दुनिया में लकड़ी-उत्पादों से प्रतिवर्ष 216 करोड़ अरब रूपयों की आय होती है। इसलिये निश्चित है कि यह वनोन्मूलन का मुख्य कारण है।

संक्षेप में भारत में वन विनाश के कारणों का वर्णन निम्न प्रकार है -

1. अनियन्त्रित शोषण।
2. जनसंख्या वृद्धि एवं नगरीकरण के कारण आवासीय भूमि हेतु वनों का विनाश।
3. ईंधन व अन्य उपयोग हेतु वनों की कटाई ।
4. कृषि क्षेत्रों हेतु वनों को काटना ।

5. वृहत् बाँधों के जल-ग्रहण क्षेत्रों में वनों का जल-मग्न होना ।
6. अनियन्त्रित खनिज खनन तथा भूमि का कटाव ।
7. जन-साधारण में वन-संरक्षण चेतना का अभाव ।
8. व्यापारीकरण की प्रवृति का विकास आदि ।

वनोन्मूलन अथवा वन विनाश से होने वाली हानियाँ (Harms of Deforestation)

वन विनाश से होने वाली हानियों का संक्षिप्त विवरण इस प्रकार से है –

1. वनोन्मूलन से पारिस्थितिक असंतुलन उत्पन्न हो जाता है ।
2. वनोन्मूलन से वर्षा की मात्रा में कमी आ जाती है।
3. वनोन्मूलन से मृदा के अपरदन में वृद्धि हो जाती है।
4. वायुमण्डल में नमी धारण करने की क्षमता में कमी आ जाती है।
5. तापमान में वृद्धि हो जाती है।
6. वनों से उपलब्ध होने वाले उपयोगी पदार्थ व वनस्पति उपलब्ध नहीं हो पाते हैं।
7. वनोन्मूलन से पर्यावरण प्रदूषण में वृद्धि हो जाती है ।
8. वनोन्मूलन से भूमि की उर्वरता में कमी होने लगती है।
9. वनोन्मूलन से वन्य जीव जन्तुओं की प्रजातियाँ नष्ट हो जाती हैं ।

वन प्रबन्ध (Forest Management)

वनों को क्षति पहुँचाने वाले कारकों से बचाव के लिये तथा वन विनाश के दुष्परिणामों को रोकने के लिये उचित वन प्रबन्धन पर विशेष ध्यान दिया जाना आवश्यक है। वर्तमान में विश्व के सभी देश वन-संरक्षण की ओर ध्यान दे रहे हैं। सभी देशों में वनों को संरक्षित करने की ओर प्रशासन द्वारा ध्यान दिया जाने लगा है, नियम बनाये जा रहे हैं, वन-नीतियाँ निर्धारित की जा रही हैं, यहाँ तक कि आन्दोलन चलाये जा रहे हैं, किन्तु वनों का विनाश आज भी तीव्र गति से हो रहा है। **इसके लिए कुछ उपाय जो वन प्रबन्धन के अन्तर्गत किये जा सकते हैं, इनका विवरण निम्न प्रकार है –**

1. वन काटने तथा वनरोपण या वृक्षारोपण में अनुपात का ध्यान रखना।
2. वनों के संरक्षण सम्बन्धी नियमों का कठोरता से पालन किया जाए।

3. लगाये गये वृक्ष जब वृद्धि की अवस्था में हो तो उन्हें काटने पर रोक लगाना।

4. सम्पूर्ण वृक्ष को न काटकर उसकी शाखा को ही यथा समय काटना।

5. फर्नीचर तथा अन्य सजावट के सामानों में लकड़ी का प्रयोग सीमित कर अन्य वैकल्पिक साधनों का विकास करना।

6. सामाजिक वानिकी कार्यक्रमों को प्रोत्साहित करना।

7. ईंधन के लिए वनों की कटाई पर रोक लगाना और अन्य ईंधन उपलब्ध कराना।

8. वनों की आग से सुरक्षा करने के प्रयत्न करना।

9. तीव्र वृद्धि करने वाले और उपयोगी वृक्षों का रोपण करना।

10. सम्पूर्ण वन सम्पदा का सर्वेक्षण कर उसे श्रेणीबद्ध करना।

11. सघन वनारोपण कार्यक्रम का विस्तार करना।

12. पारिस्थितिकी के अनुरूप वनारोपण या वृक्षारोपण करना।

13. सरकार तथा जनता के सामूहिक प्रयासों से वनोन्मूलन रोकना।

14. वनों के महत्व तथा उनके उन्मूलन के दुष्प्रभावों को जनता तक पहुँचाना।

15. जनता में वनारोपण के प्रति जागृति उत्पन्न करना।

इमारती लकड़ी का निष्कर्षण, खनन एवं बांधों का वनों और आदिवासी लोगों पर प्रभाव (Effects of Timber extraction, Mining and Dams on Forests and Tribal People)

खनन, इमारती लकड़ी के निष्कर्षण, उपजाऊ मिट्टी के कटाव, भयंकर भूस्खलन, प्रलयकारी बाढ़ें, भयावह सूखे, वर्षा में कमी, पर्यावरण प्रदूषण, पारिस्थितिकी असन्तुलन से आज सभी त्रस्त हैं, इस दिशा में सभी देश प्रयत्न कर रहे हैं, परन्तु इमारती लकड़ी प्राप्त करने हेतु वन निरन्तर कटते जा रहे हैं तथा उनके क्षेत्रों की कमी होती जा रही है। खनन कार्य भी लगातार जारी है जिससे मानव जीवन पर प्रतिकूल प्रभाव पड़ रहा है। पर्यावरण प्रदूषण के साथ-साथ मृदा की उर्वरता, मरूस्थलीकरण एवं बाढ़ें इसी का परिणाम है। इमारती लकड़ी निष्कर्षण, खनन एवं बांधों का संक्षिप्त विवरण एवं वनों व आदिवासियों पर उनके प्रभाव को निम्न प्रकार से समझा सकते हैं -

1. इमारती लकड़ी के निष्कर्षण (Timber extraction)

वनोन्मूलन अथवा वन विनाश का एक प्रमुख कारण ईमारती लकड़ी प्राप्त करना है। फर्नीचर बनाने, भवन निर्माण तथा इनसे निकलने वाले अन्य उत्पाद को प्राप्त करने के लिए वनों को काटा जाता है। राजस्थान के वनों से प्रतिवर्ष 25 लाख घन फुट इमारती लकड़ी प्राप्त होती है। यह मुख्यत: धोकड़ा (Marwar teak), बबूल (Babul), शीशम (Shisham), सागवान (Teak), नीम (Neem) आदि वृक्षों से प्राप्त होती है। बबूल, कीकर, कैर, खेजड़ी आदि से ईंधन के लिये लकड़ी व कोयला बनाया जाता है। खेजड़ी, नीम, बबूल, ढ़ाक, पीपल, गूगल आदि से गौंद प्राप्त किया जाता है। इनमें से कुछ गोंद औषधियों के निर्माण के लिए, कुछ खाने तथा कुछ चिपकाने के काम आता है। खैर के वृक्षों के आन्तरिक भाग को काटकर छोटे-छोटे टुकड़े कर दिये जाते हैं। उन्हें उबाल कर कत्था तैयार किया जाता है। राजस्थान में पाये जाने वाले तेन्दू की पत्तियों से बीडियाँ बनाई जाती है। बांसवाड़ा, उदयपुर, चित्तौड़गढ़, सिरोही आदि जिलों से प्राप्त होने वाले बाँस (Bamboo) का उपयोग कारखानों में लुग्दी बनाने में किया जाता है तथा ग्रामवासी इससे झौंपड़ी, चारपाई, टोकरियाँ आदि तैयार करते है। लैसीफर लक्का नामक कीड़ा बरगद, खैर, पीपल, बबूल, गूलर आदि वृक्षों की नम डालियों का रस चूसकर एक चिपचिपा पदार्थ निकालता है जिसे लाख कहते हैं। लाख विद्युत निरोधक होता है। इसका उपयोग पॉलिश, खिलौने, रेडियो तथा टेलीविजन ट्यूब आदि बनाने में होता है।

2. खनन (Mining)

खनन कार्य को मानव का विध्वंसात्मक आर्थिक क्रिया-कलाप कहा गया है। खनिज एक महत्वपूर्ण संसाधन है लेकिन वर्तमान में अत्याधिक खनन क्रिया द्वारा पर्यावरणीय प्रदूषण की एक चिन्ताजनक स्थिति पैदा हो गई है। खनन के आस-पास के क्षेत्रों में खड़डे खोदने, विष्फोट करने तथा हानिकारक गैसों के निकलने से वहाँ का सम्पूर्ण परिवेश तेजी से आक्रमित (Degradation) होता जाता है। वहाँ के वन्य प्राणी नष्ट होते जाते हैं या फिर दूसरी जगह प्रवास कर जाते हैं। खनन में रूकावट पैदा करने के कारण उस क्षेत्र के वृक्षों को काट दिया जाता है। इसके अतिरिक्त खनन क्रिया के निम्न घातक परिणाम होते हैं :-

(i) खनन क्षेत्रों से बसी हुई ग्रामीण बस्तियाँ शांति भंग होने के कारण उजड़ जाती है।

(ii) खनन हेतु किये जाने वाले विस्फोट के द्वारा वहाँ के सभी जीव जन्तु अन्यत्र पलायन कर जाते हैं।

(iii) खनन के समय खोदी जाने वाली गहरी खाने व सुरंग के कारण वर्षा काल में तेजी से अपरदन होता है जिससे सम्पूर्ण क्षेत्र उबड़-खाबड़ हो जाता है।

(iv) खनन द्वारा होने वाले प्रदूषण से भूमि का उपजाऊपन खत्म हो जाता है।

(v) कोयले जैसी खानों में कभी-कभी आग लग जाने से जान-माल की भारी हानि होती है।

3. बाँध (Dams)

नदी के पानी को रोकने के लिए बनाई गई ऊंची तथा मजबूत दीवार को बाँध कहते हैं। बाँधों द्वारा नदी का जल किसी बड़ी झील में जमा कर लिया जाता है। इस जल से बिजली उत्पन्न की जाती है तथा नहरों द्वारा सिंचाई की जाती है। बाँध बनाने के लिए उस स्थल के आस पास की भूमि वन रहित कर दी जाती है। बाँधों से बनी झील के क्षेत्र में आने वाले वन जलमग्नता (Water logging) के कारण नष्ट हो जाते हैं। पानी के निरन्तर इकट्ठे रहने के कारण उस क्षेत्र की मिट्टी में धीरे-धीरे लवणता बढ़ती जाती है।

वन-संरक्षण के उपाय (Measures for Forest Conservation)

वनों के महत्व व उनकी आवश्यकता को देखते हुये वन-संरक्षण के कुछ प्रमुख उपाय निम्नलिखित हैं –

1. नियन्त्रित तथा उचित विधि से कटाई – वनों के विनाश का एक मुख्य कारण मानव द्वारा विभिन्न उपयोगों के लिए वनों के पेड़ों को काटकर लकड़ी प्राप्त करना है। पूरी दुनिया में प्रतिवर्ष लगभग 1600 मिलीयन घन मीटर लकड़ी का उपयोग विभिन्न कार्यों में किया जाता है। ईंधन के साथ-साथ लकड़ी के व्यापारिक तथा व्यावसायिक उपयोग में निरन्तर वृद्धि हो रही है, परिणामस्वरूप वनों का विनाश अत्यधिक तीव्र गति से हो रहा है। इसलिए वन संरक्षण के लिये प्राथमिक उपाय नियन्त्रित एवं उचित विधि से वनों से लकड़ी की कटाई करना है, जिससे वनों का अनवरत व दीर्घकालिक उपयोग सम्भव हो सके। सामान्यतया लकड़ी की कटाई करने की तीन विधियों का प्रयोग उचित प्रबन्धन के लिये किया जाता है, जो कि निम्नलिखित हैं–

(i) निर्वृक्षीकरण (Clear cutting)

(ii) वरणात्मक कटाई (selective cutting)

(iii) परिरक्षित कटाई (shelter wood cutting)

निर्वृक्षीकरण वनों के उन क्षेत्रों में किया जाता है, जहाँ एक ही प्रकार की लकड़ी का विस्तार हो। एक समान आयु के वृक्षों को व्यावसायिक दृष्टि से एक खण्ड विशेष से काट लिया जाता है तथा उन्हें पुनः अंकुरित होने को छोड़ दिया जाता है। वरणात्मक कटाई में परिपक्व वृक्षों का चयन कर उन्हें क्रमानुसार काटा जाता है अर्थात् इन वनों में सदैव वृक्ष बने रहते हैं तथा क्रमिक रूप से चयनित वृक्ष समूहों का उपयोग किया जाता है। परिरक्षित कटाई में निकृष्ट गुणवत्ता वाले पेड़ों को पहले काटा जाता है, जिससे उत्तम काष्ठ प्रदान करने वाले वृक्षों की तीव्र वृद्धि सम्भव हो सके। उसके बाद द्वितीय श्रेणी की गुणवत्ता वाले वृक्षों को काटा जाता है तथा अन्त में उत्तम श्रेणी की गुणवत्ता वाले वृक्षों को और इसके मध्य काल में वृक्षों को पुनः अंकुरित एवं विकसित होने का समय पर्याप्त रूप से उपलब्ध हो जाता है।

नियन्त्रित तथा नियोजित कटाई से अभिप्राय वास्तव में यह है कि वृक्षों की कटाई इस प्रकार से की जाये कि क्षेत्र वृक्ष रहित न हों तथा आवश्यकतानुरूप उनका उपयोग भी होता रहे। इसके लिए एक क्रमबद्ध कटाई कार्यक्रम को अपनाने की आवश्यकता होती है, जैसे 100 वर्ग कि0मी0 वन का क्षेत्र है तो प्रतिवर्ष यदि 10 कि0मी0 के क्षेत्र से वन काट लिये जायें तो जो क्षेत्र वन रहित होगा वह पुनः इस काल में वन युक्त हो जायेगा। वनों को विकसित होने में यदि पर्याप्त समय दिया जाये तो ऐसा कोई कारण दिखाई नहीं देता जिससे हमारी वन सम्पदा नष्ट हो जाये। इस प्रकार नियन्त्रित तथा नियोजित कटाई वन संरक्षण की प्राथमिक आवश्यकता है या वन संरक्षण का प्रथम उपाय है।

2. वनरक्षण (Forest Protection) – वन संरक्षण के लिये वनों की सुरक्षा करना आज अत्यधिक आवश्यक हो गया है। जंगली आग, बाढ़, चक्रवातीय तीव्र हवा, आंधियाँ, सूखा आदि पर्यावरणीय और प्राकृतिक कारकों से वनों को हानि होती है। अनियन्त्रित पशुचारण भी वन विनाश का कारण होने से उसका भी नियन्त्रण करना आवश्यक हो गया है। पशु चारण हेतु क्षेत्र निश्चित होने चाहिये तथा उसे समयानुसार बदलते रहना चाहिये। नवीन पौधों की पशुओं से रक्षा आवश्यक है। जिससे वे विकसित होकर पूर्ण परिपक्व वृक्ष बन सकें। पादप-रोगों से भी वनों की रक्षा आवश्यक है जिनमें अधिकांश रोग परजीवी कवक से होते हैं। इस सम्बन्ध में रोग ग्रस्त वृक्ष, समूहों का पता लगाना, रोगी वृक्षों को नष्ट करना तथा रोगाणुओं को फैलने से रोकना आवश्यक है किन्तु यह कार्य सीमित क्षेत्रों में ही सम्भव है तथा ऐसे क्षेत्रों में यथा सम्भव पौधों को रोगों से बचाना आवश्यक है।

3. कृषि तथा आवास हेतु वनों की कटाई पर रोक – बढ़ती हुई जनसंख्या की आवश्यकताओं की पूर्ति के लिये वनों को काटकर कृषि क्षेत्रों का विस्तार तथा

विकास करना एक सामान्य कार्य होता जा रहा है तथा आज हम ऐसी स्थिति में हैं कि इस प्रवृत्ति पर अब रोक लगाना आवश्यक हो गया है क्योंकि अब वनों का क्षेत्र इतना सीमित रह गया है कि यदि इसे और अधिक सीमित कर दिया गया तो पारिस्थितिक - संकट बढ़ जायेगा। इसलिये वन क्षेत्रों की भूमि की कीमत पर कृषि विस्तार नहीं किया जाना चाहिये। इस सम्बन्ध में विचारणीय तथ्य यह है कि स्थानान्तरण कृषि को नियन्त्रित व यथा सम्भव समाप्त कर देना चाहिये। कृषि के साथ-साथ आवासों के विस्तार तथा नगरीयकरण या शहरीकरण के लिये भी वनों को समाप्त करने की प्रवृत्ति बहुत पनप रही है। अनेक बार नये नगरों के विकास के लिये विशाल क्षेत्रों में वनों का विनाश किया जा रहा है। इस प्रवृत्ति को समाप्त किया जाना चाहिये क्योंकि वन प्राकृतिक अमूल्य सम्पदा है जिनका संरक्षण हमारे जीवन की अनेक आवश्यकताओं की पूर्ति कर पर्यावरणीय ओर पारिस्थितिक संतुलन बनाये रखने के लिये आवश्यक है।

4. वनों का आग से बचाव - प्राकृतिक प्रकोप के कारण वनों में लगने वाली आग भी कभी-कभी अत्यधिक विनाशकारी रूप ग्रहण कर लेती है जिससे सैकड़ों-हजारों वर्ग कि0मी0 का वन-क्षेत्र जलकर राख हो जाता है तथा उस जले हुए क्षेत्र के सम्पूर्ण वृक्ष तथा वनस्पति जल जाते हैं। वनों में यह आग प्राकृतिक रूप से घर्षण द्वारा उत्पन्न चिनगारियों से लगती है। गर्म, शुष्क तथा हवा युक्त मौसम में अनेक वृक्षों की शाखायें या बाँस वृक्ष आपसी घर्षण से आग का कारण बनते हैं। इस प्राकृतिक आग के अलावा केम्पफायर, लकड़ी जलाने, जलती तीली डालने, बीड़ी-सिगरेट जलती फेंक देने से भी एवं मानव की लापरवाही से भी वनों में आग लगने का कारण बनती हैं। वन की आग इतनी तेजी से फैलती है कि उसे नियंत्रित करना सम्भव नहीं होता है। अकेले संयुक्त राज्य अमेरिका में 1955-1964 के मध्य वनों में आग लगने की 322 घटनायें घटित हुई। इसलिये वनों की आग से बचाने हेतु सावधानी की आवश्यकता है ताकि मानव की लापरवाही से वनों में आग न लगे तथा इस आग व प्राकृतिक आग पर नियन्त्रण पाने के लिये अग्निशामक उड़नदस्तों की उचित व्यवस्था होनी चाहिये। हैलिकोप्टर द्वारा किये गये छिड़काव से भी वनों की आग को बुझाया जा सकता है। इसलिए आग लगने की सूचना मिलते ही अग्निशमन दस्तों व हेलिकोप्टरों की व्यवस्था करना वनों के संरक्षण के लिये अत्यन्त आवश्यक है।

5. पुनः वन लगाना या वृक्षारोपण (Afforestation or Reforestation) - वन-संरक्षण के लिए जहाँ एक ओर वनों की रक्षा करना आवश्यक है, वहीं दूसरी ओर वनरोपण तथा वृक्षारोपण की भी आवश्यकता उतनी ही है। यह एक नियमित प्रक्रिया के रूप में होनी चाहिए क्योंकि एक ओर विधि उपयोगों के लिए वनों को जिस अनुपात में

काटा जाता है, उसके साथ ही यदि उस अनुपात में नये वृक्ष लगा दिये जाएं, तो वनोन्मूलन की समस्या से बचकर वन-संरक्षण किया जा सकता है। भारत में वृक्षारोपण कार्यक्रम राष्ट्रीय स्तर पर चलाया जा रहा है। इस कार्यक्रम की सफलता हेतु यह आवश्यक है कि वृक्ष लगाना ही पर्याप्त नहीं है, अपितु उन्हें विकसित किया जाये अन्यथा वृक्षारोपण मात्र आँकड़ों में ही अंकित रह जाते हैं। इस सन्दर्भ में एक अन्य ध्यान देने योग्य बात यह है कि वृक्षों का चयन उपयोगिता तथा क्षेत्रीय व स्थानीय पर्यावरण की दृष्टि से रखकर किया जाये। हमारे यहाँ वृक्षारोपण में अधिकांशतः युक्लिप्ट्स के शीघ्र पनपने वाले वृक्षों का रोपण हो रहा है, यह प्रवृत्ति समाप्त कर उपयोगी लकड़ी प्रदान करने वाले वृक्षों के रोपण पर ध्यान देना अत्यन्त आवश्यक है।

6. बाँधों से वनों के जल-मग्न होने से बचाव – संसार में जहाँ भी नदियों पर बाँध बनाये जाते हैं, उनके अन्तर्गत विशाल वन क्षेत्र जलमग्न हो जाते हैं। भारत के भाखड़ा नागंल, गाँधी सागर, तुँगभद्रा, नागार्जुन सागर, रिहन्द, हीराकुण्ड, दामोदर आदि विशाल बाँधों से हजारों वर्ग कि.मी. का वन क्षेत्र जल मग्न हो गया है। टिहरी बाँध एवं साइलैण्ट वैली परियोजना के विरोध का एक कारण वनों के विनाश से पर्यावरण पर विपरीत प्रभाव है, परन्तु इसका तात्पर्य यह नहीं कि बाँध बनाये ही नहीं जायें, अपितु बाँध स्थलों का चयन इस प्रकार किया जाये कि उनसे कम से कम वन जलमग्न हों। साथ ही बाँध निर्माण के बाद अन्य विकास कार्यों के साथ इस बात पर भी जोर दिया जाना चाहिये कि उस क्षेत्र में पुनः वनारोपण किया जाये जिससे पारिस्थितिक संतुलन बना रहे सके।

7. वनों का पर्यटन स्थलों के रूप में विकास – वन संरक्षण का एक सफल उपाय इनका पर्यटन स्थलों के रूप में विकास करना है। वन प्राकृतिक सुरम्यता तथा सुन्दरता से युक्त होते है तथा इस कारण वे सहज ही पर्यटकों को आकर्षित करते हैं। इनसे वन संरक्षण तो होता ही है, साथ ही विदेशी मुद्रा की प्राप्ति से आय में भी वृद्धि होती है। इस दिशा में अनेक देशों में राष्ट्रीय पार्क तथा अभयारण्यों के विकास के प्रयास किये जा रहे हैं। भारत में ही अब तक 20 राष्ट्रीय उद्यान एवं प्रत्येक राज्य में कुछ अभयारण्य विकसित किये जा चुके हैं। उनके विकास से विभिन्न पादप प्रजातियों की रक्षा के साथ-साथ वन्य-जीवों का भी संरक्षण होता है। वन प्रदेशों की सुरक्षा के लिए इनको पर्यटन स्थलों के रूप में विकसित करना दोहरा लाभदायक है।

8. सामाजिक एवं स्वयंसेवी संस्थाओं द्वारा वन-संरक्षण - वन संरक्षण और वनरोपण तथा वृक्षारोपण जैसे कार्यक्रम मात्र सरकारी नियमों तथा प्रशासनिक प्रयासों से ही सफल नहीं हो सकते, इसलिए इसके लिए जन-चेतना या सामाजिक चेतना

जाग्रत करना अति आवश्यक है। जब समाज का प्रत्येक व्यक्ति यह अनुभव करे कि वन संरक्षण स्वयं उसके तथा भविष्य की पीढ़ियों के लिए आवश्यक है तो यह संरक्षण स्वतः ही होने लगेगा। भारत में वन संरक्षण की स्वस्थ सामाजिक परम्परा रही है और वन यहाँ की संस्कृति के अभिन्न अंग रहे हैं। हमारे यहाँ बरगद, पीपल जैसे अनेक वृक्षों की पूजा की जाती है जो वृक्षों के संरक्षण का अपूर्व उदाहरण है। भारत में विश्नोई जाति के धर्म का एक प्रमुख सिद्धान्त वनों की रक्षा करना है, जिसका प्रत्यक्ष उदाहरण विश्नोई जाति के लोगों का वन-संरक्षण के लिए 'चिपको' आन्दोलन है। वन संरक्षण में स्वयं सेवी एवं गैर प्रशासनिक संस्थाओं की भी महती भूमिका है और आज दुनिया में ऐसी अनेक संस्थायें हैं। ''ग्रीन ग्रीस'' संस्थायें अनेक देशों में कार्यरत हैं। भारत में चिपको आन्दोलन वन संरक्षण के लिए जन-जागृति करने में लगा है तथा दक्षिणी भारत में ''अप्पिको'' आन्दोलन पर्यावरण संरक्षण में संलग्न है। विगत दशक से स्थानीय स्तर पर भारत में अनेक स्वयं सेवी संस्थायें इस दिशा में कार्य करती हुई वन संरक्षण तथा विकास में महत्वपूर्ण भूमिकायें निभा रही हैं। प्रशासन द्वारा प्रारम्भ किया गया ''सामाजिक वानिकी'' कार्यक्रम कुछ प्रदेशों में सफल रहा है।

9. वन संरक्षण में प्रशासनिक भूमिका - वनों के संरक्षण में सरकार तथा स्थानीय प्रशासन की महत्वपूर्ण भूमिका है, क्योंकि सरकारी नियमों के अन्तर्गत ही वन-संरक्षण सम्भव है। संसार के प्रत्येक देश में वन संरक्षण के लिये नियम है तथा सरकारें उपयोगिता एवं अर्थव्यवस्था के अनुरूप नियम बना कर उन्हें संरक्षित करने का प्रयास करती हैं। इस सम्बन्ध में प्रारम्भिक आवश्यकता यह है कि नियमों के अन्तर्गत वनों का संरक्षण हो, परन्तु स्वार्थी तत्वों द्वारा नियमों के विरूद्ध कार्य करने से वनोन्मूलन की प्रवृत्ति स्वार्थी तत्वों द्वारा नियमों के विरूद्ध कार्य करने से वनोन्मूलन की प्रवृत्ति निरन्तर बढ़ रही है।

प्रशासन वन-संरक्षण के लिए निम्नलिखित कार्य सम्पादित कर सकता है-

1. वनों के संरक्षण के लिए कानून बनाना,
2. देश के समस्त वनों का सर्वेक्षण करना,
3. वनों के विभिन्न प्रकारों व श्रेणियों को सूचीबद्ध करना तथा सुरक्षित वन क्षेत्रों का निर्धारण करना,
4. ऐसे क्षेत्रों का पता लगाना जहाँ वन विकास की आवश्यकता है तथा जहाँ वृक्षारोपण सम्भव है,

5. आर्थिक दृष्टि से उपयोगी वनों का निर्धारण तथा संचालन,
6. अग्नि व अन्य प्राकृतिक आपदाओं से वनों की रक्षा के प्रयास करना,
7. वन-अनुसंधान के लिए प्रयोगशालाओं की स्थापना करना,
8. राष्ट्रीय पार्कों एवं अभयारण्यों की स्थापना करना,
9. वनरोपण कार्यक्रम का क्रियान्वयन करना,
10. सतत निरीक्षण द्वारा वनोन्मूलन को बचाना और नियम विरूद्ध कार्य करने वालों को सजा देना,
11. वन-संरक्षण के लिए प्रोत्साहन व पुरस्कार देना,
12. वन-उत्पादनों पर सरकारी नियन्त्रण होना,
13. देश के वन विकास हेतु राष्ट्रीय एवं क्षेत्रीय योजनाओं को तैयार करना आदि।

2. जल संसाधन Water Resources

मानव जीवन के लिए जल एक महत्वपूर्ण संसाधन है। इसके बिना वनस्पति, जीवों एवं पर्यावरण की समस्त क्रियायें अधूरी हैं। यह सम्पूर्ण जीवमण्डल को आधारप्रदान करता है। प्रकृति में जल विभिन्न स्थानों पर विभिन्न रूपों में वितरित रहता है। जलवायु एवं स्थिति के अनुसार इसका स्वरूप तथा आकार भी बदलता रहता है। यह कहीं द्रव, हिम तथा कहीं जलवाष्प के रूप में पाया जाता है। पृथ्वी के धरातल पर शुद्ध जल की मात्रा बहुत कम है। धरातल पर स्थित विभिन्न जल स्त्रोतों जैसे-झील, नदियाँ, तालाब, नहरें, समुद्रों आदि से जल वाष्पीकरण द्वारा वायुमण्डल में चला जाता है तथा कम तापमान के कारण संघनित होकर वर्षा के रूप में पुनः धरातल पर आ जाता है। हार्ले ने सर्वप्रथम यह स्पष्ट किया कि जल, समुद्रों से वाष्प, वाष्प से बादल, बादलों से वर्षा, वर्षा से नदियों एवं नालों के द्वारा समुद्रों में एकत्रित होता रहता है। वर्तमान में बढ़ती जनसंख्या एवं जल के अतिदोहन से जल चक्र (Water cycle) असंतुलित होने लगी है।

भूपृष्ठीय एवं भूमिगत जल का उपयोग तथा अति दोहन (Use and overutilization of surface and ground water)

पृथ्वी की बाह्य सतह पर पाये जाने वाले जल को भूपृष्ठीय जल (Surface water) कहते हैं। यह स्थिर जैसे-झील, तालाब आदि अथवा गतिशील जैसे-नदी, नहरें, झरने, नाले आदि रूप में हो सकता है। भूपृष्ठीय जल का मुख्य स्रोत वर्षा है। विश्व के

कुछ भागों में जल की बहुलता तथा कुछ भागों में जल का अभाव पाया जाता है। धरातलीय सतह के नीचे संचित जल को भूमिगत जल (Ground water) कहते हैं। यह जल मृदा कणों से रिस कर नीचे एकत्रित होता रहता है। भूमिगत जल का प्रमुख स्रोत वर्षा का जल तथा हिमद्रवित जल (Melt Water) होता है। भूमिगत जल की मात्रा परिवर्तित होती रहती है। यदि भूमिगत जल के विदोहन की वार्षिक गति इसी रफ्तार से बढ़ती गई तो एक दिन भूमिगत जल पूर्णतया समाप्त हो जायेगा। विभिन्न साधनों जैसे बोरिंग, ट्यूबवैल, हैण्डपम्प आदि से मनमाने तरीके से भूमिगत जल का दोहन किया जा रहा है जिससे भूमिगत जल स्तर आये दिन गिरता जा रहा है।

जल-संसाधन उपयोग (Use of Water Resources)

वर्षा के पश्चात् सम्पूर्ण जल सतह पर नहीं रूकता। यह नालों एवं नदियों के रूप में बहता हुआ समुद्र में चला जाता हैं। कुछ जल जलाशयों में रूक जाता है तथा कुछ भूमिगत हो जाता हैं। अत: मानव उपयोग के लिए जल का प्रमुख स्रोत नदियाँ ही हैं। भूमिगत जल का उपयोग कुँओं, चश्मों द्वारा होता हैं। घरेलू उपयोग के अतिरिक्त नदियों के जल का उपयोग सिंचाई कारखानों परिवहन तथा जल विद्युत प्राप्त करने के लिए होता है पर भूमिगत जल का उपयोग मुख्यता पीने तथा सिंचाई के लिए होता हैं। यही कारण हैं कि सामान्यत: अधिकतर बड़े नगर किसी न किसी नदी के किनारे मिलते हैं। समुद्र के जल का यद्यपि अभी बड़े पैमाने पर सिंचाई, विद्युत आदि के लिए उपयोग नहीं होता पर उनमें पलने वाले विभिन्न जीवों द्वारा उपयोग होता हैं।

सिंचाई के लिए जल का उपयोग मानव प्राचीन काल से करता आ रहा है। अधिकतर प्राचीन सभ्यतायें सिंचाई व्यवस्था के आधार पर विकसित हुई थीं। विश्व के कुल जल उपयोग का 80 प्रतिशत सिंचाई में प्रयुक्त होता है। सिंचाई के लिए सतह तथा भूमिगत जल का ही उपयोग होता हैं। इन स्रोतों से प्राप्त जल को कृत्रिम विधियों द्वारा प्रवाहित करके खेतों में पहुँचाने तथा मिट्टी को नम करने की व्यवस्था को सिंचाई कहते हैं। सिंचाई की आवश्यकता वहाँ नहीं होती हैं जहाँ वर्षा की मात्रा फसलों के लिए पर्याप्त हो अथवा वर्षा का सामयिक वितरण इस प्रकार का हो कि आवश्यकता के समय फसलों के लिए पर्याप्त जल उपलब्ध होने में कठिनाई नहीं होती हो। इस प्रकार शुष्क एवं अर्द्धशुष्क प्रदेशों में जहाँ औसत वार्षिक वर्षा 15 सेमी. से कम होती हैं तथा मानसून एवं भूमध्यसागरीय जलवायु प्रदेशों में जहाँ वर्षा किसी विशेष ऋतु में होती है और वर्षा की मात्रा में ऋत्विक भिन्नता मिलती है, वहाँ सिंचाई की विशेष आवश्यकता होती है। संयुक्त राष्ट्र एजेंसी यूनीसेफ (UNICEF) ने आने वाले समय भारत में भीषण जल संकट की चेतावनी दी है। यूनीसेफ की एक ताजा रिपोर्ट में बताया गया है कि सन् 2017 तक भारत

में भूमिगत जल की भारी कमी हो जायेगी तथा पेयजल की उपलब्धता भी घट जायेगी। वर्ल्ड वाइड फण्ड फॉर नेचर (World Wide Fund for Nature-WWF) के सहयोग से तैयार की गई इस रिपोर्ट के अनुसार मनमाने तरीके से बोरिंग करके भूमिगत जल की निकासी से अनेक राज्यों में जल स्तर घट गया है। भूमिगत जल के गिरते स्तर के कारण दिल्ली में ट्यूबवैल लगाने के लिए केन्द्रीय भूमिगत जल प्राधिकरण (CGWA) की स्वीकृति को अनिवार्य कर दिया गया है।

जल समस्या के समाधान हेतु सरकार की भावी योजना के मुख्य बिन्दु इस प्रकार हैं :-

1. भूगर्भीय जल या भूमिगत जल (Ground Water) के अधिक व फालतू उपयोग को रोकने के लिए विधेयक लाने की योजना।

2. बहुमंजिले भवनों में वर्षा के जल के अनिवार्य संरक्षण हेतु विधेयक लाने की योजना।

3. गुजरात में जलापूर्ति की स्थिति में सुधार के लिए सरदार सरोवर परियोजना।

4. राजस्थान में जलापूर्ति में सुधार के लिए जल के नये स्त्रोतों की पहचान।

5. जल से सम्बन्धित मामलों के प्रभावी हल के लिए नई राष्ट्रीय जल संसाधन निति की शीघ्र ही घोषणा करना।

6. तीन लाख तीस हजार करोड़ रूपये की अनुमानित लागत वाली दीर्घकालिक गंगा-कावेरी सम्पर्क परियोजना।

बाढ़ व सूखा (Floods and Draught) यदि जल प्लावन क्षेत्र में होता है जहाँ सामान्यत: पानी नहीं रहता तो उसे बाढ़ कहते हैं। जैसे वर्षा जल अपने प्रवाह मार्ग से न बहकर आसपास के क्षेत्रों में फैला जाता है उसे बाढ़ कहते हैं। विश्व की नदियों का बाढ़ क्षेत्र 3.51 प्रतिशत है व यह 19.5 प्रतिशत जनसंख्या को प्रभावित करती है। बाढ़ के वनस्पति विनाश, वर्षा की अनिश्चितता, नदी तल पर अधिक मलवा जमाव, नदी धारा में परिवर्तन, नदी मार्ग में मानव निर्मित व्यवधान, तटीय व तटबन्ध अधिवास आदि कारण है। भारत में प्रति वर्ष लगभग 40 करोड़ हैक्टेयर भूमि व 30 करोड़ व्यक्ति बाढ़ से प्रभावित होते हैं अरबों की सम्पत्ति नष्ट हो जाती है। बाढ़ रोकने के लिए वृक्षारोपण, नदी तलों की सफाई, नालों का उद्धार आदि करने चाहिए।

सूखा (Draught) – सूखा जल की कमी का परिणाम है राजस्थान में सूखा। यह उस स्थिति का घोतक है जिसमें अनावृष्टि के कारण भूमि की सतह पर व भूगर्भ में

पानी का नितान्त अभाव उत्पन्न हो जाता है। (एनसाइक्लोपिडिया ऑफ सोशियल सांइसेज) मौसम विज्ञान के अनुसार सूखा वह स्थिति है जब वर्षा सामान्य की 75 प्रतिशत हो व भंयकर सुखा वह स्थिति है जब वर्षा 50 प्रतिशत या इससे कम हो। सूखा यदि कारण है तो अकाल उसका परिणाम है। राज्य में यह आम धारणा है कि हर तीसरा वर्ष अकाल या सूखे का होता है। सूखा व अकाल से आर्थिक विकास की गति शिथिल होती है साथ ही अधिकतर जनसंख्या अपनी न्यूनतम आवश्यकता की पूर्ति भी नहीं कर सकती। यही कारण है कि यहाँ कि अधिकतम किसानों की मासिक आय 225 रूपये से भी कम है। राज्य की वर्षा का औसत 45 सै.मी. है। 65 प्रतिशत जनसंख्या गरीबी की सीमा से नीचे जीवन यापन कर रही है। राजस्थान का 1899 का अकाल (सम्वत् 1956) जिसे छपनियां अकाल कहते हैं सर्वविदित है जब अनावृष्टि से घास का एक तिनका भी पैदा नहीं हुआ, हजारों व्यक्ति लाखों पशु भूख प्यास से मर गये। 1917 में अकाल के साथ-साथ प्लेग भी फैला जिससे लाशों को जलाने के लिये आदमी भी नहीं मिले। **राजस्थान में अकाल व सूखे पड़ने वाले कुछ प्रभाव इस प्रकार है** - 1. अत्यधिक मंहगाई बढ़ती है। 2. खाद्यान चारा व पेयजल का नितान्त अभाव हो जाता है। 3. नियोजित आर्थिक विकास में बाधा पड़ती है। 4. बेरोजगारी बढ़ती है आय घटती है। 5. अत्याचार व अनैतिकता में वृद्धि होती है। 6. स्वास्थ्य व कुपोषण की समस्या उत्पन्न होती है।

सुखा समस्या समाधान हेतु प्रयास -

1. सूखा गस्त क्षेत्रों में व्यापक स्तर पर अकाल व सूखा राहत कार्य केन्द्र खोले गये।
2. अभावग्रस्त गांवों में भू राजस्व की वसूली को स्थगित किया गया।
3. सरकारी अल्पकालीन ऋणों को मध्यकालीन ऋणों में परिवर्तित किया गया।
4. अभाव की स्थिति से निपटने हेतु केन्द्र सरकार द्वारा धन राशि आवंटित की गई।
5. सूख की स्थिति को देखते हुए राहत कार्य लगातार व तीव्र गति से चलाये गये।
6. पशुओं के लिए चारा डिपो खोले गये, अनाज, आटा, कपड़ा, धन सूखा से पीडित लोगों में बांटा गया।

राजस्थान में अकाल व सूखा (Famine and Drought in Rajasthan)

राजस्थान के लिए 'अकाल व सूखा' एक सामान्य सी स्थिति बन गये हैं राजस्थान का ग्रामीण जीवन प्रायः सूखे व अकाल की गिरफ्त में आता रहता है। कृषि पर इसका प्रभाव विशेष रूप से होता है। खाद्य व पशुधन की स्थिति में असंतुलन पैदा हो जाता है। भूमि की नमी कम हो जाती है। फलस्वरूप कृषि की उत्पादकता पर प्रतिकूल प्रभाव होता है। वास्तव में, सूखे के परिणाम बाढ़ से भी अधिक भयंकर होते हैं। लगातार पड़ने वाले सूखे व अकाल से निर्धरता, कुपोषण व परस्पर झगड़ों में वृद्धि होती है। गत 20 वर्षों में राजस्थान के आंकड़ों को यदि देखा जाये तो स्पष्ट होगा कि वर्ष 1983-84, 90-91, 94-95 को छोड़कर अन्य वर्षों में राजस्थान के सभी या अधिकांश जिले अकाल व सूखे की चपेट में आते रहे हैं।

अकाल के प्रमुख कारण - राजस्थान में अकाल व सूखे के प्रमुख कारण निम्न लिखित हैं :-

(i) दूर-दूर तक फैला हुआ मरूस्थल जहाँ सतही जल व भूमि के नीचे जल का नितान्त अभाव है।

(ii) दूसरा कारण वर्षा की कमी इसका असन्तुलन व अनिश्चित वितरण है।

(iii) तीसरा बड़ा कारण आर्थिक है। रेगिस्तानी क्षेत्रों के लघु कृषकों व सीमान्त कृषकों, भूमिहीन किसानों व ग्रामीण काश्तकारों के श्रम का पूरा उपयोग नहीं हो पाता है। प्रति पशु चराई की भूमि इन क्षेत्रों में बहुत कम है। नीची कृषिगत उत्पादकता के कारण यहाँ के किसानों की आमदनी कम होती है।

(iv) कुछ सामाजिक कारणों जैसे अनियन्त्रित जंगल कटाई व चराई से मिट्टी के कटाव की समस्या बढ़ रही है जिससे असन्तुलन पैदा होता जा रहा है।

(v) राजस्थान के पश्चिमी क्षेत्रों में वनों की कमी तथा दक्षिणी - पूर्वी क्षेत्र में अन्धाधुंध वनों की कटाई।

(vi) वर्षा के जल का नियोजित ढंग से प्रबन्ध न होना।

अकाल व सूखे से बचने के उपाय

राजस्थान के लिए अकाल व सूखे बहुत जाने पहचाने शब्द है। यहाँ के ग्रामीण जीवन में इनका चोली दामन का संबंध रहा है। राज्य के कई जिले प्राय: अकाल से प्रभावित होते हैं। राज्य में अकाल एवं सूखे की समस्या को हल करने के लिए सरकार ने जो विभिन्न प्रयास किए हैं, उनका विवरण निम्नलिखित है :-

(1) सूखा संभावित क्षेत्र कार्यक्रम – यह कार्यक्रम राज्य में वर्ष 1974-75 में निम्न उद्देश्यों की पूर्ति हेतु प्रारम्भ किया गया था :-

(i) मरूस्थल के विस्तार को रोकने,

(ii) मरूस्थलीय क्षेत्रों में आर्थिक विकास के त्वरित गति प्रदान करने,

(iii) सिंचाई की सुविधाएँ उपलब्ध करवाना

(iv) पेयजल की व्यवस्था करना

(v) रोजगार की सुविधाएँ

(vi) कृषि विकास हेतु नवीन सम्भावनाओं का पता लगाने हेतु।

कार्यक्रम का मुख्य उद्देश्य सूखे के प्रभाव को कम करके ऐसी परिसम्पत्तियों का निर्माण करना है, जिससे रोजगार के साधन उपलब्ध हो तथा ग्रामीणों की आय के स्तर में वृद्धि हो सके। 1995-96 से यह कार्यक्रम 10 जिलों के 32 खण्डों में चलाया जा रहा है। 1978-79 तक इस कार्यक्रम पर व्यय का दो तिहाई भाग केन्द्र वहन करता था तथा एक तिहाई भाग राज्य सरकार वहन करती थी, लेकिन 1979-80 से 50-50 प्रतिशत व्यय केन्द्र सरकार एवं राज्य सरकार वहन करती है।

(2) मरू विकास कार्यक्रम – यह कार्यक्रम राज्य के 11 मरूस्थलीय जिलों की 85 पंचायत समितियों का समग्र विकास करने हेतु केन्द्र द्वारा वर्ष 1977-78 से चालू किया गया। वर्ष 1979-80 में योजना का केन्द्र राज्य के सम अंश के आधार पर चलाया गया लेकिन वर्ष 1985-86 से पुन: यह कार्यक्रम पूर्णत: केन्द्र प्रवर्तित योजना के रूप में चल रहा है। कार्यक्रम में भू-संरक्षण, भू-जल विकास, लघु सिंचाई, पशु एवं दुग्ध विकास, पशु स्वास्थ्य, भेड़ विकास, ग्रामीण विद्युती करण, वन विकास, पशु पेयजल आदि लाभकारी योजनाएं है।

(3) जलधारा योजना – केन्द्र सरकार ने "जलधारा" नामक एक विशेष कार्यक्रम की घोषणा की है जिसके अन्तर्गत सूखा-प्रभावित क्षेत्रों में सीमान्तिक किसानों

को सहायता मिलेगी। योजना में कृषक परिवारों को पम्पसेट नाममात्र के किराये पट्टा प्रभारों पर सिंचाई के लिए दिए गए।

(4) काम के बदले अनाज योजना – अकाल से पीड़ित क्षेत्रों के लोगों को रोजगार उपलब्ध करवाने हेतु राज्य सरकार द्वारा वहाँ सड़कों का निर्माण, बाँधों, का निर्माण कराया जाता हैं जिससे अकाल प्रभावित क्षेत्रों के लोग पलायन न करे तथा भूख से पीड़ित न हो। इसलिए राज्य सरकार काम के बदले अनाज योजना में मजदूरी का भुगतान अनाज के रूप में करवाती है।

(5) सहायता विभाग की स्थापना – सहायक आयुक्त एवं शासन सचिव के अधीन कार्यरत यह आपातकालीन विभाग राज्य में अकाल, बांढ़, ओलावृष्टि, अग्नि तथा भूस्खलन आदि विपदाओं के समय तत्काल आवश्यक व्यवस्था करने के उद्देश्य से 24 अक्टूबर, 1951 को स्थापित किया गया। विभाग का राज्य स्तरीय मुख्यालय जयपुर में है।

(6) विशिष्ट योजना संगठनों की स्थापना – सूखे की समस्या के स्थायी समाधान हेतु संगठन की स्थापना 1970 में की गई। यह ग्रामीण विकास की योजनाएं तैयार करता है और उन्हें क्रियान्वित करने के लिए विभिन्न विभागों को भेजकर आधारभूत सुविधाएं बढ़ाने की व्यवस्था करता है।

(7) प्राकृतिक आपदा सहायता कोष – नवें वित्त आयोग की सिफारिश के आधार पर 1990–1991 में एक प्राकृतिक आपदा सहायता कोष की स्थापना की गई। कोष के संचालन हेतु समिति का गठन किया गया है। कोष में प्रति वर्ष 93 करोड़ रूपये केन्द्र सरकार तथा 31 करोड़ रूपये राज्य सरकार, अंशदान करती है। राज्य में प्राकृतिक आपदाओं पर होने वाला व्यय रूसी कोष से होता है।

(8) पेयजल आपूर्ति योजना – राज्य के सूखाग्रस्त जिलों में पेयजल सुविधा विभिन्न कार्यक्रमों के अन्तर्गत उपलब्ध करवाई जा रही है। सरकार द्वारा जुलाई, 1994 में ग्रामीण जल प्रदान योजना चरण–द्वितीय स्वीकृत की गई है।

(9) अकाल राहत कार्य – सूखा एवं अकाल की समस्या के अल्पकालीन समाधान हेतु सरकार की मुख्य नीति राहत कार्य प्रारम्भ करने की रही है। राहत कार्य हेतु वित्तीय सहायता केन्द्र सरकार द्वारा दी जाती है। राहत कार्यों में भू–संरक्षण, सड़क पाठशाला, औषधालय निर्माण, सिंचाई के लिए कुँओं व अन्य साधनों का निर्माण, उनकी मरम्मत तथा रख–रखाव एवं जल आपूर्ति बढ़ाने के प्रयास किए जाते हैं, जिससे मानव एवं पशुओं को पेयजल की आपूर्ति हो सके। साथ ही लोगों को रोजगार व आमदनी के

अवसर उपलब्ध कराने के लिए सामुदायिक परिसम्पत्तियों का निर्माण कराया जाता है। बूंद-बूंद सिंचाई या फव्वारा पद्धति द्वारा कृषि विकास, घास के क्षेत्रों का विकास, स्थाई चारा डिपो, तथा सिंचित क्षेत्रों के सीमान्त स्थित एवं इंदिरा गांधी नहर के पूर्वी भागों में सीमित सिंचाई जैसे अन्य कार्यक्रम भी सरकार द्वारा क्रियान्वित किए जा रहे हैं।

जल विवाद (Water Conflicts)

जल एक अतिविशिष्ट प्राकृतिक संसाधन है जो मानव की मूलभूत आवश्यकताओं की पूर्ति करता है। जल को अमूल्य राष्ट्रीय निधि के रूप में स्वीकार करते हुये सन् 1987 में देश की राष्ट्रीय जल नीति (National Water Policy) घोषित की गई जिसे वर्ष 2002 में संशोधित किया गया। राष्ट्रीय जल संसाधन परिषद द्वारा 1 अप्रेल, 2002 को इसे स्वीकृति प्रदान की। नई जल नीति में जल संसाधनों के एकीकृत प्रबन्धन और विकास के उद्देश्य से संस्थागत उपाय करने के साथ-साथ नदी जल और नदी भूमि सम्बन्धी अतिरिक्त विवादों के समाधान के लिए नदी बेसिन संगठन गठित करने पर बल दिया गया है। अन्तर्राष्ट्रीय जल-विवादों को नई संशोधित नीति के दायरे से बाहर रखा गया है।

भारतीय संविधान में केन्द्र राज्य सम्बन्धों के अन्तर्गत अन्तर्राज्यीय जल-विवादों से निपटने के लिए व्यापक प्रावधान किए गये है। संविधान के अनुच्छेद - 262 के तहत संसद विधि द्वारा अन्तर्राज्यीय नदियों, नदी घाटियों के जल प्रयोग, वितरण से सम्बद्ध किसी विवाद के न्याय निर्णयन हेतु उपबन्ध कर सकती है कि ऐसे विवादों के सम्बनध में उच्चतम न्यायालय या किसी अन्य न्यायालय की अधिकारिता नहीं रहेगी। इसी अनुच्छेद का प्रयोग कर संसद ने 1956 में नदी बोर्ड अधिनियम एवं अन्तर्राज्यीय जल विवाद अधिनियम पारित किया। इसके द्वारा केन्द्र को ऐसे जल विवादों के निपटारे के लिए न्यायाधिकरण स्थापित करने की शक्ति प्रदान की गई है।

दक्षिण की गंगा के रूप में सुविख्यात कावेरी का जल विवाद आजकल सुर्खियों में हैं। तमिलनाडु एवं कर्नाटक राज्यों के बीच यह विवाद चरम सीमा पर है।

बाँधों से लाभ तथा हानियाँ (Dams Benifits and problems) :- मानव अपनी सुख-सुविधाओं के लिये अनेक प्रकार के विकास कार्य करता आया है। ये सुविधायें ही आगे चलकर मानव के लिये अभिशाप सिद्ध होती है। प्रारम्भ में जब जनसंख्या कम थी तो जल संसाधन की पूर्ति आसानी से हो जाती थी। अब जनसंख्या बढ़ने के साथ-साथ जल की आवश्यकता भी बढ़ती गई। इसके लिए मनुष्य ने बाँध बनाकर पानी को एकत्रित करना प्रारम्भ कर दिया तथा इसका उपयोग सिंचाई व अन्य

कार्यों के लिए करने लगा। पूर्व में इन बांधों से लाभ अधिक नुकसान कम होता था। बाँधों के निर्माण से वे सभी क्षेत्र जहाँ से नदियाँ नालें बहते थे धीरे -धीरे शुष्क हो गये।

(i) बाँध निर्माण से गाँवों की कृषि योग्य जमीन जलाशयों में परिवर्तित हो गई तथा गाँव तक खाली करने पड़े।

(ii) बाँध के आस-पास की जमीन दलदल में परिणत हो गई।

(iii) लगातार जल के एक ही स्थान में एकत्रित रहने से उसमें खारापन बढ गया।

(iv) बाँध क्षेत्र में आने वाले वनों को साफ कर दिया गया। जिससे वन्य जीव जन्तुओं को वहाँ से पलायन करना पड़ा।

(v) बाँधों के निर्माण से पारिस्थितिकी असन्तुलन की समस्यायें पैदा हो जाती है।

3. खनिज संसाधन Mineral Resources

खनिज संसाधन वे सभी पदार्थ जो खनन द्वारा प्राप्त किये जाते है खनिज संसाधन कहलाते है अथवा पृथ्वी के धरातल या उसके गर्भ से खोदकर निकाली जाने वाली वस्तुओं को खनिज पदार्थ कहते हैं। खनिजों की अपनी भौतिक एवं रासायनिक विशेषताएँ होती है। बेवस्टर शब्द कोश में खनिज को परिभाषित करते हुए लिखा है कि ''खनिज अजैव प्रक्रियाओं से निर्मित रासायनिक तत्व अथवा यौगिक होते हैं।'' खनिजों का निर्माण एक अत्यधिक लम्बी व जटिल प्रक्रिया है। खनिज पदार्थ अनेक अनावश्यक तत्वों के साथ मिश्रित रूप में पाये जाते हैं अत: इन्हें **अयस्क** कहते हैं। जब खनिज पदार्थों की खुदाई धरातल पर ही की जाती है तो उसे उल्लखनन कहा जाता है। जब किसी खनिज पदार्थ को भूमि में गहराई से खोदकर निकाला जाता है तो यह कार्य खनन कहलाता है। बिहार में निकले वाला कोयला तथा राजस्थान में खेतड़ी नामक स्थान पर निकलने वाला तांबा काफी गहराई से खोदकर निकालने के कारण खनन कहलाता है। जिन स्थानों पर खनिज खोदकर निकाला जाता है उसे **खदान** (Quarry) कहते हैं। यदि खनिज पदार्थ कम गहराई पर ही खुले गड्ढे के रूप में खोदकर निकाला जाता है तो उसे **खुली खदान** (Open pit mine) कहते हैं। इसके अलावा वे खदान जिनमें काफी गहराई से खोदकर खनिज निकाले जाते हैं उन्हें **कूप खदान** (Shaft mine) कहते हैं। भारत में ज्यादातर खनिज पदार्थ इस प्रकार की खदान से निकाले जाते हैं।

खनिजों के प्रकार (Types of Mineral) – खनिज मुख्यत: तीन प्रकार के होते हैं–

(i) अधात्वीय खनिज (Non-Metallic Minerals)

(ii) धात्वीय खनिज (Metallic minerals)

(iii) खनिज ईंधन (Mineral fuels)

1. अधात्वीय खनिज (Non-Metallic Minerals) – वे खनिज जिनको खदान से निकालने के बाद सीधे उपयोग में लाया जाता है अर्थात जिनको उपयोग में लाने से पूर्व परिष्कृत करने की आवश्यकता नहीं होती है अधात्वीय खनिज कहते हैं। ऐसे खनिजों को काटकर या खुरचकर या विभिन्न आकृतियों में परिवर्तित करके उपयोग में लिया जा सकता है। जैसे – संगमरमर, नमक, चूने का पत्थर, हीरा, पन्ना, गन्धक, जिप्सम।

2. धात्विक खनिज (Metallic minerals) – ऐसे खनिजों को खदान से निकालने के बाद सीधे ही उपयोग में नहीं लाया जा सकता है क्योंकि खदान से निकले हुए खनिजों के साथ अनेक अनावश्यक पदार्थ मिले हुये होते हैं। इन खनिजों को भट्टियों में गलाकर परिष्कृत किया जाता है जससे इनकी अशुद्धता दूर हो जाती है। शुद्ध होने पर इन खनिजों पर विशेष प्रकार की चमक आ जाती है। जैसे – लोहा, तांबा, टिन, क्रोमियम, चांदी, सोना, जस्ता आदि।

3. खनिज ईंधन (Mineral fuels) – भू-गर्भ से निकलने वाले ऐसे खनिज जिनका ईंधन के रूप में प्रयोग किया जाता है उनको खनिज ईंधन कहते हैं। जैसे कि – कोयला, पेट्रोलियम, प्राकृतिक गैस एवं अणु खनिज है। इनमें कोयले तथा अणु खनिज को खदान में खोदकर तथा खनिज तेल एवं गैस की बोरिंग करके निकाला जाता है।

खनिजों संसाधनों का पर्यावरण पर प्रभाव (Effect of mineral resources on environment) – भूमि में खनिज निश्चित मात्रा में है। खनिजों का निर्माण प्रकृति के द्वारा होता है तथा इनके निर्माण में लाखों वर्ष लग जाते हैं इनकी मात्रा बडी सीमित होती है। एक बार भूमि में से खनिज निकाल लेने के बाद वहां पुन: खनिज निर्माण नहीं हो सकता है।

खनन कार्य में खोदे गये खड्डों के कारण भूमि का नाश हो जाता है तथा वनों की कमी हो जाती है जिसका सीधा प्रभाव पर्यावरण पर पड़ता है।

खनिज संसाधनों के अत्यधिक उपयोग को पर्यावरण पर पडने वाले कुछ दुष्प्रभाव निम्नलिखित है :-

1. खनन क्रिया के दौरान निकलने वाली विषैली गैसों से पर्यावरण प्रदूषित होता है।
2. खनन क्रिया के पश्चात् खानों को उपेक्षित छोड दिया जाता है जिनमें भूमि धसने की क्रिया होती रहती है तथा मृदा अपरदित होकर पानी के साथ बहकर इन खदानों में आती है। अत: भूमि अनउपजाऊ हो जाती है।
3. कोयले की खानों में कभी-कभी आग लगने के कारण भंयकर वायु प्रदूषण होता है तथा जान माल की हानि होती है।

4. ऊर्जा संसाधन Energy Resources

किसी भी देश की प्रगति में सबसे महत्वपूर्ण भूमिका ऊर्जा संसाधन की होती है। जीवन के अस्तित्व को बनाये रखने तथा सुचारू रूप से चलाये रखने के लिए ऊर्जा अति आवश्यक है। किसी कार्य को करने की क्षमता को ऊर्जा (Energy) कहते हैं। ऊर्जा विभिन्न रूपों में मिलती है। मशीनों से प्राप्त होने वाली ऊर्जा यांत्रिक ऊर्जा (Mechanical energy) तथा रसायनों से प्राप्त होने वाली ऊर्जा को रासायनिक ऊर्जा (Chemical Energy) कहते हैं। वह ऊर्जा जो गतिमान होती है तथा कार्य सम्पन्न करने की स्थिति में होती है, गतिज ऊर्जा (Kinetic energy) कहलाती है। इसके विपरीत वह ऊर्जा जो संचित अवस्था में रहती है तथा तत्काल कार्य करने की स्थिति में नहीं होती है उसे स्थितिज ऊर्जा (Potential Energy) कहते है।

उष्मा गतिकी (Thermodynamics) के नियमानुसार, ऊर्जा न तो उत्पन्न की जा सकती है और न ही इसे नष्ट किया जा सकता है। केवल इसे एक रूप से दूसरे रूप में बदला जा सकता है। **नव्यकरणीयता की दृष्टि से ऊर्जा संसाधनों को दो मुख्य भागों में बांटा जा सकता है -**

1. नव्यकरणीय या असमाप्य ऊर्जा संसाधन (Renewable or non exhaustible energy resources)

2. अनव्यकरणीय या समाप्य ऊर्जा संसाधन (Nonrenewable or exhaustible energy resources)

ऊर्जा की प्राप्ति के आधार पर (On the basis of their availability) **ऊर्जा स्त्रोत दो प्रकार के होते है -**

1. परम्परागत स्त्रोत (Conventional sources) इसमें जीवाश्म ईंधन जैसे पेट्रोलियम, कोयला, प्राकृतिक गैस, लकड़ी, तेल, जल विद्युत, आदि को सम्मिलित किया जाता है।

2. गैर परम्परागत स्त्रोत (Non-Conventional sources) इसमें सौर ऊर्जा, पवन ऊर्जा, भूतापीय ऊर्जा, ज्वारीय ऊर्जा, समुद्रीय ऊर्जा, बायो गैस आदि को सम्मिलित किया जाता है। भारत में लगभग 69 प्रतिशत ऊर्जा, कोयला, 25 प्रतिशत जल विद्युत, 4 प्रतिशत डीजल व पेट्रोल, 2 प्रतिशत अणशक्ति तथा 1 प्रतिशत से कम ऊर्जा गैर परम्परागत स्त्रोतों से मिलती है।

ऊर्जा की बढ़ती आवश्यकता (Growing needs of Energy) – पृथ्वी पर पाये जाने वाले सभी जीवित अजीवित प्राणियों की प्रगति एवं वृद्धि के लिए ऊर्जा का महत्वपूर्ण योगदान होता है। मनुष्य की सभी आवश्यकताओं की पूर्ति तथा उनका उचित उपयोग ऊर्जा से ही सम्भव हो पाता है। मनुष्य अपनी मूलभूत आवश्यकताओं की पूर्ति के लिए, स्वयं का जीवन जीने के लिए तथा अपने व अन्य देश की विकास की योजनाओं के लिए ऊर्जा का उपयोग करता है। प्रत्येक देश में कितनी ऊर्जा है यह उस देश की अपनी आर्थिक क्षमताओं पर निर्भर करता है। अतः ऊर्जा आज देश की समृद्धता नापने का मापदण्ड भी बन गया है। विकसित देश अमेरिका, पूरे विश्व की ऊर्जा का तीन चौथाई भाग से भी अधिक अपने ऊपर खर्च कर लेता है जबकि उसकी जनसंख्या पूरे विश्व की आबादी का केवल 5 प्रतिशत है। भारत ने भी आजादी के बाद औद्योगिक क्षेत्र में उल्लिखित प्रगति की है। देश के लोगों के रहन–सहन का परिवर्तन, परिवहन की सुविधायें, संचार व्यवस्था, आधुनिक कृषि उपकरणों का उपयोग, चिकित्सा तथा मनोरंजन आदि क्षेत्र में ऊर्जा के उपयोग से ही नये आयाम प्रस्तुत हुये हैं। मनुष्य के भौतिक विकास, विज्ञान एवं प्रौद्योगिकी प्रगति के परिणामस्वरूप ऊर्जा खपत में निरन्तर वृद्धि के कारण धरती के गर्भ में उपलब्ध स्त्रोतों का जिस गति से दोहन हुआ है, उससे पूरे मानव समाज का भविष्य अन्धकारमय होने की भविष्यवाणियां होने लगी है। बिजली उत्पादन के आरम्भिक मूल स्त्रोतों कोयला, डीजल, व जल के निरन्तर दोहन से खनिज भंडारों के स्तर में तेजी से गिरावट आई है। ऊर्जा संरक्षक को सुदृढ़ बनाने के लिए आम उपभोक्ता को जागरुक करने की महत्त आवश्यकता है।

नव्यकरणीय ऊर्जा स्त्रोत (Renewable energy sources) – नव्यकरणीय या असमाप्य ऊर्जा के निम्न स्त्रोत है –

1. सौर ऊर्जा (Solar Energy) – ऊर्जा का एक विशाल स्त्रोत सौर ऊर्जा है जो कभी समाप्त नहीं हो सकता है। शताब्दियों से आम लोग सूर्य की किरणों का उपभोग

करते आये है। हमारे देश ने स्वतंत्रता के पश्चात् सौर उर्जा के दोहन की दिशा में सराहनीय प्रयास किया है। देश में सौर ऊर्जा को तापीय ऊर्जा में बदलकर सोलर कुकर, सोलर वाटर, हीटर, सौर वायु तापक, सौर हरित गृह, सौर प्रशीतल, सौर पम्पन आदि में काम लिया जा रहा है। सौर ऊर्जा को विद्युत ऊर्जा में बदलकर विद्युत प्रकाश, रेडियों, टेलीविजन, आदि चलाने में देश ने काफी सफलता पाई है। आज सौर ऊर्जा से ही गांवों में जल पम्प, घरेलू प्रकाश, सड़कों के खम्भों की लाईटें आदि चल रही है। इसके अतिरिक्त खारे पानी को सौर ऊर्जा से मीठे पानी में परिवर्तित करने के प्रयोग भी किए जा रहे है यदि व्यापक रूप से इसमें सफलता मिल गई तो पीने के पानी की एक बहुत बडी परेशानी से छुटकारा मिल जायेगा। देश अभी भी इस प्रदूषण मुक्त, कभी खत्म नहीं होने वाली ऊर्जा के भरपूर दोहन के लिए अपने आपको तैयार नहीं कर सका है। सूर्य के प्रकाश में प्रत्येक दिन 75,000 खरब किलोवाट ऊर्जा रहती है। इसका 0.1 प्रतिशत हमारे देश में पहुंचता है। औसतन 5 किलोवाट वर्ग मील सौर ऊर्जा वर्ष में 300 दिन देश में प्राप्त होती है। इस प्रकार भारतीय उप महाद्वीप में 5 x 10 किलोवाट प्रतिवर्ष सौर ऊर्जा प्राप्त होती है। प्रारम्भ में तकनीकी उपलब्धता के कारण ऊर्जा का दोहन कुछ खास क्षेत्रों से ही किया जाता था। सरकार ने उत्पादक, उपभोक्ता, में वित्तीय संस्थाओं के सहयोग से सौर ऊर्जा के दोहन और इसे लोकप्रिय बनाने के लिए अभियान छेड रखा है। गैर परम्परागत ऊर्जा मंत्रालय के अन्तर्गत इंडियन रिन्यूएबल एनर्जी डेवलपमेन्ट एजेन्सी-इरेडा (Indian renewable energy development agency-IREDA) सौर ऊर्जा के दोहन हेतु सौर फोटो वोलटानिक प्रणाली तथा सौर ताप प्रणाली लगाने के लिए आसान शर्तों पर ऋण दे रहा है। इरेडा को विश्व बैंक तथा वैश्विक पर्यावरण न्यास से आर्थिक सहायता मिलती है। विश्व में विशालतम सौर भट्टी (Solar Furnace) लॉस एंजिलीस-अमेरिका से 140 मील ऊत्तर पूर्व की ओर मोजाक मरुस्थल लुज (LUZ) में स्थापित है। इससे नौ विशाल सौर विद्युत उत्पादक संयंत्र संचालित होते है। जो विश्व की 92 प्रतिशत सौर विद्युत उत्पादन करते है।

2. पवन ऊर्जा (Wind Energy)– वायु द्वारा संचालित पवन सयंत्र (Wind mills) का उपयोग बहुत पुराना है। ईंधन मे ईसा की 7वीं शताब्दी में अन्न पीसने के लिए पवन चक्कियों के प्रमाण मिलते है। इंग्लेण्ड में 166 में निर्मित सबसे पुरानी पवन चक्की आज भी कार्यरत है। प्राचीन काल में अमेरिका के पश्चिमी मैदान में जल पम्पिंग के लिए पवन चक्की का इस्तेमाल किया जाता था। वर्तमान में मध्य भारत के गंगा सिन्ध के मैदानी क्षेत्र में पवन ऊर्जा की सहायता से अनेक जगह 100 फीट गहराई से पानी खींचने तथा घरेलू आवश्यकता की पूर्ति कर देने वाली 2 किलोवाट के विद्युत सयंत्र काम कर रहे है। पवन की शक्ति से चलित पवन चक्की जनरेटरों (Wind mill generators) की

सहायता से बड़े पैमाने पर विद्युत उत्पादन किये जाने के प्रयत्न किये जा रहे है। विश्व का विशालतम पवन शक्ति जनरेटर (3000 K.W.) जर्मनी के फीजियन तट पर स्थापित है।

3. ज्वारीय ऊर्जा (Tidal energy) – यह ऊर्जा समुद्र में उठने वाले ज्वार के चढ़ने और उतरने की क्रिया से प्राप्त की जा सकती है। चीन व रुस जैसे देशों ने इस क्षेत्र में सराहनीय कार्य किया है। भारत में कच्छ की खाड़ी तथा सुन्दरवन में ज्वारीय ऊर्जा से शक्ति उत्पादन सम्भव है। प्रदूषण रहित इस ऊर्जा को लक्षद्वीप तथा अण्डमान व निकोबार द्वीप समूह से भी प्राप्त किया जा सकता है। अमेरिका की फूंडी की खाड़ी (Bay of Fundy) के विभिन्न भागों में ज्वारीय ऊर्जा प्राप्ति हेतु प्रयोग किये जा रहे है।

4. भू-तापीय ऊर्जा (Geothermal power) – पृथ्वी के अन्दर 1 से 5 मील की गहराई तक उष्ण चट्टाने पायी जाती है। जिससे वहां का तापमान बहुत अधिक होता है। कभी-कभी ज्वालामुखी के फटने के समय गर्म लावा के रूप में या गर्म जल के स्त्रोतों के रूप में यह बाहर निकलता है। इस ताप को ऊर्जा के रूप में प्रयोग में लाया जा सकता है। इस भूतापीय ऊर्जा को वाष्पित करके टरबाइन चलाये जा सकते है। भारत के पश्चिमी घाट, उत्तर पश्चिमी हिमालय, नर्मदा घाटी और दामोदर घाटी के क्षेत्र में इस ऊर्जा के भण्डार मिलते है।

5. जल विद्युत ऊर्जा (Hydroelectric Energy) इस ऊर्जा को प्राप्त करने के लिये जल को ऊपर से नीचे तक एक टरबाइन पर गिराकर जनरेटर को चालू कर दिया जाता है। जिससे विद्युत का उत्पादन होता है, इसे जल-विद्युत ऊर्जा कहते हैं। भारत सरकार ने जल-विद्युत ऊर्जा की अधिकतम जानकारी के लिए 'केन्द्रीय जल एवं ऊर्जा आयोग' (Central Water and Power Commission) का गठन किया हुआ है। देश की विभिन्न नदियों पर विद्युत उत्पादन हेतु जल संग्रहण क्षेत्र बनाये गये हैं। वर्तमान में पूरे देश में 48 मिलियन किलोवाट (48 MKW) जल विद्युत का उत्पादन करने हेतु प्रयास किये जा रहे हैं। ऐसे स्थानों पर जहाँ स्वत: ही पानी ऊँचाई से गिरता है वहाँ कोई अतिरिक्त ऊर्जा संयंत्र की आवश्यकता नहीं होती है। देश के उत्तर पूर्व क्षेत्र में जल विद्युत ऊर्जा की सर्वाधिक सम्भावनाएँ हैं।

अनव्यकरणीय ऊर्जा स्त्रोत (Non-renewable energy source) – अनव्यकरणीय या समाप्य ऊर्जा के निम्न स्त्रोत है–

1. परमाणु ऊर्जा (Atomic Energy) – यूरेनियम, थोरियम, आदि ऐसी धातुएं हैं जिनके परमाणु केन्द्र में ऊर्जा छिपी होती है। इसे परमाणु ऊर्जा कहते हैं। इसका उत्पादन विखण्डन (Fisson) और संगलन क्रियाओं द्वारा किया जाता है। विखण्डन

क्रिया में तो एक बड़ा परमाणु टूट कर छोटे परमाणुओं में विभाजित होता है। जबकि संगलन में हल्के परमाणु मिलकर एक बड़ा परमाणु बनाते हैं। इन दोनों ही क्रियाओं में ऊर्जा उत्पन्न होती है जिसे परमाणु या नाभिकीय ऊर्जा (Nuclear Energy) कहते हैं। परमाणु ऊर्जा से बिना किसी धुएं और वाष्प के बिजली पैदा की जाती है।

2. जीवाश्मीय ऊर्जा (Fossil energy) – विश्व में जितनी ऊर्जा का उत्पादन होता है उसमें मुख्यतया जीवाश्म ईंधन के जलाने से प्राप्त होती है जिसे जीवाश्मीय ऊर्जा कहते हैं। जीवाश्म ईंधन निम्न प्रकार के होते है –

(i) कोयला (Coal) – कोयला एक ऐसा जीवाश्म ईंधन है जो प्रकृति में बहुतायत में पाया जाता है। यह एक काली व भूरी परतदार चट्टान के रूप में मिलता है जिसमें कार्बन की मात्रा अधिक होती है। कार्बन के अलावा इसमें सल्फर, हाइड्रोजन वनाइट्रोजन भी पाया जाता है। कार्बन की मात्रा के आधार पर कोयले की चार किस्में है–

(अ) एन्थ्रेसाइट कोयला (Anthracite coal)

(ब) बिटूमिनस कोयला (Bituminous Coal)

(स) लिग्नाइट कोयला (Lignite coal)

(द) पीट कोयला (Peat coal)

इनमें से एन्थ्रेसाइड सबसे अच्छीकिस्म का कोयला होता है। इसमें कार्बन की मात्रा 90 प्रतिशत से अधिक होती है। इसको जलाने पर धुंआ कम निकलता है। जबकि ताप अधिक मिलता है। बिटूमिनस कोयले में कार्बन की मात्रा 70 से 90 प्रतिशत होती है। विश्व का 80 प्रतिशत कोयला इसी किस्म का होता है। लिग्नाइट कोयले में कार्बन की मात्रा 45 से 70 प्रतिशत होता है। इसका उपयोग स्टीम बनाने तथा तापीय विद्युत के उत्पादन में होता है। कोयले की सबसे घटिया किस्म पीट कोयला है। यह जलाने पर बहुत अधिक धुंआ देता है।

कोयले को ईंधन के रूप में, स्टीम शक्ति के रूप में, कच्चे माल के रूप में तथा उद्योगों में शक्ति स्त्रोत के रूप में काम में लिया जाता है।

(ii) पेट्रोलियम (Petroleum) – पेट्रोलियम एक प्राकृतिक तेल है जो समुद्री छोटे-छोटे पौधों, पशुओं आदि के भूमि के नीचे दबने व जीवाणुओं के अपघटन से बनता है। ऊपरी चट्टानों के भार के कारण अपघटित पदार्थ तरल हो जाता है। हल्के स्तर के पेट्रोलियम का रंग हरा नुमा (Greenish) होता है। जिसमें हाइड्रोजन अधिक

तथा कार्बन कम होता है। भारी स्तर का पैट्रोलियम काला होता है इसमें हाइड्रोजन कम तथा कार्बन की मात्रा अधिक होती है। परिवहन के क्षेत्र में जैसे कार, ट्रक, बस, रेलगाड़ी, जलयान, वायुयान आदि में पेट्रोलियम का बड़े पैमाने पर उपयोग होता है। औद्योगिक कारखानों में ईंजनों को चलाने, भट्टियों को ताप देने तथा ताप विद्युत उत्पादन के लिए भी इसका उपयोग किया जाता है। मशीनों के पुर्जों को चिकना बनाये रखने के लिए स्नेहक (Lubricant) के रूप में पेट्रोलियम को ही काम में लिया जाता है।

(iii) प्राकृतिक गैस (Natural Gas) – पेट्रोलियम के साथ-साथ कुंओं के ऊपरी भाग में स्वतंत्र रूप से प्राकृतिक गैसें पायी जाती है। इनमें ईथेन (Ethane) मीथेन (Methane) हाइड्रोकार्बन युक्त गैसे मुख्य है। प्राकृतिक गैस को सीमेन्ट, तेल, परिष्करण, लोहा इस्पात बनाने, सीसा, चीनी, मिट्टी, टायर, स्याही कृत्रिम धागे, प्लास्टिक आदि उद्योगों में कच्चे माल के रूप में प्रयोग किया जाता है। वर्तमान में घरेलु ईंधन के रूप में प्राकृतिक गैस सबसे उत्तम साधन के रूप मे काम आ रही है। विश्व के कुल प्राकृतिक गैस उत्पादन का 75 प्रतिशत औद्योगिक कार्यों के लिए तथा 25 प्रतिशत घरेलू ईंधन व व्यावसायिक कच्चे मालों के रूप में काम में लिया जाता है। भारत में प्राकृतिक गैस पर आधारित अनेक उर्वरक व विद्युत शक्ति केन्द्र स्थापित किये गये हैं।

वैकल्पिक ऊर्जा स्त्रोत के उपयोग (Use of alternating energy sources)– देश में परम्परागत ऊर्जा के स्त्रोत सीमित है इसलिए कुछ अन्य वैकल्पिक स्त्रोत खोजने की आवश्यकता होती है। ऊर्जा के वैकल्पिक स्त्रोत के रूप में बायो गैस का उत्पादन न केवल ऊर्जा समस्या को हल करता है बल्कि आर्थिक रूप से भी लाभकारी होता है।

बॉयो गैस (Biogas) – गोबर से तैयार इस गैस में 65 प्रतिशत मीथेन, 30 प्रतिशत कार्बन डाइ ऑक्साइड, 1 प्रतिशत हाइड्रोजन सल्फाइड तथा कुछ मात्रा में हाइड्रोजन, नाइट्रोजन ऑक्सीजन, व कार्बन मोनो ऑक्साइड गैसे होती है। इसे गोबर गैस के नाम से भी जाना जाता है। खाना पकाने हेतु यह एक स्वच्छ एवं सस्ता ईंधन है। यह मोटर वाहन चलाने तथा लघु उद्योग चलाने हेतु ऊर्जा उत्पादन में सहायक है।

इसके अतिरिक्त कुछ अन्य वैकल्पिक ऊर्जा स्त्रोत निम्न है –

1. स्वीडिश वैज्ञानिकों ने ऐसी तकनीक विकसित की है जो कचरे की उष्मा से बिजली पैदा करेगी। इस तकनीक को थर्मो फोटो वोल्टेयिक (Thermophoto voltaic) कहा जाता है।

2. जैट्रोफा (*Jatropha*) – पादप के बीज से तैयार इकोफ्रेंडली जैव डीजल ईंधन से यात्री ट्रेन चलाकर रेलवे द्वारा प्रथम सफल प्रयोग 31 दिसम्बर, 2002 को दिल्ली अमृतकर शताब्दी एक्सप्रेस में किया गया।

3. संयुक्त अरब अमीरात के वैज्ञानिकों ने डीजल के विकल्प के रूप में जॉजोबा (Jojoba) नामक पादप से बने तेल से चलने वाले इंजन का विकास किया है। इस ईंधन को जॉजोबा मिथाईल एस्टर (Jojoba Methyl ester) कहते हैं।

5. खाद्य संसाधन Food Resources

मानव को जीने के लिए आवश्यक ऊर्जा प्रदान करने वाले पदार्थों को खाद्य पदार्थ कहते हैं। खाद्य संसाधन प्राप्ति का मुख्य स्त्रोत कृषि है। बढ़ती जनसंख्या एवं घटते खेत–खलिहानों के कारण कृषि द्वारा खाद्य पदार्थों की पूर्ति नहीं हो पा रही है। कुछ देशों को छोड़कर विश्व के अधिकांश देशों में खाद्य संसाधनों की सदैव कमी रहती है, खाद्य पदार्थों के इस अभाव के कारण ही ज्यादातर देशों में कुपोषण की समस्या पाई जाती है। भारत में भी खाद्य पदार्थों की कमी के कारण आदिवासी लोगों को कुपोषण का शिकार होना पड़ता है। हरित क्रांति (**Green revolution**) जैसे कार्यक्रम खाद्य संसाधनों के संरक्षण में एक महत्वपूर्ण प्रयास है।

विश्व खाद्य समस्या (World food problems) :– मनुष्य को भूख मिटाने के लिए भोजन की आवश्यकता होती है। बढ़ती जनसंख्या, मृदा का निम्रीकरण एवं अतिशोषित होना, जल के सीमित साधन होने के कारण आज विश्व स्तर पर खाद्य समस्या एक चुनौती बन कर उभर रही है। पिछले कई वर्षों से 'विश्व खाद्य कार्यक्रम' (World food programme) टिकाऊ विकास के लिए खाद्यान्न को गतिशील बनाने का एक सशक्त माध्यम बन चुका है। यदि इस समस्या का समाधान करना हो तो इस कार्यक्रम के अन्तर्गत प्रस्तावित अन्तर्राष्ट्रीय पोषण बैंक "इन्टरनेशनल बैंक फॉर न्यूट्रीशन" (International Bank for Nutrition) का गठन किया जाना चाहिये। निरन्तर बढ़ती हुई मानव एवं पशुधन संख्या ने दुनिया में कृषि के अन्तर्गत अनुसन्धान चक्र प्रगति को अस्वीकृत कर दिया है। यदि जनसंख्या वृद्धि पर समय रहते नियन्त्रण नहीं किया गया तो घटते संसाधनों एवं सिकुडती भूमि के कारण बढ़ती जनसंख्या को भोजन दे पाना मुश्किल होगा। भारतीय कृषि अनुसन्धान संस्थान (Indian Agriculture Research Institute) नई दिल्ली में दिनांक 26 से 30 नवम्बर, 2002 को सम्पन्न हुई द्वितीय अन्तर्राष्ट्रीय शस्यविज्ञान कांग्रेस (Second International Agronomy Congress) का उदघाटन विश्व प्रख्यात भारतीय कृषि वैज्ञानिक डॉ. एम. एस. स्वामीनाथन (Dr. M.S. Swaminathan - Father of Indian green revolution) ने किया। इस अन्तर्राष्ट्रीय संगोष्ठी

का विषय "खाद्य सन्तुलन एवं पर्यावरण सुरक्षा एक सतत चुनौती" (Balancing food and Environmental Security - A continuous Challenge) था। इस कांग्रेस में डॉ. स्वामीनाथन ने पोषण सुरक्षा के लिए खाद्य आधारित दृष्टिकोण की चुनौतियों से निपटने के लिए अपनाए जाने वाली रणनीतियों पर विस्तृत जानकारी दी। उनके अनुसार विश्व खाद्य समस्या निवारण हेतु कृषि वैज्ञानिकों को तुरन्त योजना तैयार करनी चाहिये। कृषि योग्य भूमि के कम होने तथा प्राकृतिक संसाधनों के सिकुड़ने से यह समस्या बढ़ती जायेगी। अतः हमें खाद्य उत्पादन में और तेजी लानी होगी। कृषि में निवेश संरचनात्मक समयोजन, विश्वव्यापीकरण (Globolizaton), आधुनिक विज्ञान और प्रौद्योगिकी व अनुसन्धान एवं प्रौद्योगिकी जैसे मुद्दे को प्राथमिकता देकर ही कुछ हद तक विश्व खाद्य समस्या से निजात मिल सकती है।

उर्वरकों एवं पीड़कनाशियों का पर्यावरण पर प्रभाव (Effects of fertilizers and pesticides on environment)

उर्वरकों की समस्या (Problems of fertilizers)

मृदा में यदि संतुलित मात्रा में उर्वरकों का उपयोग किया जाये तो वह हानिकारक नहीं होता है। मृदा परीक्षण के बगैर ही जब इनका अधिक मात्रा में उपयोग किया जाता है तो ये हानिकारक होते हैं। इनमें प्रयोग के समय यदि जल या नमी की समुचित मात्रा न हो तो पौधे जलकर नष्ट हो जाते है। लगातार उर्वरकों का प्रयोग किये जाने से मृदा में इनका संचय होता रहता है। जिसे मृदा के भौतिक एवं रासायनिक गुणों में निम्नीकरण हो जाता है तथा भूमि कठोर हो जाती है। इनके अत्यधिक प्रयोग से मृदा में पाये जाने वाले सूक्ष्म जीवाणु नष्ट हो जाते हैं। जिससे नाइट्रोजन स्थिरीकरण (Nitrogen fixation) की प्रक्रिया बाधित होती है। नाइट्रोजन युक्त उर्वरक, नदी, नालों आदि से बहकर जल स्त्रोतों में इकट्ठे हो जाते हैं। जल में नाइट्रेट की अधिकता से जलीय जीव जन्तु एवं मछलियां मरने लगती है। उर्वरक अम्लीय एवं क्षारीय प्रकृति के होने के कारण इनके अत्यधिक प्रयोग से मृदा में अम्लीयता या क्षारीयता विकसित हो जाती है। जलीय पादपों एवं जन्तुओं द्वारा ये नाइट्रेट मानव की खाद्य श्रृंखला में प्रवेश कर जाते है जिससे हिमोग्लोबीन मैट-हिमोग्लोबिन में परिवर्तित हो जाता है तथा उसकी ऑक्सीजन धारण क्षमता कम हो जाती है। इसी कारण से मनुष्य में ब्ल्यू बेबी रोग (Blue baby disease) उत्पन्न हो जाती है।

पीड़कनाशी का प्रभाव (Effect of Pesticides)

वर्तमान में कृषि एक आवश्यक तथा लाभप्रद व्यापार हो गया है। आज के कृषक का मुख्य उद्देश्य है कि कृषि के उत्पादन को बढ़ाने के साथ-साथ फसल की

कीटों, रोगों, चूहों व खरपतवार इत्यादि से रक्षा की जाये। अत: कृषक विभिन्न प्रकार के संश्लेषित उर्वरकों का उपयोग कर उत्पादन बढ़ाता है तो विभिन्न रसायनों से पौधों को सुरक्षा प्रदान करता है। वे जन्तु तथा पादप जो फसलों एवं अन्य उत्पादों को किसी प्रकार की क्षति पहुँचाते हैं उन्हें **पीडक या पेस्ट्स** (Pests) कहते हैं। कवक कीट व बड़े जन्तु (खरगोश, चिड़ियाँ आदि) पीड़क हो सकते हैं। पीड़क के प्रभाव से फसल के उत्पादन तथा बीजों के भण्डारण की क्षति पहुँचती है। सामान्यत: पीड़क सम्पूर्ण पौधे या उसके अंगों को क्षति पहुँचाकर उत्पादन को कम कर देते हैं। अन्य पीड़क खलियानों या गोदामों में बीजों को खाकर नष्ट कर देते हैं। पौधों के अनेक रोगों का प्रसार भी इन पीड़कों के द्वारा होता है। जैसे पीड़कों के द्वारा अनेक विषाणु, कवक व जीवाणुओं के रोगों का प्रसारण होता है। वे रसायन जो पीड़कों को नष्ट कर देते हैं उन्हें **पीड़कनाशी** (Pesticides) कहते हैं। जो रसायन विभिन्न कीटों का मारने के लिए प्रयुक्त होते हैं। कीटनाशक (Insecticides) कहलाते हैं, जो कवकों को मारने के काम आते हैं उन्हें **फन्जीसाइड्स** (Fungicides) कहते हैं, जो जीवाणुओं को मारने के लिए प्रयोग में लाए जाते हैं उन्हें **जीवाणुनाशक** (Bactericides) कहते हैं, जो खरपतवारों को नष्ट करने के लिए उपयोग में लाए जाते हैं उन्हें **खरपतवार नाशक** (Weedicides) या खरपतवार नाश कहते हैं, जो चूहों को मारने के लिए प्रयुक्त होते हैं **रोडेण्टीसाइड्स** (Rodenticides) कहलाते हैं, जिनका प्रयोग निमैटोड्स को मारने में होता है उन्हें **निमैटीसाइड्स** (Nematicides) कहते हैं, जो दीमकों को मारने क काम आते हैं वे **माइटीसाइड्स** (Miticides) कहलाते हैं।

रासायनिक संरचना के आधार पर पीड़कनाशी विभिन्न प्रकार के होते हैं –

(i) कार्बनिक क्लोरीन्स (Organic Chlorines)– डी.डी.टी. (DDT) बी.एच.सी. (BHC), एलिड्रन (Aldrine) एण्डोसल्फॉन (Endosulphan) आदि।

(ii) कार्बनिक फॉस्फेट्स (Organic phosphates)– मेलाथियोन (Malathion), पेराथियोन (Parathion) आदि।

(iii) कार्बेमेट्स (Carbamates) – एल्डीकार्ब (Aldicarb), कार्बोफ्यूरॉन (Carbofuran)

(iv) पायरीथॉयड्स (Pyrethoides) – पायरीथ्रीन (Pyrithrin) आदि

(v) ट्रायेजिन्स (Triazines) – एट्रेजिन (Atrazine) सिमेजिन (Simazine) आदि।

पीड़कनाशियों के प्रभाव (Effects of Pesticides) –

पीड़कनाशियों के उपयोग से निम्न प्रभाव होते हैं –

1. पीड़कनाशी विषैले होते हैं। अतः इनके प्रयोग से लाभप्रद व हानिप्रद दोनों प्रकार के जीव नष्ट हो जाते हैं। इस प्रकार यह पारिस्थितिक तन्त्र के संतुलन को प्रभावित करते हैं।

2. ये लम्बी अवधि तक स्थायी व अपरिवर्तित रहते हैं क्योंकि अपघटन बड़ी कठिनता से होता है।

3. खाद्य श्रृंखला के उत्तरोत्तर सदस्यों में इसकी सान्द्रता बढ़ती जाती हैं। अनेक खाद्य वस्तुओं जैसे फल, मांस, सब्जियाँ उपभोग की दृष्टि से सुरक्षित नहीं रहती।

4. ये लाभकारी मृदा जीवों (केंचुए) को नष्ट कर देता है।

जलमग्नता या जलक्रान्त एवं लवणीयता (Water logging and salinity)

जलमग्नता (Water logging) :– बाँधों के निर्माण से बने जलाशयों, नहरी क्षेत्र में जल के रिसाव, सिंचाई हेतु जल का आवश्यकता से अधिक उपयोग तथा जल निकास का उचित प्रबन्ध नहीं होने से इंदिरा गांधी, चंबल, गंगानगर परियोजना के क्षेत्रों में जलमग्रता की स्थिति उत्पन्न हो गयी है। इंदिरा गांधी नहर से हुये रिसाव से तो हजारों हैक्टेयर भूमि दलदल बन गई है। जनमग्रता इस स्थिति के कारण उस क्षेत्र में पाये जाने वाले पादपों पर दुष्प्रभाव पड़ता है तथा वहाँ की मिट्टी का उपाजाऊपन भी धीरे-धीरे खत्म हो जाता है। जलमग्रता की समस्या के निवारण हेतु कृषि क्षेत्र पर अधिक जल को फैलने से रोका जाना चाहिये तथा अतिरिक्त जल के निकास हेतु खेतों में नालियों का निर्माण किया जाना चाहिये। नलकूपों के निर्माण तथा अच्छी जल निकास व्यवस्था के द्वारा भी इस समस्या का निवारण सम्भव है।

लवणीयता (Salinity):– जल निकास के उचित प्रबन्ध नहीं होने तथा जल के एक ही स्थानपर निरन्तर एकत्रित रहने से वाष्पीकरण की अधिकता के कारण मिट्टी की ऊपरी सतह पर सोडियम, कैल्सियम, मैग्नीशियम एवं पोटेशियम के क्लोराइड, सल्फेट, कार्बोनेट, बाइकार्बोनेट आदि परत के रूप में जमा हो जाते हैं। इस कारण वहाँ की मिट्टी लवणीय अथवा क्षारीय हो जाती है। जिसका pH-7 से अधिक हो जाता है। साधारण बोलचाल की भाषा में इसे रेहमा रेतीली मिट्टी कहते हैं। राजस्थान में लवणीय एवं क्षारीय मिट्टी की समस्या अधिक है। इस लवणीय या खारी भूमि में या तो फसलें

उगती ही नहीं है और उगती भी हैं तो पैदावार बहुत कम होती है। राजस्थान में डीडवाना, सांभर, पंचपद्रा, कुचामन झीलों के समीपस्थ क्षेत्रों में लवणीयता अधिक मात्रा में है।

राजस्थान में लवणीयता के निम्न कारण हैं :-

(i) कुँओं का जलस्तर ऊँचा होने से इस तरह की समस्या उत्पन्न हो जाती है।

(ii) वर्षा के जल के एक ही जगह इकट्ठा रहने से मिट्टी लवणीय हो जाती है।

(iii) कृषि भूमि के उबड़-खबड़ होने से भूमि के निचले हिस्सों में जल के जमाव से खार जम जाता है।

(iv) नहरों के ठीक ढंग से रख-रखाव न होने के फलस्वरूप निकटवर्ती क्षेत्रों में जल रिसाव से खारापन या लवणीयता पैदा हो जाती है।

(v) अत्याधिक उर्वरकों के उपयोग से भी लवणीयता बढ़ती है।

केस अध्ययन (Case Studies) :- सांभर झील (जयपुर) राजस्थान की ही नहीं वरन् सम्पूर्ण भारत की सबसे बड़ी खारे पानी की झील है, जिससे वृहद मात्रा में झीलीय नमक उत्पन्न किया जाता है। यह झील जयपुर-फुलेरा रेलमार्ग पर जयपुर से 65 कि.मी. की दूरी पर फुलेरा तहसील में स्थित है। साँभर झील में मेढ़ा, रूपनगढ़, खारी और खण्डेला नदियाँ आकर गिरती हैं। सांभर झील का अपवाह क्षेत्र 500 वर्ग कि.मी. है। सांभर झील की लम्बाई लगभग 32 कि.मी. तथा चौड़ाई 3 कि.मी. से 12 कि.मी. तक है। इस झील में प्रतिवर्ग कि.मी. 60,000 टन नमक होने का अनुमान लगाया गया है। वर्तमान में सांभर झील के नमक प्रबन्ध का कार्य हिन्दुस्तान सॉल्ट लिमिटेड के सहयोग से सांभर साल्ट लिमिटेड कर रही है। यहाँ एक सोडियम सल्फेट का संयंत्र भी है। साँभरझील से नमक क्यारियाँ तैयार करके बनाया जाता है। यहाँ का नमक सम्पूर्ण देश में भेजा जाता है। साँभर झील भारत में नमक उत्पादन का सबसे बड़ा स्रोत है।

राजस्थान की खारी भूमि और नमक की उत्पत्ति के बारे में हॉलैण्ड तथा किस्त का विचार है कि अरब सागर से ग्रीष्म ऋतु में राजस्थान की तरफ चलने वाली मानसून हवाएँ अपने साथ कच्छ की खाड़ी से नमक के कण उड़कर राजस्थान में हवा की शिथिलता के कारण मरूस्थलीय क्षेत्रों में गिरा देती है, अन्ततः मरूस्थलीय क्षेत्रों में बहने वाली मौसमी नदियों द्वारा यहाँ ये नमक के कण वर्षाऋतु में साँभर झील में लाकर एकत्रित कर देती है।

6. भूमि संसाधन Land Resources

भूमि प्रकृति का एक मुख्य संसाधन है। **स्मिथ एवं पेटरसन** के अनुसार, 'प्रकृति की कोई भी भेंट जिसे हम आवश्यकताओं की सन्तुष्टि के लिए प्रयोग में लाते हैं वह प्राकृतिक साधन या भूमि है।' भूमि में पर्वत, पठार एवं मैदानों को सम्मिलित किया जाता है। मानव के समस्त जीवन पर भूमि का मुख्य प्रभाव पड़ता है। अब तक मनुष्य की कई पीढ़ियों ने पृथ्वी पर जन्म लिया है और अपनी आवश्यकतानुसार भूमि संसाधन का शोषण करते रहे है। पृथ्वी के भू-भाग पर प्राकृतिक, आर्थिक एवं राजनीतिक घटनाएँ घटती रहती है इन सबका प्रभाव मानवीय जीवन पर पड़ता है।

सम्पूर्ण कच्चे माल की प्राप्ति का स्त्रोत भूमि ही है। औद्योगिक, आर्थिक एवं सामाजिक, विकास कच्चे माल की पूर्ति पर ही निर्भर करता है। बढ़ती हुई जनसंख्या के भरण पोषण का सम्पूर्ण दायित्व इस भू-संसाधन का है। मानव के वस्त्र तथा आवास की आवश्यकताएँ भी भूमि से ही पूर्ण होती है। भूमि को प्राकृतिक वातावरण का प्रधान तत्व माना गया है। **विलकॉक्स के अनुसार (Wilcox)** – 'मानव सभ्यता का इतिहास भूमि का इतिहास है तथा प्रत्येक व्यक्ति की शिक्षा यहीं से प्रारम्भ होती है।'

भूमि संसाधन में पर्वत, पठार एवं मैदानों को सम्मिलित किया जाता है। इन तीनों का प्रभाव मानव के समस्त आर्थिक, सामाजिक, औद्योगिक एवं राजनीतिक जीवन पर पड़ता है जलवायु सम्बन्धित विभिन्न कारक जैसे वर्षा, ताप, आर्द्रता आदि की मात्रा भूमि की बनावट पर ही निर्भर करती है।

पर्वत (Mountains) – भूमि के विभिन्न तत्वों में पर्वत की सबसे महत्वपूर्ण एवं आकर्षक भौतिक तत्व के रूप में माना गया है इसके निम्न कारण है –

1. विश्व की अधिकांश खनिज सम्पत्ति पर्वतीय क्षेत्रों में मिलती है।
2. पर्वत के वे क्षेत्र जहां मिट्टी की गहरी परतें तथा नमी की अधिकता होती है वहां पर कृषि की जा सकती है।
3. औषधियों का निर्माण पर्वत पर पाये जाने वाली विभिन्न जड़ी-बूटियों से ही किया जाता है।
4. पर्वतीय क्षेत्रों की बनावट से बने ढाल एवं झरनों से जल विद्युत उत्पादन में सहायता मिलती है।
5. प्रत्येक देश की जलवायु का निर्धारण पर्वतीय ऊँचाई एवं उनकी दिशाएँ करती है।

6. असमान ऊँचाई के कारण जब जलवायु में विभिन्नता पाई जाती है तो वहां की वनस्पति में भी विभिन्नता पाई जाती है।

7. विश्व की प्रमुख फसलों का उद्गम स्थल पर्वत ही है।

8. पर्वत श्रेणियों के कारण बंटे विभिन्न क्षेत्रों की सभ्यता एवं संस्कृति बनी रहती है।

9. पर्यटकों के लिए पर्वत पर पाये जाने वाले रंग-बिरंगे फूल, हरे-भरे सघन वन, जल प्रपात, झरनें, सुरम्य घाटियां मनोरंजन के मुख्य साधन है।

10. पर्वत क्षेत्रों में निवास करने वाले मनुष्यों का शारीरिक गठन हष्ट-पुष्ट होता है।

पठार (Plateu) - विश्व के ज्यादातर पठार शुष्क एवं अर्द्धशुष्क जलवायु में स्थित है। यहां पर वर्षा की न्यूनता के कारण वनस्पति के रूप में केवल घासें उत्पन्न होती है। इसलिए वहां पर पशुचारण महत्वपूर्ण स्थान रखता है। विदरित पठारों में आंतरिक भागों की अपेक्षा वर्षा अधिक होती है जिससे कृषि वहां का मुख्य साधन बन जाता है। उष्ण कटिबन्धीय क्षेत्रों में स्थित पठारों में निवास के लिए अनुकूल भौगोलिक परिस्थितियाँ उपलब्ध है।

मैदान (Plains) - सम्पूर्ण विश्व का आधा भाग मैदानों से घिरा है, यूरोप के सम्पूर्ण क्षेत्रफल के 60 प्रतिशत, उत्तरी अमेरिका के 52 प्रतिशत तथा दक्षिणी अमेरिका के 55 प्रतिशत भाग में मैदान फैले हैं। विश्व की अधिकांश जनसंख्या इन मैदानी भागों में निवास करती है। मानव सभ्यता से भी प्राचीन में मैदान, मानव सभ्यता एवं संस्कृति के प्रतीक माने जाते हैं। जलवायु वनस्पति, जीव-जन्तुओं तथा मानवीय क्रियाओं के कारण मैदान भिन्नता स्थापित करते हैं। मैदानी भाग, समतल, उपजाऊ एवं व्यापारिक केन्द्रों के समीप होने के कारण यहां आर्थिक क्रियायें पर्वतीय एवं पठारों की अपेक्षा अधिक होती है।

भूमि का निम्नीकरण (Land degradation) :- मानवीय क्रिया कलापों के द्वारा धीरे-धीरे भूमि का निम्नीकरण होता जा रहा है। कृषि का मुख्य आधार भूमि होने के कारण इसकी उत्पादकता में कमी हो रही है। भूमि का निम्नीकरण निम्न कारणों से हो रहा है :-

1. मूसलाधार वर्षा से भूमि की ऊपरी उपजाऊ परत अपरदित हो जाती है जिससे मिट्टी की उर्वरा शक्ति नष्ट हो जाती है।

2. वनों की अन्धाधुन्ध कटाई एवं अत्यधिक चराई (Over graging) के कारण से मरूभूमि का विस्तार हो जाता है तथा वहाँ की मिट्टी उत्पादकता की दृष्टि से दुर्बल हो जाती है।

3. शुष्क एवं अर्द्धशुष्क प्रदेशों में दूषित भूमिगत जल के सिंचाई में लगातार उपयोग से भूमि में खारापन आ जाता है। जिससे उसका उपाऊपन कम हो जाता है।

4. रासायनिक पदार्थों के प्रयोग से भूमि से पोषक तत्वों का क्षय होता जा रहा है।

5. नहरों द्वारा सिंचाई (Water logging) के कारण यह भूमि कृषि योग्य नहीं रह पाती है।

6. दिनोदिन बढ़ते जा रहे उद्योग कारखानों ईंटों के भट्टों तथा सड़कों के जाल मिटाने से भी भूमि का निम्नीकरण होता जा रहा है।

7. विभिन्न अपशिष्ट उत्पादों के कारण से भूमि की उर्वरा शक्ति नष्ट होती है।

भूस्खलन (Land slides) – जब चट्टानें प्राकृतिक या मानवीय कारणों से चटख जाती है तो गुरूत्व बल से धाराशायी हो जाती है जिसे भुस्खलन कहा जाता है। यह अधिकतर पहाड़ी क्षेत्रों में होता है। भुस्खलन भूकम्प, जलरिसाव, अपक्षय जनित चट्टानी चटखन, नदी घाटी कटाव अतिवर्षण से आता है। प्राकृतिक कारणों से सड़क सेतु सुरंग बाघ जलाश्य खनन आदि निर्माण से भुस्खलन आता है। ढालों पर वनस्पति विनाश भी महत्वपूर्ण कारण है। हिमालयी क्षेत्र में इससे प्रतिवर्ष हजारों मोतें व करोड़ों की सम्पत्ति विनष्ट होती है। भूस्खलनों का मजहूस सिलसिला 1850 में शुरू हुआ। पर्यटन पर टिकी नैनीताल की अर्थव्यवस्था अब डगमगाने लगी है। नैनीताल अपनी खुबसूरत सील के लिए प्रसिद्ध 1939 मीटर की ऊँचाई पर बना देश के लोकप्रिय पहाड़ी पर्यटन स्थलों में से एक हैं। यहाँ सीढ़ी चढ़ाई वाली शेर का डांडा-स्नो व्यूहिल पर घने जगंल के बीच एक पुराना सुनसान चर्च है इस चर्च की पूर्वी खिड़की 1860 के एक विनाशकारी भूस्खलन में जिन्दा दफन हुए 151 लोगों की याद में बनायी गयी थी। इस गुमनाम स्मारक की तरफ ध्यान वापस भुस्खलन के कारण हुआ।

जुलाई में नैना पहाड़ी से हुए भुस्खलन से यहाँ के लोगों में एक दहशत सी फैल गयी थी, एक अन्दाज के अनुसार करीब 50,000 घनमीटर चट्टान व गिट्टी के खिसकने से दर्जनों घर तबाह हो गये। यह मलवा शहर के उत्तर पूर्वी सिरे पर स्थित पहाड़ी की

तलहटी के घनी आबादी वाले हिस्से के बिल्कुल नजदीक ही पहुँच गया था। पहाड़ी के ऊपरी भाग में मलवे को रोकने के लिए बनायी गयी दीवार पर अभी भी 15000 घनमीटर मलबा अटका हुआ है।

कुमायूं विश्वविद्यालय में इतिहास विभाग के अध्यक्ष 35 वषीय डॉ. अजयसिंह रावत कहते हैं ''इसमें कोई शक नहीं कि यह पहाड़ी धीरे-धीरे धंस रही है'' दूसरा भू वैज्ञानिकों नेभी इसकी पुष्टि की है रावत बताते हैं कि तैजा पहाड़ी के द.प. में 65 मीटर लम्बी 1.5 मीटर चौड़ी व 2.5 मीटर गहरी दरार पड़ी हुई है।

▣▣▣

3

भारत की खनिज सम्पन्नता

भारत खनिज सम्पदा की दृष्टि से एक समृद्ध राष्ट्र है। भारत में खनिज सम्पदा का अभी तक पूर्ण रूप से सर्वेक्षण नहीं हो पाया है। भूगर्भशास्त्रियों के मतानुसार भारत में 100 से भी अधिक खनिज पर्याप्त मात्रा में उपलब्ध हैं। **योजना आयोग** के अनुसार कुछ खनिजों का देश के उद्योगों के लिए वास्तविक महत्त्व है और इसका उत्पादन भी पर्याप्त मात्रा में किया जाता है (कोयला, लोहा, अभ्रक, मैंगनीज, सोना, इल्मेनाइट, बाक्साइट और इमारती पत्थर) अन्य खनिजों के भण्डार, अच्छी मात्रा में उपलब्ध हैं-जैसे औद्योगिक मिट्टियाँ, क्रोमाइट-अणु खनिज घर्षक पदार्थ आदि।

देश के वृहद् औद्योगिक विकास के लिए जिन खनिजों का अभाव है, वे हैं-जस्ता, सीसा, तांबा, टिन, गंधक, निकल, ग्रेफाइट, कोबाल्ट, पारा, खनिज तेल आदि। इनको छोड़कर प्रायः वे सभी खनिज यहाँ मिलते हैं जो किसी उद्योग के लिए आधारभूत होते हैं, यद्यपि विश्व के प्रमुख खनिज क्षेत्रों की तुलना में ये बहुत अधिक नहीं हैं। हाल ही में एक सर्वेक्षण के द्वारा हिमालय के पर्वतीय क्षेत्रों में अनेक महत्त्वपूर्ण खनिजों का पता चला है। 'भारत खनिज साधनों में धनी है' इस कथन की पुष्टि निम्न तथ्यों से होती है।

1. कुछ खनिजों का विपुल भण्डार—भारत में लौह अयस्क, अभ्रक, मैंगनीज, यूरेनियम, थोरियम जैसे खनिजों का विपुल भण्डार है। यहाँ लौह-अयस्क के 210 अरब टन के भण्डार हैं जो विश्व के कुल लौह भण्डारों के लगभग 25% हैं। अभ्रक उत्पादन में भारत का विश्व में प्रथम स्थान है और मैंगनीज उत्पादन में उसका विश्व में द्वितीय स्थान है। यहाँ यूरेनियम व थोरियम मैग्नेसाइट आदि के भी पर्याप्त भण्डार हैं।

2. राष्ट्रीय आय का महत्त्वपूर्ण भाग—खनिज सम्पदा से राष्ट्रीय आय का महत्त्वपूर्ण भाग प्राप्त होता है। जहाँ 1951 में खनिज का कुल मूल्य 82.3 करोड़ रुपये था, वह राष्ट्रीय आय का लगभग 0.9% भाग था, 1982 में खनिज उत्पादनों का मूल्य 5055 करोड़ रुपये था जो राष्ट्रीय आय का लगभग 3 प्रतिशत था। वर्तमान में खनिज उत्पादों का कुल मूल्य 300 अरब रुपये होने का अनुमान है।

3. बड़ी मात्रा में खनिजों का निर्यात—भारत की खनिज सम्पदा में निर्भरता इस बात से भी स्पष्ट होती है कि भारत बड़ी मात्रा में खनिजों का निर्यात विकसित देशों को करता है, जिनमें अभ्रक, मैंगनीज, लौह-अयस्क, चाँदी, हीरे-जवाहरात आदि मुख्य हैं। 1970-71 में खनिजों का निर्यात 164 करोड़ रुपये का हुआ था, जबड़क 1999-2000 में निर्यात 3442 करोड़ रुपये होने का अनुमान है।

4. खनिज सम्पत्ति की विविधता—भारत में लगभग सभी प्रकार के खनिज न्यूनाधिक मात्रा में पाये जाते हैं। भारत के खनिजों को मोटे रूप से तीन समूहों में विभाजित किया जा सकता है। **प्रथम समूह** में वे खनिज आते हैं जिनमें निर्यात के लायक बचत होती है। इनमें कच्चा लोहा (लौह अयस्क), मैंगनीज, अभ्रक, इल्मेनाइट, मैग्नेसाइट प्रमुख हैं। **दूसरे समूह** में वे खनिज आते हैं जिनमें भारत लगभग आत्मनिर्भर है। ये हैं-कोयला, बॉक्साइट, नमक, बेरियम, खड़िया, लाइमस्टोन, क्रोमाइट आदि।

तीसरे समूह में वे खनिज आते हैं जिनका भारत में काफी अभाव पाया जाता है और जिन्हें आयात किया जाता है। ये हैं-तांबा, सीसा, जस्ता, रांगा, निकल, पारा, गन्धक, खनिज तेल आदि। इससे स्पष्ट होता है कि भारत खनिज पदार्थों की दृष्टि से काफी सम्पन्न है। आर्थिक व औद्योगिक विकास के लिए जिन खनिज पदार्थों की विशेष रूप से आवश्यकता होती है उनमें से अधिकांश खनिज पदार्थ भारत में पर्याप्त मात्रा में उपलब्ध हैं।

5. खनिज सम्पदा का विस्तार—भारत में खनिज सम्पदा देश के कई भागों में फैली हुई है। खनिज तेल भारत के कई क्षेत्रों; जैसे-असम, गुजरात एवं पूर्वी तट

में महानदी, गोदावरी एवं कावेरी बेसिनों में, समुद्र के अपतटीय क्षेत्रों-बॉम्बे हाई, अण्डमान-निकोबार क्षेत्र आदि में है। कोयला गोंडवाना एवं टरशरी क्षेत्रों में फैला है। लोहा व मैंगनीज भी कई भागों में फैले हैं। इससे स्पष्ट होता है कि भारत की भूमि रत्नगर्भी है।

भारत के प्रमुख खनिज साधन

भारत खनिज साधनों की दृष्टि से धनी एवं सम्पन्न है। यहाँ अनेक प्रकार के खनिज साधन प्राप्त होते हैं। खनिजों की प्रकृति के अनुसार इन्हें तीन भागों में विभाजित किया जा सकता है–

1. धात्विक खनिज

भारत धात्विक खनिजों में काफी धनी है जो देश के औद्योगीकरण का महत्त्वपूर्ण अंग है। इनके अन्तर्गत (i) **लौह समूह** (Ferrous Group) में कच्चा लोहा, मैंगनीज, क्रोमाइट आदि खनिज आते हैं, जबड़क (ii) **अलौह समूह** (Non-Ferrous Metal Group) में सोना, चाँदी, कच्चा ताँबा, बॉक्साइट, सीसा, जस्ता व इल्मेनाइट खनिज शामिल हैं। इनका संक्षिप्त विवरण इस प्रकार है—

1. कच्चा लोहा—भारत में उत्तम श्रेणी के कच्चे लोहे का विशाल भण्डार पाया जाता है। यहाँ के कच्चे लोहे में लगभग 65% शुद्ध लोहा होता है। अनुमान है कि भारत में विश्व का एक-चौथाई कच्चा लोहा पाया जाता है। **कच्चे लोहे की दृष्टि से भारत का विश्व में प्रथम स्थान है।** कच्चा लोहा देश के कई भागों में पाया जाता है, लेकिन यह विशेषतया उड़ीसा, गोवा, बिहार, कर्नाटक व मध्य प्रदेश में मिलता है। देश में उपयोग में लाये जा सकने योग्य 1275 करोड़ टन कच्चे लोहे के भण्डार हैं। 1950-51 में भारत में कच्चे लोहे का उत्पादन जहाँ केवल 30 लाख टन था, वह बढ़कर 1988-89 में 7.07 करोड़ टन हो गया। 2001-02 में इसका उत्पादन लक्ष्य 10 करोड़ टन रखा गया है। भारतीय खनिज लोहे का निर्यात जापान, रूमानिया, चैकोस्लोवाकिया, पोलैण्ड, बुल्गारिया, बेल्जियम, ईरान आदि को किया जाता है।

2. मैंगनीज—रूस के बाद मैंगनीज के उत्पादन में भारत का स्थान आता है। यह इस्पात को कड़ा बनाने के काम आता है। यह अन्य उद्योगों में भी काम आता है। मैंगनीज का ज्यादातर उत्पादन उड़ीसा, महाराष्ट्र, मध्यप्रदेश, कर्नाटक व आन्ध्रप्रदेश में होता है। 2000-01 में भारत में 16.5 लाख टन मैंगनीज अयस्क का उत्पादन हुआ था। मैंगनीज के उत्पादन का अधिकांश भाग निर्यात किया जाता है।

भारतीय मैंगनीज अमेरिका, जापान, संयुक्त राज्य, फ्रांस, पूर्वी यूरोपीय देशों आदि को निर्यात होती है।

3. क्रोमाइट—यह कर्नाटक, बिहार, उड़ीसा, तमिलनाडु, आंध्र व महाराष्ट्र में पाया जाता है। यह चाँदी के समान एक चमकीली धातु होती है और धातु कार्मिक उद्योगों, रिफ्रेक्टरी ईंटें बनाने, इस्पात को कठोर करने तथा रसायन आदि बनाने के काम आती है।

4. अन्य लौह खनिज—लोहे से सम्बड़न्धत अन्य खनिजों में निकल, कोबाल्ट, वुल्फ्रैम के नाम उल्लेखनीय हैं। हम निकल का आयात करते हैं। कोबाल्ट राजस्थान व उड़ीसा में पाया जाता है। भारत में वुल्फ्रैम की सबसे बड़ी खानें राजस्थान के जोधपुर के पास डेगाना में रावत की पहाड़ी पर स्थित हैं। इससे टंगस्टन बनता है, जिसका पतला तार बिजली के बल्ब व ट्यूब आदि के काम आता है।

5. बॉक्साइट—इससे एल्यूमिनियम तैयार किया जाता है। भारत में बॉक्साइट का उपयोग उन उद्योगों में बढ़ रहा है जो सीमेण्ट, रासायनिक पदार्थ व कागज का उत्पादन करते हैं। तेल साफ करने में भी बॉक्साइट का उपयोग किया जाता है। कुछ बॉक्साइट जापान व संयुक्त राज्य को भी निर्यात होता है। यह बिहार, मध्यप्रदेश, तमिलनाडु, कर्नाटक, गुजरात, उड़ीसा व कश्मीर में पाया जाता है। 1998-99 में बॉक्साइट का उत्पादन 64.5 लाख टन हुआ तथा 2000-01 में 61 लाख टन सम्भावित है।

6. कच्चा ताँबा—यह अलौह समूह का एक महत्त्वपूर्ण धात्विक खनिंज है। भारत में ताँबे के सम्भावित भण्डार लगभग 48 करोड़ टन हैं, जबड़क प्रमाणित भण्डार लगभग 32 करोड़ टन के लगभग हैं। ताँबे का प्रयोग विद्युत मशीनों के निर्माण, विद्युत उपकरणों एवं मकानों की फिटिंग में होता है। 1999-2000 में ताँबा अयस्क का उत्पादन लगभग 47 लाख टन था जो 2000-01 में 50 लाख टन होने का अनुमान है। भारत को ताँबे का आयात भी करना पड़ता है।

7. सीसे व जस्ते के डले—भारत में सीसा व जस्ता भी आयात किया जाता है। राजस्थान में उदयपुर के पास जावर की प्राचीन खानों में सीसा व जस्ता दोनों पाये जाते हैं। 1945 में 'मेटल कॉरपोरेशन ऑफ इंडिया लिमिटेड' इनको चला रहा था, जिसे अब सरकार ने अपने हाथों में ले लिया है। राजस्थान के खान विभाग ने रामपुरा-आगूचा में 60.4 मिलियन टन सीसे व जस्ते की खोज की थी। आर्थिक दृष्टि से यह खान बहुत मूल्यवान सम्पदा है। इस पर आधारित एक स्मेल्टर संयंत्र की स्थापना

चन्देरिया में की जा रही है। 1999-2000 में भारत में जस्ते के डलों का उत्पादन 3.55 लाख टन तथा सीसे के डलों का 64 हजार टन हुआ जो पिछले वर्षों से अधिक था।

8. सोना—भारत में सोने की खानें कर्नाटक राज्य के कोलार एवं रायचूर जिले में हैं, जहाँ केन्द्र सरकार के पूर्ण नियंत्रण में स्वर्ण खनन कार्य होता है। भारत में स्वर्ण की औद्योगिक एवं आभूषणों की माँग के कारण स्वर्ण का भारी मात्रा में आयात करना पड़ता है। देश में कुल उत्पादन बहुत कम है।

9. चाँदी—भारत में चाँदी का कुल उत्पादन बहुत कम है। चाँदी की खानें अलग से नहीं, यह कोलार की खानों में सोने के साथ तथा राजस्थान के उदयपुर जिले एवं भीलवाड़ा जिले की जस्ता खानों में निकलती है जिसको साफ कर अलग किया जाता है।

2. अधात्विक खनिज

अधात्विक खनिज वे खनिज होते हैं जिनमें धातु का अंश नहीं होता है। जैसे-नमक, अभ्रक, खड़िया मिट्टी, इमारती पत्थर आदि। प्रमुख अधात्विक खनिजों का वर्णन इन प्रकार है-

1. अभ्रक—इस पर गर्मी और बिजली का कोई प्रभाव नहीं पड़ता, इसलिए यह मुख्यत: विद्युत-उद्योग में काम आता है। पिसा हुआ अभ्रक रोगन बनाने, प्लास्टिक और रबर की चीजें बनाने में प्रयुक्त होता है। अतएव यह एक बड़ा सैनिक और आर्थिक महत्त्व का खनिज माना गया है। भारत अभ्रक में संसार का सबसे बड़ा उत्पादक देश है। 1999-2000 में अभ्रक के निर्यात से 41 करोड़ रुपये प्राप्त हुए। 1999-2000 में भारत में अभ्रक का उत्पादन 1200 टन रहा जो अब लगभग 1500 टन है। हमारे निर्यात विश्व की कुल माँग के 80% भाग को पूरा करते हैं। अभ्रक बिहार, राजस्थान, आन्ध्र प्रदेश व शेष कर्नाटक व मध्यप्रदेश में मिलता है। भारतीय अभ्रक बहुत ऊँची किस्म का होता है। इसका अधिकांश निर्यात ग्रेट-ब्रिटेन, अमेरिका, जर्मनी, जापान, रूस आदि को होता है।

2. खड़िया मिट्टी—यह सीमेन्ट, रासायनिक उर्वरक, गन्धक का तेजाब आदि बनाने के काम में आती है। यह राजस्थान, पंजाब, तमिलनाडु, उत्तर प्रदेश, कश्मीर, मध्य प्रदेश व महाराष्ट्र में पायी जाती है। उर्वरक उद्योग की प्रगति के कारण इसका उत्पादन बढ़ाना पड़ा है।

3. नमक—आजकल नमक की औद्योगिक माँग तेजी से बढ़ रही है। यह मुख्यतः सोडा एश, सोडियम सल्फेट, कास्टिक सोडा आदि रसायन बनाने के काम आता है। यह खाद्य-पदार्थ को सुरक्षित रखने, चमड़ा, साबुन, रंग-रोगन आदि औद्योगिक कार्यों में काम आता है। यह समुद्र के पानी, खारे पानी की झीलों या पहाड़ों से प्राप्त किया जाता है।

4. इमारती पत्थर—भारत में इमारती पत्थर का उपयोग भवन निर्माण में होता है। राजस्थान में मार्बल, काला पत्थर, धौलपुरी पत्थर, भूरा फर्श का पत्थर, तमिलनाडु का काला पत्थर आदि प्रमुख रूप से निकलते हैं।

3. ऊर्जा खनिज संसाधन

इसके अन्तर्गत उन खनिजों का समावेश होता है जो ऊर्जा शक्ति उत्पादन में प्रयुक्त किए जाते हैं। इनमें प्रमुख खनिज कोयला, खनिज तेल (पेट्रोलियम), गैस तथा आणविक खनिज-यूरेनियम, थोरियम तथा बेरिलियम आदि हैं। प्रमुख ऊर्जा खनिजों का वर्णन निम्न प्रकार है-

1. कोयला—यह औद्योगिक ऊर्जा का पुराना एवं महत्त्वपूर्ण खनिज है। भारत में कोयले के लगभग 20875 करोड़ टन के भण्डार हैं जिसमें 3875 करोड़ टन कोकिंग कोयला तथा 17 हजार करोड़ टन के गैर-कोकिंग कोयला होने का अनुमान है। इसके अतिरिक्त 650 करोड़ टन लिग्नाइट कोयले के भण्डार भी हैं। **कोयला उत्पादन में भारत का विश्व में पाँचवाँ स्थान है।** भारत में कोयले का उत्पादन 1950-51 में जहाँ 3.23 करोड़ टन हुआ था, वह बढ़कर 2000-01 में 33.3 करोड़ टन हो गया। यह वाणिज्य ऊर्जा का लगभग 67% भाग प्रदान करता है।

2. पेट्रोलियम (खनिज तेल)—यह आधुनिक ऊर्जा का महत्त्वपूर्ण स्रोत है जो भूतल एवं समुद्रतल दोनों की परतदार चट्टानों में पाया जाता है। इसको क्रूड आयल कहते हैं। इसको साफ करके पेट्रोल, डीजल, केरोसिन, गैसोलिन, नेप्था आदि लगभग 70 प्रकार के पेट्रो-रसायन उत्पादन तैयार होते हैं। भारत में खनिज तेल का वार्षिक उत्पादन लगभग 3 करोड़ टन से 3.5 करोड़ टन है। भारत में प्रतिवर्ष पेट्रोल, तेल व चिकनाई का भारी मात्रा में आयात किया जाता है। यह आयात 1999-2000 में 54,649 करोड़ रुपये तक पहुँचा गया था जो 2000-01 में 71,497 करोड़ रुपये का होने का अनुमान है।

3. आणविक खनिज—भारत आणविक खनिजों की दृष्टि से भी सम्पन्न है। इसमें यूरेनियम, थोरियम तथा बेरिलियम खनिजों का समावेश होता है। जहाँ

यूरेनियम का सम्भावित भण्डार 34 हजार टन है, वहाँ थोरियम का भण्डार 3.6 लाख टन से पाँच लाख टन है। इसी प्रकार आणविक खनिज मोनोजाइट के भी 10 लाख टन के भण्डार हैं। प्रमुख आणविक खनिज हैं—(i) यूरेनियम, (ii) थोरियम, (iii) मोनोजाइट, (iv) बेरेलियम।

भारत के खनिज उद्योगों की समस्याएँ एवं समाधान

भारत के खनिज उद्योगों की समस्याएँ और उनके समाधान निम्नलिखित हैं-

1. खनिजों का असमान वितरण—भारत के अधिकांश खनिज बिहार, पश्चिम बंगाल, मध्यप्रदेश, आसाम आदि में केन्द्रित हैं, फिर भी अन्य राज्यों की तुलना में ये काफी पिछड़े हुए हैं। अत: खनिजों पर आधारित उद्योगों की स्थापना व परिवहन साधनों का विकास करके इस दोष को दूर करने का प्रयास किया जाना चाहिए।

2. निजी क्षेत्र की प्रधानता—अधिकांश खनिजों का उत्पादन निजी क्षेत्र के अन्तर्गत होता है, निजी क्षेत्र के उत्पादक अपने निजी हित के लिए सार्वजनिक हित की उपेक्षा कर देते हैं। अत: राष्ट्रीयकरण की नीति अपनानी चाहिए।

3. अलौह धातु का अभाव—ताँबा, सीसा, जस्ता, टिन आदि अलौह धातुओं का अभाव होने के कारण भारत इनका आयात करता रहता है, लेकिन इसका आशय यह नहीं है कि इनके भण्डार भारत में हैं ही नहीं। केवल ज्ञात भण्डार कम मात्रा में हैं। पर्याप्त भूवैज्ञानिक सर्वेक्षण द्वारा इस अभाव को दूर किया जा सकता है।

4. अपूर्ण सर्वेक्षण—सरकार अपने सम्पूर्ण प्रयत्नों के बाद भारत के कुल क्षेत्रफल के आधे का भी सर्वेक्षण नहीं कर पाई है। केवल 46.14 प्रतिशत भाग का भूवैज्ञानिक मानचित्र तैयार किया गया है। अत: सर्वेक्षण कार्य हेतु अधिक वित्त उपलब्ध कराना व प्राथमिकता देना ही एकमात्र विकल्प है। सर्वेक्षण में उपग्रह आदि की सहायता भी ली जानी चाहिए।

5. खनन के पुराने तरीके तथा यन्त्रीकरण का अभाव—अधिकांश खानों का उत्पादन आर्थिक दृष्टि से सुदृढ़ व्यक्तियों के पास नहीं है, अत: वे पुराने तरीके अपनाने को बाध्य हैं। सरकारी क्षेत्र के खनन कार्य का भी पूर्ण यन्त्रीकरण नहीं हो पाया है, अत: प्रति श्रमिक उत्पादन कम है। यन्त्रीकरण हेतु आवश्यक वित्त व्यवस्था की जानी चाहिए। आवश्यकता होने पर यन्त्रों के आयात की अनुमति भी प्रदान की जानी चाहिए।

6. समुद्री खनिजों की जानकारी का अभाव—स्वतंत्रता के लगभग 35 वर्षों के बाद भारत समुद्र में खनिज तेज के भण्डार खोज पाया था। ऐसे ही अनेक महत्त्वपूर्ण खनिज और विद्यमान हो सकते हैं, लेकिन अपर्याप्त सर्वेक्षण व तकनीकी अभाव के कारण उनका पता नहीं लग पाया है। समुद्री क्षेत्रों के लिए विदेशी सहायता ली जानी चाहिए।

7. सर्वेक्षण व खनन कार्यों के लिए विदेशी विशेषज्ञों व यंत्रों पर निर्भरता—विदेशी विशेषज्ञों पर निर्भरता समुद्र में खनिज तेल की खोज और विदोहन से स्पष्ट हो जाती है। ड्रिलिंग यंत्र, रिंगें आदि विदेशों से आयात करने पड़ते हैं। भारतीयों को स्वयं अपनी तकनीकी का विकास करना चाहिए। प्रशिक्षण हेतु उन्हें विदेश भी भेजा जाना चाहिए। खुदाई के काम आने वाले यंत्रों का देश में ही उत्पादन करने के प्रयास किये जाने चाहिए।

8. दोषपूर्ण खनिज नीति—भारतीय खनिज नीति आदर्शवादी अधिक व यथार्थवादी कम है। भारतीय परिस्थितियों को ध्यान में रखते हुए यथार्थवादी नीति का निर्माण करना चाहिए। राष्ट्रीयकरण आदि के सम्बन्ध में स्पष्टता से काम लेना उचित होगा।

9. परिवहन के साधनों का अभाव—खनिजों को उपभोग केन्द्रों तक पहुँचाने के लिए कुशल व पर्याप्त यातायात साधन नहीं हैं। अत: रेल, सड़क व आन्तरिक जल यातायात का विकास व उनकी क्षमता में वृद्धि करना आवश्यक है।

10. अपर्याप्त माँग—कुछ खनिजों का विदोहन अधिक मात्रा में केवल इस कारण नहीं होता, क्योंकि उनसे निर्मित वस्तुओं की माँग नहीं है। अत: खनिजों के नये उपयोग व बाजार ढूँढ़े जाने चाहिए।

11. आग की समस्या—भारतीय कोयले के भण्डार भूमि के भीतर ही जलकर कम होते चले जा रहे हैं। इस समस्या का हल अभी तक नहीं ढूँढ़ा गया है। अत: समस्या से निपटने हेतु विशेषज्ञों से भी सहायता लेनी चाहिए।

12. उचित प्रशिक्षण का अभाव—खानों में कार्य करने वाले अधिकांश श्रमिक अकुशल हैं जो कि खनन उद्योग के हित में नहीं है। अत: प्रशिक्षण की उचित व्यवस्था होनी चाहिए।

13. खानों में पानी भरने की समस्या—चासनावाला खान दुर्घटना इसका ज्वलन्त उदाहरण है। गहराई पर खनन कार्य होने के कारण जो पानी निकलता है उसके निकास की उचित व्यवस्था होनी चाहिए।

14. पूँजी का अभाव—यन्त्रीकरण, प्रशिक्षण आदि की समस्याएँ बिना पर्याप्त पूँजी के हल नहीं हो सकती हैं। भारतीय खनन उद्योग में पूँजी की कमी को शीघ्र दूर करने की आवश्यकता है।

15. विभिन्न उपयोगों सम्बन्धी अज्ञानता—खनिजों के उपयोगों में अधिक विविधता नहीं आ पाई है, अतः इस बात का पता लगाना चाहिए कि इन खनिजों के अन्य उपयोग क्या हो सकते हैं? अतः इस क्षेत्र में अनुसन्धान की आवश्यकता है।

16. बिखरे क्षेत्र—विभिन्न खनिजों के बिखरे हुए निक्षेप खनन कार्य को अलाभकारी, अनार्थिक या महँगा बना देते हैं। अतः जब तक एक क्षेत्र का विदोहन पूर्ण न हो चुका हो, अन्य क्षेत्रों में खनन कार्य वर्जित होना चाहिए।

17. सुरक्षा का अभाव—आधुनिक युग में उन्नत राष्ट्रों द्वारा प्रयुक्त सुरक्षा साधनों का भारत में प्रयोग नहीं होता और अधिकांश खानों में सुरक्षा की कोई व्यवस्था ही नहीं होती। अतः इस प्रवृत्ति को रोकना चाहिए।

18. खनिजों को शुद्ध करने की समस्या—अधिकांश खनिजों को शुद्ध करने के लिए उनके उद्गम स्थान से दूर ले जाया जाता है, फलस्वरूप यातायात व्यय व अधिक पूँजी की आवश्यकता होती है। यातायात में काफी खनिज बेकार हो जाता है, अतः यथासम्भव उद्गम स्थल के समीप शोधनशालाएँ होनी चाहिए।

19. अधिक लागत—अन्य राष्ट्रों की तुलना में अनेक खनिजों की लागतें काफी अधिक हैं। अतः अन्तर्राष्ट्रीय प्रतिस्पर्द्धा में हानि उठानी पड़ती है। अधिक लागत के विभिन्न कारणों-अकुशल प्रबन्ध, यन्त्रीकरण का अभाव, परिवहन के अपर्याप्त साधन, अकुशल श्रमिक आदि को दूर किया जाना चाहिए।

20. कुशल प्रबन्ध का अभाव—चासनाला खान दुर्घटना का दोषी पाये जाने पर सरकार ने कुछ उच्च सरकारी कर्मचारियों को दण्डित किया है। यह घटना उनकी अकुशलता की प्रतीक है। अतः कुशल प्रबन्ध हेतु उचित व पर्याप्त कदम उठाने चाहिए।

खनिज सम्पदा की उपलब्धता की दृष्टि से भारत की गणना विश्व के खनिज संसाधन सम्पन्न देशों में की जाती है। चूंकि भारत की भूगर्भिक संरचना में प्राचीन दृढ़ भूखण्डों का योगदान है, अतः यहाँ लगभग सभी प्रकार के खनिजों की प्राप्ति होती है। एक तरफ यहाँ पर लोहा, मैंगनीज, टंगस्टन, तांबा, सीसा, जस्ता, बाक्साइट, सोना, चाँदी, इलेमेनाइट, बेराइट, मैग्नेसाइट, सिलेमैनाइट, टिन आदि धात्विक खनिज मिलते हैं, तो

दूसरी तरफ अधात्विक खनिजों जैसे-अभ्रक, एसबेस्टस, पायराइट, नमक, जिप्सम, हीरा, कियेनाइट इमारती पत्थर, संगमरमर, चूना पत्थर, विभिन्न प्रकार की मिट्टियाँ आदि भी मिलती हैं। अणुशक्ति के खनिजों यथा-यूरेनियम थोरियम, इलेमैनाइट, बैरीलियम, जिरकॉन, सुरमा, ग्रेफाइट आदि भी हमारे देश में यत्र-तत्र मिलते हैं। प्राकृतिक शक्ति के साधनों में कोयला, खनिज तेल तथा प्राकृतिक गैस की भी प्राप्ति स्थलीय एवं अपतट क्षेत्रों में होती है।

भारत के खनिज क्षेत्र (वितरण)- भारत के खनिज क्षेत्र को निम्नलिखित भागों में बांटा जा सकता है।

(क)उत्तरी पूर्वी प्रायद्वीपीय क्षेत्र-यह क्षेत्र भारतीय खनिज की दृष्टि से सर्वाधिक महत्वपूर्ण है। इसे 'भारतीय खनिज का हृदय-स्थल' कहा जाता है। यह आर्कियन शिल्ड क्षेत्र है जिसका संपूर्ण भाग उड़ीसा का पठार, छोटानागपुर का पठार, छत्तीसगढ़ का उत्तरी भाग आदि से बना है। यहाँ की मुख्य खनिजें कोयला, लोहा, मैंगनीज, अभ्रक, तांबा, बाक्साइट आदि बहुतायत में मिलते हैं। यह क्षेत्र में काइनाइट 100% लौह-अयस्क 93% कोयला 84% क्रोमाइट 70% आदि मिलते हैं।

(ख) मध्य क्षेत्र - यह भारत का दूसरा सर्वाधिक महत्वपूर्ण खनिज क्षेत्र हैं। इसका विस्तार मध्य प्रदेश, छत्तीसगढ़, आंध्र प्रदेश और पूर्व महाराष्ट्र के क्षेत्र तक है। इस क्षेत्र में मुख्यत: मैंगनीज, बाक्साइट, कोयला, लौह अयस्क,

ग्रेफाइट, चूना-पत्थर आदि पाये जाते है।

(ग) दक्षिण क्षेत्र - इस क्षेत्र में कर्नाटक का पठार और तमिलनाडु का उच्च क्षेत्र शामिल है। यहां लौह-अयस्क, मैंगनीज, क्रोमाइट आदि खनिज प्राप्त होते हैं। इस क्षेत्र में नेवेली के लिग्राइट को छोड़कर कायला, तांबा एवं अभ्रक की उपलब्धता नगण्य हैं।

(घ) दक्षिण पशिचम क्षेत्र -दक्षिणी कर्नाटक और गोवा इस क्षेत्र में आते हैं। यहां पर गारनेट, लौह-अयस्क तथा क्ले मिलते हैं।

(ङ) उत्तरी-पशिचमी क्षेत्र - इस क्षेत्र में अंतर्गत अरावली का क्षेत्र तथा गुजरात का भाग आते हैं। इसे यूरेनियम,अभ्रक, स्टीयराइट तथा खनिज तेल का क्षेत्र के रूप में जाना जाता हैं। यहां सामान्यत: अलौह खनिजें जिनमें मुख्य रूप से तांबा,सीसा, जस्ता आदि शामिल हैं, मिलती हैं।

प्रमुख खनिज संसाधन एवं उनका वितरण तथा प्रमुखता वाले राज्यों एवं क्षेत्रों का विवरण निम्नवत है-

1. लौह अयस्क - देश में कुडप्पा तथा धारवाड़ युग की जलीय (अवसादी) एवं आग्रेय शैलों में लौह अयस्क प्राप्ति होती है। इसमें मैग्राटाइट, हैमेटाइट, सिडेराइट, लिमोनाइट तथा लैटराहट अयस्क प्रमुख हैं। देश में सर्वाधिक शुद्धता वाला मैग्रेटाइट अयस्क (72% शुद्धता) पर्याप्त मात्रा में पाया जाता है। देश में निकाले जा सकने योग्य लौह अयस्क का कुल भंडार 12 अरब 72 करोड़ 50 लाख टन है, जिसमें लगभग 9 अरब 60 करोड़ 20 लाख टन हैमेटाइट लौह असस्क का और 3 अरब 14 करोड़ 30 लाख टन मैग्रेटाइट लौह अयस्क सम्मिलित है। इस प्रकार देश में उपलब्ध लौह अयस्क में से 85% हैमेटाइट, 8% मैग्रेटाइट और 7% अन्य किस्म का लोहा पाया जाता है। लौह-अयस्क का निक्षेपण कुछ विशेष पेटियों में हुआ है, जो इस प्रकार हैं- (1) झारखण्ड-उड़ीसा पेटी, (2) मध्य प्रदेश-महाराष्ट्र पेटी, (3) कर्नाटक-आन्ध्र प्रदेश पेटी तथा (4)गोवा-पश्चिमी महाराष्ट्र पेटी।

झारखण्ड-उड़ीसा पेटी की बरमजादा समूह तथा गुरुमहिसानी-बादाम पहाड़ मेखला में हैमेटाइट अयस्क की प्राप्ति होती है। उड़ीसा के मयूरभंज जिल में गरुमहिसानी, सुलेपात तथा बादाम पहाड़ क्षेत्र की कायान्तरित शैलों एवं झारखण्ड के सिंहभूमि जिले तथा उड़ीसा के क्योंझर एवं सुन्दरगढ़ जिलों में फैले बरमजादा समूह प्रमुख अयस्क क्षेत्र हैं। सिंहभूमि जिले के बुधुबुरु, कोटामारी बुरू, रजोरी बुरु, पलामू जिले के डाल्टेगंज आदि लौह-अयस्क के प्रमुख क्षेत्र हैं।

छतीसगढ़ के बैलाडियला क्षेत्र में भी हैमेटाइट अयस्क के 14 निक्षेपों का पता लगाया गया है। यह क्षेत्र बस्तर जिले में स्थित है। दुर्ग (डल्लीराजहरा), रायगढ़, बिलासपुर, सरगुजा, बालाघाट आदि में भी हैमेटाइट प्रकार के लौह-अयस्क के निक्षेप मिले हैं। यहाँ के अयस्कों में लोहांश 66 प्रतिशत तक है। कर्नाटक राज्य के बेलारी-हास्पेट क्षेत्र में स्थिर सन्दूर पहाड़ियाँ भी लौह अयस्क के प्रमुख क्षेत्र के रूप में गिनी जाती हैं। जहाँ के चिकमंगलूर जिले की बाबाबूदन पहाड़ियों में भी हैमेटाइट अयस्क पाया जाता है। गोवा-पश्चिमी महाराष्ट्र क्षेत्र में उत्तम किस्म का लोहा अदुलमाले तथा उसगाँव के बीच मिलता है। आन्ध्र प्रदेश में खम्माम, अनन्तपुर,कृष्णा, कुडप्पा तथा नेल्लोर जिलों में लौह अयस्क के निक्षेप पाये जाते हैं। हैमेटाइट अयस्क की कुछ मात्रा राजस्थान,हिमाचल प्रदेश, असम, पंजाब, उत्तर प्रदेश तथा जम्मू-कश्मीर राज्यों में भी मिलती है।

मैग्रेटाइट अयस्क के प्रमुख क्षेत्र हैं-कर्नाटक (कुद्रेमुख)तमिलनाडु (सलेम, उत्तरी अर्काट, नीलगिरी, मालनद, देवला आदि),आन्द्र प्रदेश (आदिलाबाद, करीमनगर,

निजामाबाद,) केरल (कोझीकोड),हरियाणा (महेन्द्रगढ़),झारखण्ड (सिंहभूम)तथा उड़ीसा, महाराष्ट्र एवं गोवा ।

लिमोनाइट लौह अयस्क पश्चिम बंगाल के वीरभूमि जिले की जामुदा तथा महादेव श्रेणियों में पाया जाता है। हिमाचल प्रदेश के मण्डी क्षेत्र, जम्मू-कश्मीर के जम्मू तथा ऊधमपुर जिले, उत्तर प्रदेश के गढ़वाल, अल्मोड़ा, तथा नैनीताल जिले एवं गुजरात के नवानगर, पोरबन्दर, जूनागढ़, भावनगर, बड़ोदरा एवं खाण्डेश्वर की खानों से भी लौह अयस्क का उत्खनन किया जाता है।

भारत में लौह-अयस्क उत्पादन में गोवा प्रथम स्थान रखता है। द्वितीय एवं तृतीय स्थान क्रमशः मध्य प्रदेश एवं कर्नाटक का है। इसके अलावा लौह-अयस्क का उत्पादन झारखंड, बिहार, उड़ीसा, तमिलनाडु इत्यादि प्रदेशों में भी होता है। 1999-2000 में देश में कुल 749 लाख मेट्रिक टन लौह अयस्क का उत्पादन हुआ। विश्व लौह व्यापार में भारत का हिस्सा 8.2% है। भारत से जापान को सर्वाधिक लौह-अयस्क निर्यात किया जाता है।

2. मैंगनीज-लौह इस्पात उद्योग में एक प्रमुख कच्चे माल के रूप में प्रयुक्त होने वाली धातु मैंगनीज प्रायः काले रंग की प्राकृतिक भस्मों के रूप में धारवाड़ युग की अवसादी चट्टानों में पायी जाती है। साइलोमैलीन तथा ब्रोनाइट इसके प्रमुख अयस्क हैं। इसकी प्राप्ति पाइरोलूसाइट, हॉलैंडाइट, सीटैपराइट, हाउसमैनाइट, मैंगेनाइट, रोडोनाइट, रोडोक्रोसाइट एवं जेसोब्साइट जैसे अयस्कों से भी होती है। देश में मिलने वाले मैंगनीज अयस्क में धातु का अंश 52% तक पाया जाता है, तो इसकी उत्कृष्टता का सूचक है। देश में मैंगनीज खनिज का निकाले जा सकने योग्य भंडार 16 करोड़ 70 लाख टन है, जिसमें 4 करोड़ टन प्रमाणित, 4 करोड 90 लाख टन संभावित और 7 करोड़ 80 लाख टन संभावित श्रेणी के हैं। मध्य प्रदेश और महाराष्ट्र देश के प्रमुख मैंगनीज, उत्पादक राज्य हैं। यहां 15 किमी. चौड़ी तथा लगभग 205 किमी. लंबी पेटी में मैंगनीज का जमाव है, जो पश्चिम में महाराष्ट्र के नागपुर एवं भंडारा जिलों तक विस्तृत है। मध्य प्रदेश में मैंगनीज उत्खनन करने वाले प्रमुख जिले हैं-बालाघाट तथा छिन्दवाड़ा। इनके अतिरिक्त मांडला, बस्तर, बिलासपुर, जबलपुर, धार झाबुआ आदि जिलों में भी मैंगनीज की प्राप्ति होती है। महाराष्ट्र के नागपुर तथा भण्डारा जिलों में 19 किमी. लम्बी पेटी में मैंगनीज उत्खनन किया जाता है।

देश में मैंगनीज खनिज के मुख्य भंडार कर्नाटक में और उसके बाद उड़ीसा, मध्य प्रदेश, महाराष्ट्र और गोवा में हैं। गुजरात बड़ोदरा पंचमहल, साबरकंठा, बनासकांठा जिले, गोवा परनेम तथा बारदेर क्षेत्र, आन्ध्र प्रदेश विशाखापटनम, कुडप्पा तथा श्रीकाकुलम

जिले, झारखण्ड एवं उड़ीसा सिंहभूम, सुन्दरगढ़, क्योंझर, कोरापुट, बोलगिरि, कालाहांडी जिले राजस्थान उदयपुर, बासंवाडा, पाली जिले कर्नाटक आदि राज्यों में भी मैंगनीज की प्राप्ति होती है। भारत में मैंगनीज उत्पादन में प्रथम स्थान उड़ीसा, द्वितीय स्थान मध्य प्रदेश तथा तृतीय स्थान महाराष्ट्र का है। 1999-2000 के दौरान, 15.86 टन मैंगनीज अयस्क का उत्पादन हुआ।

भारत में ब्रिटेन सं. रा. अमेरिका, जापान, जर्मनी, फ्रांस, चेक तथा स्लोवाक गणराज्यों, बेल्जियम आदि देशों को मैंगनीज का निर्यात किया जाता है।

3. ताँबा-देश में ताँबे की प्राप्ति आग्नेय, अवसादी एवं कायान्तरित तीनों प्रकार की चट्टानों में नसों के रूप में होती है, जिसमें कई प्रकार के पदार्थ मिले रहते हैं। इसके प्रमुख आक्साइड़ क्यूप्राइट तथा कार्बोनेट मैचेलाइट एवं एजूराइट। लाल एवं भूरे रंग का खनित ताँबा अत्यधिक तन्यता एवं विद्युत का उत्तम सुचालक होने के कारण विद्युत कार्यों में अधिक उपयोग में लाया जाता है। भारत में मिलने वालजी ताँबा खनिज की चट्टानों में शुद्ध धातु का अंश मात्र 1% से 3% तक ही पाया जाता है। देश में निकाले जा सकने योग्य तांबे का 41.68 करोड़ टन का भंडार है। इसमें 43 लाख 70 हजार टन धातु उपलब्ध है। पूरे भारत में प्रतिबंधित क्षेत्र में तांबे का भंडार 67.41 करोड़ टन है इसमें 1.89 टन धातु है और संभावित संसाधनों के रूप में 76 करोड़ 99 लाख टन तांबा अयस्क का भंडार है। देश में झारखण्ड, मध्य प्रदेश तथा राजस्थान में ताँबा का प्रमुख क्षेत्र विद्यमान है जबकि कुछ मात्रा में इसकी प्राप्ति कर्नाटक, तमिलनाडु एवं उत्तर प्रदेश में भी होती है।

झारखण्ड राज्य का सिंहभूमि जिला ताँबा उत्खनन की दृष्टि से सर्वाधिक महत्त्वपूर्ण है। यहाँ से उड़ीसा राज्य तक लगभग 140 किमी. लम्बी पट्टी में ताँबा खनिज मिलता है। इस क्षेत्र की प्रसिद्ध ताँबा खानें हैं-सिंहभूमि जिले के मोसाबानी,. राखा, पाथरगोड़ा, सुरदा कैंडादीह, धोवानी तथा हजारीबाग जिले के धातु, बाराजमदा, जाराडीह आदि। झारखंड में सिंहभूम के अतिरिक्त हजारीबाग, संथाल परगना तथा मानभूमि जिलों में भी कुछ ताँबे का उत्खनन किया जाता है।

राजस्थान का खेतड़ी ताँबा क्षेत्र सिन्धु घाटी सभ्यता काल से ही ताँबा उत्खनन का प्रमुख क्षेत्र रहा है। यहाँ की ताँबा पेटी झुंझुनू जिले के सिंघाना से लेकर सीकर जिले के रघुनाथगढ़ तक लगभग 80 किमी. की लम्बाई में पायी जाती है। यहाँ की प्रसिद्ध खाने हैं-कोलीहान, खेतड़ी, तथा झुंझुनू जिलों में भी ताँबे का उत्खनन किया जाता है।

आन्ध्र प्रदेश के गुण्टूर जिलों में अग्नीगुण्ठल तथा नेल्लोर जिले में गनी-कालवा क्षेत्र में ताँबे के नवीन भण्डार का पता लगाया गया है। कुर्नूल तथा अनन्तपुर

जिलों में भी कुछ ताँबा निकाला जाता है। इन प्रमुख राज्यों के अतिरिक्त सिक्किम भोटांग, रोटोक, सिरबोंग, गिसनों आदि, उत्तरांचल, गढ़वाल जिले में धानपुर तथा पोखरी, अल्मोड़ा में देवालथम तथा बागेश्वर एवं देहरादून जिले में काल्सी खानें, जम्मू-कश्मीर कश्मीर घाटी, हिमाचल प्रदेश कांगड़हिला तथा कुलू घाटी, पश्चिम बंगाल, दार्जिलिंग तथा जलपाईगुड़ी जिले, कर्नाटक चित्रदूर्ग, चन्द्रपुर, तमिलनाडु दक्षिणी अर्काट जिले के यामनदूर क्षेत्र तथा मध्य प्रदेश जबलपुर, बाला घाट होशंगाबाद आदि, छत्तीसगढ़ बस्तर आदि में भी ताँबा निकाला जाता है। देश में अभी भी आवश्यकता से कम ताँबा उत्खनन किया जाता है, जिसकी पूर्ति के लिए सं. रा. अमेरिका कनाडा, जापान तथा जाम्बिया से इसका आयात करना पड़ता है। 1999-2000 के दौरान कुल 30.84 लाख टन तांबा खनिज का उत्पादन हुआ।

4. बाक्साइट-एल्यूमिनियम की प्राप्ति का स्रोत होने के कारण बॉक्साइट की गणना महत्वपूर्ण खनिजों में की जाती है। इसकी प्राप्ति लौह भस्मों के रूप में होती है जिनमें प्रमुख हैं, बोकमाइट, डायस्फोर तथा गिबराइट। देश में मिलने वाले ये सभी भस्म लैटराइट प्रकार के हैं, जिनमें लाल एवं पीला लौहांश अधिक मात्रा में मिला रहता है। इसका कुल संचित भण्डार 303.7 करोड़ टन अनुमानित किया गया है, इनमें से 246 करोड़ टन ऐसे हैं, जिन्हें निकाला जा सकता है। इसका प्रमुख उत्पादक राज्य झारखंड है जहाँ राँची एवं पालामऊ जिलों में ऊपरघाट तथा खुरिया क्षेत्रों में इसकी महत्त्वपूर्ण खानें स्थित है। छत्तीसगढ़ के सुरगुजा, दुर्ग, बिलासपुर आदि जिलों में, उड़ीसा के कालाहाँडी तथा सम्बलपुर जिलों में, गुजरात में सौराष्ट्र के धांगरवाड़ी नामक स्थान पर तथा खेड़ा बड़ोदरा, राजपीपला आदि जिलों में, महाराष्ट्र के पुणे, सतारा, कोल्हापुर, कोलाबा, थाणे एवं रत्नागिरि जिलों में, तमिलनाडु के नीलगिरि के समीपवर्ती एवं कर्णन नदी की घाटी में, पालनी पहाड़ियों के क्षेत्र में, शेवराय पहाड़ी क्षेत्र में यरकुड के समीप तथा कोलमताई पहाड़ियों पर कर्नाटक में बेलगाँव जिले में सिद्ध पहाड़, जम्बोतीबेटने क्षेत्र, कसारसादा पहाड़ियाँ, कालानन्दी क्षेत्र तथा बाबाबूदन की पहाड़ियाँ आदि क्षेत्रों में ताँबे का उत्खनन किया जाता है। 1999-2000 के दौरान देश में कुल 70.50 लाख टन बॉक्साइट का उत्पादन हुआ।

5. सोना-सोने की गणना बहुमूल्य धातुओं में की जाती है एवं इसका अन्तर्राष्ट्रीय स्तर पर आदान-प्रदान तथा आभूषणों के निर्माण में उपयोग किया जाता है। यह कभी भी शुद्ध रूप में नहीं मिलता बल्कि इसमें चांदी एवं अन्य धातुओं के अंश मिले रहत हैं। यह आग्नेय एंव कायान्तरित चट्टानों में नसों के रूप में पाया जाता है। देश में सोने की बहुत कम मात्रा की प्राप्ति होती है जिसके कारण इसकी माँग एवं मूल्य दोनों ही अधिक हैं। देश

में 66.7 टन स्वर्ण धातु के साथ स्वर्ण खनिज का अनुमानित भंडार 176.9 लाख टन है। देश के कुल स्वर्ण उत्पादन का लगभग 98% भाग अकेले कर्नाटक राज्य की कोलार तथा हट्टी की स्वर्ण खानों से प्राप्त किया जाता है। कोलार क्षेत्र की अन्य प्रसिद्ध खाने हैं-मैसूर खान, ओरोगम खान, नन्दीदुर्ग खान तथा चैम्पियन खान। यहाँ पर सोना 2,250 से 31,00 मी. की गहराई तक पाया जाता है। कर्नाटक के धारवाड़ा, चित्रदूर्ग, बेलारी, शिमोगा तथा गुलबर्गा जिलों में भी कुछ सोना पाया जाता है।

इसके अतिरिक्त स्वर्ण उत्खनन करने वाले अन्य राज्य हैं-आन्ध्र प्रदेश अनन्तपुर, चित्तूर, पूर्वी गोदावरी तथा वारंगल जिले, तमिलनाडु नीलगिरि तथा सलेम जिले, झारखण्ड सिंहभूम, डालभूम, तथा जशपुर क्षेत्र, उड़ीसा गंगपुर बामरा तथा सम्बपुर, केरल कोझीकोड जिला आदि। देश में नदियों द्वारा बहाकर लायी गयी जलोढ़ मिट्टी के साथ भी कुछ मात्रा में सोने की प्राप्ति होती है। 1999-2000 के दौरान देश में कुल 2586 क्रिगा. सोना का उत्पादन हुआ।

6. अभ्रक-अभ्रक एक बहुपयोगी खनिज है तो आग्नेय एंव कायान्तरित चट्टानों में खण्डों के रूप में पाया जाता है। अभ्रक की तीन मुख्य किस्में हैं-श्वेत अभ्रक यह रूबी अभ्रक भी कहलाता है। सफेद धारियों वाला यह अभ्रक उच्च किस्म का होता है, पीत अभ्रक-इसे फ्लोगोपाइट कहते हैं और श्याम अभ्रक-इसे बायोटाइट कहते हैं। बायोटाइट अभ्रक का रंग हल्का गुलाबी होता है। अभ्रक के उत्पादन परतदार अभ्रक में देश का विश्व में प्रथम स्थान है। यहाँ से विश्व में मिलने वाली अच्छी किस्म के अभ्रक का 60% से भी अधिक उत्पादन किया जाता है और देश के उत्पादन का अधिकांश भाग विदेशों को निर्यात कर दिया जाता है। देश के झारखण्ड, बिहार, आन्ध्र प्रदेश, राजस्थान, केरल, कर्नाटक आदि राज्यों में अभ्रक निकाला जाता है किन्तु झारखण्ड, आन्ध्र प्रदेश एवं राजस्थान ही क्रमशः इसके सर्वाधिक महत्त्वपूर्ण उत्पादक राज्य हैं। झारखण्ड से देश के कुल अभ्रक का लगभग 50% प्राप्त होता है और यहां अभ्रक क्षेत्र 4,160 वर्ग किमी. क्षेत्र पर फैला हुआ है। यहाँ मस्कोबाइट-बायोबाइट किस्म का अभ्रक हजारीबाग कोडरमा, संथाल परगना, सिंहभूम व पालामऊ जिलों में निकाला जाता है। यहाँ की अभ्रक पेटी 130 किमी. लम्बी तथा 25 किमी. चौड़ी है। यहां अभ्रक निकालने की लगभग 600 खाने हैं, जिनका अधिकांश भाग कोडरमा के जंगली क्षेत्रों में है। प्रसिद्ध खानें हैं-कोडरमा, गिरिडीह, चाकल, तिसरी, गवान, चटकारी, सिंगूर, डोमचांच, ईसरी, चकाई आदि। इसी प्रकार बिहार के गया और मुंगेर जिलों से भी अभ्रक निकाले जाते हैं। आन्ध्र प्रदेश की अभ्रक पेटी 96 किमी. की लम्बाई तथा 20 से 32 किमी. की चौड़ाई में विशाखापटनम, कृष्णा, पूर्वी एवं पश्चिमी गोदावरी, खम्माम, अनन्तपुर तथा नेल्लौर जिलो में फैली है।

यहाँ सीताराम, पल्लीमाता, तेलीबाड़ू, कालीचेहु, रायपुर, आदि प्रमुख क्षेत्र हैं। यहाँ का अभ्रक 1,550 वर्ग किमी. में फैला है। गुंटर जिले की शाहखान विश्व में अभ्रक की सबसे गहरी खान है। राजस्थान की अभ्रक पेटी का विस्तार उत्तर-पूर्व में जयपुर से लेकर दक्षिण-पश्चिम में उदयपुर तक 320 किमी. की लम्बाई एवं 100 किमी. की चौड़ाई में पाया जाता है। यहाँ सबसे प्रमुख अभ्रक उत्पादक जिला है-भीलवाड़ा, जहाँ टूँका, प्रतापपुरा, घोरास, बनेड़ी, लांबिया, शाहपुरा, बेलियाँ आदि प्रसिद्ध अभ्रक खानें स्थित हैं। इसके अतिरिक्त अजमेर, उदयपुर, टोंक, अलवर, भरतपुर आदि जिलों में भी कुछ अभ्रक निकाला जाता है।

उपर्युक्त तीन प्रमुख राज्यों के अतिरिक्त तमिलनाडु तिरुनलवैली, कोयम्बटूर, तिरुचिलापल्ली तथा मदुरै जिले, केरल नय्यूर, पुन्नालूर, अलेप्पी तथा किल्लोन जिले, उड़ीसा सम्बलपुर, कोरापुट, कटक तथा गंजाम जिले, कर्नाटक हासन तथा मैसूर जिले, मध्य प्रदेश बस्तर, पश्चिम बंगाल बांकुड़ा तथा मिदनापुर जिले, हरियाणा नारनौल एवं गुड़गाँव जिले में भी कुछ मात्रा में अभ्रक का उत्खनन किया जाता है। 1999-2000 के दौरान देश में कुल 1807 टन अभ्रक का उत्पादन हुआ।

7. हीरा-हीरा एक अत्यन्त मूल्यवान खनिज है। जो कार्बन का सबसे शुद्ध एवं प्रकृति का सबसे कठोर तत्व माना जाता है। यह कोयले का अपरूप है। भारत का नाम अत्यन्त प्राचीन काल से ही हीरे के लिए विश्व प्रसद्धि रहा है। प्राचीन काल में ही गोलकुण्डा की खान से निकाला गया कोहिनूर हीरा सदियों तक आकर्षण का केन्द्र बना रहा।

मध्य प्रदेश हीरा उत्खनन की दृष्टि से देश का सबसे प्रमुख राज्य है। यहाँ पन्ना जिले में पन्ना सतना जिले में सझगाँवाँ, तथा हीनोता एवं छतरपुर जिले में अंगौर प्रसिद्ध हीरे की खानें हैं। यह हीरा क्षेत्र लगभग 100 किमी. लम्बाई तथा 16 किमी. की चौड़ाई में फैला है। प्री-कैम्बियन काल की जीवाश्म रहित विन्ध्यन शैलों की नसों में मिलने वाला यहाँ का हीरा काफी मूल्यवान माना जाता है। मध्य प्रदेश में ही पन्ना जिले की भागने नदी द्वारा जमा किये गये निक्षेपों में रामखेरिया नामक स्थान पर धरातल के समीप ही हीरों की प्राप्ति होती है।

आन्ध्र प्रदेश के कुडप्पा, अनन्तपुर, कुर्नूल, कृष्णा एवं गोदावरी जिलों में उत्खनन द्वारा हीरे प्राप्त किये जाते हैं। इन जिलों में नदियों द्वारा बहाकर लायी गयी जलोढ़ मिट्टियों एवं बजरी में भी हीरे मिलते हैं। महानदी घाटी में भी सम्बलपुर तथा चन्द्रपुर जिले हीरा प्राप्ति के केन्द्र माने जाते हैं। मुम्बई हीरे की सबसे बड़ी मण्डी है। यहाँ पर हीरे की कटाई होती है। देश में 11 कैरेट की प्रतिलक्ष्य भंडारों के अलावा 26 लाख 50 हजार

कैरेट के प्रतिबंधित स्रोत है। 1999-2000 के दौरान देश में कुल 40956 कैरेट हीरा का उत्पादन हुआ।

8. जिप्सम-अमोनियम सल्फेट नामक रसायनिक उर्वरक, सीमेण्ट, गन्धक आदि के निर्माण में प्रयुक्त होने वाले खनिज जिप्सम की प्राप्ति कैल्शियम जलीय सल्फेट के रूप में ऊसर भूमियों एवं शुष्क क्षेत्रों में अवसादी चट्टानों से होती है। इसका सर्वाधिक उत्पादन राजस्थान 90% में किया जाता है। यहाँ बीकानेर धेन्याढेरर, कायमवाला ढेर, करनाढेर, कबरावालाढेर, पूगल, नौशेरा आदि क्षेत्र, जोधपुर धकोरिया के समीप, नागौर फिलनबासी, बदबासी, खौतानी आदि क्षेत्र, जैसलमेर हमीरवाटी नदी, मोहनगढ़ तथा लाखोर क्षेत्र एवं बाड़मेर जिलों में जिप्सम पाया जाता है।

तमिलनाडु राज्य के कोयम्बटूर, रामानाथपुरम, तिरुनलवैली, चिंगलपुट आदि जिलों तथा पुलीकट झील के उत्तरी भाग में सागरीय चीका मिट्टी से जिप्सम प्राप्त किया जाता है।

उपुर्यक्त राज्यों के अतिरिक्त उत्तरांचल गढ़वाल-खरारी घाटी, सेरा, लक्ष्मण झूलाक्षेत्र, देहरादून, नैनीताल तथा झांसी जिले, गुजरात सौराष्ट्र क्षेत्र का हलार जिला, भावनगर, पोरबन्दर आदि, महाराष्ट्र रत्नागिरि, हिमाचल प्रदेश कोरगा, भारली तथा शलकाट क्षेत्र, जम्मू-कश्मीर डोडा जिले का ऊडी, स्वान्ति एवं कन्नौर क्षेत्र तथा भूटान की कांगड़ा चू घाटी में भी अभ्रक की कुछ प्राप्ति हो जाती है। जिप्सम का प्रतिलक्ष्य अनुमानित भंडार 23.90 करोड़ टन है। इसमें 70,000 टन सर्जिकल प्लास्टर श्रेणी का 3.90 करोड़ टन उर्वरक/चीनी मिट्टी स्तर का, 3.86 करोड़ टन सीमेंट/पेंट स्तर का, 40 लाख टन भूमि सुधार स्तर का और शेष गैर-वर्गीकृत किस्म का है। 1999-2000 के दौरान देश में कुल 32.47 लाख टन जिप्सम का उत्पादन हुआ।

9. क्रोमाइट-लौह एवं क्रोमियम के सम्मिश्रण से बनने वाले खनिज क्रोमाइट में 68% क्रोमिक आक्साइड तथा 32% लौह आक्साइड़ होता है। क्रोमाइट के कुल भंडार में से लगभग 86% भंडार ऐसा है, जिन्हें निकाला जा सकता है। इस खनिज का उपयोग धातु शोधन, तापरोर्ध कार्यों तथा रासायनिक उद्योगों में किया जाता है। देश में सर्वाधिक क्रोमाइट का उत्पादन उड़ीसा में होता है, जहाँ भारत की 90% क्रोमाइट उत्पन्न किया जाता है। इसके निक्षेप धारवाड़ तथा कायान्तरित शैलों में मिलते हैं। कर्नाटक के हसन, कादूर, शिमोगा, चित्रदूर्ग, मैसूर आदि इसके प्रमुख उत्पादक जिले हैं।

महाराष्ट्र के रत्नागिरि जिले में तथा भण्डार में क्रोमाइट मिलता है। यहाँ के खनिज में अयस्क की मात्रा 30% से 38% तक होती है। झारखण्ड के सिंहभूमि जिले में

रोरोबुरु, कित्ताबुरु, किन्सीबुरु तथा चिंतागबुरु पहाड़ियों में क्रोमाइट प्राप्त किया जाता है। इसके अतिरिक्त तमिलनाडु के सीतामपुंडी क्षेत्र सलेम, आन्ध्रप्रदेश के कोंडापाले कृष्णा तथा गोरावरम का कुल भण्डार 18.72 करोड़ टन अनुमानित है।

10. सीसा अयस्क–सीसा अयस्क मुख्यतः गैलेना नामक खनिज से प्राप्त किया जाता है और यह प्रायः चाँदी एवं जस्ते के साथ मिला रहता है। यह विद्युत का कुचालक होने के कारण विभिन्न उद्योगों में प्रयोग किया जाता है। इसका सर्वाधिक उपयोग लौह–इस्पात उद्योग में होता है। देश में सीसे का उत्पादन कम होता है। अतः इसे सं. रा. अमेरिका, आस्ट्रेलिया, मैक्सिको, म्यान्मार आदि देशों से आयात किया जाता है। देश में लगभग 23.26 लाख टन सीसे का भंडार है।

व्यापारिक स्तर पर इसकी प्रमुख खानें राजस्थान में जावरा नामक स्थान पर हैं, जहाँ हिन्दुतान जिंक लि. द्वारा निकालने का भी काम किया जाता है। राजस्थान में मोछियामगरा, बरोमगरा, तथा जावरमाला प्रमुख सीसा अयस्क के क्षेत्र हैं। यहाँ बोबा, बरोई, बेलरिया तथा भीलवाड़ा जिले के दरीबा–राजपुरा क्षेत्र में भी नये निक्षेप पाये गये हैं। मध्य प्रदेश में दुर्ग जिले के चिचोली क्षेत्र में सीसा प्राप्त किया जाता है।

11. जस्ता अयस्क–सीसा एवं जस्ता अयस्क प्रायः अवसादी शैलों की नसों में पाये जाते हैं। जस्ता की प्राप्ति जिंक सल्फाइड तथा कैलेमीन, जिंकाइट, विलेमाइट एवं हैमीमोरफाइट से होती है। इसका अधिक उपयोग लौह को जंगरोधी बनाने हेतु उसकी पॉलिश के लिए किया जाता है। इसके अन्य उपयोग हैं–रंग एवं रोगन, विद्युत सेल, बैटरी, मोटरों के कलपुर्जे, दवाइयाँ आदि। देश में व्यापारिक स्तर पर संचालित होने वाली एक मात्र खान राजस्थान में उदयपुर के समीप जावर में है, जिसका संचालन हिन्दुस्तान जिंक लि. द्वारा किया जाता है। सीसा अयस्क की भाँति यह भी कोछियामगरा, बरोडमगरा तथा जावरमाला से प्राप्त किया जाता है। इसके अन्य क्षेत्र हैं–भीलवाड़ा जिले में रामपुरा–अंगुचा क्षेत्र, जम्मू कश्मीर के ऊधमपुर जिले में स्थित दराबी क्षेत्र, तमिलनाडु के दक्षिणी अर्काट जिले में स्थित मामनदूर क्षेत्र आदि।

देश में वहुत ही कम जस्ता प्राप्त होता है। अतः आवश्यकता पूर्ति हेतु यूगोस्लाविया, बेल्जियम, जापान, कांगो गणराज्य, सं.राज्य अमेरिका आदि देशों से इसे आयात किया जाता है। एक अनुमान के अनुसार देश में लगभग 10,000 टन जस्ता का भंडार है। 1999–2000 के दौरान देश में कुल 3.60 लाख टन जस्ता का उत्पादन हुआ। वर्तमान में हिन्दूतान जिंक लिमिटेड ने इसका निर्यात प्रारंभ किया है।

12. चाँदी-सामान्यतया चाँदी जस्ता, ताँबी, सीसा अथवा सोने के साथ पायी जाती है। इसके प्रमुख अयस्क हैं-अर्जेण्टाइट, पायराजाइराइट, स्टैफनाइट, हार्न सिल्वर तथा औस्टाई। चाँदी से सस्ते एवं कलात्मक आभूषणों का निर्माण किया जाता है। देश में इसका बहुत ही कम उत्पादन होता है। आवश्यकता पूर्ति के लिए बेल्जियम, ब्रिटेन, इटली, पश्चिमी, जर्मनी आदि देशों से इसका उत्पादन करना पड़ता है। इसके प्रमुख उत्पादक क्षेत्र हैं-राजस्थान में जावर माइन्स, कर्नाटक में चित्रदूर्ग तथा बेलारी जिले, आन्ध्र प्रदेश में कुडप्पा, गुण्टूर तथा कर्नूल जिले, झारखण्ड में संथाल परगना तथा सिंहभूमि जिले, पश्चिम बंगाल के मानभूमि, जम्मू-कश्मीर में बारमूला तथा उत्तरांचल में अल्मोडा। पहले इसका उत्खनन तमिलनाडु के अनन्तपुर में भी किया जाता था जो अब समाप्त हो गया है। 1999-2000 के दौरान देश में कुल 53641 किग्रा. चांदी का उत्पादन हुआ।

13. ग्रेफाइट-कायान्तरित शैलों में मिलने वाली कार्बनिक संरचना में ग्रेफाइट की प्राप्ति होती है। इसे कालसीसा तथा प्लम्बगो भी कहा जाता है। इसके साथ सिलिका एवं सिलिकेट जैसी अशुद्धियाँ भी पायी जाती हैं। इसका उपयोग पेन्सिलों की लेड बनाने तथा परमाणु शक्ति के रिएक्टरों में मन्दक के रूप में किया जाता है। इसके प्रमुख उत्पादक राज्य हैं-झारखण्ड सोकरा, खानडीह तथा राजहरा क्षेत्र, उड़ीसा में कालाहांडी जिले में कोयना, बाबूपाली, डेंगसरगी, विलियनगोड़ा, अखमलिक क्षेत्र तथा बोलंगिरि, सम्बलपुर, कोरापुट, फूलबनी तथा आन्ध्र प्रदेश जहाँ रम्पा, चोद्वारम पूर्व गोदावरी, रैडी बोडियार तथा हीरापुरम क्षेत्र प. गोदावरी, खमामेत खम्मान, नरसीपट्टनम, विशाखापट्टनम, सलूर श्रीकाकुलम तथा नरसरोपट, गुण्टर में मिलता है। अरुणाचल प्रदेश लोहित सीमान्त क्षेत्र, जम्मू-कश्मीर उड़ी क्षेत्र, मध्य प्रदेश बेतूल, केरल त्रावनकोर तथा उत्तर प्रदेश में बहुत कम मात्रा में ग्रेफाइट प्राप्त होता है। 1999-2000 के दौरान देश में कुल 1.09 लाख टन ग्रेफाइट का उत्पादन हुआ।

अणुशक्ति के खनिज

देशमें कोयला,खनिज तेल तथा जल विद्युत शक्ति के ऊर्जा संसाधनों की कमी को देखते हुए अणु शक्ति पर जोर दिया जा रहा है। यह ऊर्जा का एक ऐसा स्त्रोत है जिसमें कम मात्रा में खनिज विशेष का प्रयोग करके मजबूत सुरक्षात्मक उपाय अपनाकर अजस्त्र ऊर्जा प्राप्त की जा सकती है। देश में मिलने वाले प्रमुख अणु शक्ति के खनिज एवं उनका वितरण निम्न प्रकार है-

1.थोरियम-इसके अन्तर्गत थोरियेनाइट,एलैनाइट तथा मोनाजाइट खनिजों को शामिल किया जाता है। देश में थोरियेनाइट का पूर्णत:अभाव है जबकि अन्य दोनों

खनिजों की प्राप्ति भी कम मात्रा में ही होती है। इनकी प्राप्ति के प्रमुख क्षेत्र हैं-तमिलनाडु में मदुरै जिले का मसूर तालुका क्षेत्र, आन्ध्र प्रदेश में करीमनगर,मेडक,बारंगल, नलगोंडा तथा हैदराबाद जिलों के बालागुडबा, पेड़ामारीकी, तोरनाल,तीमापुर तथा बसवापुरम क्षेत्र,झारखण्ड में हजारीबाग जिले के पैटो, बराबार, परासाबाद, धाबुआडीह तथा बंसोधरवा क्षेत्र तथा राजस्थान में पाली (भदावन तथा भीतवाड़ा क्षेत्र)एवं भीलवाड़ा (सरदारपुर क्षेत्र)

2. मोनाजाइट-यह पैग्मेटाइट शैलों में मिलने वाला थोरियम, यूरेनियम,सीरियम तथा लैन्थेनम का मिश्रण हैं। इसकी प्राप्ति मोनाजाइट बालुका निक्षेपों से होती है, जिसका निर्माण प्री-कैम्ब्रियन काल की चट्टानों के नष्ट होकर चूर्ण बन जाने से हुआ है। यद्यपि शिलाएं बिहार(गया तथा मुंगेर जिले), कर्नाटक (येदियार क्षेत्र), उड़ीसा (कोराकुट में कोलाब नदी घाटी), राजस्थान (उदयपुर में सोनीयाना)में स्थित हैं, लेकिन वाणिज्यिक स्तर पर इसकी प्राप्ति समुद्रतटीय बालुका निक्षेपों तक ही सीमित है। इसकी प्राप्ति तमिलनाडु के कन्याकुमारी, थंजाबूर तथा तिरूनलबैली जिलों, आन्ध्र प्रदेश के वाल्टेयर, विमलीपट्टम क्षेत्रों एवं विशाखापटनम जिले, उड़ीसा में महानदी डेल्टा से चिल्का झील के बीच, चीकाकोल नदी के बालू में तथा कटक एवं गंजाम जिलों, बिहार के रांची तथा प. बंगाल के पुरूलिया जिलों में होती है।

3. यूरेनियम-यह गहरे काले रंग का पिण्डों के रूप में मिलने वाला खनिज है। इसके प्रमुख अयस्क हैं-पिच्ब्लैड, सामरस्काइट तथा थोरियानाइट। देश में यूरेनियम की प्राप्ति धारवाड़ एवं आर्कियन श्रेणी की शैलों, पैग्मेटाइट्स, मोनाजाइट बालू तथा चैरालाइट से होती है। इसकी प्राप्ति के प्रमुख क्षेत्र हैं-झारखण्ड में सिंहभूम तथा उत्तरी भाग के अभ्रक क्षेत्र, कर्नाटक में येदायूर के समीप आन्ध्र प्रदेश में नेल्लौर जिले की सांकर खानें, राजस्थान में उदयपुर का समीपवर्ती क्षेत्र, केरल तथा तमिलनाडु राज्यों का समुद्रतटीय मोनाजाइट बालू क्षेत्र आदि।

4. बैरीलियम- इसकी प्राप्ति आग्नेय चट्टनों से होती है। इसका सर्वाधिक उपयोग मिश्र धातुओं के निर्माण में किया जाता है। इससे वायुयानों के काबोरेटर,फ्लूरोसेण्ट ट्यूब्स, निऑन सिग्नल्स, साइक्लोट्रान तथा विस्फोस्ट पदार्थ भी बनाये जाते हैं।

बैरीलियम की प्राप्ति के प्रमुख क्षेत्र हैं-झारखण्ड में हजारीबाग कोडरमा तथा बिहार में गया जिले के क्षेत्र, राजस्थान में उदयपुर, बांसवाड़ा, डूंगरपुर तथा अजमेर जिले, आन्ध्र प्रदेश का नेल्लौर तथा तमिलनाडु का कोयम्बटूर जिला।

5. जिरकन– जिरकन एक ऐसा खनिज है जो विभिन्न प्रकार के खनिजों जैसे इल्मैनाइट,मोनाजाइट, रूटाइल,सिलीमैनाइट, थोराइट, चेरालाइट गारमेन्ट आदि के साथ मिला रहता है। इसकी प्राप्ति का मुख्य स्त्रोत जिरकोनियम अयस्क है। यह उच्चकोटि का तापविकिरणीय खनिज है तथा इसका द्रवणांक अधिक होता है। इसका उपयोग अणुशक्ति के अतिरिक्त अन्य अनेक कार्यों हेतु किया जाता है। देश में इसकी प्राप्ति केरल राज्य के तटीय बालू वाले क्विलोन क्षेत्र तमिलनाडु में थंजावूर, कन्याकुमारी, तथा झारखण्ड राज्य के रांची तथा हजारीबाग जिलों की जलोढ़ मिट्टी वाले क्षेत्रों से होती है।

6. वैनेडियम– इस धातु का उपयोग विभिन्न प्रकार के मिश्रत इस्पातों का निर्माण करने में किया जाता है। देश में इसकी बहुत ही कम मात्रा में प्राप्ति होती है। यह मैग्नेटाइल अयस्क के रूप में मयूरभंज तथा क्योंझर जिलों के कुमारधूवी,जूरिया,कुंजकाचा, झारखण्ड के सिंहभूम जिले में दुबलबेरा गाँव के समीप,उडीसा में गरगरी, हरीचार क्षेत्रों में, आन्ध्र प्रदेश के कृष्णा जिले के तिरूवरू तालुका क्षेत्र तथा महाराष्ट्र के भण्डार जिले में प्राप्त होता है।

7. मॉलिब्डेनम–विशेष प्रकार के इस्पात बनाने में प्रयोग किया जाने वाला मुलायम एवं भूरे रंग का खनिज मॉलिब्डेनम मॉडिब्डेनाइट नामे अयस्क से प्राप्त होता है। इसकी प्राप्ति के प्रमुख स्थल हैं–अन्ध्र प्रदेश में गोदावरी जिले का जीदीगप्पा क्षेत्र एवं करीमनगर तथा मेडक जिले,तमिलनाडु में कन्याकुमारी जिले का अरूमनाल्लूर क्षेत्र एवं मदुरै जिले की सिरूमलाई महाड़ियाँ,मेघालय में चेरापूजी का समीपवर्मी क्षैत्र,झारखण्ड में हजारीबाग जिले के ऊपरी,महाबाग तथा बारागुंडी क्षेत्र, राजस्थान में किशनगढ़ के समीप मनडोरिया तथा कर्नाटक का बेंगलोर जिला।

8. एण्टीमनी अथवा सुरमा– इसकी प्राप्ति स्टिबनाइट नामक खनिज से होती है इसका उपयोग विद्युत तार बनाने,टूथपेस्ट की ट्यूब बनाने आभूषणों तथा बन्दूक की कारतूसों में किया जाता है। इसके सल्फाइट से आखों में लगाया जाने वाले सुरमा भी बनाया जाता है। देश में इसकी प्राप्ति के प्रमुख स्थल हैं–कर्नाटक के चित्रदुर्ग जिले का चिकन्नाहाली क्षेत्र, महाराष्ट्र में नागपुर जिले की उमरेड़ तहसील, उत्तरांचल का चमोली जिला तथा हिमाचल प्रदेश के लाहोज जिले में बड़ाशीग्ती हिमानी का पीडमाण्ट क्षेत्र।

देश में इसकी अधिक मांग की पूर्ति के लिए इसे मुख्य रूप से सं०रा० अमेरिका मैक्सिको, पेरू, बोलिविया आदि देशों से आयात किया जाता है।

भारतीय खनिज सम्पदा की स्थिति

विश्व में खनिजों की प्राप्ति की दृष्टि से भारत में यदि कुछ खनिजों की प्राप्ति बहुतायात से होती है जो कुछ मात्र आवश्यकता भर को ही और कुछ ऐसे भी खनित हैं जिनकी देश में कमी है और जिनकी आवश्यकतापूर्ति आयात द्वारा ही सम्भव हो पाती है। खनिज सम्पदा की वर्तमान स्थिति निम्न प्रकार है–

(1) लौह अयस्क,अभ्रक,दुर्लभ मृदाएं टिटैनियम अयस्क तथा थोरियम अयस्क के उत्पादन में भारत का विश्व में महत्वपूर्ण स्थान है।

(2) बाक्साइट, मैग्रेसाइट, ग्रेनाइट, कोरण्डम, मैंगनीज, सिलिका, सिलिमेनाइट, कायनाइट तथा स्टिचटाइट की प्राप्ति देश में बहुतायात से होती है।

(3) एल्यूमिनियम, एण्टीमनी (सुरमा), आरसेनिक, क्रोमियम अयस्क, कोयला, सीसा, जिप्सम, बेराइट्स, लाइमस्टोन, डोलोमाइट, सोडियम लवण, संगमरमर, यूरेनियम, जिरकानियम, बैनिडेयम, विभिन्न प्रकार के पत्थर आदि खनिज पदार्थों में भारत आत्मनिर्भर है।

(4) पोटाश, कैडमियम, बिस्मथ, प्लेटिनम, ग्रेफाइट, पारा (मर्करी), निकिल, कोबाल्ट, फॉस्फेट, चाँदी सल्फर, टिन, जिंक, टंगस्टन, एस्फाल्ट, सीसा आदि की भारत में कमी है जिसे विदेशों से आयात किया जाता है।

(5) देश में सामारिक महत्व के 26 खनिजों की प्राप्ति होती है, जिनमें एल्यूमिनियम, कोयला, क्रोमियम, एण्टीमनी, ताँबा, मैग्रीज, मैग्रीशियम, अभ्रक, मालिब्डेनम, टैण्टेलम, टिटैनियम, यूरेनियम, थोरियम, बैनेडियम, प्लेटिन, पोटाश, सीसा, पारा, टिन, जिंक, निकिल, ग्रेफाइट, सल्फर, टंगस्टन आदि शामिल हैं।

(6) सामरिक महत्व के 10 खनिजों की मात्रा भारत में अपर्याप्त है। इनकी कमी को आयात द्वारा पूरा किया जाता है। खनिज हैं– टंगस्टन, प्लेटिनम, जिंक, ग्रेफाइट, सीसा, सल्फर, पोटाश, पारा (मर्करी) टिन तथा निकिल।

▣▣▣

4

भारतीय विकास विनिर्माण उद्योग

प्राचीन काल से ही विभिन्न प्रकार के प्राकृतिक संसाधनों की सम्पन्नता के कारण देश की गणना विश्व के प्रमुख औद्योगिक क्षेत्रों में की जाती थी। इतना अवश्य था कि उस समय की उत्कृष्ट वस्तुओं का निर्माण भी कुटीर उद्योगों के स्तर पर ही किया जाता था। सूती एवं रेशमी वस्त्र, लौह-इस्पात उद्योग एवं अन्य धातुओं से निर्मित वस्तुएं विदेशों में भी प्रसिद्धि प्राप्त कर चुकी थीं। देश में औद्योगिक विकास का प्रारम्भ अंग्रेजों के आगमन के पश्चात् ही हुआ और स्वतंत्रता प्राप्ति के बाद इसमें अभूतपूर्व प्रगति हुई है। आज देश औद्योगिक विकास के मार्ग पर अग्रसर है। देश के प्रमुख निर्माण उद्योगों एवं उनकी अवस्थिति पर कच्चे मालों, भौतिक एवं मानवीय दशाओं आदि का पर्याप्त प्रभाव पड़ा है और देश में ही अधिकांश उत्पादों का बाजार भी उपलब्ध है। संचार एवं परिवहन के साधन भी देश की औद्योगिक प्रगति में पर्याप्त सहयोग प्रदान कर रहे हैं।

1. लौह-इस्पात उद्योग-लौह-इस्पात उद्योग को किसी देश के आर्थिक विकास की धुरी माना जाता है। देश में इसका सबसे पहला बड़े पैमाने का कारखाना 1907 में झारखण्ड (तत्कालीन बिहार)राज्य में सुवर्णरेखा नदी की घाटी में साकची नामक स्थान पर जमशेदजी टाटा द्वारा स्थापित किया गया था। स्वतन्त्रता-प्राप्ति के पश्चात् पंचवर्षीय

योजनाओं के अन्तर्गत इस पर काफी ध्यान दिया गया और वर्तमान में 7 कारखानों द्वारा लौह-इस्पात का उत्पादन किया जा रहा है। विकास की द्रष्टि से देखा जाय तो सबसे पहला कारखाना सन् 1874 में कुल्टी नामक स्थान (पश्चिमी बंगाल)पर बाराकर लौह कम्पनी की स्थापना की गयी थी, जो 1889 में बंगाल लोहा एवं इस्पात कम्पनी के रूप में परिवर्तित हो गयी। 1908 में पश्चिमी बंगाल की दामोदर नदी घाटी में हीरापुर नामक स्थान पर भारतीय लौह-इस्पात कम्पनी स्थापित हुई। 1923 में दक्षिण भारत के मैसूर राज्य (वर्तमान कर्नाटक)के भ्रद्रावती नामक स्थान पर देश की प्रथम सार्वजनिक क्षेत्र की इकाई मैसूर आयरन एण्ड स्टील वर्क्स की स्थापना की गई जिसको वर्तमान में विश्वेश्वरैया आयरन एण्ड स्टील कं. लि. के नाम से जाना जाता है। 1937 में बर्नपुर में स्टील कार्पोरेशन ऑफ बंगाल की स्थापना हुई एवं 1937 में इसको भी इण्डियन आयरन एण्ड स्टील कम्पनी में मिला दिया गया। स्वतंत्रता प्राप्ति के पश्चात् द्वितिय पंचवर्षीय योजना काल(1956-61) में सार्वजनिक क्षेत्र के तीन प्रमुख लौह-इस्पात कारखाने स्थापित किये गये-(1)हिन्दुस्पान स्टील लि. भिलाई (दुर्ग जिला, छत्तीसगढ़)(2)हिन्दुस्तान स्टील लि., राउरकेला (सुन्दरगढ़ जिला ,उड़ीसा)(3)हिन्दुस्तान स्टील लि. दुर्गापुर (वर्धमान जिला, प. बंगाल)। तृतीय पंचवर्षीय योजना काल (1961-66) में झारखण्ड के बोकरो नामक स्थान पर एक नये कारखाने की आधारशिला रखी गयी जिसमें चतुर्थ पंचवर्षीय योजना काल में ही उत्पादन प्रारम्भ हो सका। वर्तमान में लौह-इस्पात का उत्पादन करने वाले उपर्युक्त 7 कारखानों के अतिरिक्त आंध्र प्रदेश के विशाखापटनम इस्पात संयत्र से उत्पादनों प्रारंभ हो गया है। यह संयंत्र देश का पहला ऐसा समन्वित इस्पात कारखाना है, जिसने आई. एस. ओ. प्रमाण-पत्र प्राप्त किया है। साथ ही कर्नाटक के बेलारी जिले में हास्पेट के समीप विजयनगर इस्पात परियोजना तथा तमिलनाडु के सलेम जिले में सलेम इस्पात परियोजना निर्माणाधीन है। इस समय देश में टाटा आयरन एण्ड स्टील कम्पनी (टिस्को)तथा इंडियन आयरन एंड स्टील कंपनी (इस्को)निजि क्षेत्र में कार्यरत हैं। टिस्को की गणना देश के सबसे बड़े इस्पात कारखाने के रूप में की जाती है। भद्रावती स्थित विश्वेश्वरैय्या आयरन एण्ड स्टील कं. लि. का नियन्त्रण कर्नाटक सरकार तथा स्टील अथारिटी ऑफ इण्डिया लि. (सेल)के हाथों में है जबकि शेष कारखाने सार्वजनिक क्षेत्र में कार्य कर रहे हैं, जिनकी कुल उत्पादन क्षमता निम्नवत हैं- 2000-01 के दौरान देश में कच्चे लोहे का कुल उत्पादन 34 लाख टन हुआ। इसी अवधि के दौरान तैयार इस्पात का उत्पादन 293 टन हुआ।

2. एल्यूमीनियम उद्योग-एल्यूमीनियम उद्योग के अन्तर्गत बाक्साइट की गलाने के लिए बड़ी मात्रा में कोयले की आवश्यकता के कारण एल्यूमीनियम कारखाने उन्हीं क्षेत्रों में स्थापित किये जाते हैं। जहाँ दोनो खनिज साथ-साथ मिलते हैं- देश में एल्यूमीनियम

का पहला कारखाना 1937 में जे. के. नगर में अल्यूमीनियम कार्पोरेशन ऑफ इण्डिया, के नाम से स्थापित किया गया, जबकि 1938 में इण्डियन एल्यूमीनियम लि. की चार शाखाओं झारखण्ड राज्य में मुरी, कर्नाटक में अलवाये प. बंगाल में बेलूर तथा उड़ीसा में हीराकुंड में स्थापित की गयी। एल्यूमीनियम का तीसरा कारखाना तमिलनाडु के मैटूर नामक स्थान पर मद्रास एल्यूमीनियम क्षमता लगभग 4 लाख टन प्रतिवर्ष है।

27 नवंबर, 1965 को सर्वजनिक क्षेत्र के पहले प्राथमिक एल्यूमीनियम उत्पाद उपक्रम के रूप में भारत एल्यूमीनियम कंपनी लिमिटेड (बालको)को निगमित किया गया। कंपनी द्वारा छत्तीसगढ़ के बिलासपुर में कोरबा एल्यूमीनियम संकुल तथा। पश्चिम बंगाल के आसमान में कोरबा एल्यूमीनियम संकुल तथा पश्चिम बंगाल के आसनसोल में भिंधनबाग इकाई का संचालन किया जा रहा है। 2 मार्च, 1999 को सरकार ने इसकी 51 हिस्सा पूंजी और प्रबंधन संबधी नियंत्रण स्टरलाइट इंडस्ट्रीज (इंडिया)लिमेटेड को सौंप दिया है। 7 जनवरी, 1981 को नेशनल एल्यूमीनियम कंपनी लिमिटेड (नालको)को एल्यूमीना और एल्यूमीनियम के उत्पादन के उद्देश्य से निगमित किया गया। 2000-2001 के दौरान देश में कुल 620.4 हजार मीट्रिक टन एल्युमीनियम का उत्पादन हुआ।

3. सूती वस्त्र उद्योग-सूती वस्त्र उद्योग देश का सबसे प्राचीन एवं बड़ा उद्योग है। इसमें देश की सर्वाधिक जलसंख्या 5 करोड़ को रोजगार भी प्राप्त हुआ है। आधुनिक ढंग की सूती वस्त्र की पहली मिल की स्थापना 1818 में कोलकाता के समीप फोर्ट ग्लास्कर में की गयी थी, किन्तु यह असफल रही। पुनः 1851 में मुम्बई में एक मिल एक मिल स्थापित की गयी जो असफल रही। सबसे पहला सफल आधुनिक कारखाना 1854 में मुम्बई में ही कवाजही डाबर द्वारा खोला गया जिसमें 1856 में उत्पादन प्रारम्भ हुआ। इसके बाद तो देश में सूती वस्त्र उद्योग के विकास का मार्ग प्रशस्त हो गया एवं वर्ष 1988 तक देश में इस उद्योग से सम्बन्धित 1227 (1995)में मिलों की स्थापना की जा चुकी थी, जिसमें से कताई के साथ ही वस्त्र तैयार करने का भी काम करती थी।

प्रायः देश के सभी राज्यों में सूती वस्त्र उद्योग से सम्बन्धित मिलें स्थापित हैं, किन्तु महाराष्ट्र,गुजरात उत्तर प्रदेश, मध्य प्रदेश, प. बंगाल, तमिलनाडु, आन्ध्र प्रदेश, कर्नाटक, केरल आदि राज्यों में इनकी प्रमुखता है। सर्वाधिक केन्द्रीकरण महाराष्ट्र तथा गुजरात राज्यों में हुआ है, जो देश की सर्वाधिक कपास का भी उम्पादन करते हैं। महाराष्ट्र राज्य में 119 मिलों द्वारा सूत एवं वस्त्र का उत्पादन किया जाता है। यह राज्य 43 मिल के कपड़े का और 17 यार्न का उत्पादन करता है। यहाँ मुम्बई सबसे प्रधान केन्द्र के रूप में विकसित हुआ है जहाँ 65 बड़ी स्थापित हैं। मुम्बई के अतिरिक्त बरसी, कोल्हापुर, जलगाँव, सांगली बिलमोरिया, नागपुर, आलमनेर आदि इस उद्योग के प्रमुख केन्द्र हैं।

मुम्बई को भारत की सूती वस्त्र की राजधानी के उपनाम से जाना जाता है। यहां पर अमेरिकी वस्त्र बनाये जाते हैं।

महाराष्ट्र के बाद गुजरात राज्य का दूसरा स्थान है जहाँ कुल 118 मिलें हैं। इनमें से सर्वाधिक मिलें अकेले अहमदाबाद (67 मिलें) में है। अहमदाबाद को पूर्व का बोस्टन कहा जाता है। अहमदाबाद में कपड़ों की किस्मों की दृष्टि से लंकाशायर की भाँति मिश्रित वस्त्र तैयार किए जाते हैं। गुजरात में अहमदाबाद के अतिरिक्त बड़ौडा, भड़ौच, मोखी, वीरमगाँव, कालोल, नवसारी, भावनगर, नाडियाद, सूरत आदि प्रमुख सूति वस्त्र के केन्द्र हैं। राज्य में 23 मिल के कपड़े का और 8 यार्न का उत्पादन होता है।

उत्तर प्रदेश में कुल 52 मिलें हैं,जिनमें 10 मिलें अकेले कानपुर में है। **कानपुर को उतर भारत का मैनचेस्टर**, कहा जाता है। इसके अतिरिक्त आगरा,लखनऊ,सहानपुर, मोदीनगर, वाराणसी, मुरादाबाद, आदि स्थानों पर भी सूती वस्त्र का उत्पादन किया जाता है। पश्चिम बंगाल राज्य में कोलकाता एवं उसके समीपवर्ती क्षेत्रों चौबीस परगना, हाबड़ा तथा हुगली जिलों में सूती वस्त्र उद्योग की 42 मिलें स्थापित हैं। यहाँ इसके प्रमुख केन्द्र हैं–सीतामपुर,पुनिहट्टी, सोदपुर, मोरीग्राम, शिवपुर, पाल्टा, फुलेश्वर, लिलुआ, रिसरा, बेलघरिया आदि । इतना अवश्य है कि पश्चिम बंगाल में कपास की कमी पायी जाती है और अन्य प्रदेशों से कपास का आयात करना पड़ता है।

तमिलनाडु राज्य में कपास के अधिक उत्पादन तथा पायकारा परियोजना से सस्ती जल विद्युत की उपलब्धता के कारण देश की सर्वाधिक (439) मिलों की स्थापना की गई है, जिसमें से अधिकांश केवल सूत का ही निर्माण करती हैं। राज्य में 33 यार्न का और 8 कपड़े का उत्पादन होता है। यहाँ सूती वस्त्र उद्योग के प्रमुख केन्द्र हैं– कायम्बटूर, मदूरै, सलेम, मद्रा, पेराम्बूर, तिरूचिरापल्ली, गुडियाटम, तूतीकोरिन, तंजोर, एलोरा आदि।

आन्ध्र प्रदेश में इस उद्योग से सम्बन्धित 53 मिलें हैं जो पूर्वी गोदावरी, गुण्टूर, हैदराबाद, सिकन्दराबाद, बारंगल, तादेपल्ली, आदि स्थानों पर स्थापित हैं।

केरल में 26, कर्नाटक में 32, पाण्डिचेरी में 5, राजस्थान में 19, मध्य प्रदेश में 26, हरियाणा में 12, पंजाब में 9, उड़ीसा में 5, बिहार में 6 तथा दिल्ली में 5 मिलों द्वारा देश में सूती वस्त्र एवं कपास से सूत बनाने का काम किया जाता है। ज्ञातव्य है कि देश का लगभग 75 सूती वस्त्र उत्पादन मुम्बई,नागपुर, शोलापुर, इन्दौर तथा अहमदाबाद के कपास उत्पादन त्रिकोण में ही किया जाता है जबकि शेष भारत का योगदान मात्र 25 है। 2000-2001 के दौरान देश में कुल 19,718 मिलियन वर्ग मीटर सूती वस्त्र का निर्माण किया गया।

4. जूट उद्योग-सोने का रेशा, के नाम से मशहूर जूट के रेशों के सामानों का निर्माण करने में हमारे देश का विश्व में प्रथम स्थान है। इस उद्योग का पहला कारखाना कोलकाता के समीप रिसरा नामक स्थान में 1859 में लगाया गया था। स्वन्त्रता प्राप्ति कों समय देश-विभाजन से सर्वाधिक प्रभावित होने वाला उद्योग यही था, क्योंकि तत्कालीन 120 कारखानों में से 10 पूर्वी पाकिस्तान (अब बांगलादेश) में चले गये थे जबकि जूट उत्पादन क्षेत्र का अधिकांश भाग उसके पास था। 110 कारखानों को कच्चा माल उपलबध कराने के लिए प. बंगाल के किसानों को अथक परिश्रम करना पड़ा। शुद्ध कच्चा माल होने के कारण इस उद्योग के कारखानों की स्थापना जूट उत्पादन क्षेत्रों में ही की जाती है। देश के कुल 114 जूट कारखानों में से 102 यहीं स्थापित हैं। यहाँ हुगली नदी के दोनों किनारों पर 3 से 4 किमी. की चौड़ाई में 97 किमी. लम्बी पेटी में इन कारखानों की स्थापना की गयी है। रिसरा से नैहाटी तक विस्तृत 24 किमी. लम्बी पट्टी में तो इस उद्योग का सर्वाधिक केन्द्रीकरण हो गया है। यहाँ जूट उद्योग के प्रमुख केन्द्र हैं-रिसरा, बाली, अगरपाड़ा, टीटागढ़, बांसबेरिया, कानकिनारा, उलबेरिया, सीरामपुर, बजबज, हाबडा,श्यामनगर, शिवपुर, सियालदह, बिरलापुर, होलीनगर, बड़नगर, बैरकपुर, लिलुआ, बाटानगर, बेलूर, संकरेल, हाजीनगर, काकीनाड़ा, भद्रेश्वर, जगतदल, बैरकपुर, आदि।

पश्चिम बंगाल के अतिरिक्त आन्ध्र प्रदेश में जूट उद्योग के 4 कारखानों स्थापित किये गये हैं। यहाँ जूट की कृषि का प्रमुख क्षेत्र गोदावरी नदी का डेल्टा है। उत्तर प्रदेश में 3 कारखनो,दो कानपुर तथा एक सहजनवाँ (गोरखपुर)में स्थापित किये गये है, जबकि सहजनवाँ में तराई क्षेत्र का जूट प्रयोग किया जाता है। बिहार में गया, पूनिमा कटिहार तथा दरभंगा, छत्तिसगढ़ में रायगढ़ में एक छोटा कारखाना इस उद्योग के अन्य कारखानों हैं। देश में सम्पूर्ण विश्व के 50 जूट के सामानों का निर्माण किया जाता है और यह एक प्रमुख निर्यातोन्मुखी उद्योग है। भारत किया जाता है और यह एक आयात, निर्यात एवं आन्तरिक बाजार की देख-रेख के लिए 1971 में भारतीय जूट निगम की स्थापना की गई है। 2001-02 में कुल जबकि 1999-2000 में 1591 हजार मीट्रिक टन जूट वस्त्र का निर्माण किया गया।

5. चीनी उद्योग-गन्ने से शक्कर, खाँड़ आदि बनाने का काम तो भारत में इेसा पूर्व की शताब्दियों से ही प्रचलित रहा है, किन्तु आधुनिक ढ़ग से चीनी बनाने का वर्तमान उद्योग इसी शताब्दी की देन है। इसके वास्तविक विकास का प्रारम्भ 1903 से होता है और 1931 में हमारे देश में चीनी बनाने के 29 कारखाने स्थापना मुख्यत: गन्ना शीघ्र ही सूख जाता है। इसलिए इसको शीघ्रता से कारखानों तक पहुंखाना एक अनिवार्यता होती है। चीनी उद्योग का सर्वाधिक जमाव उत्तर प्रदेश, महाराष्ट्र विहार, आनध्र प्रदेश,

तमिलनाडु तथा कर्नाटक राज्यों में मिलता है। उत्तर प्रदेश देश का सबसे प्रमुख चीनी उत्पादन राज्य है जहाँ इसके 116 कारखाने लगाये गये हैं। यहाँ पश्चिमी उत्तर प्रदेश के गंगा-यमुना दोआब क्षेत्र जाता है। इस क्षेत्र में प्रदेश की लगभग 65 चीनी का उत्पादन किया जाता है। इस क्षेत्र के प्रमुख जिले हैं-सहारनपुर, मुजफ्फरगर, मेरठ, गाजियाबाद, तथा बुलन्दशहर। जबकि रूहेलखण्ड सम्भाग के ऊपरी जिलों के अन्तर्गत आने वाला तराई क्षेत्र राज्य की शेष चीनी का उत्पादन जिले हैं-देवरिया,गारखपुर, बस्ती, गोंडा, बाराबंकी, जौनपुर, सीतापुर, हरदोई तथा बिजनौर। बिहार राज्य का चीनी उत्पादन में दूसरा स्थान है जहाँ इसकी 29 मिलें हैं। इस उद्योग का केन्द्रीकरण उत्तरी बिहार में अधिक हुआ है जहाँ सारन, चम्पारन, मुजफ्फरपुर, दरभंगाा, आदि प्रमुख जिले हैं। दखिण बिहार में बिहटा, बक्सर, जामी तथा डालमियानगर में चीनी मिलें स्थापित हैं। महाराष्ट्र में 104 चीनी मिलें है जो मुख्य रूप से नासिक, मनमाड, पुणे, अहमदनगर, मीराज, शोलापुर, तथा कोल्हापुर जिलों में स्थापित हैं। तमिललाडु राज्य का चीनी उत्पादन में चौथा स्थान है, जहाँ कोयम्बटूर दक्षिणी तथा उत्तरी अकाट,तिरूचिरापल्ली, मदुरै आदि जिलों में 20 मिलों हैं, जिनका केन्द्रीकरण गोदावरी,कृष्णा,विशाखापटनम्, मेडक, निजाबाद, तथा चित्तूर, जिलों में अधिक हुआ है। कर्नाटक राज्य में यह उद्योग काफी उन्नति पर है तथा यहाँ के बेलगाँव, माण्ड्या,बीजापुर, बेलारी, शिलोगा तथा चित्रदुर्ग, महत्वपूर्ण चीनी उत्पादक जिले हैं। इसके प्रदेश, राजस्थान, असम, पाण्डिचेरी,केरल, नगालैण्ड आदि राज्यों में भी चीनी का उत्पादन किया जाता है। देश में गन्ने के अलावा चुकन्दर से भी चीनी बनाने की दिशा में प्रयास किया जा रहा है। राजस्थान के गंगानगर में चुकन्दर से चीनी बनाने का एक कारखाना किया गया है।

2001-02 में देश में कुल 3001 लाख मीट्रिक टन गन्ने का उत्पादन हुआ जबकि 1998-99 में 15520 हजार मीट्रिक टन चीनी का उत्पादन किया गया।

6. कागज उद्योग-भारत में प्राचीन काल से ही कुटीर उद्योग के स्तर पर कागज का निर्माण किया जाता रहा है किन्तु आधुनिक ढंग का पहला कारखाना सन् 1716 में चेन्नई के समीप ट्रंकवार नामक स्थान पर डॉ. विलियम कोरे द्वारा स्थापित किया गया। जो सफल नहीं हो सका। 1870 में हुगली नदी पं.बंगाल के किनारे एक कारखाना लगाया गया, जो पुनः असफल हो गया। कागज उद्योग का प्रथमतः सफल कारखाना 1879 में लखनऊ में लगाया और 1881 में टीटागढ़ में भी सफल कारखाना लगा। 2000-2001 में देश में 4292 लाख टन कागज का उत्पादन किया गया। देश के 50% कागज का उत्पादन श्रेणी इकाइयों द्वारा किया जाता है जबकि शेष उत्पादन 30 बड़ी इकाइयाँ करती हैं।

वास्तव में कागज उद्योग एक कच्चा माल आधारित उद्योग है एवं इसके लिए बांस, वृक्षों की लकड़ियाँ, घास, गन्ने की खोई, कपड़े आदि का प्रयोग किया जाता है। पश्चिम बंगाल राज्य का देश में कागज उत्पादन में सर्वोपरि स्थान है। यहाँ इस उद्योग के प्रमुख केन्द्र हैं-टीटागढ़, रानीगंज, नैहाटी, त्रिवेणी, कोलकाता, काकिनाडा, हुगली, बड़ा नगर, बारबेरिया, शिवराफूली आदि। आन्ध्र प्रदेश में कागज उद्योग की 15 मिले हैं जिसके मुख्य केन्द्र हैं-राजमहेन्द्री, सिरपुर, कागज नगर, तिरुपति आदि। उत्तर प्रदेश में सिकन्दराबाद, मेरठ, सहारनपुर, पिपराइच, मुजफ्फरनगर, पिलखुआ, लखनऊ, नैनी, आदि स्थानों पर कागज बनाने के कारखानें स्थापित हैं। बिहार में डालमिया नगर, पटना, बरौनी, समस्तीपुर जितवारपुर, झारखण्ड में संथाल परगना आदि स्थानों पर तथा मध्य प्रदेश में होशंगाबाद, मण्डोद्वीप सिहोर, अमलाई शहडोल तथा भोपाल में कागज बनाने की सरकारी कारखाना स्थित है। तमिलनाडु राज्य में कागज बनाने का प्रमुख कारखाना पट्टीपलायम मदुरै जिले में है। महाराष्ट्र राज्य में पुणे, मुम्बई, बल्लारपुर, चन्द्रपुर, कल्याण, खोपोली, कराड, पिम्परी, भिवण्डी, रोहा, कम्पटी आदि स्थानों पर एवं गुजरात में वापी, सूरत, बड़ोदरा, बिलीमोरा, राजकोट, बरजोद, दूगरावासी, उदावाड़ा, गंगधारा आदि स्थानों पर 27 मिलों में कागज का निर्माण किया जाता है। इस उद्योग के अन्य केन्द्र कर्नाटक, हरियाणा, पाण्डिचेरी, चण्डीगढ़ आदि स्थानों पर हैं।

आज भी भारत कागज में उत्पादन में आत्मनिर्भर नहीं है विशेषकर अखबारी कागज में। हमें अपनी आवश्यकतापूर्ति के लिए नार्वे, स्वीडन, कनाडा, जापान, हालैण्ड, जर्मनी आदि देशों से कागज का आयात करना पड़ता है।

7. सीमेण्ट उद्योग-सीमेण्ट को भवन-निर्माण की प्रमुख सामग्री के रूप में मान्यता प्राप्त है। विश्व में सबसे पहले आधुनिक ढंग की सीमेण्ट का निर्माण 1824 में ब्रिटेन के पोर्टलैण्ड नामक स्थान पर किया गया था, जिसके नाम पर आज भी इसे पोर्टलैण्ड सीमेण्ट कहा जाता है। हमारे देश में आधुनिक ढंग की सीमेण्ट बनाने का पहला कारखाना 1904 में चेन्नई में लगाया गया, जो असफल रहा। इसके बाद 1912-13 की अवधि में इण्डियन सीमेण्ट कं. लि. द्वारा गुजरात के पोरबन्दर नामक स्थान पर कारखाने की स्थापना की गयी, जिससे अक्टूबर 1914 में उत्पादन प्रारम्भ हुआ। प्रथम विश्व युद्ध काल में ही किलिक निक्सन कं. द्वारा राजस्थान के लाखेरी-बूंदी तथा खटाऊ कं. द्वारा मध्य प्रदेश के कटनी नामक स्थान पर सीमेण्ट कारखाने स्थापित किये गये। 1934 में देश में सीमेण्ट का उत्पादन बढ़ाने के लिए एसोसिएटेड सीमेण्ट कं. लि की स्थापना की गयी। 1950-51 में देश में जहाँ मात्र 21 कारखानों में सीमेण्ट का उत्पादन किया जाता था वहीं वर्तमान में इनकी संख्या बढ़कर 144 हो गयी है।

सीमेण्ट उद्योग एक कच्चा माल आधारित उद्योग है। सीमेण्ट के निर्माण के लिए भारी मात्रा में कच्चे माल का प्रयोग किया जाता है, जिसमें चूना, पत्थर, जिप्सम तथा कोयला प्रमुख हैं। इनकी ढुलाई पर आने वाले अधिक खर्च को बचाने के लिए सीमेण्ट कारखाने प्रायः इनकी समीपता वाले क्षेत्रों में ही स्थापित किये जाते हैं। वर्तमान समय में लौह-इस्पात उद्योग की भट्टियों से निकलने वाले कचरे स्लैग का भी सीमेण्ट निर्माण में प्रयोग किया जाने लगा है। देश में प्रति व्यक्ति सीमेण्ट का उपयोग अन्य विकसित देशों की अपेक्षा बहुत कम है। 1985 में जहाँ देश में 40 किग्रा. प्रति व्यक्ति उपभोग किया जाता था वहीं जापान में 631 किग्रा. स्विटजरलैंड में 546 किग्रा. पूर्व सोवियत संघ में 383 किग्रा. तथा बेल्जियम में 763 किग्रा. प्रति व्यक्ति उपभोग होता था। 1999-2000 में देश में कुल 100.4 लाख मीट्रिक टन सीमेण्ट का उत्पादन हुआ।

उत्पादन एवं वितरण प्रतिरूप की दृष्टि से हमारे देश का तमिलनाडु राज्य सर्वाधिक सीमेण्ट उत्पादक राज्य है। यहाँ के प्रमुख कारखाने तलैयूथ, शंकरीदुर्ग, डालमियापुरम्, तिरुनलवैली, तुलकापट्टी, अलंगुलम, पुलायूर, मधुक्करई, राजमलायम, आदि हैं। अन्य राज्य एवं वहां के सीमेंट कारखाने निम्नलिखित हैं-

झारखण्ड-सिन्दरी, बनजारी, जैबासा, खिलारी, जापला तथा कल्याणपुर।

बिहार-डालमिया नगर।

मध्य प्रदेश-कैमूर, कटनी, सतना, नियोरा, ग्वालियर, जबलपुर, मंधार, दमोह, इटारसी आदि।

छत्तीसगढ़-दुर्ग, बनमोर, रायपुर आदि।

गुजरात-सिक्का जामनगर, अहमदाबाद, द्वारिका, पोरबन्दर, सिवालिया, रानाबाव, ओखामण्डल।

कर्नाटक-बंगलोर, शाहाबाद, भद्रावती, बागलकोट, कुरकुन्ता तथा बीजापुर।

आंध्र प्रदेश-गुण्टूर, कर्नूल, मंगलागिरि, माछरेला बसन्त नगर, मांचेरियल, पनियाम, कृष्णा तथा विजयवाड़ा।

राजस्थान-लखेरी, सवाईमाधोपुर, चित्तोड़गढ़, चुरू, निम्बाहेड़ा, व्यावर, उदयपुर, मेडक।

हरियाणा-सूरजपुर तथा डालमिया दाद्री।

केरल-कोट्टयम।

उत्तर प्रदेश-चुर्क, चोपन, कानपुर, तथा डाला।

उड़ीसा-राजगंगपुर, हीराकुंड।

महाराष्ट्र-चन्द्रपुर।

जम्मू-कश्मीर-बूयान।

8. रासायनिक उर्वरक उद्योग-वर्तमान वैज्ञानिक कृषि के विकास का श्रेय रासायनिक उर्वरकों को सर्वाधिक जाता है क्योंकि इनके प्रयोग से एक ओर तो फसलों का उत्पादन बढ़ा है, दूसरी ओर भूमि की उर्वरता भी सकारात्मक रूप से प्रभावित हुई है। चूंकि कृषि फसले मिट्टी के खनिज तत्वों तथा नाइट्रोजन, फास्फोरस, गंधक, पोटैशियम, मैंगनीशियम, कैल्शियम एवं लौह तत्वों को तीव्रता से ग्रहण करती हैं अतएव मिट्टी की उर्वरता को बनाये रखने के लिए रासायनिक उर्वरकों का प्रयोग किया जाता है। यह स्वतंत्र भारत का सबसे नवीन उद्योग है तथा देश में हरित क्रान्ति की सफलता का श्रेय इस उद्योग को भी है। ऐतिहासिक रूप से देश में सुपर फास्फेट उर्वरक का पहला कारखाना 1906 में तमिलनाडु के रानीपेट नामक स्थान पर स्थापित किया गया था। 1944 में में कर्नाटक के बैलेगुला नामक स्थान पर मैसूर केमिकल्स एण्ड फर्टिलाइजर्स के नाम से अमोनिया उर्वरक का कारखाना तथा 1947 में अमोनिया सल्फेट का पहला कारखाना केरल के अलवाये नामक स्थान पर खोला गया। देश में सार्वजनिक एवं निजी दोनों क्षेत्रों में उर्वरक का उत्पादन किया जाता है। देश के प्रमुख सार्वजनिक क्षेत्र के निगम एवं उनके संरक्षकत्व में स्थापित उर्वरक कारखाने निम्नलिखित हैं-

(1.) भारतीय उर्वरक निगम फर्टिलाइजर कार्पोरेशन ऑफ इंडिया-स्थापना-1951 यह देश का सबसे बड़ा सार्वजनिक क्षेत्र का निगम है। इसके अन्तर्गत (1) सिन्दरी (3 इकाइयाँ, स्थापना-1951 में, एशिया का सबसे बड़ा उर्वरक संयन्त्र), (2) गोरखपुर (उत्तर प्रदेश), (3) रामागुण्डम (आंध्र प्रदेश), (4) तलचर (उड़ीसा), (5) ट्राम्बे (मुम्बई) आदि कारखाने स्थापित किये गये हैं।

(2.) हिन्दूस्तान उर्वरक निगम-इस निगम के अधीन स्थापित किये गये कारखाने हैं-(1) बरौनी (बिहार-2 इकायां), (2) नामरूप (असम), (3) हल्दिया (पं. बंगाल)

(3.) भारतीय कृषक उर्वरक सहकारी निगम इफको-इसकी स्थापना 1967 में की गयी थी। इसके अन्तर्गत स्थापित इकाइयाँ हैं-गुजरात में कलोल तथा कच्छ एवं उत्तर प्रदेश में आंवला बरेली तथा फूलपुर इलाहाबाद।

(4) कृभको या कृषक भारती को-ऑपरेटिव–सन् 1980 में इसकी स्थापना राष्ट्रीय स्तर की सहकारी संस्था के रूप में की गयी थी। इसके अधीन गुजरात के हजीरा नामक स्थान पर एक विशाल उर्वरक संयन्त्र स्थापित किया गया है।

(5) नेशनल फर्टिलाइजर्स लि–इसके अधीन स्थापित किये गये कारखाने नंगल तथा भटिण्डा (पंजाब), पानीपत (हरियाणा), तथा गुना (मध्य प्रदेश) में स्थित हैं, जबकि उद्योग मण्डल (अलवाये), कोचीन प्रथम तथा द्वितीय कारखाने फर्टिलाइजर्स एण्ड केमिकल्स ट्रावनकोर लि. के अधीन हैं।

राज्यों की दृष्टि में तमिलनाडु में न्येवली, रानीपेट, इन्दौर, कोयम्बटूर, कुडालू, तूतीकोरिन, आवडी तथा मानली में गुजरात में कांधला, बड़ोदर, उधना, हजीरा, भावनगर में आन्ध्र प्रदेश में विशाखापट्टनम, मौलअली हैदाराबाद, तादेपल्ली, तनूकू, निदादावाल, रामामुण्डम में झारखण्ड में सिन्दरी, जमशेदपुर, बोकारो तथा धनबाद बिहार में डालमिया नगर तथा बरौनी में उत्तर प्रदेश में कानपुर गोरखपुर तथा इलाहाबाद फूलपुर में उड़ीसा में राउरकेला, प्रायद्वीप तालचर में राजस्थान में खेतड़ी, सलादीपुर सीकर तथा कोटा में महाराष्ट्र में मुम्बई, ट्राम्बे, अम्बरनाथ तथा लोनी कालमोर में असम में नामरूप तथा चन्द्रपुर में पं. बंगाल में बर्नपुर, हल्दिया, रिसरा तथा खारदाह में कर्नाटक में मंगलोर, बेलागुला तथा मुनीराबाद में एवं दिल्ली में उर्वरक कारखानें स्थापित हैं।

देश में आज भी आवश्यकता से कम उर्वरक का उत्पादन किया जाता है। विदेशों से कुल मांग से लगभग 45% भाग का आयात करना पड़ता है, जो सं. राज्य. अमेरिका, रूस, जापान तथा पूर्वी यूरोप के देशों से होता है। 2000–2001 में कुल 3034 करोड़ रुपये का उर्वरक का आयात किया गया।

9. अभियान्त्रिकी उद्योग–इंजीनियरिंग उद्योग के अंतर्गत विभिन्न प्रकार की धातुओं एवं अन्य निर्माण उद्योगों में काम आने वाली मशीनों तथा यन्त्रों का निर्माण किया जाता है। इसके सामान्यत: दो उपविभाग हैं–भारी मशीनों का इंजीनियरिंग उद्योग तथा हल्की मशीनों का इंजीनियरिंग उद्योग। भारी मशीनों का निर्माण करने वाली प्रमुख औद्योगिक इकाइयाँ निम्नलिखित हैं–

(1) भारी इंजीनियरिंग निमग लि., राँची–इसकी स्थापना 1958 में की गई। इसके अधीन 3 इकाइयाँ कार्यरत हैं (1) पूर्व सोवियत संघ के सहयोग से स्थापित भारी मशीनों के निर्माण का कारखाना (2) फाउण्ड्री फोर्ज लि. (चेकोस्लोवाकिया के सहयोग से निर्मित) (3) भारी मशीनी औज़ार बनाने का कारखाना।

(2) खनन एवं सम्बद्ध मशीनरी निगम लि., दुर्गापुर–यह प्रारम्भ में भारी इंजीनियरिंग निगम लि. रांची का ही अंग था। 1965 में रूस के सहयोग से इसे अलग किया गया। इसमें कोयला खनन से सम्बन्धित उपकरणों का निर्माण किया जाता है।

(3) भारत हैवी प्लेट्स एण्ड वैसेल्स लि., विशाखापटनम–यह 1966 में चेकोस्लोवाकिया के सहयोग से स्थापित किया गया। इसमें अभियान्त्रिकी की भारी मशीनों एवं सामानों का निर्माण किया जाता है।

(4) त्रिवेणी स्ट्रक्चरल्स लि., नैनी (इलाहाबाद)–इसकी स्थापना 1965 में की गई। इसमें ट्रांसमीशन टावर, इस्पात के पुल, स्टारैज, क्रेनें आदि बनाये जाते हैं।

(5) तुंगभद्रा स्टील प्रोडक्ट्स लि–इसकी स्थापना कर्नाटक तथा आन्ध्र प्रदेश सरकारों के संयुक्त उपक्रम के रूप में 1960 में की गयी। इसमें भी ट्रांसमीशन टावर, पैनस्टाक पाइप, ट्रांसमीशन लाइन तथा भवन संरचनाओं का उत्पादन किया जाता है।

(6) हिन्दुस्तान मशीन टूल्स लि. (एच.एम.टी.), बेंगलोर–इसकी स्थापना स्विट्जरलैण्ड की कम्पनी के सहयोग से 1963 में की गयी। इसके अन्तर्गत 5 कारखाने कार्यरत हैं–बेंगलोर, कर्नाटक, पिंजौर हरियाणा, कालमसेरी केरल, श्रीनगर तथा हैदराबाद में।

(7) नेशनल इंसटूमेण्ट्स लि., जादवपुर कोलकाता–इसका प्रारम्भ 1830 में एक सरकारी विभाग के रूप में हुआ था। 26 जून, 1957 को इसे एक लिमिटेड कम्पनी से परिवर्तित कर दिया गया। वहाँ सर्वेक्षण, धातुकार्मिक, वैज्ञानिक एवं औद्योगिक यन्त्रों तथा उपकरणों का निर्माण किया जाता है।

(8) भारत हैवी इलेक्ट्रिकल्स लिमिटेड–देश में ऊर्जा के उपकरणों के निर्माण में कार्यरत यह इकाई सार्वजनिक क्षेत्र की संस्था है, जिसकी इकाइयाँ–हरिद्वार, भोपाल, त्रिची, हैदराबाद, रानीपेट, बंगलौर एवं जगदीशपुर में कार्यरत हैं। इनके अतिरिक्त रूपनारायणपुर कोलकाता में हिन्दूस्तान केबिल्स फैक्टरी, कोलकाता में नेशनल इंस्ट्रूमेण्टस फैण्टरी तथा बेंगलोर एवं नैनी में भारतीय टेलीफोन उद्योग के कारखाने स्थापित हैं। औद्योगिक मशीनरी के निर्माण से सम्बन्धित अन्य प्रमुख कम्पनियाँ हैं–नेशनल मशीनरी मैन्यूफैक्वर्स, मुम्बई, मशीनरा मैन्यूफैक्चर्स कार्पोरेशन, कोलकाता, टैक्स टूल्स, बंगलोर, कपूर इंजीनियरिंग लि., सतारा, कैलिको इण्डस्ट्रियल इंजीनियर्स लि., मुम्बई आदि। जूट उद्योग से सम्बन्धित कम्पनियाँ मुख्यतः कलकत्ता में ही स्थापित हैं जिनमें टेक्सटाइल मशीनरी कार्पोरेशन लेगॉन जूट मशीनरी कंपनी तथा ब्रिटैनिया इंजीनियरिंग प्रमुख हैं।

सीमेण्ट उद्योग में काम आने वाली मशीनों का निर्माण लार्सन एण्ड टुब्रो मुम्बई रोहित मशीन कार्पोरेशन नई दिल्ली, मिनाको शर्क कंक्रीट मशीन्स पुणे द्वारा किया जाता है। चीनी उद्योग से सम्बन्धित मशीनरी का निर्माण करने वाली प्रमुख मिले हैं-रिचर्डसन एण्ड कुडास मुम्बई, लार्सन एण्ड टुब्रो मुम्बई, आर्थर बटलर एण्ड कंपनी मुजफ्फरपुर, बकाऊ वाल्फ इंजीनियरिंग पिम्परी पुणे तथा सारण इंजीनियरिंग कम्पनी, मढ़ौरा बिहार।

भारत में रेलवे से सम्बन्धित उपकरणों को बनाने में आत्मनिर्भरता प्रास कर ली गयी है। इससे सम्बन्धित पहली कम्पनी झारखण्ड के सिंहभूमि जिले में पेनिन्सुलर लोकोमोटिव कम्पनी के नाम से 1921 में की स्थापित गयी थी। इसको 1945 में टाटा समूह ने खरीद कर टाटा इंजीनियरिंग एण्ड लोकोमेटिव कम्पनी टेल्को नाम रखा। 1950 में प. बंगाल राज्य के मिहीजाम नामक स्थान पर चितरंजन लोकोमोटिव वर्क्स की स्थापना की गयी। यहाँ 1961 से बिजली के इंजन बनाये जाने लगे हैं। 1961 में डीजल लोकोमोटिव वर्क्स, मडुआडीह वाराणसी की स्थापना हुई। यहाँ रेल की डीजल इंजन बनाये जाते हैं।

वर्तमान में रेल की पटरियों का निर्माण स्टील अथारिटी ऑफ इण्डिया, इण्डियन आयरन एण्ड स्टील कम्पनी तथा टाटा आयरन एण्ड कम्पनी द्वारा किया जाता है। रेल के वैगनों का निर्माण करने वाली प्रमुख कम्पनियाँ हैं-बर्न स्टैण्डर्ड कम्पनी लि. भारत वैगन एण्ड इंजीनियरिंग कं. लि., जेस्सप एण्ड कं. तथा ब्राथवैट एण्ड कंपनी। रेलवे के सवारी डिब्बों का निर्माण करने वाली सबसे प्रमुख कम्पनी है इण्डीग्रल कोच फैक्टरी, पेराम्बूर चेन्नई। इसकी स्थापना 1955 में की गयी थी। अन्य कम्पनियाँ हैं-भारत अर्थ मूवर्स लि., बेंगलोर, जेस्सप एण्ड कं. लि. कोलकाता तथा रेलवे कोच फैक्टरी, कपूरथला पंजाब।

भारत में जलयान निर्माण का पहला कारखाना 1941 में सिन्धिया स्टीम नेवीगेशन कं. द्वारा विशाखापटनम में स्थापित किया गया था। 1952 में सरकार द्वारा इसका अधिग्रहण करके हिन्दूस्तान शिपयार्ड, विशाखापटनम नाम दिया गया। इसके अतिरिक्त सार्वजनिक क्षेत्र में 3 अन्य इकाइयाँ जलयानों का निर्माण करती हैं-गार्डेनरीच वर्कशीप, कोलकाता, गोवा शिपयार्ड लि. गोवा तथा मंझगाँव डाक, मुम्बई। देश में वायुयान निर्माण का प्रथम कारखाना 1940 में बेंगलोर में हिन्दूस्तान एअरक्राफ्ट कम्पनी के नाम से स्थापित किया गया।

□□□

5

ग्रामीण विकास में कुटीर उद्योग

देश की अर्थव्यवस्था में प्राचीन काल से ही कुटीर उद्योगों का महत्त्वपूर्ण योगदान रहा है। कुटीर उद्योग उन उद्योगों का सम्मिलित नाम है, जिनके अन्तर्गत कुशल कारीगरों द्वारा कम पूंजी एवं अधिक कुशलता से अपनी हाथों के माध्यम से वस्तुओं का निर्माण किया जाता है। यह वृहत् पैमाने के भारी उद्योगों की विपरीत स्थिति है। देश में कुटीर उद्योगों के अन्तर्गत कुछ ऐसी वस्तुओं से भी प्रतिस्पर्धा करने में सक्षम हैं। अंग्रेजों के भारत आगमन के पश्चात् देश के कुटीर उद्योग तेजी से नष्ट हुए एवं परम्परागत कारीगरों ने अन्य व्यवसाय अपना लिये किन्तु स्वदेशी आन्दोलन के प्रभाव से पुनः कुटरी उद्योगों को बल मिला और वर्तमान में तो कुटरी उद्योग आधुनिक तकनीकी के समानान्तर भूमिका निभा रहे हैं। अब इनमें कुशलता एवं परिश्रम के अतिरिक्त छोटे पैमाने पर मशीनों का भी उपयोग किया जाने लगा है। एशिया एवं सुदूर पूर्व के आर्थिक आयोग द्वारा कुटीर उद्योगों को इस प्रकार परिभाषित किया गया है–

कुटीर उद्योग व उद्योग हैं जिनका एक ही परिवार के सदस्यों द्वारा पूर्णरूप से अथवा आंशिक रूप से संचालन किया जाता है।

भारत के द्वितीय आयोग द्वारा इसी परिभाषा को मान्यता प्रदान की गयी है। इसके अतिरिक्त प्रो. काले ने कुटीर उद्योगों को परिभाषित करते हुए कहा है कुटीर उद्योग उस प्रकार के संगठन को कहते हैं जिसके अन्तर्गत स्वतंत्र उत्पादनकर्त्ता अपनी पूंजी लगाता है और अपने श्रम के कुल उत्पादन का स्वयं अधिकारी होता है–कुटीर उद्योगों को निम्नलिखित वर्गों में रखा जाता है–

1. ग्रामीण कुटीर उद्योग–ये उद्योग दो प्रकार के होते हैं–कृषि सहायक कुटीर उद्योग तथा अन्य कुटीर उद्योग। कृषि सहायक कुटीर उद्योगों में कृषि सम्बन्धी उत्पाद ही कच्चे माल की भूमिका निभाते हैं। इनमें टोकरी बनाना, सूत कातना, चावल एवं दालें तैयार करना, बीड़ी बनाना आदि उद्योग शामिल हैं, जबकि अन्य कुटीर उद्योगों में उद्योगों को शामिल किया जाता है, जिन पर कारीगरों की जीविका निर्भर करती है जैसे–चटाई निर्माण, मिट्टी के बर्तन बनाना, लुहारी का काम या सोनारों का व्यवसाय।

2. नगरीय कुटीर उद्योग–ग्रामीण उद्योगों की भाँति नगरीय कुटीर उद्योगों के भी दो वर्ग हैं–(क) किंचित् नगरीय कुटीर उद्योग और (ख) शहरी कुटीर उद्योग। किंचित् नगरीय कुटीर उद्योगों में परम्परागत कुशलता एवं कारीगरी की महत्त्वपूर्ण भूमिका होती है जैसे–वाराणसी का जरी उद्योग, लखनऊ का चिकन, जयपुर की रजाइयों का निर्माण आदि, जबकि शहरी कुटीर उद्योग में आधुनिकता का समावेश रहता है तथा ये आधुनिक यान्त्रिक उद्योगों की समानता करते हैं–जैसे, मदुरै का हथकरघा उद्योग।

उपर्युक्त प्रकारों के साथ ही कुछ ऐसे भी कुटीर उद्योग हैं जिनका विकास देश के ग्रामीण क्षेत्रों में कुशलतापूर्वक किया जा सकता है अथवा किया जा रहा है। ये उद्योग निम्नलिखित हैं–

(1) कृषि सम्बन्धी एवं कृषि सहायक उद्योग–जैसे, विभिन्न प्रकार की चटनियाँ, मुरब्बे एवं अचार बनाना, दालें बनाना, धान से चावल बनाना, गेहूँ एवं अन्य अनाजों की पिसाई, गुड़, शक्कर तथा खांडसारी का निर्माण, विभिन्न प्रकार की तम्बाकू बनाना, दुग्धशालाओं का संचालन, मुर्गी तथा मधुमक्खी पालन आदि।

(2) वस्त्र उद्योग–जैसे, कपास से बीज बिनौले निकालना, रुई धुनना, सूत की कताई, कपड़े की बुनाई, रेशम के कीड़े पालना, भेड़ों एवं बकरियों, कपड़े की बुनाई, रेशम के कीड़े पालना, भेड़ों एवं बकरियों से ऊन उतारना, ऊन कातना, दरियाँ, गलीचे आदि बनाना, कपड़ों की छपाई तथा कढ़ाई करना।

(3) काष्ठ उद्योग–जैसे, लकड़ी चीरना, फर्नीचर बनाना, खिलौने एवं कलात्मक वस्तुएं बनाना, उनकी रंगाई करना तथा छोटे-छोटे औजारों का निर्माण करना।

(4) धातु उद्योग–जैसे, कच्ची धातु को पिघलाकर एवं अन्य विधियों से शुद्ध धातु प्राप्त करना, चाकू, छुरियाँ, कैंच, ताले, पीतल के बरतन, ताँबे के बरतन आदि बनाना तथा धातुओं के तार बनाना आदि।

(5) मिट्टि के काम–जैसे, कुम्हारगीरी, ईंट, खपरैल आदि का निर्माण करना चीनी मिट्टि के बरतन बनाना आदि।

(6) चर्म शिल्प–जैसे, मृत पशुओं का चमड़ा उतारना, उसको तैयार करना, चमड़े की रंगाई, जूते, बैग एवं अन्य वस्तुएं बनाना, सीगों के कंधे बनाना, हड्डियों से खाद बनाना आदि।

(7) अन्य काम–जैसे, लाख की चूड़ियाँ एवं अन्य सामान बनाना, साबुन, रंग एवं वार्निश बनाना आदि।

(8) अन्य उद्योग–जैसे, हस्तनिर्मित कागज बनाना, पत्तल बनाना आदि।

देश के कुछ कुटीर उद्योग एवं उनका वितरण निम्नलिखित हैं–

(1) हथकरघा उद्योग–हथकरघा उद्योग प्राचीनकाल से ही देश की उन्नति एवं कारीगरों की आजीविका के लिए आधार प्रदान करता आया है। इसके अन्तर्गत (1) मलमल चन्देरी, कोटा, रोहतक, मेरठ, मथुरा, मदुरै, वाराणसी, अम्बाला, कुडप्पा, सिकन्दराबाद, पिलखुआ तथा फर्रुखाबाद (2) छींट के लिए मछलीपटनम (3) दरियों के लिए आगरा, बरेली, झांसी, अलीगढ़, पुणे, गोरखपुर, कालीकट, देवबन्द, पुणे, सण्डीला आदि प्रसिद्ध हैं। हथकरघा उद्योग से निर्मित सामानों का विदेशों को निर्यात भी किया जाता है। इस उद्योग के विभिन्न कार्यों में लगभग 7 लाख व्यक्ति लगे हुए हैं।

(2) रेशमी कपड़ा–यह देश का एक सबसे प्रमुख कुटीर उद्योग है। इसके अन्तर्गत रेशम के कीड़े पालने के लिए शहतूत, गूलर पलाश आदि के वृक्ष लगाना, कीड़े पालना, रेशम को साफ करना, सूत बनाना, कपड़ा बुनना आदि का कार्य शामिल है। विभिन्न राज्यों में इसके प्रमुख केन्द्र हैं–मुर्शिदाबाद, बीरभूम, बांकड़ा, विसुनपुर, राजशाही, वर्धमान, मिदनापुर, बहरामपुर आदि(पश्चिम बंगाल), शिवसागर, जोरहट तथा गोलघाट, (असम), वाराणसी, मिर्जापुर, शहातहाँपुर (उत्तर प्रदेश)तिरूचिलापल्ली, कोयम्बटूर, सलेम, मदुरै (तमिलनाडु), अमृतसर, लुधियाना (पंजाब), सम्बलपुर, बहरामपुर(उड़ीसा)मैसूर, बेलारी, कोलार, बेलगाँव, बेंगलोर, धारवाड़ तंजौर आदि (कर्नाटक), औरंगाबाद तथा हैदराबादर (आन्ध्र प्रदेश), चन्देरी (मध्य प्रदेश),पालनपुर सूरत, उमरेठा, तथा अहमदाबाद(गुजरात)आदि। बहरामपुर (कोलकाता)में रेशम सम्बन्धी अनुसन्धान के लिए केन्द्रीय रेशम उद्योग अनुसन्धान संस्थान की स्थापना की गयी है।

(3) ऊनी वस्त्र-इनकी गणना भी देश के प्राचीन कुटीर उद्योगों में की जाती है। इसके अन्तर्गत कम्बल, कालीन, शालें, नमदा, लोई आदि का निर्माण कुशल कारीगरों द्वारा किया जाता है। इसके प्रमुख केन्द्र हैं-अमृतसर तथा लुधियाना (पंजाब), भदोही, मिर्जापुर, आगरा, मुजफ्फरपुर, वाराणसी (उ० प्र०), मठलीपट्टनम, बेंगलोर एनऔर, श्रीनगर, बरंगल आदि। कश्मीर राज्य से इनका विदेशों को भी निर्यात किया जाता है।

(4) मौन या मधुमक्खी पालन- यह उद्योग मुख्यत: देश के पर्वतीय क्षेत्रों में विकसित हुआ है। इससे शहद प्राप्त करने के लिए मधुमक्खी का पालन किया जाता है। उत्तर प्रदेश, जम्मू -कश्मीर, दक्षिणी राजस्थान, महाराष्ट्र पंजाब तथा तमिलनाडु में इसको बड़े पैमाने पर संचालित किया जाता है।

(5) चमड़ा उद्योग-देश के लगभग हर गाँव में इस उद्योग का कोई न कोई काम सम्पन्न किया जाता है। इसमें चमड़े के जूते बनाना, घोड़े की जीन, अटैचियाँ, जल भरने के लिए मशक, जल निकालने के लिए चरस आदि बनाये जाते हैं। उत्तर प्रदेश का कानपुर नगर इसके लिए विशेष प्रसिद्ध है।

(6) गुड़ तथा खांडसारी उद्योग-यह भी एक प्रमुख ग्रामिण उद्योग है जिसमें गन्ने के रस से गुड़ तथा सांडसारी का निर्माण किया जाता है। जहाँ ताड़ के वृक्ष अधिकता से मिलते हैं, वहाँ ताड़ से भी गुड़ बनाया जाता है। खांडसारी उद्योग के लिए मेरठ जिला (उ०प्र०)काफी प्रसिद्ध है। वैसे उत्तर प्रदेश राज्य में ही देश की 50 से अधिक गुड़ एवं खांडसारी का उत्पादन किया जाता है।

(7) दिलासलाई (माचिस)उद्योग-यह भी एक प्रमुख सरकारी संस्थाएं

वैसे तो कुटीर उद्योगों का विकास राज्य सरकारों के अधीन होता है। किन्तु केन्द्र सरकार द्वारा भी राज्य सरकारों के सहयोग के लिए कुछ सेस्थाओं की स्थापना की गयी है जो इस प्रकार हैं-(1)कुटीर उद्योग बोर्ड 1948,(2)केन्द्रीय सिल्क बोर्ड 1949,(3)अखिल भारतीय हथकरघा बोर्ड 1953,(4)अखिल भारतीय हस्तकला बोर्ड 1953,(5)अखिल भारतीय खाउी एवं ग्रामोद्योग बोर्ड 1854, (6)लघु उद्योग बोर्ड 1954,(7)नारियल जटा परिषद और (7)नारियल जटा परिषद और (8)केन्द्रीय विक्रय संगठन-1956 (मुख्यालय चेन्नई)।

लघु एवं कुटीर उद्योग का अर्थ
(Meaning of Small and Cottage Industry)

उद्योग साधारणतया दो प्रकार के होते हैं—(i) बड़े पैमाने के उत्रद्योग और (ii) छोटे पैमाने के उद्योग। जिन उद्योगों में भूमि, श्रम, पूँजी, प्रबन्ध आदि बड़े पैमाने पर प्रयोग किये जाते हैं, वे बड़े पैमाने के उद्योग कहलाते हैं एवं जिन उद्योगों में भूमि, श्रम, पूँजी, प्रबन्ध आदि का आकार अपेक्षाकृत छोटा होता है, वे छोटे पैमाने के उद्योग कहे जाते हैं। छोटे पैमाने के उद्योगों को वर्गीकरण फिर दो प्रकार से कर दिया जाता है—(i) कुटीर उद्योग और (ii) छोटे पैमाने के उद्योग। भारतीय परिस्थितियों में कुटीर उद्योगों और छोटे पैमाने के उद्योगों में अन्तर जानना आवश्यक है। दोनों प्रकार के उद्योगों को परिभाषित करके हम उनके बीच पाया जाने वाला अन्तर ज्ञात कर सकते हैं—

(i) कुटीर उद्योग—कुटीर उद्योग वे उद्योग हैं, जो एक ही परिवार के सदस्यों द्वारा एक ही छत के नीचे पूर्णतः या आंशिक रूप में चलाये जाते हैं। **राजकोषीय आयोग** के अनुसार, ''कुटीर उद्योग वे हैं, जो पूर्णरूप से या मुख्यतः परिवार के सदस्यों की सहायता से ही पूर्ण या आंशिक व्यवसाय के रूप में चलाये जाते हैं।''

(ii) लघु उद्योग-राजकोषीय आयोग के अनुसार, ''लघु उद्योग वे उद्योग हैं, जो मुख्यतः 10 या 15 श्रमिकों की सहायता से चलाये जाते हैं। इसमें लागत पूँजी पाँच लाख रुपये कम हो जाती है।'' भारत सरकार ने अब श्रमिकों की संख्या पर ध्यान न देकर अपनी नवनी औद्योगिक नीति, 1980 के अनुसार लघु उद्योगों की परिभाषा में विनियोजित पूँजी पर अधिक ध्यान दिया है। इस नीति के अनुसार 60 लाख रुपये से कम पूँजी विनियोग वाले उद्योगों को लघु उद्योग कहा जाता है। भारी मशीनरी वाले लघु उद्योगों में यह सीमा 75 लाख रुपये रखी गयी है। बहुत ही छोटे उद्योगों में यह पूँजी सीमा 5 लाख रुपये रखी गयी है।

1 मार्च, 1997 से आर्थिक सुधारों के अन्तर्गत लघु उद्योगों में संयंत्र एवं पूंजी विनियोग की सीमा 60 लाख रुपये तथा 75 लाख रुपये से बढ़ाकर 3 करोड़ रुपये भारत सरकार के द्वारा कर दी गयी है। ऐसे ही अति लघु इकाइयों (Tiny Units) पूंजी विनियोग सीमा भी 5 लाख रुपये से बढ़ाकर 25 लाख रुपनये कर दी गयी है। 17 फरवरी, 1999 को भारतीय केन्द्रीय मन्त्रिमण्डल ने लघु उद्योगों की पूँजी विनियोग सीमा को 3 करोड़ रुपये से घटकर 1 करोड़ रु. कर दिया जबड़क अति लघु इकाइयों की निवेश सीमा 25 लाख रु. ही रखी गयी है।

इन सबके साथ-साथ संचालन यन्त्रों का प्रयोग, पूँजी तथा बाजार के आधार पर भी कुटीर उद्योग और लघु उद्योग में अन्तर किया जा सकता है।

भारतीय अर्थव्यवस्था में लघु तथा कुटीर उद्योगों का महत्त्व

(Significance of Small and Cottage Industries in Indian Economy)

किसी भी देश की अर्थव्यवस्था में लघु तथा बड़े पैमाने के दोनों प्रकार के उद्योगों का विशेष महत्व होता है। भारत में तो प्राचीन काल से ही कुटीर व लघु उद्योगों का महत्वपूर्ण स्थान रहा है। भ्छारत अपने कारीगरों के कला-कौशल के लिए सारे विश्व में विख्यात था, परन्तु अंग्रेजों को भारत के गौरवपूर्ण कुटीर तथा लघु उद्योग अपनी आँखों में खटकने लगे, जिससे उन्होंने इन भारतीय उद्योगों को सभी प्रकार से तहस-नहस करने का सफल प्रयत्न किया। परन्तु इतनी अवनति होने के पश्चात् भी इन उद्योगों का अस्तित्व भारतीय अर्थव्यवस्था में आजभी कायम है। **महात्मा गाँधी** ने तो यहाँ तक कहा था, "भारत का उद्धार कुटीर उद्योगों के द्वारा ही हो सकता है।" इसी तरह के विचार **पं. नेहरू** ने इन शब्दों में व्यक्त किये थे, "भारत औद्योगिक राष्ट्र तभी बनेगा, जबड़क यहाँ लाखों की संख्या में छोटे-छोटे उद्योग हों।" **योजना आयोग** ने भी भारतीय अर्थव्यवस्था में इन कुटीर और लघु उद्योगों के महत्व को समझा है और इस प्रकार के उद्योगों का विकास एवं प्रयास करने के लिए अपनी योजनाओं में गंभीरता से विचार किया है।

भारत के आर्थिक जीवन में निम्नलिखित कारणों से इस प्रकार के उद्योगों का महत्व अधिक है—

1. रोजगार—कुटीर तथा लघु उद्योग-धन्धे श्रम-बहुल होते हैं। भारतीय परिस्थितियों में जहाँ बेरोजगारी की समस्या एक भीषण रूप लिये खडी है, इस प्रकार के उद्योग उस भीषणता को कम कर देंगे। 1951 में लघु एवं कुटीर उद्योगों में 61.4 लाख लोगों को रोगार प्राप्त था। अब लगभग 4.5 करोड़ व्यक्तियों को प्रत्यक्ष व अप्रत्यक्ष रोजगार मिला हुआ है। लघु उद्योगों में प्रत्यक्षरोजगार 2000-01 में 185.6 लाख होने का अनुमान है। 2001-02 के अन्त तक लघु उद्योगों में प्रत्यक्ष रूप से 7.5 करोड़ लोगों को रोजगार मिलने की संभावना है।

2. कम पूँजी और अधिक उत्पादन—कुटीर एवं लघु उद्योग पूँजीगत कम व श्रम प्रधान होते हैं और भारत में पूँजी निवेश की कमी के कारण ये उद्योग भारतीय परिस्थितियों मे श्रेयस्कर हैं। 1979-80 में लघु उद्योगों ने कुल 33,510 करोड़रु. का उत्पादन किया। वह बढ़कर 1990-91 में 1,78,699 करोड़ रु. हो गया। वर्ष 2000-

01 में उनका उत्पादन 6,45,496 करोड़ मूल्य का रहा जो कुल औद्योगिक उत्पादन का लगभग 40% भाग है।

3. उत्पादन कार्य में कुशलता—छोटे पैमाने के उद्योगों में बड़े पैमाने के उद्योगों की अपेक्षा उत्पादन में कार्य-कुशलता अधिक होती है। इसका प्रमुख कारण छोटे पैमाने के उद्योगों की भली-भाँति देखभाल होने के कारण इनमें किसी प्रकार के नुकसान की गुंजाइश कम ही रहती है।

4. आय व सम्पत्ति का न्यायोचित वितरण—बड़े उद्योगों में उत्पादन लाभ का एक बहुत बड़ा हिस्सा एक पूँजीपति ही हडप जाता है, परन्तु कुटीर एवं लघु उद्योगों में उसी लाभ का अनेक उत्पादन इकाइयों में अधिक उचित रूप से वितरण हो जाता है।

5. विकेन्द्रित अर्थव्यवस्था—केन्द्रित अर्थव्यवस्था में शोषण की गुंजाइश अधिक रहती है, जो कि लोकतंत्र और समाजवाद के सिद्धान्तों के विरुद्ध है। कुटीर और लघु उद्योग-धन्धे अर्थव्यवस्था को विकेन्द्रित बनाये रखते हैं।

6. रोजगार की स्थिति व सुरक्षा—छोटे-छोटे उद्योगों में बेरोजगारी का प्रश्न कम ही आ पाता है। छोटे उद्योगों में कभी भी उत्पादन इतना नहीं होता कि किसी अवधि विशेष के लिए उद्योगों को बन्द करके श्रमिकों को बेरोजगार कर दिया जाए। इसलिए छोटे उद्योगों में रोजगार के स्थायित्व की सुरक्षा रहती है।

7. औद्योगिक शान्ति—बड़े-बड़े उद्योगों में मजदूरों और मिल-मालिकों के बीच संघर्ष के कारण जो औद्योगिक संघर्ष रहता है और अशान्ति रहती है, छोटे-छोटे उद्योगों में आपसी सद्‌भावना के कारण इस प्रकार की अशान्ति फैलने का अवसर नहीं आता। इसके अतिरिक्त और भी औद्योगिक समस्याओं का प्राय: लोप हो जाता है।

8. सैनिक महत्त्व—युद्ध के समय शत्रु बड़े उद्योगों को नष्ट करने का प्रयत्न करता है। यदि शत्रु हमारे देश पर युद्ध में बड़े उद्योगों पर बम आदि डालकर उनका विध्वंस करने में सफल हो गया, तो देश की अर्थव्यवस्था ही मिट्टी में मिल जायेगी। इसके विपरीत, लघु उद्योगों को नष्ट करना शत्रु के लिए एक दुष्कर कार्य है।

9. कलात्मक वस्तुओं का उत्पादन—कुटीर उद्योगों में अनेक कलात्मक वस्तुओं का उत्पादन होता है जिनका निर्यात करके देश को काफी विदेशी मुद्रा प्राप्त होती है और देश की अर्थव्यवस्था मजबूत होती है।

10. शीघ्र उत्पादन वृद्धि—छोटे-छोटे उद्योगों की स्थापना तथा उनमें उत्पादन शुरू करने में अधिक समय नहीं लगता। इनके विपरीत, बड़े पैमाने के उद्योगों की स्थापना तथा उनमें उत्पादन शुरू करने में वर्षों लग जाते हैं। छोटे-छोटे उद्योगों द्वारा शीघ्र ही उत्पादन में वृद्धि की जा सकती है।

11. देश की आत्म-निर्भरता—लघु उद्योग इस प्रकार का सामान उत्पादित करते हैं जिनको कि विदेशों को निर्यात किया जाता है। इस रूप में ये विदेशी मुद्रा की बचत करते हैं। लघु उद्योगों में उत्पादित सामान का निर्यात करके विदेशी मुद्रा कमाई जाती है।

12. उपभोक्ता वस्तुओं का उत्पादन—उपभोग्य वस्तुओं का उत्पादन विशेषकर कुटीर व छोटे उद्योगों में किया जाता है। इससे मुद्रास्फीति रोकने में सहायता मिलती है।

13. देश की सभ्यता व संस्कृति के अनुरूप—कुटीर उद्योगों में परस्पर सहयोग, सद्भावना, व भ्रातृत्व की भावना बनी रहती है जो कि भारत देश की सभ्यता व संस्कृति के अनुरूप है।

14. राष्ट्रीय आय और प्रति व्यक्ति आय में वृद्धि—कुटीर एवं लघु उद्योगों के विकास से अधिकाधिक लोगों को रोजगार मिलता है, जिससे प्रति व्यक्ति आय में वृद्धि होती है और उसी के फलस्वरूप राष्ट्रीय आय में भी वृद्धि होती है। किसान लोग भी अतिरिक्त समय में कुटीर उद्योगों से अपनी आय में वृद्धि कर सकते हैं।

15. विदेशी मुद्रा अर्जन—लघु उद्योग के निर्मित माल का विदेशों में निर्यात प्रतिवर्ष लगभग 58,500 करोड़ रुपये मूल्य का रहता है जिससे विदेशी विनिमय संकट में सहायता मिलती है। 2000-01 में इसका निर्यात 58,500 करोड़ रु. का रहा। निर्यातों में लघु उद्योगों का भाग लगभग 35% है।

लघु व कुटीर उद्योगों की समस्याएँ

(Problems of Small-Scale and Cottage Industries)

भारत में लघु व कुटीर उद्योगों की प्रमुख समस्याएँ निम्न प्रकार हैं—

1. कच्चे माल की समस्या—भारत में लघु व कुटीर उद्योगों की प्रथम समस्या उन्हें कच्चे माल की प्राप्ति की समस्या है। सीमित साधन होने के कारण उन्हें पर्याप्त व अच्छा कच्चा माल उपलब्ध नहीं हो पाता है। इससे उन्हें बड़े उद्योगों के समक्ष टिके रहने में कठिनाई होती है।

2. आधुनिक यन्त्रों व औजारों का अभाव—भारत में लघु एवं कुटीर उद्योग आधुनिक यन्त्रों व औजारों के दाम ऊँचे होने के कारण उन्हें खरीदने में असमर्थ रहते हैं। इससे उनके उत्पादन में तीव्र वृद्धि नहीं हो पाती है।

3. बीमार इकाइयां—बीमार इकाइयां भी लघु एवं कुटीर उद्योगों की एक अन्य समस्या है। मार्च, 2001 के अन्त में लघु उद्योग क्षेत्र की लगभग 2.05 लाख इकाइयाँ रुग्ण थीं। इनमें बैंकों का 4506 करोड़ रु. फंसा था।

4. अशिक्षित कारीगर तथा तकनीकी लोचहीनता—लघु एवं कुटीर उद्योगों की एक अन्य समस्या कारीगरों की अशिक्षा व उनकी रूढिवादिता है। श्रमिकों का तकीनकी स्तर बहुत नीचा है। नवीन उत्पादन विधियों के प्रति उनका दृष्टिकोण रूढिवादी है। अत: उनमें तकनीकी लोचहीनता लघु एवं कुटीर उद्योगों के विकास में बाधक है।

5. उत्पादन का सीमित क्षेत्र—लघु एवं कुटीर उद्योगों का उत्पादन का क्षेत्र सीमित है।

6. वित्त संबंधी समस्या—लघु एवं कुटीर उद्योगों में कच्चे माल के क्रय, मशीनों, औजारों, कारखानों, गोदाम आदि के लिए वित्तीय साधनों की आवश्यकता होती है। मजदूरी के भुगतान के लिए भी धन की आवश्यकता रहती है। सीमित साधनों के फलस्वरूप इन्हें वित्त संबंधी समस्या का सामना करना पड़ता है।

7. ऊँची लागत—भारत में लघु एवं कुटीर उद्योगों की उत्पादन तकनीकें पुराने हैं। इनमें नवीन वैज्ञानिक पद्धति का प्रयोग बहुत सीमित है। इसमें उत्पादन लागत ऊँची आती है तथा उत्पादन का स्तर भी नीचा रहता है।

8. विपणन की समस्या—उत्पादन की ऊंची लागत, उत्पादन का नीचा स्तर, श्रमिकों की ऋणग्रस्तता, मध्यस्थों का बाहुल्य आदि के कारण कारीगरों को उत्पादन का उचित मूल्य नहीं मिल पाता है।

9. बड़े उद्योगों की प्रतिस्पर्द्धा—बड़े उद्योगों को अनेक प्रकार की आन्तरिक व बाह्य बचतें प्राप्त होती हैं जिससे उनकी उत्पादन लागत लघु व कुटीर उद्योगों से कम बैठती है। इससे लघु व कुटीर उद्योग प्रतिस्पर्द्धा में पिछड जाते हैं।

10. उपभोक्ताओं की अरुचि व संरक्षण का अभाव—उपभोक्ताओं की अरुचि व सरकारी संरक्षण के अभाव में इन्हें अपना अस्तित्व बनाये रखने में बड़ी कठिनाई का सामना करना पड़ता है।

11. कर भार—उत्पादन कर, बिक्री कर, आय कर, अनेक प्रकार के स्थानीय करों के कारण भी इनके सामने संकट उत्पन्न हुआ है।

लघु एवं कुटीर उद्योगों के विकास के लिए सरकार द्वारा किये गये उपाय

(Measures taken for the Development of Small and Cottage Industries by the Government)

भारत वर्ष में कुटीर एवं लघु उद्योगों की समस्याओं के समाधान हेतु सरकार ने अनेक उपाय किये हैं। सरकार द्वारा कुटीर एवं लघु उद्योगों के विकास के लिए किये गये उपायों को निम्नलिखित बिन्दुओं के अन्तर्गत स्पष्ट किया गया है—

1. संगठनात्मक उपाय—कुटीर एवं लघु उद्योगों की समस्याओं एवं समाधान तथा विकास के लिए अनेक संगठनों की स्थापना की गई है, जैसे—कुटीर उद्योग बोर्ड, अखिल भारतीय हाथकरघा बोर्ड, अखिल भारतीय हस्तशिल्प बोर्ड, खादी व ग्रामीण उद्योग आयोग केन्द्रीय सिल्क बोर्ड, कोयर बोर्ड, जिला उद्योग केन्द्र, लघु उद्योग विकास संगठन, राष्ट्रीय लघु उद्योग निगम आदि। संगठनों द्वारा लघु क्षेत्र के उद्योगों को सहायता प्रदान की जाती है।

2. संस्थागत वित्त सहायता—कुटीर एवं लघु उद्योगों को रियायती दर पर वित्तीय सहायता उपलब्ध कराने हेतु अनेक संस्थाओं का गठन किया गया है। सरकार ने लघु क्षेत्रों के उद्योगों को ऊँची प्राथमिकता का क्षेत्र घोषित किया है ताकि वित्तीय संस्थाएँ इस क्षेत्र में अधिकाधिक वित्तीय सुविधाएँ जुटाएँ। कार्यशील पूँजी तथा अवधि ऋणों की व्यवस्था हेतु सहकारी बैंक, वाणिज्य बैंक, क्षेत्रीय ग्रामीण बैंक, राज्य वित्त निगम, लघु उद्योग विकास कोष आदि संस्थाएँ पूँजी की व्यवस्था करती है। रिवर्ज बैंक भी लघु क्षेत्र के लिए गारण्टी योजना के अन्तर्गत वित्तीय सहायतस प्रदान करती है। यथा—

(i) **सरकार** प्रतिवर्ष लघु व कुटीर उद्योगों की राजकीय सहायता अधिनियम के अन्तर्गत लगभग 250 से 300 करोड़ रु. के ऋण प्रदान करती है।

(ii) **राज्य वित्त निगम** ने भी लघु व कुटीर उद्योगों को वित्तीय सहायता प्रदान करते हैं। वर्ष 2000-01 में इन निगमों ने 2897.7 करोड़ रु. के ऋण स्वीकृत किये तथा 1980.6 करोड़ रु. के ऋण वितरित किये।

(iii) **स्टेट बैंक ऑफ इण्डिया** व उसके सहायका बैंकों ने पायलट योजना के तहत वर्ष 1990-91 के अन्त तक 10.5 लाख इकाइयों को 10,000 करोड़ रु. के ऋण दिये।

(iv) **रिजर्व बैंक** 93 चुनी हुई ऋणदात्री संस्थाओं को उनके द्वारा लघु उद्योगों को दिये जाने वाले ऋण पुनः भुगतान की गारण्टी देता है।

(v) व्यापारिक बैंक भी इस हेतु ऋण देते हैं। मार्च, 2001 तक व्यापारिक बैंकों की ऋण-शेष राशि 55,925 करोड़ रु. थी।

(vi) इसके अतिरिक्त भारतीय लघु उद्योग विकास बैंक भी इन उद्योगों को ऋण सुविधाएँ देता है।

3. विक्रय संबंधी सुविधाएँ—कुटीर एवं लघु उद्योगों को बिक्री के लिए सरकार द्वारा कुछ सुविधाएँ उपलब्ध की गई हैं। देश व विदेश में विक्रय प्रोत्साहन के लिए प्रदर्शनियों का आयोजन किया जाता है। लघु उद्योगों के लिए बिक्री केन्द्र खोले गये हैं। निर्यात विकास परिषदों की स्थापना की गई है। कुटीर एवं लघु उद्योगों द्वारा निर्मित वस्तुओं के लिए विपणन हेतु प्रबन्ध किये गये हैं तथा 400 से अधिक वस्तुओं को सरकारी खरीद के लिए निर्धारित कर दिया है। इनके द्वारा निर्मित पदार्थों के खरीद संबंधी नियमों में शिथिलता प्रदान की गई है।

4. तकनीकी कौशल एवं दक्षता विकास—लघु क्षेत्र के उद्योगों में तकनीकी विकास एवं दस्तकारों की कुशलता में अभिवृद्धि के लिए सरकार द्वारा सरकारी एवं गैर-सरकारी संगठनों के माध्यम से उद्यमिता विकास प्रशिक्षण, तकनीकी प्रशिक्षण दिये जाने की व्यवस्था की गई है। केन्द्रीय लघु उद्योग विकास संगठन तथा चार प्रादेशिक लघु सेवा संस्थान स्थापित किये गये हैं।

5. अन्य उपाय—कुटीर एवं लघु उद्योगों के विकास के लिए सरकार द्वारा इनके लिए कच्चा माल उपलब्ध कराने के लिए प्रयास किये गये हैं। उत्पादन शुल्क में छूट दी गई है। उद्योगों को किस्तों पर मशीनरी दिलवाने की व्यवस्था की गई है। बड़े उद्योगों की प्रतियोगिता से बचाने के लिए कुटीर एवं लघु उद्योगों को सरकारी नीति के तहत संरक्षण दिया गया है। औद्योगिक सहकारी समितियों की स्थापना कर इन उद्योगों को लाभ पहुँचाया गया है।

6. वर्ष 1999-2000 में लघु उद्योग क्षेत्र के लिए नए नीतिगत उपाय—वर्ष 1999-2000 में लघु उद्योग क्षेत्र के विकास के लिए सरकार ने निम्न नीतिगत

उपाय किये हैं—

(i) बैंकों को पर्याप्त सुरक्षा प्रदान करने तथा लघु उद्योग इकाइयों विशेषकर निर्यातोन्मुख तथा लघु इकाइयों को निवेश ऋण के प्रवाह में सुधार लाने हेतु बजट (1999-2000) में नई ऋण बीमा स्कीम की घोषणा की गयी।

(ii) बैंकों द्वारा लघु उद्योगों इकाइयों के लिए कार्यकारी पूँजी की सीमा उनके वार्षिक कारोबार के 20 प्रतिशत के आधार पर निर्धारित की जाती है। इस प्रयोजनार्थ कारोबार की सीमा 4 करोड़ रुपए से बढ़ाकर 5 करोड़ कर दी गई है।

(iii) बैंकों की लघु क्षेत्र तक पहुँच बढ़ाने, लघु क्षेत्र को ऋण देने के प्रयोजनार्थ गैर-बैंकिंग वित्तीय कम्पनियों (एन.बी.एफ.सी.) अथवा अन्य वित्तीय मध्यस्थों को बैंकों द्वारा ऋण देने को बैंकों के ऋण देने के प्राथमिकता के क्षेत्र की परिभाषा में शामिल कर लिया गया है।

(iv) लघु उद्योग इकाइयों को दी गई उत्पाद शुल्क से छूट की सुविधा उन वस्तुओं को भी मिलेगी जिनका ब्रांड गारंटी क्षेत्रों में स्थित दूसरे विनिर्माता का है।

(v) ग्रामीण औद्योगीकरण हेतु एक राष्ट्रीय कार्यक्रम की घोषणा की गई है, जिसका लक्ष्य प्रत्येक वर्ष ऐसे 100 ग्रामीण समूहों की स्थापना करना होगा जो ग्रामीण औद्योगिकीकरण को बढ़ावा दे सकें।

(vi) विश्व व्यापार संगठन (डब्ल्यू.टी.ओ.) के संबंध में अद्यतन विकास का समन्वय करने हेतु डी.सी. (लघु उद्योग) के कार्यालय में एक सेल की स्थापना की गई है जो हाल की गतिविधियों के संबंध में लघु उद्योग संघों और एस.एम.ई. इकाइयों की सूचना दे सके, विश्व व्यापार संगठन करारों के अनुरूप लघु उद्योगों के लिए नीतियाँ तैयार करे तथा विश्व व्यापार संगठन से संबंधित महत्वपूर्ण सेमिनारों तथा कार्यशालाओं का आयोजन कर कसे।

(vii) सूती धागों को लघु उद्योग की सामान्य उत्पाद शुल्क से छूट स्कीम में शामिल कर लिया गया है।

(viii) लघु तथा सहायक उपक्रमों के लिए निवेश सीमा को मौजूदा 3 करोड़ रुपए से घटाकर एक करोड़ रुपए कर दिया गया है।

7. अगस्त, 2000 में अनेक रियायतों की घोषणा—प्रधानमंत्री अटल बिहारी वाजपेयी ने 30 अगस्त, 2000 को लघु उद्योगों को बढ़ावा देने के लिए एक मुश्त पैकेज की घोषणा की। इस पैकेज में लघु उद्योगों के लिए अनेक रियायतों की घोषणा की गयी। प्रमुख रियायतें इस प्रकार हैं—

(i) उत्पाद शुल्क में छूट की सीमा 50 लाख रु. से बढ़ाकर 1 करोड़ रु. कर दी गयी है।

(ii) सावधि ऋण और कार्यशील पूँजी (कंपोजिट लोन) की सीमा 10 लाख रु. से बढ़ाकर 25 लाख कर दी गयी है।

(iii) लघु क्षेत्र की इकाइयों में तकनीकी विकास के लिए लगायी गयी पूँजी की 12 प्रतिशत सब्पिड़ी देने की घोषणा की गयी है।

(iv) 10 लाख रु. तक के कारोबार वाली लघु क्षेत्र की सेवा इकाइयों को प्राथमिकता के आधार पर ऋण पाने वाली श्रेणी में शामिल किया गया है।

(v) लघु क्षेत्र में गुणवत्ता को प्रोत्साहित करने के लिए आई.एस.ओ. 9000 सर्टिफिकेट पाने वाली इकाइयों को 75,000 रुपये की अनुदान योजना को छः साल के लिए और बढ़ा दिया है।

(vi) केन्द्र और राज्य सरकारों द्वारा संयुक्त रूप से हथकरघा क्षेत्र के लिए 447 करोड़ रु. की दीनदयाल हथकरघा प्रोत्साहन योजना लागू की जाएगी। इस योजना के तहत हथकरघा उद्योग या बुनकरों व कारीगरों को उद्योग-धंधा शुरू करने के लिए तकनीकी एवं आर्थिक सहायता उपलब्ध करायी जाएगी।

(vii) लघु उद्योगों को इंस्पैक्टर राज से मुक्त करने की सिफारिश के लिए एक समिति का गठन किया गया है।

8. लघु उद्योग क्षेत्र सम्वर्धन हेतु उठाये गए अन्य कदम—प्रधानमंत्री द्वारा 30 अगस्त, 2000 को घोषित लघु उद्योग क्षेत्र विकास की व्यापक नीतिगत पैकेज को मूर्तरूप देने के लिए निम्न उपाय किये गए हैं—

(i) लघु उद्योगों के लिए उत्पाद शुल्क छूट की सीमा 1 सितम्बर, 2000 से 50 लाख से बढ़ाकर 1 करोड़ रु. तक बढ़ा दी गई है।

(ii) लघु उद्योगों को दिये जाने वाले ऋणों के सुधार के लिए मिश्रित ऋण-स्कीम की सीमा 25 लाख रु. तक बढ़ा दी गई है, 5 लाख रु. तक के ऋणों के लिए समानान्तर जमानत की अपेक्षा समाप्त कर दी गई है, लघु-उद्योगों के लिए ऋण-गारण्टी फण्ड स्कीम चालू की गई है, प्रौद्योगिकी उन्नयन ऋण सम्बद्ध पूँजीगत आर्थिक सहायता स्कीम 20 सितम्बर, 2000 से लागू की गई है, लघु सेवाओं और व्यापार उद्यमों के लिए निवेश सीमा 5 लाख रु. से बढ़ाकर 10 लाख रु. कर दी गई है तथा सिले-सिलाये वस्त्रों पर से प्रतिबन्ध हटाये जा रहे हैं।

9. वर्ष 2001-02 में लघु उद्योग क्षेत्र में घटित गतिविधियाँ—अगस्त, 2000 में घोषित व्यापक नीतिगत पैकेज के अनुसरण में वर्ष 2001-02 के दौरान लघु उद्योग क्षेत्र में निम्नलिखित गतिविधियाँ सम्पन्न हुईं—

1. हौजरी तथा हस्त उपकरण उपक्षेत्रों में स्थापित इकाइयों के लिए निवेश सीमा को 1 करोड़ रुपये से बढ़ाकर 5 करोड़ रु. कर दिया गया।
2. ऋण गारंटी निधि योजना के तहत स्थापित संचित निधि को 125 करोड़ रुपये से बढ़ाकर 200 करोड़ रुपये कर दिया गया।
3. 22.88 करोड़ रुपये के समग्र ऋण की तुलना में ऋण गारंटी दिसम्बर, 2001 के अन्त तक उपलब्ध कराई गई।
4. चमड़े के सामान, जूतों तथा खिलौनों से संबंधित 14 मदों को 29 जून, 2001 से अनारक्षित कर दिया गया है।
5. बाजार विकास सहायता योजना नामक एक नई योजना पूर्ण रूप से लघु उद्योग क्षेत्र के लिए प्रारंभ की गयी।
6. समूह विकास कार्यक्रम के तहत 4 'यूनिडो' सहायता प्राप्त परियोजनाओं को वर्ष के दौरान प्रारंभ किया गया।

6

आर्थिक विकास में परिवहन

देश के सामाजिक एवं आर्थिक विकास में सड़क परिवहन ने महत्वपूर्ण भूमिका निभायी है तथा कम एवं मध्यम दूरियों तक के लिए यह यातायात का सर्वाधिक सुगम एवं सस्ता साधन भी है। वास्तव में यह सेवा परिवहन के अन्य साधनों की सहायक है क्योंकि इसकी विश्वसनीयता,शीघ्रता, लचीलापन एवं दवाजे तक प्रदान की जाने वाली सुविधा काफी महत्वपूर्ण भूमिका निभाती है। देश में भौतिक विशेषताओं के कारण रेल परिवहन एक सीमा तक ही किया जा सकता है। अतएव सड़कों का महत्व अपने आप बढ़ जाता है। इसका सबसे महत्वपूर्ण बिन्दु सवारियों की संख्या में लगातार होने वाली वृद्धि है। 1950-51 में जहाँ देश में कुल 34,000 बसें एवं 82,000 ट्रकें थीं, वहीं वर्ष 1990-91 में इनकाी संख्या बढ़कर क्रमशः 1,91,73,168 तथा 12,89,250 हो गयी। मार्च 1997 में देश में सड़कों की कुल लम्बाई 24,65,877 किमी. थी।

देश में प्रबनधन के आधार पर सड़कों को तीन वर्गों में रखा जाता है-(1)राष्ट्रीय महामार्ग (2)राज्य महार्माग (3)सीमावर्ती सड़कें। भारत में अभी हाल में अहमदाबाद और बड़ोदरा को 6 पथ एक्सप्रेस मार्ग से जोड़ा गया है। राष्ट्रीय राजमार्गों के निर्माण प्रबन्धन एवं रख-रखाव की जिम्मेदारी भारत सरकार द्वारा निभायी जाती है। इनका

नियन्त्रण केन्द्रीय लोक निर्माण विभाव (सी. पी. डब्यू. डी.)द्वारा किया जाता है। वर्तमान राष्ट्रीय राजमार्ग प्रणाली के अन्तर्गत कुल 57,737 किमी. लम्बी सड़कें शामिल हैं। इनमें 49,585 किमी. निर्मित राष्ट्रीय राजमार्ग शामिल हैं। हालांकि राष्ट्रीय राजमार्गों की कुल लम्बाई देश की सड़कों की कुल लम्बाई का मात्र 2 ही है, किन्तु ये सम्पूर्ण देश के सड़क परिवहन का लगभग 40 यातायात सम्पन्न कराती है। देश में कुल 75 (14 अन्य प्रस्तावित) राष्ट्रीय राजमार्ग संख्या 7 है जो वाराणसी से कन्याकुमारी तक जाती है। सड़कों की सबसे ज्यादा लम्बाई महाराष्ट्र (2.45 लाख किमी.) में हैं।

वर्तमान समय में देश की राष्ट्रीय राजमार्गीय प्रणाली में 57.737 किमी. लंबी सड़क शामिल है। आठवीं पंचवर्षीय योजना के दौरान इस कार्य पर 3221, 40 करोड़ रू खर्च किये गये। 31 मार्च, 2000 तक कुल 4,771 किमी. लंबे नये संपर्क मार्गो का निर्माण और 26,573 किमी. सड़कों को चोड़ा और मजबूत करके दो लेन वाली सड़कों में बदला गया है।

राज्यों की सड़कों का निर्माण, रख-रखाव आदि राज्य सरकारों एवं संघ शासित क्षेत्रों द्वारा सम्पन्न होता है। राज्यों के ग्रामीण क्षेत्रों में न्यूनतम आवश्यकता कार्यक्रम (एम० एन० पी०)के अन्तर्गत सड़कों का विकास किया जा रहा है। इसका उद्देश्य 1500 या इससे अधिक आबादी वाले सभी गांवों को हर मौसमों में चालू रहने वाले मार्गों से जोड़ना है।

सीमावर्ती सड़कों का निर्माण एवं प्रबन्धन सीमा सड़क विकास बोर्ड द्वारा किया जाता है। इस बोर्ड का गठन देश के उत्तरी तथा पूर्वोत्तर क्षेत्र के सीमावर्ती इलाकों में सड़क परिवहन का समन्वित तथा तीव्र विकास करके देश के आर्थिक विकास को तेज करने तथा प्रतिरक्षा सम्बन्धी तैयारियों को मजबूति प्रदान करने के लिए सन् 1960 में किया गया था। वर्तमान में इसकी विकास सम्बन्धी गतिविधयाँ राजस्थान, जम्मू-कश्मीर, हिमालय प्रदेश, सिक्किम, असम, मेघालय, नागालैण्ड, त्रिपुरा, मणिपुर, मिजोरम, अरूणाचल प्रदेश, बिहार, अण्डमान निकोबार द्वीपसमूह तथा भूटान में भी प्रारम्भ की जा रही है। इसके अतिरिक्त सीमा सड़क संगठन भी देश के सीमावर्ती क्षेत्रों में थल सेना की सहायता के लिए तीव्र गति से सड़कों एवं हवाई पट्टियों का निर्माण करने की भूमिका निभाता है। इसका कार्य विभागीय रूप में पूरा किया जाता है। 31 मार्च, 2001 तक सीमा सड़क संगठन द्वारा लगभग 29,139 किमी. लम्बे सड़क मार्गों का निर्माण किया जा चुका था। वर्तमान में देश में राज्यवार सड़कों की कुल लम्बाई निम्नवत है-

रेल परिवहन

देश की विशालता, सामानों के आन्तरिक परिवहन तथा यात्रियों के संचालन हेतु रेल परिवहन का महत्त्वपूर्ण स्थान है और देश की रेलों ने सुदूर क्षेत्रों में बसे लोगों तथा वहाँ मिलने वाले संसाधनों एवं तैयार मालों को सम्पूर्ण देश में संचालित किया है। व्यापार-व्यवसाय, दैशाटन, तीर्थयात्रा आदि का अवसर सुलभ कराने वाले साधनों की दृष्टि से भारत में प्रथम रेलमार्ग 1853 में मुम्बई एवं थाना (थाणे)के बीच बनाया गया था, जिसकी लम्बाई 34 किमी. थी। आज तो सम्पूर्ण देश में इनका सघन जाल बिछा हुआ है। भारतीय रेल व्यवस्था के अन्तर्गत वर्तमान समय में कुल 62725 किमी. लम्बा रेलमार्ग बिछा हुआ है। 150 वर्ष के उपलक्ष्य में वर्ष 2002 में भारतीय रेलवे ने अपनी रेलवे ने अपनी स्थापना का स्वर्ग जयंती मनाया।

देश में अनेक प्रकार की रेल लाइनें विछमान हैं और जिन क्षेंत्रों में बड़ी लाइनें है वहाँ प्राकृतिक संसाधनों की भी प्रचुरता है। और आर्थिक उत्पादों एवं भारी खनिजों यथा लौह-इस्पात, कोयला, खनिज, खनिज तेल एवं उर्वरक का अधिकांश परिवहन बड़ी लाइनों द्वारा ही किया जाता है। पर औद्योगिक प्रतिष्ठानों द्वारा भारी कच्चे मालों का परिवहन छोटी लाइनों के माध्यम से ही सम्पन्न होता है। छोटी लाइनों का परिवहन अधिक समय लेने वाला तथा वाहनान्तरण होने वाना परिवहन ही है जो कि बहुत खर्चिला है। इन समस्याओं के निराकरण के लिए भारतीय रेलवे द्वारा यूनीगेज प्रोजेक्ट या एक समान रेलवे लाइन परियोजना 1992 में प्रारम्भ की गयी है, जिसके अन्तर्गत देश की सभी छोटी लाइनों को बड़ी लाइनों में परिवर्तित कर दिया जाना है। देश भर में रेलों का एक व्यापक जाल बिछा हुआ है। वर्तमान में (31 मार्च, 2001 तक) रेलवे स्टेशनों की संख्या 6,853 और रेलमार्गें की कुल लम्बाई 62,028 किमी. है। इस अवधि में भारतीय रेलवे के पास 7,566 इंजन 37,840 यात्री डिब्बे,4,730 अन्य सबारी गाड़ियों के डिब्बे और 2,22,147 माल डिब्बे उपल्ब्ध थे। ध्यातव्य है कि वर्तमान में छोटी व मझोली लाइनों की लम्बाई देश की कुल रेल लाइनों की लम्बाई की लगभग 29 है, जो कि देश के आर्थिक विकास में एक बाधा बनी हुई है क्योंकि जहां बड़ी लाइनों द्वारा प्रति किमी० 90 तथा 84 यात्रियों का परिवहन किया जाता है, वहीं छोटी लाइनों का योगदान मात्र 9 एवं 16 ही है।

देश की लम्बी दूरी की प्रमुख रेलगाड़ियां

रेलगाड़ियों की संख्या व नाम जिन दो स्थानों के बीच चलती हैं

शताब्दी एक्सप्रेस

2001/2002 नई दिल्ली भोपाल

2003/2004 नई दिल्ली से लखनऊ

2005/2006 नई दिल्ली से कालका

2007/200 चेन्नई से मैसूर (मंगलवार को छोड़कर सप्ताह में छह दिन)

2009/2010 मुंबई सेंट्रल से अहमदाबाद (शुक्रवार को छोड़कर सप्ताह में छह दिन)

2011/2012 नई दिल्ली से कालका

2013/2014 नई दिल्ली से अमृतसर

2015/2016 नई दिल्ली से अजमेर (सोमवार को छोड़कर सप्ताह में छह दिन)

2017/2018 नई दिल्ली से देहरादून

2019/2020 हावड़ा से रांची रविवार को छोड़कर सप्ताह में छह दिन

2021/2022 हावड़ा से राउरकेला शनिवार को छोड़कर सप्ताह में छह दिन

2027/2028 मुंबई/सेंट्रल से पुणे

2029/2030 नई दिल्ली से अमृतसर सोमवार का छोड़कर सप्ताह में छह दिन

2031/2032 नई दिल्ली से अमृतसर सप्ताह में एक सोमवार को

राजधानी एक्सप्रेस

2301/2302 नई दिल्ली से हावड़ा वाया गया सप्ताह में पांच दिन

2305/2306 नई दिल्ली से हावड़ा वाया पटना सप्ताह में दो दिन

2309/2310 नई दिल्ली से पटना सप्ताह में दो दिन

2313/2314 नई दिल्ली से सियालदह वाया गया सप्ताह में दो दिन

2421/2422 नई दिल्ली से हावड़ा से भुवनेश्वर सप्ताह मं दो दिन

वायु-परिवहन

भारत जैसे भौतिक दृष्टि से विधिधतापूर्ण तथा विशाल देश में वायु-परिवहन जैसे तीव्रग्रामी साधन का महत्त्व स्वतः स्पष्ट हो जाता है। पश्चिमी देशों एवं दक्षिण-पूर्वी एशिया के बीच संगम-स्थल की भांति स्थित देश को वायु-परिवहन की दृष्टि से विश्व में केन्द्रीय स्थान प्राप्त है। यहाँ पर वायु परिवहन का प्रारम्भ 1911 में हुआ जब इलाहाबाद से नैनी के बीच विश्व की सर्वप्रथम विमान डाक सेवा का परिवहन किया गया। 1933 में इण्डियन नेशनल एअरवेज कं. की स्थापना हुई, जिसने लाहौर से कराची के बीच विमान-संचालन किया। 1935 में टाटा एअरवेज द्वारा मुम्बई-तिरुअनन्तपुरम तथा 1937 में इसी कम्पनी द्वारा मुम्बई-दिल्ली मार्ग पर विमान-सेवा प्रदान की गयी। स्वतंत्रता प्राप्ति तक देश में 21 वायु-परिवहन कम्पनियाँ स्थापित हो चुकी थीं। 1953 में सभी वैमानिक कम्पनियों का राष्ट्रीयकरण करके उन्हें दो नवनिर्मित निगमों के अधीन रखा गया।

देश के भीतरी भागों में विमान सेवाओं के संचालन के लिए स्थापित भारतीय विमान निगम के अन्तर्गत 8 कम्पनियाँ शामिल की गयीं जो थीं-एअरवेज इण्डिया, एअर इण्डिया, एअर सर्विसेज ऑफ इण्डिया, भारत एअरवेज, दक्कन एअरवेज, कलिंग एअरवेज, हिमालय एविएशन तथा इण्डियन नेशनल एअरवेज। 1997-98 में इण्डियन एयरलाइंस के वायुमार्गों की लंबाई 68.53 करोड़ किमी. थी। मुम्बई, दिल्ली, कोलकाता तथा चेन्नई से अपनी विमान सेवाओं का संचालन करने वाले इस निगम का मुख्यालय नई दिल्ली में है। यह देश के आन्तरिक भागों के अतिरिक्त समीपवर्ती देशों-नेपाल, बांगलादेश, पाकिस्तान अफगानिस्तान,श्रीलंका, म्यान्मार तथा मालदीव को भी अपनी सेवाएं उपलब्ध कराता है।

देश के दूसरे वैमानिक एअर इण्डिया की स्थापना विदेशों के लिए विमान सेवाएं उपलब्ध कराने हेतु की गयी। इसके द्वारा विश्व के 96 देशों से भारत को जोड़ा गया है।

इन दो निगमों के अतिरिक्त जनवरी, 1981 में देश की घरेलू उड़ानों के लिए वायुदूत नामक एक तीसरे निगम की स्थापना की गयी है, जो दुर्गम क्षेत्रों अथवा उन क्षेत्रों को अपनी सेवाएं उपलब्ध कराता है, जहाँ इण्डियन एअरलाइंस की सुविधाएं उपलब्ध नहीं है। अब इसका इंडियन एअरलाइंस में विलय कर दिया गया है।

भारत का अन्तर्राष्ट्रीय हवाई अड्डा प्राधिकरण देश के चार बड़े हवाई अड्डो- मुम्बई, कोलकता, दिल्ली और चेन्नई का प्रबंध करना हे जबकि राष्ट्रीय हवाई अड्डा प्राधिकरण 86 देशीय हवाई अड्डों और रक्षा हवाई अड्डों पर असैनिक उड़ान पट्टियों का प्रबंध करता है।

देश के हवाई अड्डों को उनकी कार्यात्मक विशेषता, महतव तथा उसनके द्वारा प्रदान की जाने वाली सुविधाओं के आधार पर चार वर्गों में रखा जाता है, जो निम्नलिखित हैं–

(1) अन्तर्राष्ट्रीय हवाई अड्डे – इनकी संख्या वर्तमान में 5 है। ये हैं–जवाहर लाल नेहरू हवाई अड्डा (दमदम हवाई अड्डा)(कोलकता),इन्दिरा गाँधी अन्तर्राष्ट्रीय हवाई अड्डा (दिल्ली), मीनाम्बकम (चेन्नई)तथा तिरुअनन्तपुरम। इसके अतिरिक्त बंगलौर, हैदराबाद, अहमदाबाद, गोवा अमृतसर, गुहावटी और नेदुम्बसरी में स्थिति नेय कोचीन हवाई अड्डों को अंतर्राष्ट्रीय हवाई अड्डा द्योषित करने को निर्णय किया गया है।

(2) प्रधान हवाई अड्डे –यह छोटे-बड़े सभी प्रकार के वायुयानों को उतरने एवं उड़ान भरने की सुविधा प्रदान करते हैं। ये हैं–अगरतला, अहमदाबाद, राजासंसी (अमृतसर),अमौसी (लखनऊ), पटना, बेगमपेट (हैदराबाद), सेण्ट थामस (चेन्नई), सफदरजंग (दिल्ली), गुहावटी, जयपुर, नागपुर, तिरुचिरापल्ली, बढ़ापानी (शिलांग) आदि।

(3) मध्यम श्रेणी के हवाई अड्डे – इसके अन्तर्गत इलाहाबाद (बमरौली), औरंगाबाद, बागडोगरा (प. बगाल), बाबतपुर (वाराणसी), बैलूरघाट, जुहू (मुम्बई), बड़ोदरा, बेलगाँव, भोपाल, भावनगर, भुज, कोयम्बटूर, भुवनेश्वर, गया, इन्दौर, बैरकपुर, केसौद (जूनागढ़), कांधला, खुजराहो, पोर्ट ब्लेयर, रायपुर, राजकोट, सिचलर, विजयवाड़ा, विशाखापटनम, जबलपुर, तिरुपति, डिब्रूगढ़, बाजपा (मंगलोर), चकुलिया, पालीघाट (असम),तेजपुर, कूजबिहार, चण्डीगढ़, बेहाला, गोरखपुर, मदुरै, रातानाडा (जोधपुर), फूलबाग (पन्तनगर), मोहन बाड़ी, लीला बाड़ी (असम) कमालचपुर, तुलीहल (इम्फाल), डबोक (उदयपुर), कैलाश शहर, राँची आदि हवाई अड्डे शामिल किये जाते है।

(4) छोटे हवाई अड्डे – इस श्रेणी के अन्तर्गत आने वाले हवाई अड्डे हैं- अकोला, बिलासपुर, कुडप्पा, डानाकोंडा (तमिलनाडु), हलद्वानी, बारंगल, बेलूर, थंजबूर, पन्ना, रक्सोल, शोलापुर, रूपसी, माल्दा, पासीघाट, शैला (असम), सहारनपुर, राजमहेन्द्री, चकेरी (कानपुर नगर), झारसगुडा (उड़ीसा), पोरबन्दर, पन्तनगर, पालनपुर (दींसा) आदि। इसके अतिरिक्त देश में सरकारी सहायता प्रापत उड्डयन क्लब भी हैं, जहाँ चालको को प्रशिक्षण दिया जाता है।

केरल के कोच्चि के निकट अनिवासी भारतीयों के वित्तीय सहयोग से देश में अपनी तरह का पहला अन्तर्राष्ट्रीय हवाई अड्डा बनाया जात रहा है। केन्द्र सरकार के पास इस तरह के कई हवाई अड्डों के निर्माण के प्रस्ताव विचाराधीन हैं। भारत सरकार ने अप्रैल योग्य बनाने के लिए "ओपन स्काई पॉलिसी" यानी मुक्त आकाश नीति शुरू की है।

(घ) जल परिवहन -जल परिवहन ( ) किसी भी देश को सबसे सस्ता यातायात प्रदान करता हैं, क्योंकि इसके निर्माण में परिवहन मार्गों को निर्माण हनीं करना पड़ता है और बेवल परिवहन के साधनों से ही यातायात किया जाता है। इतना अवश्य है कि इसके लिए प्राकृतिक अथवा कृत्रिम उपयुक्त जलपूर्ण मार्ग आवश्यक होते है। हमारे देश में आन्तरिक एवं सामुद्रिक दोनों प्रकार का जल परिवहन किया जाता है। आन्तरिक जल परिवहन की दृष्टि देश में प्राचीनकाल से ही नदियों के माध्यम से यातायात किया जाता था। वर्तमान में देश के लगभग 14,500 किमी लम्बा नौगम्य जलमार्ग है, जिसमें नदियाँ, नहरे, अप्रवाही जल यथा झीलों आदि तथा मंकरी खाड़ियाँ शामिल हैं। देश की प्रमुख में 3,700 किमी लम्बे मार्ग का ही उपयोग किया जताा है। जहाँ तक नहरों का प्रश्न है, 4,300 किमी, लम्बी नौगम्य नहरों में से मात्र 900 किमी. तक की दूरी ही नौकाओं द्वारा परिवहन के माध्यम से लगभग 160 लाख टन माल की ढुलाई प्रतिवर्ष की जा रही है। आज भी देश की गंगा, हुगली, यमुना, ब्रह्मपुत्र, नर्मदा, ताप्ती, माण्डवी, गोदावरी, कृष्णा, महानदी आदि नदियों द्वारा आन्तरिक जलमार्ग की सुविधा उपलब्ध करायी गयी है। गंगा-भागीरथी-हुगली नदी प्रणाली के हल्दिया-इलाहाबाद खण्ड को 22 अक्टूबर 1986 को राष्ट्रीय जलमार्ग घोषित (राष्ट्रीय जलमार्ग संख्या-1) किया जा चुका है, जिसके विकास एवं प्रबन्धन का पूर्ण दायित्व केन्द्र सरकार के हाथों में है। इसके लिए सम्पूर्ण मार्ग को 3 उपखण्ड़ो- 1. हल्दिया-फरक्का 2. फरक्का-पटना और 3. पटना-इलाहाबाद में बाँटा गया है।

नौगम्य नहरों की दृष्ट्रि की ऊपरी नहर (हरिद्वार से 8 किमी.)निचली गंगानगर (115 किमी.), कुर्नूल-कुडप्पानगर (85 किमी.)बकिंघम नहर (640 किमी.) केरल की प. तटीय नहर (480 किमी.)उड़ीसा में केन्द्रपाड़ा नहर (120 किमी.) तलदाना नहर (90 किमी.), उड़ीसा तटीय नहर (15 किमी.) आदि महत्वपूर्ण हैं।26 दिसम्बर, 1980 को ब्रह्मपुत्र नदी (891 किमी.) की सादिया-दुर्बी सीमा को राष्ट्रीय जलमार्ग सं. 2 द्योषित किया गया है। सरकार द्वारा पश्चिमी तटीय नहर (केरल) के कोल्लम-कोटपुरम क्षेत्र को तथा चम्पकारा एवं उद्योगमण्डल नहरों को भी राष्ट्रीय जलमार्ग द्योषित करने को फैसला किया गया है।

भारत के अन्तर्देशीय जलमार्गों के विकास, रख-रखाव तथा नियमन के लिए 27 अक्टूबर, 1986 को भारतीय अन्तर्देशीय जलमार्ग प्राधिकरण की स्थापना की गयी। 1987 में केन्द्रीय अन्तर्देशीय जलपरिवहन नियम की स्थापना सार्वजनिक क्षेत्र के एक संस्थान के रूप में की गयी। इसका मुख्यालय कोलकता में है। इसके द्वारा बांग्लादेश होकर कोलकाता तथा असम के बीच एवं हल्दिया-पटना जलमार्ग की परिवहन सेवाओं

का प्रबन्धन किया जाता है। देश की अधिकांश नदियाँ वर्षाकाला के अतिरिक्त समय में प्राय: जल की अल्पता का शिकार हो जाती है, जिसके कारण उनमें परिवहन का कार्य ठप्प हो जाता है। भारत सकरार के भूतल परिवहन मन्त्रालय द्वारा कराये गये सर्वेक्षण के अनुसार देश में 10 नदी मार्ग ऐसे हैं, जहाँ वर्ष भर पर्याप्त मात्रा में जल उपलब्ध रहता है। ऐसे नदी मार्गों को ही राष्ट्रीय जलमार्ग घोषित किया गया है। ऐसी सुविधा वाली प्रमुख नदी घाटियाँ गोवा, महानदी, गोदावरी, विद्यमान हैं। इनमें से 3 राष्ट्रीय जलमार्ग इस समय क्रियाशील हैं- (1) गंगा (भागीरथी) - हुगली नदी पर हल्दिया एवं इलाहाबाद के बीच जिसकी लम्बाई 1,620 किमी. है (2) ब्रह्मपुत्र नदी पर सादिया तथा दुर्बी के बीच जिसकी लम्बाई 205 किमी. है। (3)राष्ट्रीय जलमार्ग - 3 (कोल्लम कोट्टापुरम)कोल्लम एवं कोट्टापुरम के बीच जिसकी लम्बाई 205 किमी. है। को 8 मई, 1993 को राष्ट्र को समर्पित किया गया । देश को चौथे राष्ट्रीय जलमार्ग, जो कि पश्चिमी तट पर विकसित किया जा रहा है, उसका कार्य आठवीं पंचवर्षीय योजना के अन्त तक पूरा करने का लक्ष्य निर्धारित किया गया है। देश को चौथे राष्ट्रीय जलमार्ग, जो कि पश्चिमी तट पर विकसित किया जा रहा है, उसका कार्य आठवीं पंचवर्षीय योजना के अन्त तक पूरा करने का लक्ष्य निर्धारित किया गया है। देश के सभी राष्ट्रीय जलमार्गों को विकास हो जाने पर अनुमानत: 3.5 करोड़ टन माल का परिवहन जलमार्गों द्वारा किया जा सकेगा। इसके अतिरिक्त इनका विकास आर्थिक, पर्यावरण एवं तेल की खपत की दृष्टि की काफी लाभदायक सिद्ध तथा पर्यटन से विदेशी मुद्रा की भी प्राप्त होगी।

सामुद्रिक जलमार्ग की दृष्टि से भारत का सम्पूर्ण प्रायद्वीपीय तटीय भाग काफी महत्वपूर्ण भूमिका निभाता है। देश की मुख्य भूमि की 5,600 किमी. लम्बी तटरेखा पर 11 बड़े तथा 139 छोटे बन्दरगाह स्थित हैं। बड़े बन्दरगाहों का नियन्त्रण केन्द्र सकरार द्वारा किया जाता है, जबकि छोटे एवं मझोले बन्दरगाह संविधान की समवर्ती सूची में शामिल हैं, जिनका प्रबन्धन तथा प्रशासन सम्बन्धित राज्य सरकारों द्वारा किया जाता है।

स्मरणीय है कि बन्दरगाहों पर समुद्री जहाजों के रुकने, ईंधन लेने तथा तथा सामानों को चढ़ाने-उतारने का कार्य किया जाता है, इसलिए इनका विकास सागरतटीय क्रीकों, लैगूनों, छोटी खाड़ियों, नदियों की एश्चुअरी आदि स्थानों पर होता है। ये प्राकृतिक तथा कृत्रिम दोनों प्रकार के हो सकते हैं। हमारे देश में पूर्वी समुद्र तट पर स्थित बड़े बन्दरगाह हैं-तूतीकोरिन, चेन्नई, विशाखापटनम, पाराद्वीप, कोलकाता-हल्दिया जबकि पश्चिमी तट पर स्थित बन्दरगाहों में कांदला, मुम्बई, न्हावाशेवा, न्यू मंगलोर, कोचीन तथा मार्गगाओ को शामिल किया जाता है। न्हावाशेवा का जवाहरला नेहरू बन्दरगाह अत्याधुनिक सुविधायुक्त बन्दरगाह है, जहाँ बड़े पैमाने पर शुष्क मालों को चढ़ाने तथा

उतारने के लिए यान्त्रिक कण्टेनर, बर्थ एवं सर्विस बर्थ की सुविधा प्रदान की जाती है। वर्ष 1996-97 के दौरान प्रमुख पत्तनों पर संचालित कुल जहाजी माल की मात्रा 227,3 मिलियन टन थी, जिसने 1996-97 की तुलना में 5.6% वृद्धि दर्ज की। इसमें सबसे अधिक उर्वरक एवं कच्चा माल 2.7% में वृद्धि हुई।

कांदला एक ज्वारीय बन्दरगाह है एवं यहाँ मुक्त व्यापार क्षेत्र स्थापित किया गया है। न्यू मंगलोर बन्दरगाह की कुद्रेमुख से लौह-अयस्क के निर्यात की विशेष सुविधा प्राप्त करायी गयी है। कोचीन एक प्राकृतिक बन्दरगाह है और इसे पूर्व का सर्वश्रेष्ठ बन्दरगाह माना जाता है। मुम्बई देश का सबसे बड़ा बन्दरगाह है जहाँ से देश का सर्वाधिक समुद्री यातायात किया जाता है। मार्मागाओ बन्दरगाह जुआरी नदी की एश्चुअरी पर स्थापित किया गया है। न्हावाशेवा बन्दरगाह की स्थापना मुम्बई बन्दरगाह के यातायात भार को कम करने के लिए की गयी है।

पूर्वी तट पर स्थित चेन्नई की गणना देश के सर्वाधिक प्राचीन बन्दरगाहों में की जाती है, जबकि विशाखापटनम देश का सर्वश्रेष्ठ प्राकृतिक बन्दरगाह है। यहाँ पोत निर्माण एवं उनकी मरम्मत की भी सुविधा उपलब्ध करायी गयी है। पाराद्वीप बन्दरगाह उड़ीसा तट पर महानदी के डेल्टा क्षेत्र में स्थापित किया गया है। कोलकाता बन्दरगाह सागर तट से 148 किमी. अन्दर हुगली नदी के किनारे स्थित है। यहाँ से 105 किमी. नीचे हल्दिया बन्दरगाह का विकास किया गया है जिससे कोलकाता बन्दरगाह का भार कम किया जा सके क्योंकि यहाँ अवसाद गाद जमा हो जाने की समस्या अधिक प्रभावी रहती है। हल्दिया में पूर्णतः सुसज्जित कोयला एवं तेल कण्टेनर की सुविधा उपलब्ध है।

देश के प्रमुख बन्दरगाहों, छोटे बन्दरगाहों, गोदियों, जहाजसनी बन्दरगाहों, नौ-सेना आदि के रख-रखाव तथा उनकी तलहटी की सफाई की सुविधा उपलब्ध कराने के लिए मार्च, 1976 में ड्रेजिंग कार्पोरेशन ऑफ इण्डिया की स्थापना की गयी, जिसने 1 अप्रैल, 1977 से अपनी व्यावसायिक गतिविधियाँ प्रारम्भ कीं।

7

विकासात्मक औद्योगिक क्रांति

प्रत्येक उद्योग को चलाने के लिए चाहे वह कुटीर उद्योग हो या लघु उद्योग हो या किसी बड़े पैमाने का उद्योग हो, या लघु उद्योग हो या किसी बड़े पैमाने का उद्योग हो, वित्त की आवश्यकता होती है। उसी को हम औद्योगिक वित्त कहते हैं। आधुनिक उद्योगों में तो बड़ी मात्रा में पूँजी का विनियोग करना पड़ता है। प्रत्येक उद्योग को चलाने के लिए चल और चल दोनों प्रकार की पूँजी की आवश्यकता होती है। सबसे पहले तो उद्योग स्थापित करने की योजना बनाने, उसकी संभावनाओं की खोज करने की औपचारिकताओं को पूरा करने के लिए वित्त की आवश्यकता पड़ती है। इसके बाद उद्योग के लिए स्थायी सम्पत्ति, जैसे—भूमि, यन्त्र आदि खरीदने पड़ते हैं जिसके लिए धन की आवश्यकता पड़ती है। फिर उद्योग चलाने के लिए कच्चा माल खरीदने, मजदूरी, वेतन, किराया और अन्य प्रकार के खर्चे पूरा करने के लिए धन की आवश्यकता होती है। कोई भी उद्योगपति अपने उद्योग का विस्तार एवं विकास करना ही चाहेगा। वह उसकी वर्तमान स्थिति से सन्तुष्ट नहीं रह सकता, अतः उसके लिए भी वित्त की आवश्यकता पड़ेगी।

औद्योगिक वित्त के स्रोत या साधन

(Sources of Industrial Finance)

उद्योग का किसी देश की अर्थव्यवस्था में एक अति महत्वपूर्ण स्थान होता है। अत: उद्योग को विकसित करना आवश्यक है। उद्योगों का विकास करने के लिए सरकार ने अनेक संस्थाओं का गठन किया है। ये संस्थान उद्योग को वित्तीय सहायता जुटाने में काफी मदद करते हैं। इन संस्थाओं के अतिरिक्त अन्य कोई स्रोत हैं, जिनसे उद्योग वित्तीय सहायता प्राप्त करते हैं। भारतीय उद्योग निम्नलिखित स्रोतों से वित्तीय सहायता प्राप्त करते हैं—

1. जनता के द्वारा विनियोग करना (Investment by Public)—जन-साधारण अपनी नियमित आय में से बचत करता है तथा उसे ऐसी जगह विनियोग करना चाहता है जहां उसकी रकम सुरक्षित रहे और कुछ नियमित आय प्राप्त होती रहे। इसके लिए वह अपनी बचत को उद्योगों में विनियोग करना पसंद करता है। इनके द्वारा ऐसा करने से देश में पूँजी निर्माण संभव होता है। इनके द्वारा उद्योगों के अंशपत्र क्रय किये जाते हैं। वैसे अंश पत्रों के अनेक प्रकार होते हैं, लेकिन मोटे रूप में अंश पत्रों को दो भागो में बाँटा जा सकता है—

(i) सामान्य अंश पत्र—सामान्य अंश पत्र वे अंश पत्र होते हैं जिनके खरीददाद कम्पनी के मूल स्वामी होते हैं, वे जोखिम उठाते हैं तथा अपने साहस का परिचय देते हैं।

(ii) पूर्वाधिकार अंश पत्र—इनके धारक कम्पनी के मालिक नहीं होते हैं, लेकिन इन्हें लाभांश तथा अंश पत्रों के विमोचन के सामान्य अंश पत्रधारियों से विशेष अधिकार प्राप्त होते हैं। जो व्यक्ति अधिक जोखम उठाना पसन्द नहीं करते हैं तथा नियमित आय चाहते हैं वे पूर्वाधिकार अंश पत्रों का ही क्रय करते हैं।

गत वर्षों में जनता के द्वारा उद्योगों में अंश पूंजी के रूप में जो अपनी बचतें विनियोग की गयी हैं, उनका ब्यौरा निम्न तालिका में दिया गया है—

जनता द्वारा अंश पूँजी में विनियोग

वर्ष	विनियोग राशि (करोड़ रुपयो में)
1961-62	27.7
1980-81	51.6
1985-86	1031.0
1991-92	4291.0
1993-94	15449.1
1994-95	21044.4
1995-96	14240.5
1996-97	11556.8
1997-98	2861.9
1998-99	5019.0
2001-02	5378.0

उपरोक्त तालिका से यह स्पष्ट है कि प्रारंभिक वर्षों में जनसाधारण का झुकाव अंशपूँजी में विनियोग की ओर काफी रहा, लेकिन वर्ष्ज्ञ 1995-96 से लगातार गिरावट आ रही है। वर्ष 1995-96 में विनियोग जहाँ 14240.5 करोड़ रु. था वह 2001-02 में घटकर

5378.0 करोड़ रु. रह गया है।

2. ऋण पत्रों के द्वारा ऋण देना (Debt Facility through Debentures)—जनता जिस प्रकार अपनी बचतें अंश पत्रों में विनियोग करती है ठीक उसी प्रकार वह ऋण पत्र भी क्रय करती है जो कम्पनी को ऋण देने के समान समझा जाता है तथा ऋण पत्रों पर एक निश्चित दर से वार्षिक ब्याज अवश्य मिलता है। यह भी औद्योगिक वित्त पूर्ति का एक महत्त्वपूर्ण स्रोत है। 1997-98 में 1972 करोड़ रुपये के ऋण-पत्र बेचे गये थे, जिनमें 1472 करोड़ रु. के ऋण-पत्र परिवर्तनीय किस्म के थे तथा शेष 500 करोड़ रु. के ऋण-पत्र अपरिवर्तनीय किस्म के थे।

3. जनता द्वारा जमा की गई रकमें (Deposits by Public)—जनता में से कुछ लोग, जिनके पास अतिरिक्त धन होता है और जो उसको किसी व्यवसाय में लगाकर जोखिम उठाकर लाभ नहीं कमाना चाहते हैं, औद्योगिक संस्थानों में जमा

करके उस पर ब्याज प्राप्त करते हैं। जमा करमें एक वर्ष या 6 माह की होती है। अहमदाबाद की मिलों में बहुत-सी पूँजी इस स्रोत से प्राप्त हुई हैं। यदि किसी उद्योग पर कोई संकट आता दिखाई देता है तो जनता अपने दजमा धन की तुरन्त माँग करने लगती है। 1990-91 में ऐसी जमाएँ 35,000 करोड़ रु. से अधिक थीं।

4. प्रबन्धक अभिकर्त्ता (Managing Directors)—प्रबन्ध अभिकर्ता भी अपने अधीन उद्योगों के लिए वित्त की व्यवस्था करते हैं। प्रबन्ध अभिकर्ता कम्पनी के अंश या ऋणपत्र स्वयं खरीदते हैं। 1956 से पहले प्रबन्ध अभिकर्त्ता का काफी महत्त्व था, परन्तु 1956 के कम्पनी अधिनियम द्वारा इस प्रकार की व्यवस्था पर कुछ नियंत्रण लगा दिये गये हैं। प्रबन्ध अभिकर्त्ता व्यवस्था में अनेक दोष पाये गये थे। 1970 के कम्पनी अधिनियम ने तो इस व्यवस्था को बिल्कुल ही समाप्त कर दिया है।

5. अर्जित लाभों का पुनः विनियोग (Ploughing Back of Profits)—अनेक औद्योगिक संस्थान अपने अर्जित लाभों को पुनः संस्थान के विकास के लिए विनियोजित कर देते हैं। इस प्रकार इस स्रोत से भी उद्योगों को वित्तीय सहायता मिलती है।

6. देशी बैंकर एवं साहूकार (Indigenous Bankers and Money Lenders)—देश में देशी बैंकर एवं साहूकार भी लघु उद्योगों तथा छोटे-छोटे कारखानों के लिये वित्त व्यवस्था करते हैं, लेकिन इनके द्वारा वसूल की जाने वाली ब्याज की दर काफी ऊँची होती है। एक अनुमान के अनुसार ये लघु उद्योगों की वित्तीय आवश्यकता का लगभग 90 प्रतिशत भाग पूरा करते हैं तथा शेष 10 प्रतिशत भाग की पूर्ति व्यापारिक बैंकों एवं सरकार के द्वारा की जाती है। ऐसे ऋणों की वसूली में कठोरता बरती जाती है तथा ऐसे ऋणों के दुरुपयोग पर कोई नियंत्रण नहीं होता है।

7. औद्योगिक सहकारी समितियाँ (Industrial Co-operative Societies)—देश में औद्योगिक विकास के लिये वित्त प्रदान करने में औद्योगिक सहकारी समितियों का भी अच्छा योगदान है। ये समितियाँ छोटे उद्योगों के लिये वित्त की व्यवस्था करती है, लेकिन अभी तक देश में इन समितियों का पूरी तरह विकास नहीं हो पाया है तथा इनके वित्तीय संसाधन भी पर्याप्त नहीं है। ये समितियाँ अंश पत्रों एवं ऋण पत्रों का निर्गमन करके वित्तीय संसाधन जुटाती हैं तथा अपने सदस्यों को ऋण देती हैं।

8. व्यापारिक बैंक (Commercial Banks)—ये बैंक जनता से जमा प्राप्त करते हैं और आवश्यकता पड़ने पर उद्योग व व्यापार के विकास के लिए अल्पकालीन वित्तीय सुविधाएँ प्रदान करते हैं। साधारणतया इनके द्वारा दिये जाने वाले ऋणों की अवधि 3 माह से 2 वर्ष तक होती है। ये बैंक अर्थव्यवस्था में केन्द्रीय बैंक के अधीन कार्य करते हैं और नीति संबंधी मामलों में उसी से नियंत्रित होते हैं। इस प्रकार के बैंकों की स्थापना भारतीय बैंकिंग कम्पनी अधिनियम के अन्तर्गत की गयी है, इसलिये इन्हें संयुक्त पूंजी वाले बैंक भी कहते हैं। भारत में ये बैंक सरकारी (राष्ट्रीयकृत) और निजी दोनों क्षेत्रों में कार्य कर रहे हैं। वैसे इन्हें अनुसूचित व गैर-अनुसूचित दो श्रेणियों में बाँटा जाता है। इनके द्वारा किये जाने वाले प्रमुख कार्य निम्नलिखित हैं—

(i) ये बैंक विभिन्न प्रकार के खातों पर निक्षेप प्राप्त करते हैं।

(ii) ये बैंक ऋण व अग्रिम प्रदान करते हैं।

(iii) ये बैंक साख निर्माण का कार्य करते हैं।

(iv) ये बैंक अपने ग्राहकों के लिये एजेन्सी अथवा प्रतिनिधि संबंधी कार्य करते हैं।

(v) ये बैंक आर्थिक आँकड़ों का संकलन, मूल्यवान धातुओं का लेन-देन, विदेशी विनिमय का क्रय-विक्रय विदेशी व्यापार के लिये अर्थ प्रबन्ध जैसे महत्त्वपूर्ण कार्य भी करते हैं।

जैसा कि ऊपर बताया गया है कि व्यापारिक बैंक उद्योगों के विकास एवं विस्तार के लिए अल्पकालीन ऋण सुविधधाएँ प्राप्त करते हैं, बिलों में कटौती करते हैं तथा अग्रिम स्वीकार करते हैं। इन बैंकों के द्वारा जहां वर्ष 1951 में अपने अग्रिमों का 33.6 प्रतिशत भाग उद्योगों को स्वीकार किया गया था वह वर्ष 1961 में बढ़कर 64 प्रतिशत तक पहुंच गया था, लेकिन बाद में बड़े बैंकों के राष्ट्रीयकरण और उपेक्षित प्राथमिक क्षेत्रों के ऋणों में वृद्धि होने से वर्तमान में सभी प्रकार के उद्योगों को बैंक साख सुविधाओं का लगभग 52 प्रतिशत भाग मिल रहा है। देश में 1999 को उद्योगों की बकाया ऋणों की राशि 20,04,051 करोड़ रुपये तक पहुंच गयी थी, जिसमें लघु उद्योग का बकाया 42,591 करोड़ रु. तथा बड़े उद्योगों का बकाया 1,61,460 करोड़ रु. था। देश में उद्योगों के विकास में व्यापारिक बैंकों की अहम भूमिका को निम्नलिखित तालिका द्वारा दर्शाया जा सकता है—

देश में व्यापारिक बैंकों द्वारा उद्योगों को ऋणों का बकाया (1956-99)

वर्ष	उद्योगों से ऋणों का बकाया (करोड़ रुपयों में)
मार्च, 1956	196
मार्च, 1961	688
मार्च, 1970	1932
मार्च, 1980	10904
मार्च, 1991	65000
मार्च, 1994	85000
मार्च, 1999	1,78,999
मार्च, 2001	2,18,507

9. बीमा कम्पनियाँ (Insurance Companies)—देश में बीमा कम्पनियों का औद्योगिक वित्त व्यवस्था में प्रारंभ से ही महत्त्वपूर्ण योगदान रहा है। जीवन बीमा निगम ने राष्ट्रीयकरण के बाद इस दिशा में अपने विनियोगों में अच्छी वृद्धि की है। यह निगम देश में औद्योगिक विकास के लिए दीर्घकालीन वित्तीय सुविधाएँ प्रदान करता है। निगम ने वर्ष 1965-66 में निजी क्षेत्र में 61 करोड़ रुपये की वित्तीय सहायता स्वीकृत की थी, जो अब बढ़कर लगभग तीन गुनी हो गयी है। वर्ष 1996-97 में निगम द्वारा देश में उद्योगों के लिए स्वीकृत एवं वितरित सहायता क्रमश: 2819 करोड़ रुपये तथा 1961 करोड़ रुपये की थी। 2001-02 में यह राशि बढ़कर क्रमश: 10867 तथा 7095 करोड़ रुपये पहुँच गई।

10. विनियोग प्रन्यास (Investment Trust)—वर्तमान में भारत में इस प्रकार के अनेक प्रन्यास कार्यरत हैं। भारत में ऐसे प्रन्यासों का श्रीगणेश वर्ष 1930 में हुआ थ। ये सभी प्रन्यास अपने छोटे-छोटे अंश पत्रों का निर्गमन करके धन जुटाते हैं तथा उन्हें देश में औद्योगिक विकास के विनियोग करते हैं। इन प्रन्यासों की शृंखला में देश में सर्वप्रथम वर्ष 1964 में भारतीय यूनिट ट्रस्ट (Unit Trust of India) की स्थापना हुई थी। वर्तमान में इस ट्रस्ट की अशं पूंजी 5 करोड़ रुपये है जिसमें से 2.5 करोड़ रुपये के अंश पत्र रिजर्व बैंक ऑफ इण्डिया के द्वारा 15 लाख रुपये के अंश पत्र

भारतीय जीवन बीमा निगम द्वारा तथा 75 लाख रुपये के अंश पत्र स्टेट बैंक तथा इसके सहायक बैंकों के द्वारा क्रय किये गये हैं तथा शेष अंश पत्र अनुसूचित बैंकों तथा विशिष्ट वित्तीय संस्थाओं द्वारा क्रय किये गये हैं।

देश में औद्योगिक विकास के लिए यूनिट ट्रस्ट ऑफ इण्डिया के द्वारा दी जाने वाली वित्तीय सहायता में निरन्तर वृद्धि हुई है। वर्ष 1980-81 में देश में औद्योगिक विकास के लिए जहाँ स्वीकृत एवं वितरित वित्तीय सहायता क्रमशः 51 करोड़ रुपये तथा 31 करोड़ रुपये थी वह वर्ष 2000-01 में बढ़कर क्रमशः 5972 करोड़ रुपये तथा 4600 करोड़ रुपये हो गयी। गत वर्षों में ट्रस्ट के द्वारा अपने निर्गमनों के माध्यम से काफी कोष जुटाये गये हैं।

11. सरकार (Government)—देश में औद्योगिक विकास के लिए केन्द्रीय एवं राज्य सरकारें राजकीय सहायता अधिनियम के अन्तर्गत वित्तीय सहायता प्रदान करती हैं। ये प्रत्या रूप से उद्योगों को सहायता तथा अनुदान राशि प्रदान करती हैं। इसके अलावा ये उद्योगों के द्वारा लिये जाने वाले ऋणों की गारण्टी भी प्रदान करती हैं। ये अखिल भारतीय एवं राज्य स्तरीय वित्तीय संस्थानों के अंश पत्रों एवं ऋण पत्रों को क्रय कर उनके कोष बढ़ाने में मदद करती है तथा उद्योगों के विकास में अप्रत्यक्ष रूप से वित्तीय सहायता पहुँचाती हैं। सरकार के द्वारा ऋण 10 से 20 वर्ष की अवधि के लिए दिये जाते हैं तथा इन ऋणों पर रियायती दर से ब्याज वसूल किया जाता है।

12. विशिष्ट वित्तीय संस्थाएँ (Specialised Financial Institutions)—देश में औद्योगिक विकास को बढ़ावा देने के लिए स्वतन्त्रता प्राप्ति के पश्चात् अनेक महत्वपूर्ण कदम उठाये गये हैं जिनमें अखिल भारतीय एवं राज्य स्तरीय वित्तीय संस्थानों के योगदान का एक महत्वपूर्ण स्थान है। भारत में वर्तमान में अखिल भारतीय स्तर पर भारतीय औद्योगिक वित्त निगम (IFCI), भारतीय औद्योगिक विकास बैंक (IDBI), भारतीय औद्योगिक साख एवं विनियोग निगम (ICICI), भारतीय औद्योगिक पुनर्निर्माण बैंक (IRBI), भारतीय जीवन बीमा निगम (LIC), भारतीय यूनिट ट्रस्ट (UTI), भारतीय सामान्य बीमा निगम (GIC), भारतीय तलघु उद्योग विकास बैंक (SIDBI) तथा राज्य स्तर पर राज्य वित्त निगम (SFCs) तथा अन्य राज्य स्तरीय वित्तीय संस्थायें औद्योगिक विकास में अपना योगदान दे रही है।

भारत में औद्योगिक वित्त की समस्याएँ अथवा वित्त की पूर्ति कम होने के कारण (Causes of Short Supply or Problems of Industrial Finance in India)

औद्योगिक इकाइयों की वित्तीय सहायता देने के लिए यद्यपि इतने प्रयत्न निजी तथा सहकारी स्तर पर किये गये हैं फिर भी भारतीय उद्योगों को अभी भी पर्याप्त पूँजी नहीं मिल पाती। जितना कार्य इस क्षेत्र में किया गया, वह इसकी माँग को देखते हुए नगण्य है। औद्योगिक वित्त की समस्याएँ अथवा औद्योगिक वित्त की पूर्ति कम होने के कारणों को निम्नलिखित बिन्दुओं के अन्तर्गत स्पष्ट किया गया है—

1. **बचतों में कमी**—औद्योगिक इकाइयों के लिए पूँजी तो बचतों से ही एकत्रित होती है। भारतीयों की आय इतनी कम होती है कि उनकी प्रमुख आवश्यकता की पूर्ति ही नहीं हो पाती, बचत की बात तो बाद की है।

2. **बचतों का विनियोग नहीं**—थोड़ी बहुत पूंजी जो बचतों से एकत्रित होती है, उसको भी दबा कर रख लिया जाता है तथा विनियोग के लिए उसमें से नाममात्र का धन लगाया जाता है। इसलिए भारतीय पूँजी को 'लज्जाशील' कहा जाता है।

3. **साहसी प्रवृत्ति की कमी**—लोगों में जोखिम उठाने की प्रवृत्ति कम है। वे अपनी बचतों को मकान या जेवर बनवाने आदि में लगाना अधिक पसन्द करते हैं।

4. **राष्ट्रीयकरण का भय**—पूँजीपतियों को सदैव राष्ट्रीयकरण का भय लगा रहता है। परन्तु यह भय ठीक नहीं है, क्योंकि संविधान की धारा 31 के अन्तर्गत बिना मुआवजा दिये किसी भी उद्योग का राष्ट्रीयकरण नहीं किया जा सकता। फिर भी 1956 में किये गये संविधान संशोधन के अनुसार प्रशासन को मुआवजा निश्चित करने का अन्तिम अधिकार देने से जनता का विश्वास डिग गया है।

5. **भरी कराधान**—सम्पत्ति कर, मृत्यु कर आदि इतने प्रकार के कर लगा दिये जाते हैं कि पूँजीपति अब अपने उद्योगों का प्रसार करना निरर्थक समझता है।

6. **मुद्रा-स्फीति की हानियाँ**—मुद्रा-स्फीति के कारण अब रहन-सहन का व्यय बहुत ही बढ़ गया है और मध्यम वर्ग की जनता जो थोड़ी-बहुत बचत करके विनियोग करती थी, वह अब समाप्त हो गया है।

7. **मूल्यों में अधिक उतार-चढ़ाव**—अभी कुछ वर्षों में मूल्यों में अत्यधिक उतार-चढ़ाव आये, जिससे निवेशकर्त्ता हतोत्साहित हो गये।

8. उद्योगों का नियमन व नियंत्रण—सरकार द्वारा उद्योगों का नियमन व नियंत्रण करने से निवेशकर्त्ता यह समझता है कि उद्योगपति को अब अपना उद्योग अपने तरीके से चलाने की स्वतंत्रता नहीं है। उद्योगपति को अब पूर्व की तरह लाभ नहीं मिलता। फलस्वरूप निवेशकर्त्ता को भी लाभ प्राप्त करने की गुंजाइश कम रहती है।

9. औद्योगिक श्रम की सुरक्षा—अब तक उद्योगपति श्रमिकों का शोषण करके काफी मुनाफा कमाते थे, परन्तु अब औद्योगिक श्रम की सुरक्षा होने से लगान मूल्य बढ़ गया है और मुनाफे की मात्रा कम हो गयी है। अतः उद्योगों में पूँजी लगाने के प्रति लोगों का उत्साह कम हो गया है।

10. समुचित वित्तीय संस्थाओं का अभाव—समुचित वित्तीय संस्थाओं का अभाव भी उद्योगों में वित्त की कमी का एक कारण रहा है।

11. व्यापारिक बैंकों के विकास की धीमी गति—व्यापारिक बैंक भी सीमित साधनों के कारण उद्योगों को अल्पकालीन ऋण नहीं दे पाते हैं। बैंकों के राष्ट्रीयकरण के बाद इस दिशा में विकास और विस्तार करने के कुछ प्रयास किये गये हैं।

I. भारतीय औद्योगिक वित्त निगम

(Industrial Finance Corporation of India, IFCI)

स्थापना—इस निगम की स्थापना 1 जुलाई, 1948 को की गयी। इस निगम की स्थापना एक हिस्सेदारी संस्था के रूप में हुई जिसमें सरकार, रिजर्व बैंक तथा कुछ विशिष्ट संस्थाएँ इसकी भागीदार बनीं। अपने संसाधनों को बढ़ाने के लिए यह निगम अपनी प्राप्त पूँजी की पांच गुनी रकम ऋणपत्र बेचकर प्राप्त कर सकता है। इस निगम का प्रमुख उद्देश्य औद्योगिक वित्त के साधनों का विस्तार करना तथा उद्योगों की मध्यम तथा दीर्घकालीन आवश्यकताओं की पूर्ति करना है। 1 जुलाई, 1993 से इस निगम को आर्थिक उदारीकरण के दौरे में कम्पनी के रूप में पुनर्स्थापित कर दिया गया है। वर्तमान में यह अंशधारियों की एक संस्था के रूप में कार्यरत है।

पूँजी—निगम की स्थापना के समय प्रारंभिक अधिकृत पूँजी 20 करोड़ रुपये रखी गयी थी जिसे केन्द्र सरकार ने 1982 में एक संशोधन करके 250 करोड़ रुपये कर दिया तथा बाद में इसे बढ़ाकर 500 करोड़ रुपये कर दिया गया है। 10-10 रुपये के 100 करोड़ साधारण अंशों तथा 10-10 रु. के 50 करोड़ संचयी प्रफिरेन्स अंशों में विभाजित है। निगम की प्रदत्त पूँजी 31 मार्च, 1999 को 790.48 करोड़

रु. थी तथा निगम के शेष व बचतें 936.14 करोड़ रु. थे। इस प्रकार 31 मार्च, 1999 के अन्त में कुछ मिलाकर पूँजीगत साधन लगभग 21,900 करोड़ रु. थे।

निगम का कार्य—इस निगम का मुख्य कार्य बड़े-बड़े औद्योगिक संस्थानों को मध्यम और दीर्घकालीन ऋण देना है। यह निगम केवल भारत में रजिस्टर्ड पब्लिक लिमिटेड कम्पनियों और सहकारी समितियों को ही ऋण दे सकता है। विदेशों से माल खरीदने वाली औद्योगिक इकाइयों को भी इसके द्वारा ऋणों की गारण्टी दी जाती है। निगम अंशपत्रों और ऋणपत्रों का अभिगोपन भी करता है। इसके अतिरिक्त यह निगम कुछ उद्योगों को विदेशी मुद्रा भी देता है। देश के बाहर किसी बैंक या वित्तीय संस्थान से लिये गये ऋणों के लिए गारण्टी या साख का प्रबन्ध करता है। किसी औद्योगिक संस्थान द्वारा किसी अनुसूचित बैंक या राज्य सहकारी बैंकों से लिये गये ऋणों की, जिनके भुगतान की अवधि 25 वर्ष हो, गारण्टी दे सकता है।

निगम ने 31 मार्च, 2001 तक की अवधि में 51,183 करोड़ रुपये की वित्तीय सहायता स्वीकृत की तथा 40,907 करोड़ रुपये की वित्तीय सहायता वितरित की।

निगम के विधान में संशोधन—निगम के विधान में एक संशोधन के आधार पर निगम सरकारी सिक्यूरिटी के विरुद्ध रिजर्व बैंक से 90 दिन तक के लिए ऋण ले सकता है। यह देश में विदेशी मुद्रा की पूर्ति करने के लिए विश्व बैंक से भी ऋण ले सकता है। अब यह जहाजरानी कम्पनियों को भी रुपया उधार दे सकता है।

सीमाएँ—(i) निगम किसी ऋण की गारण्टी तब तक नहीं दे सकता जब तक कि उसके पीछे पर्याप्त चल या अचल पूँजी सुरक्षित न हो,

(ii) निगम किसी भी संस्था को बिना सरकार की स्वीकृति के एक करोड़ रुपये से अधिक की सहायता नहीं कर सकता।

आलोचनाएँ—औद्योगिक वित्त निगम की अनेक प्रकार से आलोचनाएँ की जाती हैं। यह कहा जाता है कि सार्वजनिक कम्पनियों के अतिरिक्त और कोई संस्था इससे लाभ नहीं उठा पाती तथा उसमें भी पक्षतापूर्ण नीति अपनायी जाती है। निगम ने विकसित क्षेत्रों में ही ऋण देकर क्षेत्रीय असन्तुलन पैदा किया है। इसकी प्रगति भी तीव्र गति से नहीं हो रही है।

कुछ भी हो, औद्योगिक वित्त निगम ने भारतीय उद्योगों के विकास में काफी योगदान दिया है। इस निगम के कार्यों की सराहना किये बिना हम नहीं रह सकते।

II. भारतीय औद्योगिक साख एवं विनियोग निगम

(Industrial Credit & Investment Corporation of India—ICICI)

स्थापना—यह देश का तीसरा विकास बैंक है। इसकी स्थापना वर्ष 1995 में भारतीय कम्पनी अधिनियम 1956 के तहत निजी उद्योगों को दीर्घकालीन एवं मध्यमकालीन ऋण प्रदान करने के उद्देश्य से की गयी है। इसका प्रधान कार्यालय मुम्बई में है।

उद्देश्य एवं कार्य—इस निगम की स्थापना निम्नलिखित उद्देश्यों को पूरा करने के लिए की गई है। दूसरे शब्दो में हम यह कह सकते हैं कि इस निगम के प्रमुख कार्य निम्नलिखित हैं—

1. निजी उद्योगों की स्थापना, विकास एवं उनके आधुनिकीकरण के लिए वित्तीय सहायता प्रदान करना।
2. ऐसे उद्योगों में देशी एवं विदेशी साधनों से निजी पूँजी के विनियोग को बढ़ावा देना तथा
3. औद्योगिक विनियोग में निजी स्थायित्व को प्रोत्साहित करना तथा विनियोग बाजारों का विकास करना।

निगम की सहायता की प्रकृति अथवा स्वरूप—निगम के द्वारा दी जाने वाली आर्थिक सहायता का क्षेत्र काफी विस्तृत एवं व्यापक है। निगम निजी क्षेत्र की सभी व्यापारिक एवं औद्योगिक संस्थाओं को वित्त सहायता दे सकता है। इसके द्वारा दी जाने वाली आर्थिक सहायता के स्वरूप निम्नलिखित हो सकते हैं—

1. मध्यमकालीन एवं दीर्घकालीन ऋण देना, जिनकी अधिकतम अवधि 15 वर्ष हो सकती है। ऐसे ऋण ऋणपत्रों के आधार पर भी दिये जा सकते हैं।
2. अंश पत्रों एवं ऋणपत्रों के सार्वजनिक निर्गमनों का अभिगोपन संबंधी कार्य।
3. निजी क्षेत्र की व्यापारिक एवं औद्योगिक संस्थाओं की सामान्य एवं पूर्वाधिकार अंश पूँजी में प्रत्यक्ष अभिदान करना।
4. इन संस्थाओं के बॉण्ड्स एवं ऋणपत्रों का क्रय करना।

5. रुपयों में दिये जाने वाले ऋणों के लिये गारण्टी देना। इस तरह की गारण्टी की आवश्यकता देरी से प्राप्त भुगतानों के आधार पर विदेशों से मशीन औजार के रूप में लिये गये ऋणों से संबंधित हो सकते हैं।

6. विदेशों में आयात होने वाले पूँजीगत माल की लागत के लिए विदेशी मुद्रा में ऋण देना।

7. उद्योगों को प्रबन्ध, तकनीकी एवं प्रशासनिक पदामर्श देना तथा इस तरह की सेवाओं को प्रदान करने में सहायता करना।

निगम के द्वारा दी जाने वाली वित्तीय सहायता की कोई उच्चतम सीमा निर्धारित नहीं की गयी है। इसके द्वारा ऋण किसी भी समा तक दिया जा सकता है। यह परिस्थितियों पर निर्भर है। वैसे इसकी वित्तीय सहायता की न्यूनतम सीमा 5 लाख रुपये है, लेकिन सीमा के संबंध में कोई कठोर नियम नहीं है। इसमें आवश्यकतानुसार परिवर्तन किये जा सकते हैं। निगम के द्वारा प्रदान की जाने वाली वित्तीय सहायता उद्योगों के लिए स्थायी एवं कार्यशील दोनों पूँजी के लिए हो सकती है।

निगम का प्रबन्ध—इसका प्रबन्ध एक संचालक मण्डल के द्वारा किया जात है, जिसमें कम से कम पांच तथा अधिक से अधिक 15 संचालक हो सकते हैं, जिनमें से एक संचालक सरकार की ओर से तथा एक संचालक ऋणपत्रधारियों की ओर से हो सकता है। वर्तमान में संचालक मण्डल में 15 संचालक हैं, जिनमें से एक निगम का चेयरमैन है। निगम का प्रधान कार्यालय मुम्बई में है।

निगम की पूँजी—वर्तमान में निगम की अधिकृत पूँजी 50 करोड़ रुपये है तथा प्रदत्त पूँजी 49.5 करोड़ रुपये है जिसमें भारतीय बैंकों, बीमा कम्पनियों, भारतीय जनता तथा ब्रिटिश एवं अमेरिकन पूंजीपतियों की भागीदारी है। इसके अलावा निगम केन्द्रीय सरकार से ऋण भी प्राप्त कर सकता है। ऋणपत्रों का भी जनसाधारण में निर्गमन कर सकता है। जनसाधारण से जमाएँ स्वीका कर सकता है। विदेशी मुद्रा में भी ऋण प्राप्त कर सकता है, साथ ही, अपने लाभों में से संचित कोषों में वृद्धि कर सकता है।

निगम के द्वारा स्वीकृत एवं वितरित वित्तीय सहायता—निगम ने अपनी स्थापना से ही देश में औद्योगिक विकास के लिए दीर्घकालीन एवं मध्यमकालीन ऋण प्रदान किये हैं। निगम के द्वारा पिछले दशकों में स्वीकृत एवं वितरित वित्तीय सहायता से आश्चर्यजनक वृद्धि हुई है। निगम की स्थापना से लेकर 31 मार्च, 2001 तक निगम ने देश में औद्योगिक विकास के लिए 2,47,263 करोड़ रुपये की वित्तीय सहायता

स्वीकृत की तथा 1,45,877 करोड़ रुपये की वित्तीय सहायता वितरित की। 2000-01 में निगम के द्वारा स्वीकृत वित्तीय सहायता वर्ष 1990-91 की तुलना में 9 गुना अधिक है।

I. राज्य वित्तीय निगम

(State Finance Corporations) (SFCs)

लघु एवं मध्यम श्रेणी के उद्योगों की वित्तीय आवश्यकताओं की पूर्ति के लिए भारत सरकार ने 1951 में राज्य वित्त निगम अधिनियम पास किया था। इस अधिनियम के अन्तर्गत इस समय 18 राज्य वित्त निगम स्थापित हो चुके हैं। इनमें तमिलनाडु का औद्योगिक विनियोग निगम लि. भारतीय कम्पनी अधिनियम के अन्तर्गत 1948 में स्थापित किया गया था। लेकिन यह भी अन्य वित्तीय निगमों की तरह ही काम करता है।

राज्य वित्तीय निगम लघु एवं मध्यम आकार के उद्योगों को मध्यम व दीर्घकालीन साख प्रदान करते हैं। ये भारतीय औद्योगिक वित्त निगम के ढंग पर ही बने हैं और उसके छोटे रूप हैं। ये निजी उद्यमकर्त्ताओं, साझेदारी फर्मों एवं निजी सीमित दायित्व वाली कम्पनियों को भी साख प्रदान करते हैं। राज्य वित्तीय निगमों की पूँजी में राज्य सरकार, भारतीय रिजर्व बैंक, व्यापारिक बैंक, अन्य वित्तीय संस्थाओं एवं आम जनता का हिस्सा होता है। ये अधिक से अधिक 20 वर्ष के लिए ऋण दे सकते हैं। प्रत्येक राज्य वित्तीय निगम की शेयर पूँजी होती है। ये ब्रांड व ऋणपत्र बेचकर भी पूँजी प्राप्त कर सकते हैं। इन्हें जनसाधारण से जमा प्राप्त करने का भी अधिकार होता है।

राज्य वित्त निगम के कार्यों की प्रगति—पिछले वर्षों में राज्य वित्त निगमों द्वारा प्रदान की जाने वाली वित्तीय सहायता में काफी वृद्धि हुई है। 18 राज्य वित्त निगमों के द्वारा देश में औद्योगिक वित्त के लिए 31 मार्च, 1999 तक लगभग 36,577 करोड़ रुपये स्वीकृत किये गये जिनमें से लगभग 25,993 करोड़ रुपये की वित्तीय सहायता वितरित की गयी।

स्वीकृत वित्तीय सहायता 1970-71 में केवल 50 करोड़ रु. थी वह 2000-01 में 2898 करोड़ रु. हो गई। इस प्रकार वितरित सहायता भी 33 करोड़ रु. से बढ़कर 2123 करोड़ रु. हो गई। इनकी सहायता से निम्न उद्योगों ने विशेष लाभ उठाया है—रसायन व रसायन-पदार्थ, वस्त्र, खाद्य-प्रोसेसिंग, बेसिक मेटल, मेटल की वस्तुएँ, कागज तथा सेवाएँ। इनके द्वारा पिछड़े क्षेत्रों व लघु क्षेत्रों को विशेष रूप से मदद दी गई है।

निगमों की कार्यप्रणाली की आलोचनाएँ—यद्यपि राज्य निगमों द्वारा लघु एवं मध्यम औद्योगिक संस्थाओं को दीर्घकालीन ऋणों में निरन्तर वृद्धि हुई है, फिर भी इन निगमों के द्वारा चार्ज की जाने वाली ब्याज दरें काफी ऊँची हैं। ऋणपत्रों एवं अंशपूँजी में वित्तीय सहायता बहुत कम है। निगमों के साधन सीमित हैं। पूर्ण जमानत पर ही ऋण स्वीकृत किये जाते हैं।

राज्य वित्त-निगमों के समक्ष एक गंभीर समस्या यह है कि इनको अपने उधार लेने वालों से मूलधन व ब्याज की राशि समय पर नहीं मिल पाती है। असम व उड़ीसा में स्थिति विशेष रूप से गंभीर पायी गयी है और गुजरात, हरियाणा, राजस्थान, केरल तथा हिमाचल प्रदेश में भी स्थिति असन्तोषजनक रही है। परियोजनाओं के निर्माण व चालू करने में विलम्बर, पावर कटौतियाँ, कच्चे माल का अभाव व माँग में गिरावट आदि इसके लिए कारण बतलाये गये हैं।

राज्य वित्त निगम की समस्याएँ व सुझाव

(Difficulties and Suggestions of SFCs)

राज्य वित्त निगमों की प्रगति सन्तोषजनक नहीं रही है। इस संबंध में निम्न बातों पर ध्यान आकर्षित किया जा सकता है—

1. लघु श्रेणी के उद्योगों को कम सहायता—इन्होंने मध्यम श्रेणी के उद्योगों को ज्यादा वित्तीय सहायता प्रदान की है, जैसे—सूती वस्त्र उद्योग, बिजली की पूर्ति, तेल निकालने की उद्योग एवं चाय व रबड़ के बागान आदि। लघु उद्योगों को अपेक्षाकृत कम मात्रा में सहायता मिल पाई है।

इस स्थिति के लिए बहुत कुछ उद्योग ही जिम्मेदार हैं, क्योंकि आवेदन-पत्रों में बहुधा पूरे विवरण नहीं दिये जाते हैं। इनके पास मानत अपर्याप्त होती है तथा योजना सुलझी हुई एवं सुदृढ़ नहीं होती है। व्यवस्थित हिसाब व अंकेक्षण नहीं होता है तथा उत्पादन की विधियाँ असन्तोषजनक होती हैं।

2. कोषों की दृष्टि से राज्यों के बीच भारी अन्तरों का पाया जाना—राज्य वित्त निगमों में कोषों की दृष्टि से आपस में काफी अन्तर पाये जाते हैं। कुछ के पास कोषों का अभाव पाया जाता है, तो अन्य के पास अतिरिक्त कोष फालतू पड़े रहते हैं। ऐसी स्थिति में यह अच्छा होगा कि ऐसे निगम आपस में ऋणों का आदान प्रदान करें। यह व्यवस्था काफी उपयोगी सिद्ध हो सकती है।

3. अभिगोपन कार्य का अभाव—अभी तक इन्होंने अभिगोपन के कार्य में विशेष प्रगति नहीं की है। इसलिए भविष्य में इस कार्य को आगे बढ़ाना चाहिए।

4. पूँजी पर लाभांश वितरण की शर्त—कई वर्ष पूर्व औद्योगिक अर्थशास्त्र के विदेशी विशेषज्ञ **जार्ज रोजन** ने राज्य वित्त निगमों को अधिक सक्रिय बनाने के लिए एक महत्त्वपूर्ण सुझाव दिया था कि इन निगमों को लाभांश अनिवार्यत: बाँटना होता है। लेकिन कुछ निगम इस कार्य के लायक प्राप्त नहीं कर पाते हैं। इसी वजह से ये जोखिम वाले विनियोग में भाग नहीं ले पाते। अत: ऐसे निगमों के लिए पूँजी पर लाभांश के वितरण की शर्त हटा देनी चाहिए।

5. साधनों का अभाव—राज्य वित्त निगमों के समक्ष सबसे बड़ी समस्या साधनों के अभाव की होती है। सरकार ने IFCI, ICICI आदि को उदार शर्तों पर ऋण प्रदान किये हैं। लेकिन राज्य वित्त निगमों को इस तरह की सुविधा कम सीमा तक मिल पाई है। IDBI ने इस कमी को दूर करने का प्रयास किया है। SFCs जनता से भी ऋण ले सकते हैं।

अन्तर्राष्ट्रीय विकास एसोसिएशन (IDA) ने IDBI को कर्ज दिया है ताकि वह SFCs को अधिक मात्रा में वित्तीय साधन उपलब्ध करा सकें और वे राज्यों के लिए विकास बैंकों का काम कर सकें।

6. ओवरड्यूज की समस्या—राज्य वित्त निगमों के समक्ष बढ़ते हुए ओवरड्यूज की समस्या ने गंभीर रूप धारण कर लिया है। इनसे उधार लेने वाले इनको निर्धारित समय पर कर्ज का रुपया नहीं लौटाते जिससे काफी कठिनाई उत्पन्न हो जाती है। श्रीनगर में अक्ॲबर, 1976 में SFCs के 18वें सम्मेलन में इस समस्या के अध्ययन के लिए एक कार्यकारी दल नियुक्त किया गया था, जिसने बकाया राशि को घटाने के लिए निम्न सुझाव दिये थे—

(i) राज्य वित्त निगमों की लेखा-पद्धति सुधारी जाए, (ii) बिना वसूल किये गये ब्याज पर राज्य वित्त निगमों को कर में रियायत दी जाए, (iii) परियोजना के मूल्यांकन की पद्धति को सुदृढ़ किया जाए, (iv) संगठनात्मक कमियाँ दूर की जाएँ, (v) उचित किस्म की कठिनाइयों के मामले में भुगतान को आगे टाल दिया जाय, (vi) सहायता-प्राप्त इकाइयों की प्रगति पर निगाह रखी जाए, (vii) समय पर भुगतान न मिलने पर ब्याज की ऊँची दर वसूल की जाए।

II. भारतीय लघु उद्योग विकास बैंक (पिड़बी)

स्थापना—भारतीय औद्योगिक विकास बैंक (IDBI) के पूर्ण स्वामित्व वाली सहयोगी संस्था के रूप में देश में लघु एवं कुटीर उद्योगों का विकास करने के लिए भारतीय लघु उद्योग विकास बैंक (पिड़बी) की स्थापना 2 अप्रैल, 1990 को की गयी है। स्थापना से लेकर अभी तक पिड़बी बैंक ने लघु एवं कुटीर उद्योगों के विकास में देश में एक महत्वपूर्ण भूमिका निभायी है।

उद्देश्य एवं कार्य—देश में इस बैंक की स्थापना से पूर्व यद्यपि अनेक अखिल भारतीय एवं राज्य स्तरीय बैंक स्थापित हो चुके हैं जो औद्योगिक विकास के लिए दीर्घकालीन एवं मध्यमकालीन वित्तीय सुविधाएँ प्रदान करते हैं, लेकिन वर्ष 1990 तक देश में ऐसा कोई बड़ा विशेष विकास बैंक स्थापित नहीं हो पाया था जो लघु एवं कुटीर उद्योगों के विकास के लिए दीर्घकालीन एवं मध्यमकालीन वित्त एवं अवित्तीय सुविधाएँ अधिक मात्रा में प्रदान कर सके। इस बैंक के प्रमुख कार्य ऋणों तथा अग्रिमों का पुनर्वित्त पोषण, बिलों की भुनाई तथा पुनर्भुनाई, प्रत्यक्ष वित्तीय सहायता प्रदान करने, मूल पूँजी, उदार ऋण देने, आढ़त, लीज ऋणों का पुनर्वित्तीयन इत्यादि सेवाएँ प्रदान करने के तथा लघु उद्योग विकास निगमों को वित्तीय सहायता उपलब्ध करना है।

प्रगति एवं उपलब्धियाँ—पिड़बी ने अपनी स्थापना से लेकर वर्ष 2000-01 की 11 वर्षों की अवधि में देश में लघु एवं कुटीर उद्योगों को प्रत्यक्ष सहायता, अप्रत्यक्ष सहायता, अंश पूँजी में अंशदान, गारण्टी इत्यादि योजनाओं के तहत 66227 करोड़ रुपये की वित्तीय सहायता स्वीकृत की है तथा इसमें से 46400 करोड़ रुपये की वित्तीय सहायता वितरित की है। गत वर्षों में पिड़बी ने अपनी सहायता योजनाओं को और अधिक उदार एवं सरल बनाया है। इसने स्वतः पुनर्वित्त योजना में मियाद ऋणों की अधिकतम सीमा को 7.5 लाख रुपये से बढ़ाकर 10 लाख रुपये कर दिया है।

पिड़बी ने देश में लघु एवं कुटीर उद्योगों के विकास के लिए गैर वित्तीय सहायता के रूप में एक वित्त पोषण योजना प्रारंभ की है जो लघु उद्योगों की बिक्री प्राप्तियों में होने वाली देरी को कम करने के लिए विपणन माध्यमों के रूप में अपना सहयोग प्रदान करेगयी। वर्तमान में जो औद्योगिक इकाइयां देश में कार्यरत हैं उनके प्रौद्योगिकी उन्नयन तथा आधुनिकीकरण की ओर भी पिड़बी पूरा ध्यान देगी। साथ ही पिड़बी रोजगार प्रदान करने वाले उद्योगों का भी देश में फैलाव करेगी।

III. भारतीय जीवन बीमा निगम

(Life Insurance Corporation of India, LIC)

स्थापना—भारतीय जीवन बीमा निगम, यूनिट ट्रस्ट ऑफ इण्डिया की भाँति एक विनियोग बैंक हो। देश में प्रारंभ में बीमा कम्पनियों का पूर्ण रूप से अभाव था, लेकिन धीरे-धीरे लोगों में बीमा कम्पनियों के व्यवसाय के प्रति जागरूकता पैदा हुई तथा निजी क्षेत्र में बीमा कम्पनियों की स्थापना संभव हुई जो अपने निजी स्वार्थों को पूरा करने के लिए व्यवसाय करती थीं, बाद में सरकार के द्वारा इस व्यवसाय का पूरी तरह राष्ट्रीयकरण कर दिया गया तथा 19 जनवरी, 1956 को भारत सरकार ने अध्यादेश पारित करके समस्त भारतीय एवं विदेशी बीमा कम्पनियों को अपने हाथ में ले लिया तथा 18 जून, 1956 को संसद में एक विशेष अधिनियम भारतीय जीवन बीमा निगम अधिनियम, 1956 पारित करके भारतीय जीवन बीमा निगम (L.I.C. of India) की स्थापना 1956 में की, जिसने अपना व्यवसाय 1 सितम्बर, 1956 से भारत में प्रारंभ किया। निगम का प्रधान कार्यालय मुम्बई में है। यह निगम जनसाधारण को जीवन की सुरक्षा प्रदान करके प्रीमियर वसूल करता है तथा प्रीमियर के रूप में प्राप्त धनराशि एकत्रित कर देश के औद्योगिक विकास में लगाता है। निगम ने इस उद्देश्य को पूरा करने के लिए जनसाधारण के लिये अनेक योजनाएँ चला रखी हैं।

वित्तीय सहायता की प्रकृति—भारतीय जीवन बीमा निगम देश की औद्योगिक वित्त व्यवस्था में एक महत्त्वपूर्ण भूमिका निभाता है। यह देश में उद्योगों के विकास एवं विस्तार के लिए दीर्घकालीन एवं मध्यमकालीन वित्तीय सहायता प्रदान करता है। यह अपने कोष औद्योगिक कम्पनियों के अंश पत्रों एवं ऋण पत्रों को क्रय करके विनियोग करता है। यह औद्योगिक कम्पनियों के अंश पत्रों एवं ऋण पत्रों के अभिगोपन का भी कार्य करता है। यह देश में औद्योगिक विकास के लिए प्रत्यक्ष वित्तीय सहायता प्रदान करता है। यह अपने ऋण देय कोषों का लगभग 50 प्रतिशत भाग औद्योगिक विकास के लिए भारतीय उद्योगों को प्रदान करता है। यह भारतीय औद्योगिक वित्त निगम (IFCI) तथा राज्य वित्त निगमों (SFCs) की अंश पूँजी में भागीदारी बनकर देश में औद्योगिक विकास की वित्त व्यवस्था को मजबूत आधार प्रदान करता है। यह देश में सहकारी क्षेत्र की औद्योगिक इकाइयों की भी वित्त व्यवस्था में सहायता करता है तथा किसी भी औद्योगिक इकाई के प्रबन्ध में हस्तक्षेप नहीं करता है।

निगम के द्वारा स्वीकृत एवं वितरित वित्तीय सहायता—जैसा कि ऊपर बताया गया है कि निगम अपनी स्थापना से ही देश के औद्योगिक विकास में वित्तीय सहायता प्रदान कर एक अहम् भूमिका अदा कर रहा है।

भारतीय जीवन बीमा निगम की वित्तीय सहायता में वर्ष 2000-01 में वर्ष 1980-81 की तुलना में लगभग 100 बुना वृद्धि से भी अधिक की हुई है, जो एक आश्चर्यजनक वृद्धि को दर्शाती है।

औद्योगिक वित्त के क्षेत्र में भारतीय औद्योगिक विकास बैंक (IDBI) एक सर्वोच्च या शीर्ष (Apex) संस्था मानी जाती है। इसने 1 जुलाई, 1964 से कार्य प्रारंभ किया था और 30 जून, 1999 को इसके कार्यकाल के 35 वर्ष पूरे हो गये हैं। औद्योगिक पुनर्वित्त निगम को विलीन करके इसकी स्थापना की गई थी। 16 फरवरी, 1976 से इसका पुनर्गठन किया गया, जिसका उद्देश्य अखिल भारतीय व राज्य स्तर पर वित्तीय संस्था तथा सार्वजनिक क्षेत्र के बैंकों में परस्पर समन्वय स्थापित करना था। अक्टूबर, 1994 के IDBI अधिनियम में संशोधन के अनुसार इसे इक्विटी शेयर जारी करके पूँजी बाजार से धन एकत्रित करने का अधिकार मिल गया है, ताकि यह अपने वित्तीय साधन बढ़ा सके।

वित्तीय साधन—मार्च 1998 के अन्त में IDBI की प्रदत्त पूंजी 659 करोड़ रुपये हो गई थी। वर्तमान में बैंक की अधिकृत पूंजी 1000 करोड़ रु. है। यह भारत सरकार से तथा रिजर्व बैंक के राष्ट्रीय औद्योगिक ऋण कोष से कर्ज लेता है। 31 मार्च, 1998 को बैंक के रिजर्व तथा बचत कोष 5479 करोड़ रुपये के थे। एशियन विकास बैंक व विश्व बैंक से भी उधार लेता है। जापान के निर्यात-आयात बैंक से भी बैंक ने कर्ज प्राप्त किया है। घरेलू बाजार में बॉण्ड बेचकर व आन्तरिक साधनों, जैसे—पुराने कर्जों की वापसी, ब्याज प्राप्तियों आदि से भी वित्तीय साधन जुटाता है।

भारतीय औद्योगिक विकास बैंक की कार्यप्रणाली

1. औद्योगिक उपक्रमों को प्रत्यक्ष सहायता—इस बैंक द्वारा औद्योगिक उपक्रमों को प्रत्यक्ष सहायता निम्न रूपों में प्रदान की जाती है—ऋण देकर, उनके शेयर, बॉण्ड व ऋण पत्र खरीदकर व अभिगोपन करके, ऋण व विलम्बित भुगतानों पर गारन्टी की जाकर। प्रत्यक्ष सहायता नये उपक्रमों की स्थापना तथा पुराने उपक्रमों के विस्तार व आधुनिकीकरण आदि के लिए दी जाती है।

2. निर्यात के लिए वित्तीय सहायता—विभिन्न देशों में भारतीय माल का निर्यात बढ़ाने के लिए इस बैंक द्वारा वित्तीय सहायता विभिन्न रूपों में प्रदान की जाती है, जैसे—निर्यात के लिए प्रत्यक्ष ऋण देना, निर्यात साख के लिए पुनर्वित्त प्रदान करना, विदेशी क्रेताओं या ग्राहकों को भारत से पूँजीगत व इन्जीनियरिंग माल मंगाने के लिए (व्यापारिक बैंकों की साझेदारी में) ऋण मंजूर करना, विदेशी सरकारों को भारत से

माल मंगाने के लिए ऋण देना, निर्यात पर गारन्टी देना इत्यादि। इस प्रकार विभिन्न रूपों में निर्यात के लिए भारतीय व विदेशी फर्मों को वित्तीय सहायता प्रदान की जाती है। अब यह कार्य निर्यात-आयात बैंक को हस्तान्तरित कर दिया गया है।

3. अन्य वित्तीय संस्थाओं को वित्तीय सहायता—औद्योगिक विकास बैंक अन्य वित्तीय संस्थाओं, जैसे—आई.एफ.सी.आई., एस.एफ.सी., आई.सी.आई.सी.आई., आदि को उनके शेयर व बॉण्ड आदि खरीदकर वित्त प्रदान करता है। इसे वित्तीय संस्थाओं की वित्तीय संस्था माना जा सकता है। यह सार्वजनिक क्षेत्र व संयुक्त क्षेत्र के उद्योगों को भी वित्तीय मदद प्रदान करता है। औद्योगिक विकास बैंक एक समन्वयात्मक एजेन्सी है और विविध प्रकार से औद्योगिक प्रगति को बढ़ावा देने में संलग्न है।

4. पुनर्कटौती की सहायता—औद्योगिक विकास बैंक उन बिलों/प्रोमिसरी नोटों की पुनर्कटौती करता है जो विलम्बित भुगतान के आधार पर मशीनरी की बिक्री से उत्पन्न होते हैं। इसके अन्तर्गत मशीनरी के उत्पादक या विक्रेता बिलों की कटौती अपने बैंकरों से करा लेते हैं और बाद में बैंकर उन्हीं बिलों की पुनर्कटौती औद्योगिक विकास बैंक से कराते हैं। इस व्यवस्था में स्वदेशी मशीनरी के उत्पादक मशीनरी के क्रेताओं को उधार दे पाते हैं।

5. पुनर्वित्त की सहायता—औद्योगिक विकास बैंक औद्योगिक ऋणों पर पुनर्वित्त की सुविधा भी प्रदान करता है। यह सुविधा राज्य वित्त निगमों व अन्य बैंकों को उनके द्वारा लघु व मध्यम उद्योगों (सड़क परिवहन चालकों सहित) को दिये गये ऋणों के संबंध में दी जाती है। राज्य वित्त निगम व व्यापारिक बैंक, लघु व मध्यम उद्योगों को जो कर्ज देते हैं उस कर्ज की पुनर्वित्त की सुविधा औद्योगिक विकास बैंक से प्राप्त कर लेते हैं। पुनर्वित्त की व्यवस्था रियायती दरों पर की जाती है। पुनर्वित्त सहायता को उत्तरोत्तर अधिक उदार बनाया गया है।

6. औद्योबगक विकास बैंक की विशेष योजनाएँ—उक्त कार्यों के अतिरिक्त बैंक द्वारा नई स्कीमें चालू की गई हैं, जो निम्न हैं—

(i) **उद्यम पूंजी निधि योजना**—स्वदेशी टेक्नोलॉजी के विकास व उपयोग तथा आयातित टेक्नोलॉजी के अनुकूलन व विकास के लिए उद्यम-पूंजी-निधि योजना चालू की है। इस योजना में इन्हीं कार्यों के लिए वित्तीय सहायता दी जाती है।

(ii) **वस्त्रोद्योग आधुनिकीकरण निधि योजना**—इसके अन्तर्गत वस्त्रोद्योग के आधुनिकीकरण के लिए कताई व मिश्रित वस्त्र मिलों को सहायता दी जाती है। यह अगस्त, 1986 से लागू की गई है।

(iii) **मर्चेंट बैंकिंग**—बैंक के मर्चेंट बैंकिंग डिवीजन ने 1994-95 में अपने कार्यों का विस्तार किया गया है। इसने सलाहकारी सेवाओं व विनियोग बैंकिंग सेवाओं का विस्तार किया है। पावर व पेट्रोलियम क्षेत्रों में इनका विशेष रूप से उपयोग किया गया है।

(iv) **विदेशी विनिमय संबंधी सेवाएँ**—IDBI ने एक विदेशी विनिमय सेवा विभाग खोला है जिसने 1994-95 से काम करना प्रारंभ कर दिया है। वस्त्र-मशीनरी, इस्पात व पावर-प्रोजेक्टों के लिए पूँजीगत उपकरणों के आयात के लिए साख पत्र जारी किये गये हैं।

(v) **ऋण पत्र-ट्रस्टीशिप**—यह बैंक ट्रस्टीशिप के कार्य भी सम्पन्न करता है, जिसके अन्तर्गत बैंक के द्वारा ऋण पत्रों पर वित्तीय सहायता स्वीकृत की जाती है।

भारतीय औद्योगिक विकास बैंक के कार्यों की प्रगति

जुलाई, 1964 से मार्च, 2001 तक अपने कार्यकाल में औद्योगिक विकास बैंक द्वारा सकल वित्तीय सहायता लगभग 2,34,514 करोड़ रु. की मंजूर की और 1,92,948 करोड़ रु. वितरित किये जा चुके हैं। सकल वित्तीय सहायता में निम्न प्रकार की सहायताएँ शामिल की गईं-प्रत्यक्ष सहायता के अन्तर्गत प्रोजेक्ट कर्ज, अभिगोपन व प्रत्यक्ष अंशदान, कर्ज के लिए गारन्टियाँ व स्थगन-भुगतान, तकनीकी विकास कोष, औद्योगिक कर्ज पर पुनर्वित्त तथा बिल-वित्त भी शामिल है। सीड-पूंजी के रूप में सहायता दी जाती है और अन्य प्रकार की गारंटियाँ भी दी जाती हैं। मंजूर की गई सहायता में पिछड़े क्षेत्रों को लगभग 35% राशि प्राप्त हुई है। 1997-98 में सकल वित्तीय सहायता के लिए कुल स्वीकृत राशि 23,189 करोड़ रु. थी जिसमें से वितरित की गयी राशि 15,170 करोड़ रु. थी, जबड़क 1999-2000 में स्वीकृत राशि 26,967 करोड़ रु. तथा वितरित राशि 17059 करोड़ रु. थी।

औद्योगिक विकास बैंक के विविध कार्यों में विशेषतया पुनर्वित्त व पुनर्कटौती के कार्यों में उल्लेखनीय प्रगति हुई है। बैंक ने बड़े आकार के प्रोजेक्टरों पर अपना ध्यान केन्द्रित करने की नीति पर बल दिया है। बैंक ने सुरक्षा-उन्मुख, आयात प्रतिस्थापन आधारित, निर्यातोन्मुखी एवं उपभोक्ता-माल उत्पन्न करने वाले उद्योगों और कृषि

विकास व औद्योगीकरण का आधार तैयार करने वाले उद्योगों को प्राथमिकता दी है। भारतीय औद्योगिक विकास बैंक ने बड़े व महत्त्वपूर्ण प्रोजेक्टों के साथ-साथ बड़ी संख्या में मध्यम व लघु-मध्यम प्रोजेक्टरों को अधिक उदारतापूर्वक वित्तीय सहायता प्रदान की है। बैंक की यह कोशिश रही है कि संस्थागत सहायता के अभाव में कोई भी उपयोगी मध्यम व लघु मध्यम आकार की परियोजना नष्ट न हो जाए। इसके लिए बैंक की पुनर्वित्त व पुनर्कटौती की सहायता की योजनाओं में परिवर्तन किये गये हैं।

औद्योगिक नीति की आलोचनाएँ

(Criticisms of Industrial Policy)

राष्ट्रीय मोर्चा सरकार ने 31 मई, 1990 को जो औद्योगिक नीति घोषित की वह कई दृष्टि से अर्थव्यवस्था के विकास के अनुकूल थी, लेकिन फिर भी निम्नलिखित आधारों पर उसकी आलोचना की जाती है—

1. असन्तुलित औद्योगिक विकास—इस औद्योगिक नीति में लघु एवं कृषि उद्योगों के विकास पर आवश्यकता से अधिक बल दिया गया, जबड़क दूसरे उद्योगों की उपेक्षा की गयी।

2. शिक्षण एवं प्रशिक्षण पर ध्यान नहीं—इस औद्योगिक नीति में रोजगार के अवसरों में वृद्धि की बात कही गयी, लेकिन अधिकारियों एवं कर्मचारियों के शिक्षण एवं प्रशिक्षण का कहीं भी जिक्र नहीं किया गया। ऐसी दशा में हम उनकी कार्यकुशलता और कुल उत्पादकता में वृद्धि लाने के लिए सोच भी नहीं सकते।

3. केन्द्रीय निवेश अनुदान का जिक्र नहीं—इस नीति में ग्रामीण एवं पिछड़े क्षेत्रों में कम लागत पर अधिक रोजगार के अवसर उपलब्ध करवाने के लिए लघु एवं कुटीर उद्योगों के लिए एक केन्द्रीय निवेश अनुदान योजना की बात कही गयी, लेकिन अनुदान की राशि की सीमा का कहीं पर भी जिक्र नहीं किया गया, इससे स्थिति अन्धकारमय बन गयी।

4. राजकोषीय रियायतों का खुलकर वर्णन नहीं—इस औद्योगिक नीति में लघु एवं कृषि उद्योगों को राजकोषीय रियायतें देने का प्रावधान रखा गया था, लेकिन इन रियायतों एवं छूटों का वर्णन खुलकर नहीं किया गया। यदि इनका वणऊन खुलकर किया जाता, तो और भी नये उद्यमी औद्योगिक क्षेत्र में प्रवेश कर सकते थे।

5. साख सुविधाओं में वृद्धि पर जोर नहीं—इस नीति में अनेक स्थानों पर यह कहा गया कि लघु एवं कृषि उद्योगों को साख सुविधाएँ उपलब्ध करवायी जाएंगी और पूर्व-निर्धारित उद्देश्यों को पूरा करने के प्रयत्न किये जाएँगे। लेकिन नई वित्तीय संस्थाओं की स्थापना की बात कहीं भी नहीं कही गयी।

6. बड़ी निवेश सीमा बेनामी इकाइयों को जन्म—इस औद्योगिक नीति में लघु उद्योगों को निवेश सीमा में वृद्धि से आशानुकूल लाभ नहीं मिल सकता। इससे बेनामी स्वामित्व के स्थान पर बेनामी उद्योग को पनपने का मौका मिलने की संभावना थी।

7. स्पष्ट दिशा-निर्देश का अभाव—इस औद्योगिक नीति के उद्देश्य तो बहुत आकर्षक थे, किन्तु क्या उत्पादन किया जाये और किनके लिए उत्पादन किया जाये? इसके संबंध में दिशा-निर्देश का अभाव था। सामाजिक प्राथमिकताओं के अनुसार उत्पादन लक्ष्यों की प्राप्ति हेतु विनियोग किस दिशा में किये जायें? न तो यह नीति आवश्यक वस्तुओं के उत्पादन को प्रोत्साहन देने में स्पष्ट थी और न धनिकों के उत्कृष्ट उपभोग की वस्तु को हतोत्साहित करने में।

8. नीति बहुत-कम राजनीति से प्रेरित—इस नीति में यद्यपि व्यावहारिक दृष्टिकोण अपनाया गया था, फिर भी यह सब-कुछ राजनीति से प्रेरित था।

9. उत्पादन वृद्धि एवं रोजगार बढ़ाने के लिए समयबद्ध कार्यक्रम का अभाव—यह केवल राजनीतिक नारा बनकर रह गया। योजनाबद्ध विकास के पिछले अनुभव इसके साक्षी हैं कि उत्पादन एवं रोजगार में आशानुकूल वृद्धि नहीं हो पाई।

निष्कर्ष—इन आलोचनाओं के बावजूद भी यह कहा जा सकता है कि यह औद्योगिक नीति बड़ी सामयिक व व्यावहारिक थी।

भारत सरकार की नवीन औद्योगिक एवं लाइसेंसिंग नीति, 1991 एवं उदारीकरण

(Liberalisation and New Industrial and Licencing Policy—1991, of Government of India)

स्वतंत्रता प्राप्ति से लेकर 1990 तक भारत सरकार के द्वारा जितनी भी औद्योगिक एवं लाइसेंसिंग नीतियाँ घोषित की गयी हैं वे देश में एक स्वस्थ औद्योगिक वातावरण को बनाने में असमर्थ रही हैं। 1990 में राष्ट्री मोर्चा सरकार के द्वारा भी भी औद्योगिक एवं लाइसेंसिंग नीति घोषित की गयी, लेकिन इस नीति को भी देश में पूरी सफलता

प्राप्त नहीं हो सकी। इन समस्त नीतियों का प्रमुख उद्देश्य देश में समाजवादी साज की स्थापना करना था, जिसके लिए सार्वजनिक क्षेत्र की स्थापना पर बल दिया गया, लेकिन व्यवहार में ठीक इसके विपरीत हुआ और निजी क्षेत्र प्रबल होता गया, धन के संकेंद्रण को प्रोत्साहन मिला और आज सम्पूर्ण भारत में निजीकरण (Privatisation) की बात जोर पकड़तीजा रही है। इन सभी बातों से प्रेरित होकर 24 जुलाई, 1991 को **उद्योग राज्यमंत्री श्री पी.जे. कुरियन** ने संसद में नवीन औद्योगिक एवं लाइसेंसिंग नीति की घोषणा की। इस नीति में औद्योगिकरण को और भी सरल एवं सुलभ बनाया गया है, इसलिए इसे खुली एवं उदार नीति की संज्ञा दी है। इस नीति का प्रमुख उद्देश्य उद्योगों पर लगे लाइसेंस प्रतिबन्धों, नियंत्रणों तथा तानाशाही जैसे वातावरण को समाप्त करना है जिससे देश में नया व्यावहारिक तथा उदार औद्योगिक वातावरण तैयार हो सके और स्वदेशी पूँजी के साथ-साथ विदेशी विनियोग को प्रोत्साहन मिल सके।

1991 की नवीन औद्योगिक एवं लाइसेंसिंग नीति की विशेषताएँ

(Characteristics of New 1991 Industrial & Licencing Policy)

24 जुलाई, 1991 को भारत सरकार द्वारा जो नवीन औद्योगिक एवं लाइसेंसिंग नीति घोषित की गयी, उसकी प्रमुख विशेषताएँ निम्नलिखित हैं—

1. लाइसेंसो से छुटकारा—इस नवीन औद्योगिक नीति में 18 बड़े उद्योगों को छोडकर शेष सभी उद्योगों को लाइसेंस से मुक्त कर दिया गया है। अब 18 उद्योगों, जो सुरक्षा व यौद्धिक महत्व के हैं के अलावा को अपनी स्थापना एवं विस्तार के लिए किसी भी प्रकार की सरकारी औपचारिकता पूरी करवाने की आवश्यकता नहीं है।

2. प्रत्यक्ष विदेशी विनियोग सीमा—भारत सरकार के द्वारा इस नवीन नीति में प्रत्यक्ष विदेशी विनियोग सीमा 40 प्रतिशत बढ़ाकर 51 प्रतिशत कर दी गयी है। वर्तमान में सरकार इस सीमा को बढ़ाकर 100 प्रतिशत तक करना चाहती है।

3. विदेशी विशेषज्ञों की सेवाओं का उदारतापूर्वक आयात—इस नीति में यह व्यवस्था करदी गयी है कि विदेशों से विशेषज्ञों की तकनीकी सेवाएँ खुलकर आयात की जाएंगी, उनमें उदारता का रुख अपनाया जाएगा, जिससे देश में प्रौद्योगिकी को बढ़ावा मिलेगा।

4. रुग्ण इकाइयों को औद्योगिक एवं पुनर्निर्माण निगम को सौंपना—इस नवीन औद्योगिक नीति के अनुसार बीमार औद्योगिक इकाइयों को पुनः जीवित करने

के लिए औद्योगिक एवं पुनर्निर्माण निगम को सौंपा जाएगा और इससे विस्थापित श्रमिकों के हितों की रक्षा के लिए एक सामाजिक सुरक्षा कार्यक्रम प्रारंभ किया जाएगा।

5. एकाधिकार एवं प्रतिबन्धात्मक व्यापार के अन्तर्गत कम्पनियाँ—जो कम्पनियाँ अथवा व्यावसायिक इकाइयाँ MRTP के अन्तर्गत आती हैं उनकी प्रारंभिक सम्पत्ति सीमा समाप्त कर दी गयी है। ऐसा होने से इन कम्पनियों की स्थापना,विस्तार और विलीनीकरण जैसे प्रतिबन्ध स्वतः ही समाप्त हो जाएंगे तथा भारत सरकार से इस संबंध में किसी भी प्रकार की स्वीकृति लेने की आवश्यकता महसूस नहीं होगी।

6. निजीकरण की प्रवृत्ति को प्रोत्साहन—इस नीति में सरकार सार्वजनिक क्षेत्र के उद्योगों में अपने विनियोग को कम करके जनता के विनियोग को बढ़ावा देगी। ऐसा करने से अर्थव्यवस्था में निजीकरण की भावना को प्रोत्साहन मिलेगा तथा सरकार अपना ध्यान दूसरे अल्पविकसित क्षेत्र की ओर लगावेगी।

7. आठ उद्योगों को सरकारी क्षेत्र में—इस नीति में आठ बड़े व राष्ट्रीय हित के उद्योगों को कडाई के साथ सरकारी क्षेत्र में रखा गया है। इन उद्योगों में निजी हस्तक्षेप कतई पसन्द नहीं है— (i) रेल परिवहन, (ii) गोला बारूद व युद्ध संबंधी सामान के उद्योग, (iii) कोयला व लिग्नाइट, (iv) खनिज तेल, (v) परमाणु शाक्ति उद्योग, (vi) लोहा अयस्क, मैंगनीज अयस्क, क्रोम अयस्क, जिप्सम, गन्धक, स्वर्ण व हीरे संबंधी उद्योग, (vii) ताम्बा, सीसा, जस्ता, टिन, मोलजिनम व लघुफ्रेम का खनन इत्यादि उद्योग, (viii) परमाणु शक्ति उत्पादन का नियंत्रण एवं उद्योग आदेश, 1953 की अनुसूची में विनिर्दिष्ट खनिज संबंधी उद्योग।

8. 18 उद्योगों के लिए अनिवार्य लाइसेंस प्रणाली—इस नवीन औद्योगिक नीति के अनुसार निम्नलिखित 18 उद्योगों को लाइसेंस प्राप्त करना अनिवार्य है। लाइसेंस के बिना ये उद्योग अपना व्यवसाय नहीं कर सकते हैं—

(i) कोयला एवं लिग्नाइट

(ii) खतरनाक रसायन

(iii) औषधि एवं भेषज

(iv) चीनी उद्योग

(v) पशु चर्बी तथा तेल

(vi) पैट्रोलियम तथा इससे संबंधित पदार्थ

(vii) मादक पेयों का आसवन और यचासवन

(viii) तम्बाकू के सिगार एवं सिगरेटें और विनिर्मित तम्बाकू प्रतिस्थापन

(ix) एस्बेस्टस और एस्बेस्टस पर आधारित उत्पादन

(x) अपरिष्कृत खालें, चमड़ा उद्योग इत्यादि।

(xi) रंगीन तथा प्रसाधित बाल वाली खालों संबंधी उद्योग

(xii) मोटरकार, बस, ट्रक, जीप, पेन इत्यादि।

(xiii) समस्त इलेक्ट्रॉनिक एवं रक्षा उपकरण

(xiv) खोई पर आधारित इकाइयों को छोडकर सभी कागजी व अखबारी कागज।

(xv) प्लाईवुड, डेकोरेटिव विनियर्स और लकडी पर आधारित उद्योग।

(xvi) बिजली का मनोरंजन का सामान-वी.सी.आर., कलर टी.वी., सी.डी. प्लेयर्स, टेपरिकार्डर इत्यादि।

(xvii) औद्योगिक विस्फोट सामग्री उद्योग तथा

(xviii) ह्वाइट गुड्स-डिश, वाशिंग मशीनें, एयर-कन्डीशनर्स, घरेलू फ्रिज, माइक्रोवेव ओवन्स इत्यादि।

9. श्रमिक की भागीदारी को बढ़ावा—इस औद्योगिक नीति में रुग्ण औद्योगिक इकाइयों की स्थिति में सुधार लाने के लिए श्रमिकों की सहभागिता व भागीदारी को प्रोत्साहन दिया गया है। इससे श्रम व प्रबन्ध के बीच मधुर संबंध बनेंगे व मिलों की कार्यकुशलता में वृद्धि होगी।

10. वर्तमान रजिस्ट्रेशन योजना समाप्त—इस नवीन नीति के अनुसार उद्योगों के लिए रजिस्ट्रेशन योजना समाप्त कर दी गयी है। अब 18 उद्योगों को छोडकर शेष अन्य उद्योगों को रजिस्ट्रेशन करवाने, लाइसेंस लेने जैसी औपचारिकताएँ पूरी करने की आवश्यकता नहीं है।

11. एकाधिकार प्रतिबन्ध एवं अनुचित व्यवहार कानून को नियमित एवं नियंत्रित—इस नवीन औद्योगिक नीति में एकाधिकार प्रतिबन्ध एवं अनुचित व्यवहार कानून को नियमित एवं नियंत्रित कर दिया गया है। इसके साथ ही आयोग को व्यक्तिगत अथवा सामूहिक रूप से उपभोक्ताओं की शिकायतों की जाँच का अधिकार दिया गया

है। इसके लिए MRTP अधिनियम में आवश्यक संशोधन करने की बात कही गयी है जिससे आयोग अपने दण्डात्मक व पूरक अधिकारों का पूरा-पूरा उपयोग करने की स्थिति में हो।

12. सावधि ऋणों के संबंध में—भारतीय वित्तीय संस्थाओं के द्वारा ऋणों को साधारण अंशपत्रों में बदलने या अनिवार्य परिवर्तनीयता धारा अब नवीन योजनाओं के सावधि ऋणों में लागू नहीं होगी।

13. अधिक विस्तार सुविधाएँ—इस नवीन नीति में प्लान्ट एवं मशीनरी में अधिक विनियोजन की आवश्यकता नहीं होने पर विस्तार संबंधी सुविधाएँ देने का प्रावधान रखा गया है, इसके साथ ही वर्तमान इकाइयों के विस्तार को भी लाइसेंस से मुक्त रखा जाएगा।

14. उच्च प्राथमिकता वाले उद्योगों को विशेष सुविधा—इस नीति में उच्च प्राथमिकता वाले उद्योगों को एक करोड़ रुपये तक की लागत के लिए विदेशी तकनीकी समझौतों को स्वत: स्वीकृति प्राप्त होगी, लेकिन इसमें रॉयल्टी की अनिवार्यता रखी गयी है।

15. विदेशी पूँजी निवेश पर छूट—इस नीति के अनुसार यदि स्वदेशी उद्योगों की आवश्यकताओं को पूरा करने के लिए पूँजीगत माल आयात किया जाता है और उसमें विदेशी पूँजी निवेश सम्मिलित है तो उसे स्वीकृति प्राप्त हो जाएगी। इसके साथ ही आवश्यकता पड़ने पर विदेशी मुद्रा नियंत्रण में भी परिवर्तन कर दिया जाएगा।

16. तकनीकी जाँच अनिवार्य नहीं—इस नवीन औद्योगिक नीति में यह व्यवस्था की गयी है कि किसी विदेशी तकनीशियन और स्वदेशी तकनीक की विदेशियों द्वारा जाँच करने की अनुमति नहीं दी जाएगी। रिजर्व बैंक के दिशा-निर्देशों के आधार पर तकनीकी सेवाओं का भुगतान किया जाएगा।

17. समस्त लघु उद्योग लाइसेंस से मुक्त—इस नीति में भारत के समस्त लघु उद्योगों को लाइसेंस व्यवस्था से मुक्त कर दिया गया है, चाहे वे 18 अनिवार्य उद्योगों की श्रेणी में आते हों।

18. प्रत्यक्ष विदेशी पूँजी विनियोजन को प्रोत्साहन—इस नवीन नीति में विभिन्न औद्योगिक क्षेत्रों में औद्योगिक ट्रांसफर का लाभ उठाने की दृष्टि से प्रत्यक्ष विदेशी पूँजी विनियोजन का अंशपूँजी के रूप में स्वागत किया गया है। इसके साथ ही इलेक्ट्रोनिक उपकरण, खाद्य प्रोसेसिंग, होटल उद्योग, पर्यटन उद्योग, इत्यादि में

विदेशी पूँजी विनियोजन का प्रतिशत 40 से बढ़ाकर 51 कर दिया गया है। इनके मार्ग में आने वाली बाधाओं को भी दूर किया जाएगा।

19. विदेशी निवेश की सीमा—जिन उद्योगों के लिए विदेशी पूँजीगत माल अनिवार्य है और विदेशी मुद्रा का आसानी से प्रबन्ध हो सकता है या भविष्य में आर्थिक स्थिति सुधरने पर कुल पूँजीगत उपकरणों का कुल मूल्य कर सहित 25 प्रतिशत अथवा 2 करोड़ उरुपये, जो भी अधिकतम हो, स्वीकृति प्राप्त हो जाएगी। इसके अलावा अन्य मामलों में औद्योगिक विकास निगम से अनुमति लेनी होगी जो विदेशी मुद्रा की उपलब्धता पर निर्भर होगा।

भारत सरकार की औद्योगिक नीति में संशोधन तथा उदारीकरण के प्रभाव

(1991-92 से 2000-02 तक)

(Effects of Amendments and Liberalisation in Industrial Policy bof Government of India)

भारत सरकार के द्वारा औद्योगिक नीति में वर्ष 1991 से लेकर 2001 तक जो आवश्यक संशोधन एवं आर्थिक सुधार लागू किये गये हैं, उनका संक्षिप्त विवेचन निम्नलिखित है—

1. सार्वजनिक क्षेत्र के लिए आरक्षित उद्योगों की संख्या 17 से कम करके मात्र अब 3 रह गयी है—(i) परमाणु ऊर्जा (ii) रेल परिवहन (iii) परमाणु ऊर्जा शक्ति आदेश, 1953 में अनुसूचित खनिज सम्मिलित हैं। 9 मई, 2001 को सुरक्षा उत्पादों में भी निजी क्षेत्र को छूट मिल गई है।

2. लाइसेंस की अनिवार्यता अब 5 उद्योगों के लिए—भारत सरकार ने आवश्यक संशोधनों एवं परिवर्तनों के तहत अब केवल 5 उद्योगों के लिए लाइसेंस की अनिवार्यता रखी है तथा बाकी समस्त उद्योगों को लाइसेंस से मुक्त कर दिया गया है।

3. अनेक उद्योगों को विदेशी पूँजी विनियोग में छूट—सरकार ने अनेक उद्योगों को विदेशी पूँजी विनियोग में छूट प्रदान की है जिससे उनमें पर्याप्त पूंजी विनियोग होने के साथ-साथ संबंधित क्ष्शेत्र के विकास को बढ़ावा मिल सके।

4. सार्वजनिक क्षेत्र के उपक्रमों में पूँजी निवेश की सुविधा—भारत सरकार ने औद्योगिक नीति में संशोधनों एवं उदारीकरण के तहत सार्वजनिक क्षेत्र के उपक्रमों में पूँजी निवेश की सुविधा प्रदान की है और वित्त वर्ष 1998-99 में लगभग 5000

करोड़ रुपये के विनिवेश की बजट में व्यवस्था की गयी है। 1999-2000 में 10,000 करोड़ रु. के विनिवेश, वर्ष 2000-2001 के बजट में भी 10,000 करोड़ रु. के विनिवेश का लक्ष्य था तथा 2002-03 के बजट में 12 हजार करोड़ रु. के विनिवेश का लक्ष्य है।

5. फिल्म निर्माण को उद्योग का दर्जा—सरकार ने अब फिल्म निर्माण को उद्योग का दर्जा प्रदान कर दिया है जिससे यह उद्योग देश में तेजी से प्रगति कर सके।

6. 3 खनिज उद्योग क्षेत्रों में भी अप्रवासी भारतीयों तथा समुद्रपार निगमों को शत-प्रतिशत अंशपूँजी में विनियोग की छूट—भारत सरकार द्वारा अपनी उदारीकरण की नीति में 3 खनिज उद्योग क्षेद्यों में भी अप्रवासी भारतीयों और समुद्रपार निगमों को शत-प्रतिशत अंशपूँजी में विनियोग की छूट प्रदान की गयी है।

7. आधारभूत संरचना विकास के लिए प्रमुख क्षेत्रों में निजी क्षेत्र को छूट एवं सुविधाएँ—भारत सरकार ने औद्योगिक नीति में उदारीकरण के फलस्वरूप आधारभूत संरचना के तीव्र विकास के लिए निजी क्षेत्र को प्रमुख क्षेत्रों में सड़क, विद्युत शक्ति, जहाजरानी एवं बन्दरगाह, टेलीकॉम्यूनिकेशन, हवाई अड्डों तथा वायु सेवा में विनियोग तथा संचालन संबंधी छूट प्रदान की है।

8. उद्योगों में विदेशी पूँजी विनियोग में वृद्धि—सरकार ने औद्योगिक नीति में संशोधन एवं उदारीकरण के फलस्वरूप प्रत्यक्ष पूँजी विनियोगों को बढ़ावा देने के लिए अनेक छूट एवं रियायतों की समय-समय पर घोषणा की है।

9. स्वतंत्र प्रशुल्क आयोग—सरकार की उदारीकरण की नीति में प्रशुल्क संबंधी मामलों की देखरेख करने के लिए एक स्वतंत्र प्रशुल्क आयोग की स्थापना देश में की गयी है।

10. निर्यात संवर्द्धन बोर्ड की स्थापना—भारत सरकार ने देश की औद्योगिक नीति में आवश्यक संशोधन कर निर्यातों को प्रोत्साहन देने के लिए एक उच्च अधिकार प्राप्त निर्यात संवर्द्धन बोर्ड की स्थापना की है।

11. व्यक्तिगत आयकर तथा निगमकर दरों में कमी—भारत सरकार ने वर्ष 1997-98 के बजट में व्यक्तिगत आयकर तथा निगम कर की दरों में काफी कमी की है। इस बजट में व्यक्तिगत आयकर की सीमा 40 हजार रुपये बढ़ाकर 50 हजार रुपये कर दी गयी है। ऐसा करने का मुख्य उद्देश्य सरकार द्वारा व्यक्तिगत बचतों को प्रोत्साहन करना है। इससे प्राथमिक पूँजी बाजार को प्रोत्साहन मिलेगा।

12. लाभांश पर लगने वाला आयकर समाप्त—भारत सरकारने अपने बजट वर्ष 1997-98 में अंशधारियों को प्राप्त होने वाले लाभांश पर आयकर को समाप्त कर दिया है। ऐसा करने से देश में उद्योगों में अंशपत्रों में पूँजी विनियोग को प्रोत्साहन मिलेगा।

13. नौ चुने हुए सार्वजनिक उपक्रमों को 'नवरत्न' की संज्ञा—भारत सरकार ने अपनी उदारीकरण की नीति में नौ चुने हुए सार्वजनिक उपक्रमों को 'नवरत्न' की श्रेणी में रखा है तथा उन्हें स्वायत्तता प्रदान की है। इसी श्रेणी में भारत सरकार द्वारा GAIL और MTNL को भी सम्मिलित किया गया है।

14. लाभ कमाने वाले 97 सार्वजनिक उपक्रमों को अपने कार्यों में अधिक स्वायत्तता—भारत सरकार ने औद्योगिक नीति में आवश्यक संशोधन कर लाभ कमाने वाले देश के 97 सार्वजनिक उपक्रमों को अपने कार्यों में अधिक स्वायत्ता प्रदान की है। ऐसा होने से ये उपक्रम अपने नीति निर्धारण तथा क्रियान्वयन संबंधी कार्यों में अधिक स्वतंत्रता से कार्य कर सकेंगे।

15. लघु उद्योगों के लिए आरक्षित मदों में कमी—भारत सरकार द्वाराअपनी औद्योगिक नीति में समय-समय पर अनेक बार आवश्यक संशोधन किये गये हैं तथा इनमे उदारीकरण की नीति अपनायी गयी है जिनमें लघु उद्योगों के लिए आरक्षित कई मदों को कम कर दिया गया है। वर्ष 1997-98 के बजट में 15 मदों को आरक्षित सूची से निकाल दिया गया है तथा बड़े उद्योगों के निर्माण की छूट प्रदान कर दी गयी है। सरकार के द्वारा जहाँ वर्ष 1997 तक 873 मदों को लघु उद्योगों के लिए आरक्षित किया गया था। इनकी संख्या निरन्तर घटती जा रही है। अब लघु उद्योगों की आरक्षित मदें घटकर 797 रह गई है। नयी निर्यात-आयात नीति 2000-2001 में लघु क्षेत्र में 58 उद्योगों को आरक्षण सूची से निकाल दिया है। 2002-03 के बजट में भी 50 ऐसे उद्योगों को आरक्षित सूची से निकालने का प्रावधान है।

16. वित्तीय संस्थानों की ब्याज दरों में कमी तािा तरल कोषों में वृद्धि—भारतीय रिजर्व बैंक के द्वारा 12 प्रतिशत से कम करके 7 प्रतिशत, नकद कोषानुपात दर को 15 प्रतिशत से कम करके 8 प्रतिशत तथा तरल कोषानुपात की दर को $38\frac{1}{2}$ प्रतिशत से कम करके 25 प्रतिशत कर दिया गया है, जिसके फलस्वरूप देश में वित्तीय संस्थानों की ब्याज दरों में कमी तथा तरल कोषों में वृद्धि संभव हुई है। ऐसा करने से उधार देय कोषों में भी आवश्यक वृद्धि संभव हुई है।

17. अप्रवासी भारतीयों तथा समुद्रपार निगमों की पोर्टफोलियो विनियोग की अधिकतम सीमा में वृद्धि—भारत सरकार ने अपनी उदारीकरण की नीति में अप्रवासी भारतीयों तथा समुद्रपार निगमों की पोर्टफोलियो विनियोग की अधिकतम सीमा कम्पनी की प्रदत्त पूँजी के 24 प्रतिशत से बढ़ाकर 30 प्रतिशत तक करने की व्यवस्था कर दी है। ऐसा करने के लिए कम्पनी के निदेशक मण्डल की अनुमति तथा आम सभा में निवेश प्रस्ताव पारित करना आवश्यक होगा।

18. अप्रवासी भारतीयों तथा समुद्रपार निगमों द्वारा उद्योगों की सूची का विस्तार—सरकार ने उदारीकरण तथा संशोधन की नीति में अप्रवासी भारतीयों और समुद्रपार निगमों के द्वारा प्रत्यक्ष विदेशी अंश विनियोग से संबंधित सूची का विकास एवं विस्तार किया है, जिसमें भारतीय रिजर्व बैंक के द्वारा स्वयं अनुमति से अंशपूँजी विनियोग का प्रावधान रखा गया है।

19. लघु उद्योगों एवं एनसीलियरी उद्योगों में विनियोग की अधिकतम सीमा में वृद्धि—भारत सरकार ने अपनी उदारीकरण की नीति में देश के लघु उद्योगों तथा एनसीलियरी उद्योगों में संयंत्रों तथा मशीनों में विनियोग की अधिमि सीमा क्रमशः 60 लाख रुपये और 75 लाख रुपये से बढ़ाकर 3 करोड़ रुपये कर दी है। ऐसे ही अति लघु उद्योगों की अधिकतम सीमा को भी 5 लाख रुपये से बढ़ाकर 25 लाख रुपये तक कर दिया गया है। भारत सरकार की इस उदारीकरण की नीति से जहाँ एक ओर इनकी प्रतिस्पर्द्धात्मक क्षमता बढ़ेगी वहीं दूसरी ओर उन्हें अपना आर्थिक आकार बढ़ाने में सहायता प्राप्त होगी। लघु उद्योगों में विनियोग सीमा को अब घटाकर 1 करोड़ रु. कर दिया गया है।

20. 22 उच्च प्राथमिकता प्राप्त उद्योगों में अप्रवासी भारतीयों तथा समुद्रपार निगमों के अंशपूँजी विनियोग पर शत-प्रतिशत छूट—भारत सरकार द्वारा अपनी उदारीकरण की नीति में 22 उच्च प्राथमिकता प्राप्त उद्योगों में अप्रवासी भारतीय और समुद्रपार निगमों के अंशपूंजी विनियोग पर शत-प्रतिशत की छूट प्रदान की गयी है। इन उद्योगों में 9 उच्च प्राथमिकता प्राप्त उद्योग मेटरलॉजिकल और इन्फ्रास्ट्रक्चर क्षेत्र के 13 अन्य प्राथमिकता क्षेत्र के उद्योग सम्मिलित हैं जिनमें अभी तक क्रमशः 74 प्रतिशत और 51 प्रतिशत अंशपूँजी विनियोग की छूट थी।

21. सीमा शुल्क की उच्चतम दर को 35% से घटाकर 30% कर दिया गया है और 2002-03 के बजट में इसकी 4 दरों को घटकार 2004-05 में केवल दो ही दरें 10% व 20% रखने का निर्णय लिया गया है।

22. उत्पादन शुल्क की 11 दरों को घटाकर दो युक्ति संगत दरों में बदल दिया है और उनमें सरलीकरण को बढ़ावा दिया जा रहा है।

23. हथकरघा वस्त्रों पर उत्पादन शुल्क की छूट 2002-03 में भी जारी रखी गयी है।

24. उद्योगों पर 2 लाख रु. से अधिक की उधारियों पर न्यूनतम ब्याज की सीमा समाप्त कर दी गयी है।

25. पूंजी निधियों को नये उपक्रमों में निवेश सीमा 5% से बढ़ाकर 20% कर दी गयी है।

26. 2002-03 के बजट में लाभांश पर कर अब निवेशकों पर लगेगा।

27. लघु उद्योगों हेतु क्रेडिट कार्ड पर गारन्टी योजना—15 अगस्त, 2000 से लागू इस योजना के तहत लघु उद्योगों पर बिना सिक्यूरिटी के ऋण की सुविधा मिल गयी है।

नवीन औद्योगिक नीति का आलोचनात्मक मूल्यांकन

(Critical Evaluation of New Industrial Policy)

भारत सरकार द्वारा 1991 में जो उपर्युक्त नवीन औद्योगिक नीति घोषित की गयी है। वह बहुत ही सरल, सादगी और साहसिक कदम को प्रदर्शित करती है। इसमें 18 बड़े उद्योगों के अलावा सभी बड़े व लघु एवं कुटीर उद्योगों को लाइसेंस से मुक्त किया गया, सार्वजनिक क्षेत्र के महत्व को काम करके निजीकरण को बढ़ावा दिया गया, विदेशी निवेश को प्रोत्साहित किया गया, साथ ही विदेशी तकनीकी सेवाओं के आयात को भी प्रोत्साहित किया गया। इसे भी अब घटाकर केवल 5 उद्योगों तक सीमित कर दिया गया है। वर्ष 1992-93 में औद्योगिक उदारीकरण का रुख देश में औद्योगिक विकास के लिएपूरी तरह सराहनीय रहा। लगभग सभी बड़े-बड़े उद्योगपतियों द्वारा इस नीति का स्वागत किया गया। इससे स्वदेशी व अन्तर्राष्ट्रीय प्रतिस्पर्द्धा को बढ़ावा मिलेगा, उत्पादन व रोजगार में स्वतः वृद्धि होगी।

फिक्की के अध्यक्ष **एस.के. बिड़ला** ने इस नई नीति पर सन्तोष व्यक्त करते हुए उन्मुक्त बाजार प्रणाली एवं अन्तर्राष्ट्रीय प्रतिस्पर्द्धा के लिए उपयोगी बताया है। **एशोचेम** के अध्यक्ष **मजूमदार** ने भारतीय अर्थव्यवस्था को उन्मुक्त करने की दिशा में एक सार्थक कदम बताया है। **पी.एच.डी. चेम्बर ऑफ कॉमर्स** के अध्यक्ष के अनुसार नई नीति से न केवल विदेशी विनियोजन आकर्षिक होगा, बड़ल्क औद्योगिक

उत्पादन व प्रतिस्पर्द्धा को भी बढ़ावा मिलेगा। लाइसेंस प्रणाली की समाप्ति से भ्रष्टाचार समाप्त होगा। नौकरशाही व राजनैतिक हस्तक्षेप पर लगाम लगेगी। **ए.आई.एम.ओ.** के अध्यक्ष **श्री कालन्जी** के अनुसार लाइसेंसिंग से मुक्ति तथा नियन्त्रणों का समापन आद्योगिक उत्पादन को बढ़ावा देने वाला सही कदम है।

दूसरी ओर इस नीति के आलोचकों का यह कहना है कि इस नीति से पूँजीवाद को प्रोत्साहन मिलेगा, अन्तर्राष्ट्रीय वित्त संस्थाओं का हस्तक्षेप बढ़ेगा और स्वदेशी उद्योगों की स्वतंत्रता समाप्त होगी। निष्कर्ष के रूप में हम यह कह सकते हैं कि यह नीति भारतीय अर्थव्यवस्था में औद्योगिक विकास में प्रत्यक्ष योगदान देगी।

▣▣▣

8

आर्थिक विकास में निजीकरण का योगदान

आर्थिक विकास के प्रारम्भिक युग में राज्य का प्रमुख कार्य जनता को आन्तरिक एवं बाहरी सुरक्षा प्रदान करना तथा जनसामान्य की सम्पत्ति की सुरक्षा करना ही था, परन्तु धीरे-धीरे सभी देशों की सरकार अपने आपको कल्याणकारी सरकार मानने हैं। अतः राज्य जन-कल्याण के क्षेत्र में विशेष कार्य करने लगा है। एस.एस. खेरा के शब्दों में, ''आज राज्य आर्थिक प्रक्रिया का केवल निष्क्रिय दर्शक मात्र ही नहीं रह गया है, वरन् नागरिकों एवं उद्योगों के संरक्षक, नियंत्रक और अभिभावक के रूप में सक्रिय भागीदार बन गया है।'' वर्तमान आर्थिक क्रियाकलापों में हस्तक्षेप करना सरकार का एक महत्त्वपूर्ण कार्य बन गया है। समाज के हितों की रक्षा करना और संवर्द्धन करना, आर्थिक असन्तुलन को समाप्त करना तथा आर्थिक-विकास को गति प्रदान करने के लिए सार्वजनिक क्षेत्र में उद्योगों की स्थापना करना वर्तमान सरकार का एक अनिवार्य दायित्व बन गया है।

सार्वजनिक उपक्रमों की परिभाषाएँ

(Definitions of Public Enterprises)

विभिन्न विद्वानों द्वारा सार्वजनिक उपक्रमों की अग्रलिखित परिभाषाएँ दी गई हैं–

1. एन.एन. माल्या के अनुसार, ''सार्वजनिक उपक्रम से आशय सरकारी स्वामित्व में स्थापित एवं नियंत्रित ऐसी स्वशासित अथवा अर्द्ध–स्वशासित कम्पनियों और निगमों से है जो औद्योगिक एवं वाणिज्यिक क्रियाओं में लगी हों।''

2. एस.एस. खेरा के अनुसार, ''सार्वजनिक उपक्रमों से आशय केन्द्रीय सरकार या राज्य सरकार द्वारा या इनके द्वारा मिलकर संचालित औद्योगिक, वाणिज्यिक और आर्थिक क्रियाओं से है।''

3. राय, चौधरी एवं चक्रवर्ती के अनुसार, ''सार्वजनिक उपक्रम व्यवसाय का ऐसा स्वरूप है जो सरकार द्वारा नियंत्रित या संचालित होता है और सरकार स्वयं इसकी एकमात्र स्वामी होती है अथवा इसके अधिकांश अंश सरकार के पास होते हैं।''

4. प्रो. टी.आर. शर्मा के अनुसार, ''सार्वजनिक उपक्रम एक ऐसी संस्था है जिस पर या तो राज्य का स्वामित्व हो अथवा जिसकी व्यवस्था राजकीय तंत्र द्वारा संचालित की जाती हो अथवा ये दोनों राज्य के अधीन हों।''

उपर्युक्त परिभाषाओं का अध्ययन करने के पश्चात् निष्कर्ष रूप में कहा जा सकता है कि, ''सार्वजनिक उपक्रम से आशय एक ऐसे उपक्रम से है जिसका स्वामित्व, प्रबन्ध एवं संचालन केन्द्र, राज्य या स्थानीय सरकार अथवा किसी लोक संस्था के पास हो।'' यहाँ पर यह स्पष्ट करना उचित होगा कि राजकीय उपक्रमों को लोक उद्योग, सार्वजनिक उपक्रम, सार्वजनिक क्षेत्र आदि अनेक नामों से जाना जाता है। इन सब शब्दों का एक ही अर्थ होता है।

सार्वजनिक उपक्रमों की विशेषताएँ

(Characteristics of Public Enterprises)

सार्वजनिक उपक्रमों की प्रमुख विशेषताएँ निम्नलिखित हैं—

1. राज्य का स्वामित्व—सार्वजनिक उपक्रमों की एक प्रमुख विशेषता तो यह होती है कि इनका स्वामित्व सरकार के पास होता है या किसी सार्वजनिक संस्था

के पास होता है। इन उपक्रमों का स्वामित्व केन्द्रीय सरकार के हाथ में भी हो सकता है अथवा राज्य सरकार के पास हो सकता है अथवा केन्द्र एवं राज्य सरकार दोनों के पास हो सकता है अथवा दो या या अधिक राज्य सरकारों के पास हो सकता है। यह स्वामित्व शत-प्रतिशत भी सरकार के पास हो सकता है और 51 प्रतिशत या इससे अधिक भी हो सकता है।

2. सरकारी तन्त्र द्वारा प्रबन्ध—सार्वजनिक उपक्रमों का प्रबन्ध एवं संचालन सरकारी तन्त्र द्वारा किया जाता है। सरकार अधिकारी इन उपक्रमों के प्रबन्धक होते हैं तथा इन उपक्रमों के निर्णयन एवं नीति-निर्धारण में सरकार द्वारा पूर्ण निर्देश दिये जाते हैं। यद्यपि इन उपक्रमों में काम करने वाले कर्मचारी सभी परिस्थितियों में सरकारी कर्मचारी नहीं होते हैं, अपितु विभागीय संगठनों में काम करने वाले कर्मचारी सरकारी कर्मचारी ही होते हैं। सरकार के प्रशासनिक अधिकारियों की इन उपक्रमों में प्रतिनियुक्ति की जाती है।

3. सरकारी स्त्रोतों द्वारा धन की प्राप्ति—सार्वजनिक उपक्रमों की एक प्रमुख विशेषता यह होती है कि इनमें संचालन एवं स्थापना के लिए आवश्यक वित्त की व्यवस्था भी सरकारी खजाने से ही की जाती है। यदि राजकीय उपक्रम सार्वजनिक निगम या सरकारी कम्पनी होती है तो इसके सम्पूर्ण या अधिकांश अंश सरकार द्वारा ही क्रय किये जाते हैं। इसके अतिरिक्त विभागीय संगठनों में सम्पूर्ण राशि सरकारी खजाने से ही प्राप्त होती है। सरकार करों के रूप में या सार्वजनिक ऋणों के रूप में यह धनराशि एकत्रित करती है।

4. सामाजिक एवं आर्थिक उद्देश्य—इन सार्वजनिक उपक्रमों का प्रमुख उद्देश्य लाभ कमाना नहीं होता। इनके अनेक सामाजिक एवं जन-कल्याण संबंधी उद्देश्य भी होते हैं। यद्यपि ये उपक्रम भी इतना लाभ तो अवश्य कमाते हैं कि इनके कोषों की रक्षा की जा सके, परन्तु पूर्ण रूप से वाणिज्यिक आधार पर इनका संचालन नहीं किया जाता है। मूल रूप से ये उपक्रम सामाजिक समृद्धि के लिए कार्य करते हैं। उपभोक्ताओं को सस्ती एवं अच्छी किस्म की वस्तुएँ उपलब्ध कराते हैं, जिससे समाज का जीवन-स्तर ऊँचा उठ सके। सन्तुलित आर्थिक विकास करना तथा गरीब व अमीर के बीच की खाई को पाटने का कार्य राजकीय उपक्रमों के माध्यम से किया जाता है।

5. जनता के प्रति हिसाबदेयता—सार्वजनिक उपक्रमों में विनियोजित धन-राशि सरकारी खजाने से आती है, जिसका संकलन सरकार जनता से करों आदि के रूप में करती है। इस धनराशि को दूसरे शब्दो में, सार्वजनिक धन भी कहा जा सकता है। इन उपक्रमों में सार्वजनिक धन का विनियोजन होने के कारण इनकी जनता के

प्रति हिसाबदेयता अधिक होती है। जनता के चुने हुए प्रतिनिधियों तथा संसद एवं विधानसभा सदस्यों को इन उपक्रमों की जानकारी देना आवश्यक होता है। संसद एवं विधानसभाओं में इन उपक्रमों की प्रगति तथा कार्यप्रणाली का ब्यौरा प्रस्तुत किया जाता है तथा जन प्रतिनिधियों द्वारा दिये गये सुझावों को भी महत्त्व दिया जाता है। जन प्रतिनिधियों को राजकीय उपक्रमों के बारे में अपने विचार संसद में प्रस्तुत करने का पूर्ण अधिकार होता है।

6. मधुर औद्योगिक सम्बन्ध—सार्वजनिक उपक्रमों की एक प्रमुख विशेषता यह होती है कि सरकार अपने-आप में एक आदर्श नियोक्ता होती है। अतः अपने कर्मचारियों को इन उपक्रमों में सरकार द्वारा अधिकाधिक सुविधाएँ प्रदान की जाती हैं। इन उपक्रमों द्वारा कर्मचारियों के विकास के लिए हर संभव प्रयास किये जाते हैं, परिणामस्वरूप निजी उद्योगों द्वारा भी इनका अनुसरण किया जाता है। इस प्रकार औद्योगिक सम्बन्धों में सुधार होता है जिससे राष्ट्रीय समृद्धि में सहायता मिलती है।

7. राष्ट्रीय उपक्रम राष्ट्रीय योजना का अंग होते हैं—यदि गहराई से अध्ययन किया जाये तो हम पायेंगे कि सरकार की योजनाएँ राजकीय उपक्रमों की ही योजनाएँ होती हैं। **प्रो. हैन्सन** ने स्पष्ट कहा है कि बिना योजना सार्वजनिक उपक्रम कुछ प्राप्त कर सकते हैं, बिना राजकीय उपक्रमों के योजनाएँ केवल कागजों पर ही रह जायेंगी। राजकीय उपक्रमों पर खर्च किये जाने वाले धन को बजट के खर्च में दिखाया जाता है तथा इन उपक्रमों से होने वाली आमदनी को बजट की आमदनी मद में दिखाया जाता है। इसी प्रकार राजकीय उपक्रमों के विकास की भी गहन योजना तैयार की जाती है।

भारत में सार्वजनिक क्षेत्र का महत्त्व

(Merits of Public Sector in India)

भारत में सार्वजनिक क्षेत्र का महत्त्व निम्नलिखित बिन्दुओं से स्पष्ट है—

1. नियोजन की सफलता—नियोजन का उद्देश्य साधनों का श्रेष्ठ उपयोग करके अधिकतम सामाजिक कल्याण की पूर्ति करना है। यह कार्य सार्वजनिक क्षेत्र द्वारा ही संभव हो सकता है। सार्वजनिक क्षेत्र के बिना नियोजन की सफलता केवल कल्पना मात्र होगी। **हैन्सन** ने लिखा है, "बिना नियोजन के लोक क्षेत्र कुछ पा सकता है किन्तु लोक क्षेत्र के उपक्रमों के बिना नियोजन के केवल कागज पर ही रह जाने की संभावना है।"

2. अधिक पूँजी विनियोग—विकास कार्यों को तेज करने के लिए मूल व आधारभूत उद्योगों की स्थापना आवश्यक होती है। इन उद्योगों में अधिक विनियोग व पूँजी की आवश्यकता होती है। निजी क्षेत्र के लिए इतनी पूँजी जुटाना कठिन होता है। अतः इनकी स्थापना के लिए लोक क्षेत्र आवश्यक हो जाता है।

3. प्राकृतिक साधनों के विकास हेतु—विकासशील देशों में अप्रयोजित प्राकृतिक साधन काफी मात्रा में होते हैं। आर्थिक विकास के लिए प्राकृतिक साधनों का सही दिशा में विदोहन करने की अनिवार्यता मानी जाती है। अतः सार्वजनिक क्षेत्र के विकास के नये स्रोतों की जानकारी द्वारा प्राकृतिक साधनों के विकास को अधिक तीव्र किया जा सकता है।

4. जोखिमपूर्ण परियोजनाओं का विकास—निजी क्षेत्र द्वारा शीघ्र व निश्चित लाभ देने वाली योजनाओं में पूँजी लगाई जाती है, जबड़क देश के विकास के लिए ऐसे उद्योगों की आवश्यकता होती है जहाँ भारी विनियोग, जटिल तकनीक, लाभ की अनिश्चित स्थिति व निर्माण की अवधि अधिक होती है। ऐसे जोखिमपूर्ण पूँजीगत उद्योगों का विकास सरकार द्वारा ही संभव होता है। अतः लोक क्षेत्र की उपयोगिता बढ़ जाती है।

5. सार्वजनिक उपयोगी सेवाओं की पूर्ति हेतु—आज विभिन्न सार्वजनिक सेवाओं की पूर्ति लोक क्षेत्र द्वारा ही संभव हो रही है। डाकतार, टेलीफोन, जल, विद्युत, सड़क, रेल, वायु व जल परिवहन आज सार्वजनिक उपक्रमों द्वारा ही चलाये जा रहे हैं।

6. सामाजिक, आर्थिक व सामरिक सुरक्षा—महत्त्वपूर्ण आर्थिक सेवाएँ सरकारी क्षेत्र में रहने पर अनेक वस्तुओं को उचित दर पर प्राप्त किया जा सकता है। लोक क्षेत्र द्वारा इन वस्तुओं की कीमत की गारण्टी भी दी जाती है। इससे जन स्वास्थ्य की सुरक्षा होती है। यहाँ लाभ के स्थान पर क्रेता को महत्त्व दिया जाता है। यहाँ जमाखोरी, मुनाफोखारी, चोरबाजारी व मिलावट जैसी बुराइयाँ बहुत कम मात्रा में होती है। इसी प्रकार आर्थिक प्रभुसत्ता की रक्षा हेतु भी लोक क्षेत्र वस्तुओं का निर्माण व वितरण करता है। इससे आर्थिक सुरक्षा प्राप्त होती है।

7. तकनीकी सहायता—भारत में तकनीकी ज्ञान का अभाव रहा है। समाजवादी देशों द्वारा विदेशी सहायता देते समय यह शर्त लगा दी जाती है कि सरकार सहायता प्राप्त उद्योगों का स्वामित्व स्वयं करेगी। अतः लोक क्षेत्र होने पर ऐसी सहायता में सरलता रहती है। विभिन्न पंचवर्षीय योजनाओं में विदेशी तकनीकी सहायता लोक क्षेत्र की होने के कारण आसानी से प्राप्त होती रही है।

8. आर्थिक सत्ता का विकेन्द्रीकरण—लोक क्षेत्र की सहायता से आर्थिक सत्ता का केन्द्रीकरण कुछ ही हाथों में होने से रोका जा सकता है। इससे समाजीकरण व प्रजातन्त्रीकरण को बढ़ावा मिलता है। सरकारी क्षेत्र सामाजिक व आर्थिक शक्ति के संकेन्द्रण को रोकता है व सामाजिक व आर्थिक व्यवसाय को संभव बनाता है। योजना आयोग ने तीसरी पंचवर्षीय योजना में कहा है—"आर्थिक शक्ति के संकेन्द्रण व एकाधिकार की प्रवृत्तियों को नियंत्रित करने के लिए राज्य के पास लोक क्षेत्र निर्णायक अस्त्र है।"

इससे आर्थिक ढांचे में विद्यमान कमियाँ दूर होती हैं तथा धन व आय के बड़े भाग को निजी हाथों में केन्द्रित होने से रोका जा सकता है।

9. व्यापक नीति का क्रियान्वियन—भारत में आर्थिक विकास की व्यापक व मूलभूत नीतियों को कार्यरूप में परिणत करने में लोक क्षेत्र सहायक रहा है। यह क्षेत्र भारत में समाजवादी समाज की स्थापना में सहायक होगा। यहाँ उत्पादन की अधिकता, पूर्ण रोजगार, न्यायपूर्ण वितरण व सामाजिक सुरक्षा की धारणा महत्वपूर्ण है। लोकतन्त्र में अधिकतम व्यक्तियों का अधिकतम हित की बात निहित है। लोक क्षेत्र में मौद्रिक लाभ के स्थान पर सेवा की भावना अधिक प्रबल है।

10. प्रतिस्पर्द्धा के दोषों से मुक्ति—निजी क्षेत्र में विभिन्न बातों पर गलाकाट प्रतियोगिता होती है, जिससे विज्ञापन आदि पर बड़ी राशि खर्च करनी पड़ती है परन्तु लोक क्षेत्र में इस प्रकार की प्रतियोगिता समाप्त हो जाती है, क्योंकि यहाँ उद्देश्य सेवा से है न कि लाभ।

सार्वजनिक क्षेत्र के दोष अथवा निजी क्षेत्र के पक्ष में तर्क/गुण

(Demerits of Public Sector or Merits/Arguments in Favour of Private Sector)

सार्वजनिक क्षेत्र की प्रमुख बुराइयाँ या दोष निम्न प्रकार हैं या दूसरे शब्दों में हम यों कह सकते हैं कि निजी क्षेत्र में निम्नलिखित अच्छाइयाँ पायी जाती हैं—

1. अकुशलता—सार्वजनिक क्षेत्र के उपक्रमों की शीघ्र निर्णय लेने की प्रक्रिया का अभाव होता है। **बोल्डिंग** के शब्दो में, लोक क्षेत्र के उद्योग रिपोर्टों का उत्पादन करते हैं वस्तु का नहीं। यहाँ औपचारिकता, लालफीताशाही व अफसरशाही के कारण कार्यों में देरी होती है। शीघ्र निर्णय नहीं होने से उत्पादन व वितरण क्रियाओं में कुशलता का अभाव रहता है।

2. लालफीताशाही एवं नौकरशाही—लोक क्षेत्र के उपक्रमों की व्यवस्था प्रशासनिक अधिकारियों द्वारा की जाती है। इनको कार्य करने का अनुभव नहीं होता है। ये व्यक्ति सामान्यतया विभिन्न निर्णय लेने में समय अधिक लेते हैं, इससे कार्यों के संचालन में बाधा आती है तथा लालीफीताशाही व नौकरशाही को बढ़ावा मिलता है।

3. लोच व प्रेरणा की कमी—सार्वजनिक क्षेत्र के उपक्रमों की व्यवस्था जब विभागीय पद्धति द्वारा की जाती है तब कार्य कर रहे सभी व्यक्ति सरकारी कर्मचारी होते हैं, इन्हें निश्चित वेतन व भत्ता मिलता है अतः इनमें अधिक कार्य की प्रेरणा समाप्त हो जाती है। यहाँ वित्त, बजट व अंकेक्षण के नियम कठोर होने से लोच भी दिखायी नहीं देती है।

4. नव-प्रवर्तन की कमी—प्रायः निजी क्षेत्र के उद्योगों में व्यापारिक क्रियाओं, उत्पादन विधियों व प्रबन्धकीय क्षेत्र में नवीन प्रवर्तनों की संभावना रहती है। क्योंकि निजी व्यक्ति लाभ को बढ़ाने के उद्देश्य से नई-नई तकनीक खोजते हैं, जबड़क लोक क्षेत्र में प्रेरणा के अभाव में नव-प्रवर्तन की कमी होती है।

5. आर्थिक अस्थिरता—सार्वजनिक क्षेत्र के बढ़ने से देश में आर्थिक अस्थिरता बढ़ जाती है। यदि देश की सरकार व नीतियाँ बार-बार बदलती रहती हैं तो स्थिरता को कायम रखना कठिन हो जाता है।

6. व्यक्तिगत स्वतन्त्रता का हनन—लोक क्षेत्र के अत्यधिक विस्तार से उपभोक्ताओं, श्रमिकों व विनियोगर्त्ताओं की व्यक्तिगत स्वतन्त्रता समाप्त हो जाती है। उपभोक्ता अपनी रुचि के अनुसार उत्पादन नहीं करा पाते।

7. राजनीतिक प्रभाव—लोक उद्योगों पर सरकारी नियंत्रण होता है, अतः इनके विभिन्न निर्णयों पर सरकारी या राजनीतिक प्रभाव पड़ता है। यहाँ इसलिए निर्णय राजनीतिक आधार पर तय होते हैं कि न कि मनुष्यों की आवश्यकताओं के आधार पर

भारत में सार्वजनिक क्षेत्र का विकास

(Growth of Public Sector in India)

(A) स्वतन्त्रता से पूर्व विकास—ब्रिटिश सरकार मुक्त व्यापार नीति की समर्थक थी, इसलिए 1947 से पहले भारत में लोक क्षेत्र का विकास नहीं हो पाया था। साथ ही ब्रिटिश सरकार को भारत के लोक क्षेत्र क वृद्धि में रुचि भी नहीं थी।

स्वतन्त्रता से पूर्व केवल सामरिक महत्त्व के उद्योग व परिवहन के कुछ साधनों को ही लोक क्षेत्र में लिया गया था। भारत में लोकतन्त्र के विकास का प्रारंभ 1839 से होता है, जबड़क तत्कालीन सरकार ने प्रथम तार लाइन का निर्माण किया था। 1851 में 'भारत का भू-गर्भीय सर्वेक्षण' नामक संस्था स्थापित की गयी थी।

1853 में देश में प्रथम सरकारी रेल व्यवस्था प्रारंभ की गयी। सन् 1882 में कलकत्ता (कोलकाता), बम्बई (मुम्बई) व मद्रास (चेन्नई) में सरकारी टेलीफोन एक्सचेंज क्रियाशील थे।

20वीं सदी के प्रारंभ में सरकार ने सिंचाई व विद्युत मण्डल, आल इण्डिया रेडियो, वैज्ञानिक व औद्योगिक शोध परिषद की स्थापना की। 1944 में केन्द्रीय तकीनकी शक्ति मण्डल, 1945 में केन्द्रीय विद्युत मण्डल स्थापित किया गया। जनवरी, 1947 में तत्कालीन सरकार ने समुद्रपारीय संचार सेवा को सरकारी स्वामित्व में ले लिया।

(B) स्वतन्त्रता के बाद सार्वजनिक या लोक क्षेत्र का विकास—स्वतन्त्रता के बाद 1948 की औद्योगिक नीति में सार्वजनिक क्षेत्र को प्रमुख स्थान दिया गया। निजी व सार्वजनिक क्षेत्र की कार्य सीमाओं का निर्धारण किया गया। भारतीय संविधा के नीति निर्देशक सिद्धान्तों में भी सार्वजनिक क्षेत्र को प्रमुख स्थान दिया गया।

1. प्रथम योजना काल में सार्वजनिक क्षेत्र—प्रथम योजना काल में इसके महत्त्व को देखते हुए इस क्षेत्र की आधारशिला रखी गयी। योजना के प्रारंभ में केन्द्रीय सरकार के सार्वजनिक क्षेत्र के कारखानों की संख्या केवल 5 थी जिनकी संख्या बढ़कर योजना के अन्त में 21 हो गयी। यहाँ विनियोजित पूँजी 29 करोड़ रुपये से बढ़कर 81 करोड़ रुपये हो गयी।

इस योजना में सिंदरी खाद कारखाना, पैराम्बूर का रेल के डिब्बों का कारखाना, पिंथरी का पेनेसिलीन कारखाना, चितरंजन का रेल इंजन कारखाना, बंगलौर का हवाई जहाज का कारखाना, इलाहाबाद का टेलीफोन निर्माण कारखाना, पैनानगर का अखबारी कागज कारखाना लगाये गये। 1956 की नई औद्योगिक नीति में सार्वजनिक क्षेत्र को प्रोत्साहित करने की नीति तय की गयी।

प्रथम योजना में वृहत् उद्योगों के क्षेत्र में कई महत्वपूर्ण लोक उपक्रमों की स्थापना की गयी। इनमें निम्नलिखित प्रमुख हैं—

(a) हिन्दुस्तान केबल्स लि. (1952)

(b) हिन्दुस्तान शिपयार्ड लि. (1952)

(c) एयर इण्डिया (1953)

(d) हिन्दुस्तान हाउसिंग फैक्ट्री लि. (1953)

(e) इण्डियन एयरलाइन्स (1953)

(f) हिन्दुस्तान एण्टी बायोटिक्स (1954)

(g) राष्ट्रीय उद्योग विकास निगम (1954)

(h) राष्ट्रीय लघु उद्योग निगम लि. (1955)

2. द्वितीय योजना में सार्वजनिक क्षेत्र का विकास—यह योजना उद्योग प्रधान थी, अत: औद्योगिक विकास को प्राथमिकता प्रदान की गयी। इस योजना में सार्वजनिक उपक्रमों की संख्या 21 से बढ़कर 48 हो गयी। विनियोजित पूँजी 81 करोड़ रुपये से बढ़कर 953 करोड़ रुपये के बराबर थी। इस योजना में स्थापित प्रमुख इकाइयाँ निम्न प्रकार हैं—

(i) भिलाई, दुर्गापुर व राउरकला में लोहा इस्पात कारखाने।

(ii) भोपाल में हैवी इलेक्ट्रिकल्स, खाद निगम, जीवन बीमा निगम व कोयला विकास निगम।

(iii) राँची में हैवी इन्जीनियरिंग कारखाना।

3. तृतीय योजना में सार्वजनिक क्षेत्र का विकास—इस योजना में सार्वजनिक क्षेत्र की इकाइयों की संख्या 48 से बढ़कर 74 हो गयी। यहाँ विनियोग 953 करोड़ रुपये से बढ़कर 2415 करोड़ रुपये हो गये।

पिछली दो योजनाओं की तुलना में यहाँ सार्वजनिक क्षेत्र का अधिक विकास हुआ। वहाँ द्वितीय योजना में प्रारंभ किये गये उद्योगों को पूरा करने व उनकी उत्पादन क्षमता बढ़ाने पर बल दिया गया। इस योजना में स्थापित प्रमुख इकाइयां निम्नलिखित हैं—

(i) मिग विमान व टैंक विमान के कारखाने।

(ii) कोयली में तेलशोधक कारखाना।

(iii) गोरखपुर, नेवेली व ट्राम्बे में तीन खाद कारखाने।

(iv) बंगलौर में घड़ी बनाने का कारखाना।

तीन वार्षिक योजनाओं में विकास—इसमें सार्वजनिक उपक्रमों की संख्या 74 से बढ़कर 85 हो गयी व विनियोग 2415 करोड़ रुपये से बढ़कर 3,902 करोड़ रुपये हो गया।

4. चतुर्थ योजना में सार्वजनिक क्षेत्र का विकास—इस योजना में चालू उपक्रमों को पूरा करने व उत्पादन क्षमता को पूर्ण उपयोग पर बल दिया गया। यहाँ उपक्रमों की संख्या 85 से बढ़कर 122 व विनियोग 3,902 करोड़ रुपये से बढ़कर 6,237 करोड़ रुपये के तुल्य थे।

5. पांचवीं योजना में सार्वजनिक क्षेत्र का विकास—इस योजना में चालू उपक्रमों पर 2812 करोड़ रुपये व नयी योजनाओं पर 4217 करोड़ रुपये व्यय करने का प्रावधान था। 200 करोड़ रुपये प्रतिस्थापन के लिए व 600 करोड़ रुपये इन्वेन्ट्रीज में वृद्धि के लिए व्यय किये जाने का लक्ष्य रखा गया। इस योजना में आधारभूत क्षेत्रों में सार्वजनिक क्षेत्र का योगदान बढ़ाने का लक्ष्य रखा गया व आयात किये जाने वाले माल के स्थान पर देश में ही माल उत्पादित करने का प्रयत्न किया गया।

उद्योग के अतिरिक्त खनिज शोधन, बागानों व मुख्य संस्थाओं की सहायता से शोध व तकनीकी कार्यक्रमों पर बल दिया गया। 31 मार्च, 1979 को लोक क्षेत्र के उपक्रमों की संख्या 176 व विनियोजित पूँजी 15,602 करोड़ रुपये थी।

6. छठी योजना में सार्वजनिक क्षेत्र का विकास—इस योजना में लघु उद्योगों पर अधिक बल दिया गया। वृहत् उद्योगों में इस्पात का एक नया कारखाना चालू किया गया। योजनाकाल में उर्वरक के 9 कारखाने खोले जाने थे जिनमें से 6 सार्वजनिक क्षेत्र में थे।

पिछले समय में लोक इकाइयों की स्थापना का क्रय नये उद्योग क्षेत्र में भी काफी तेजी से हुआ। इन इकाइयों में अणु-शक्ति, इस्पात, टेक्नोलाजी, विद्युत, उर्वरक, तेलशोधन, सूती वस्त्र, डबल रोटी, बिस्कुट व चमड़े का सामान, होटल, कागज आदि बड़े उद्योग तेजी से विकसित हुए।

रासायनिक पदार्थ, औषधि, कीटाणुनाशक पदार्थ, प्रतिरक्षा, समुद्री जहाज, वायुयान, डीजल इंजन, रेलवे रोलिंग, स्टॉक आदि के क्षेत्र में भी देश प्रगति कर रहा है। व्यापार व वाणिज्य में भी लोक क्षेत्र की प्रगति तेजी से हुई है।

7. सातवीं योजना में सार्वजनिक क्षेत्र का विकास—इस योजना में सार्वजनिक क्षेत्र में परिव्यय की राशि (जिसमें चालू विकास व्यय भी सम्मिलित है) 1,80,000

करोड़ रुपये निर्धारित की गयी। इसमें विनियोग का अंश 1,54,218 करोड़ रुपये है तथा चालू व्यय 25,782 करोड़ रुपये है। 31 मार्च, 1989 को भारत में सार्वजनिक उपक्रमों की संख्या 234 थी, जिनमें विनियोजित रकम 85,564 करोड़ रुपये थी। सार्वजनिक क्षेत्र के परिव्यय, 2,21,435 करोड़ रुपये के थे तथा विनियोग की राशि लगभग 2,00,000 करोड़ रुपये थी जो देश के कुल निवेशों का लगभग 52.6 प्रतिशत था।

8. आठवीं पंचवर्षीय योजना—इस पंचवर्षीय योजनाकाल में सार्वजनिक क्षेत्र का प्रस्तावित परिव्यय, 4,34,100 करोड़ रुपये निर्धारित किया गया था जो कुल योजनापरिव्यय का लगभग 43 प्रतिशत हिस्सा था। इस योजनाकाल के दौरान सार्वजनिक क्षेत्र में संभावित विनियोग 4,60,300 करोड़ रुपये रहा जो कुल राष्ट्रीय विनियोग का 32.91 प्रतिशत था। इसकी तुलना में निजी क्षेत्र का विनियोग तुलनात्मक अधिक 9,38,400 करोड़ रुपये होने का अनुमान था।

9. नवीं योजना—नवीं पंचवर्षीय योजना में सार्वजनिक क्षेत्र में 7,26,200 करोड़ रु. के निवेश का लक्ष्य है जो कुल राष्ट्रीय निवेश का 33.46% है। केन्द्र सरकार के 234 उपक्रमों का लक्ष्य है, जिनमें 330649 करोड़ रु. का पूँजी निवेश होना है।

सार्वजनिक उपक्रमों की समस्याएँ

(Problems of Public Enterprises)

सार्वजनिक उपक्रमों की मुख्य समस्याएँ निम्न हैं—

1. राजकीय उपक्रमों से आवश्यकता से अधिक आशाएँ—भारत में एक ओर तो राजकीय उपक्रमों में जनसाधारण की आस्था का अभाव है और दूसरी ओर इनसे बड़ी-बड़ी आशाएँ की गयी हैं। यह स्थिति अत्यन्त हास्यास्पद प्रतीत होती है। राजकीय व्यवस्था तथा उद्योग जब जनसाधारण के आशानुकूल परिणाम नहीं दिखा पाते तो जन-साधारण का विश्वास खो देते हैं। निजी उपक्रमों में लाभ प्राप्ति के लिए इन्तजार किया जा सकता है, जबड़क सार्वजनिक उपक्रमों की स्थापना के साथ ही हम उनसे लाभ चाहते हैं। यह स्थिति विकास को कम करती है।

2. कर्मचारियों की निष्ठा का अभाव—भारतीय राजकीय उपक्रमों को प्रारंभ करने से ही अपने कर्मचारियों के संघर्षों का सामना करना पड़ रहा है। व्यवसाय अथवा उद्योग के राजकीय क्षेत्र में आते ही कर्मचारी वर्ग की मांगों का दायरा बढ़ जाता है तथा कार्यकुशलता का ह्रास होने लगता है। इससे एक ओर उत्पादन और

लाभ की मात्रा प्रभावित होती है तो दूसरी ओर कर्मचारी वर्ग की मांगों की पूर्ति खर्चों को बढ़ाकर उत्पादन लागत और वस्तु अथवा सेवा मूल्यों को अधिक कर देती है।

3. औद्योगिक इकाइयों का गलत चुनाव—सार्वजनिक क्षेत्र में इकाइयों के आकार उत्पादन, क्षमता, माँग तथा स्थान आदि का चुनाव सावधानीपूर्वक नहीं हिकया गया है, ऐसे स्थान पर भी औद्योगिक इकाइयाँ स्थापित की गयी हैं जो आर्थिक दृष्टि से उपयुक्त नहीं हैं। तकनीकी सहयोग की दृष्टि से भी कुछ गलत चुनाव किये गये हैं। ऐसे देशों से तकनीकी सहायता प्राप्त की गयी है जो स्वयं तकनीकी दृष्टि से ज्यादा उन्नत नहीं हैं। अतः इकाई का चुनाव आर्थिक आधार पर किया जाना चाहिए जिससे उत्पादन लागत में कमी आ सके।

4. प्रबन्ध की समस्या—किसी औद्योगिक इकाई की सफलता उसके प्रबन्ध की कुशलता व योग्यता पर निर्भर करती है। भारत में योग्य प्रबन्ध का अभाव रहा है। निजी क्षेत्र में कुछ योग्या प्रबन्धक जरूर उपलब्ध हुए हैं, लेकिन सार्वजनिक क्षेत्र में यह समस्या बनी हुई है। प्रबन्ध की अकुशलता के कारण उद्योगों मे गलत निर्णय लेना, विलम्ब, नौकरशाही व लालफीताशाही सिद्ध हुई है। सार्वजनिक क्षेत्र में राजनीतिक हस्तक्षेप के कारण भी स्वतन्त्र निर्णय नहीं लिये जा सकते हैं।

5. सरकार का अत्यधिक नियंत्रण—भारत के सार्वजनिक उद्योगों में अत्यधिक सरकारी नियंत्रण तथा हस्तक्षेप प्रमुख दोष है। यह नियंत्रण तथा हस्तक्षेप राजकीय उपक्रमों के अधिकारियों की पहल शक्ति एवं अनुप्रेरणा को प्रभावित करती है तथा उनमें उपेक्षा की भावना उत्पन्न हो जाती है जिससे उपक्रम की कार्यक्षमता प्रभावित हुए बिना नहीं रह पाती।

6. नैतिक मूल्यों का अभाव—भारतीय उपक्रम अनेक अनैतिकताओं से ग्रसित देखे गये हैं। अनावश्यक सामग्रियों तथा उपकरणों का जमाव, सामग्री एवं उपकरणों की चोरी और चोरबाजारी, आवश्यकता से अधिक कर्मचारियों की नियुक्ति आदि अनेक दोष ऐसे हैं जिनके निवारण के बिना न तो उत्पादन की लागत कम की जा सकती है और न ही कार्यकुशलता व लाभों को बढ़ाया जा सकता है।

7. स्वायत्ता का अभाव—सार्वजनिक उपक्रम के प्रबन्धकों को पूर्ण स्वायत्ता प्रदान नहीं की जाती। सार्वजनिक उपक्रमों की कार्यप्रणाली सरकारी तन्त्र की कार्यप्रणाली से काफी मिलती-जुलती है। इसका प्रमुख कारण सार्वजनिक उपक्रमों में राजकीय पदाधिकारियों की बाहुल्यता का होना है। सार्वजनिक उपक्रमों में लालफीताशाही का बोलबाला बना रहता है। सरकारी नियंत्रण व हिसाब-देयता के कारण भी प्रबन्धकों

की स्वायत्ता सीमित हो जाती है।

8. अप्रयोगित उत्पादन क्षमता—भारतीय उद्योगों में अप्रयोगित उत्पादन क्षमता की समस्या बनी रहती है। कच्चे माल का अभाव, बिजली की कमी व औद्योगिक अशांति के कारण कारखानों की उत्पादन क्षमता क्षमता का पूर्ण प्रयोग नहीं हो पा रहा है। 1965-66 में रांची हैवी मशीन बिड़ल्डंग प्लान्ट की क्षमता का केवल 15% ही उपयोग हो पाया। 1969 में हिन्दुस्तान मशीन टूल्स की क्षमता का 45% से 48%, हिन्दुस्तान स्टील का 60% व भारत हैवी इलेक्ट्रिकल्स की क्षमता का 29% भाग ही प्रयोग में लाया गया। इस अप्रयोगिक क्षमता के कारण उद्योग के स्थायी खर्चे अधिक रहते हैं जिससे प्रति इकाई उत्पादन लागत बढ़ जाती है।

9. निर्माण में अधिक समय—सामान्य रूप से यह देखा गया है कि सार्वजनिक इकाइयों का आकार बड़ा होने से इनके निर्माण में एक लम्बा समय लग जाता है। औसत रूप से एक इकाई के निर्माण में एक लम्बा समय लग जाता है। काफी लम्बे समय बाद यह इकाई उत्पादन चालू करती है। इस निर्माण अवधि में इकाई पर अधिक विनियोग का कोई उपयोग नहीं हो पाता।

10. नीति संबंधी समस्या—सार्वजनिक उपक्रमों के संचालन के लिए अलग-अलग संगठन व्यवस्था है, जैसे—बोर्ड, निगम व कम्पनियाँ इत्यादि। संगठन संबंधी भिन्नता के कारण विभिन्न उपक्रमों के लिए अपनायी जाने वाली नीतियाँ समन्वित नहीं हो पाथी हैं। समन्वित नीतियों के अभाव में इन उपक्रमों की सफलता संदिग्ध रहती है।

11. उचित मूल्य निर्धारण की समस्या—कुछ आवश्यक वस्तुओं के उत्पाद में सार्वजनिक क्षेत्र का एकाधिकार होता है। ऐसी एकाधिकारी स्थिति में मूल्यों के निर्धारण की समस्या आती है। सरकारी उपक्रमों का उद्देश्य लाभ न होकर सेवा करना है। इसलिए ऐसे मूल्य निर्धारित किये जायें जिनसे न तो उपक्रम को हानि हो और न ही उपभोक्ता को कठिनाई।

12. कुशल अंकेक्षण का अभाव—सार्वजनिक उपक्रमों का अंकेक्षण ऑडिटर एण्ड कन्ट्रोलर जनरल द्वारा किया जाता है। आधुनिक अंकेक्षण केवल वित्तीय अंकेक्षण होता है, जिसमें केवल यह बात देखी जाती है कि व्यय नियमों के अनुसार हो रहा है या नहीं। उपक्रमों की कार्यकुशलता के संबंध में कोई अंकक्षण व्यवस्था नहीं है।

13. घाटे की समस्या—सामान्य रूप से यह देखने में आया है कि अधिकांश सरकारी उपक्रम घाटे पर चलते हैं। इस कारण उनके वित्तीय साधनों में कमी आती

है और उपक्रम शिथिल हो जाते हैं। 1951 से अब तक ये सार्वजनिक उपक्रम लगभग 50,000 करोड़ रु. का घाटा उठा चुके हैं।

14. राजनीतिक अखाड़ेबाजी—सार्वजनिक उपक्रम के माध्यम से राजनीतिक दल भी अपना स्वार्थ सिद्ध करने मुं नहीं चूकते। सत्तारूढ़ दल, सार्वजनिक उपक्रमों के स्थान के चयन, संचालक मण्डल के संगठन, पूँजीगत सम्पत्तियों के क्रय, ठेका प्रदान करने आदि में कभी-कभी आर्थिक एवं व्यावसायिक हितों की अनदेखी करते हैं। दूसरी ओर विरोधी दल, लोक उपक्रम की असफलता के लिए प्रयत्नशील रहते हैं, उनकी दृष्टि में लोक उपक्रम को असफल बनाकर सरकार को सुगमता से नीचा दिखा सकते हैं।

15. अधिक श्रम-शक्ति—सार्वजनिक उपक्रमों में अधिक श्रम-शक्ति की समस्या बनी रहती है। यह अतिरिक्त श्रम-शक्ति उत्पादन कार्यों में सहयोग देने की बजाय बाधा पहुँचाती है।

16. उत्पादन आधिक्य की समस्या—उचित उत्पादन नीति के अभाव में इन उद्योगों को कई बार उत्पादन आधिक्य की समस्या का सामना करना पड़ा है जिससे उपक्रमों को बन्द करने की समस्या सामने आयी है।

17. उत्तरदायित्वहीनता—सार्वजनिक उपक्रमों में नौकरी की अधिक सुरक्षा परन्तु प्रेरणाओं के अभाव में श्रमिकों व प्रबन्धकों में उत्तरदायित्व की कमी पाई गई है।

सार्वजनिक उपक्रम को सफल बनाने के लिए निम्नलिखित सुझाव उपयोगी हो सकते हैं—

1. औद्योगिक इकाइयों के आकार, स्थन, तकनीक आदि का चुनाव सावधानी से किया जाना चाहिए।
2. इन उपक्रमों को पहले ही नियम आदि बनाने के बाद अधिकतम स्वतन्त्रता से कार्य करने दिया जाना चाहिए।
3. इसके संचालक मण्डलों में योग्य व अनुभवी व्यक्ति नियुक्त किये जाने चाहिए।
4. इन उपक्रमों के संचालन में कम से कम सरकारी या संसदीय हस्तक्षेप किया जाना चाहिए।

5. उपक्रम के कर्मचारियों की कुशलता में वृद्धि करने हेतु पुरस्कार, उन्नति आदि की व्यवस्था की जानी चाहिए।
6. उपक्रम की प्रगति का पता लगाने हेतु सही आंकड़ों की प्राप्ति की व्यवस्था की जानी चाहिए।

विश्व में आर्थिक संरचना में दो प्रकार की लहरें अदल-बदल कर आती रहती हैं। कभी व्यावसायिक एवं आर्थिक क्षेत्र में सार्वजनिक क्षेत्र की भूमिका प्रबल हो जाती है तो कभी सरकार द्वारा अहस्तक्षेप की नीति को अपनाने पर बल दिया जाता है। सन् 1776 में एडम स्मिथ द्वारा लिखित पुस्तक 'Wealth of Nations' के बाद लगभग एक शताब्दी तक स्वतंत्र व्यापार नीति (Policy of Laissez Fair) का बोलबाला रहा। इसके बाद में आर्थिक क्रियाओं में सरकार की भूमिका को बढ़ाने की मांग चारों ओर उठने लगी। आज विश्व में कोई भी ऐसा देश नहीं है, जहाँ पर सरकार द्वारा आर्थिक एवं व्यावसायिक क्रियाओं में किसी न किसी रूप में हस्तक्षेप नहीं किया जाता हो।

हमारे देश में स्वतत्रता प्राप्ति के पश्चात् नियोजित अर्थव्यवस्था की नीति को अपनाया गया तथा सार्वजनिक क्षेत्र का एक वृहत् जाल बिछाया गया है। सार्वजनिक क्षेत्र का विकास करने के लिए अनेक व्यवसायों तथा उद्योगों का राष्ट्रीयकरण भी किया गया। 1985 के बाद से देश में सार्वजनिक उपक्रमों के निजीकरण की चर्चा की जाने लगी है।

निजीकरण से आशय एवं अवधारणा (Meaning and Concept of Privatisation)—जब सार्वजनिक क्षेत्र में संचालित किसी उपक्रम की सम्पत्तियाँ कारोबार तथा कर्मचारियों की सेवाएँ सरकार द्वारा किसी निजी व्यवसायी या निजी क्षेत्र के उपक्रम को हस्तान्तरित कर दी जाती हैं, तो इस आर्थिक प्रक्रिया को निजीकरण कहा जाता है। इस प्रकार निजीकरण के अन्तर्गत दो प्रकार की क्रियाएँ होती हैं—

(i) सार्वजनिक क्षेत्र का आकार छोटा हो जाता है तथा

(ii) सार्वजनिक क्षेत्र द्वारा प्रदत्त वस्तुओं एवं सेवाओं का नियंत्रण राजकीय उपक्रमों से निजी उद्यमियों के हाथों में आ जाता है।

निजीकरण की अवधारणा नयी नहीं है। हमारे देश में निजीकरण की बात 1980 के दशक के बाद से अधिक की जाने लगी है। भारतीय अर्थव्यवस्था की परिस्थितियों को देखते हुए निजीकरण के अर्थ को हम निम्न प्रकार स्पष्ट कर सकते हैं—

1. निजीकरण से तात्पर्य निजी क्षेत्र पर लगे हुए प्रतिबन्धों एवं नियंत्रणों को हटाना है। इस दिशा में भारत में अनेक प्रयास किये गये हैं, जैसे— निजी उपक्रमों को अपनी उत्पादन क्षमता का विस्तार करने की छूट देना, लाइसेंसे लेने से छूट देना, विदेशी विनिमय नियमन अधिनियम (FERA) तथा एकाधिकार एवं प्रतिबन्धात्मक व्यापार व्यवहार अधिनियम (MRTP Act) के अधीन व्यावसायिक एवं औद्योगिक उपक्रमों को छूट दी गयी है तथा उनकी सीमा को बढ़ाया गया है।

2. निजीकरण से तात्पर्य यह हो सकता है कि सार्वजनिक उपक्रमों के संचालक मण्डलों में निजी क्षेत्र के व्यक्तियों को सम्मिलित किया जाये, जैसाकि भारत में एयर इण्डिया तथा इण्डियन एयरलाइन्स के संचालक मण्डलों में निजी उद्यमियों को अध्यक्ष बनाया गया है।

3. निजीकरण का तात्पर्य योजनाओं में निजी क्षेत्र के अंशदान को बढ़ाने से भी लगाया जा सकता है।

4. निजीकरण से तात्पर्य किसी सार्वजनिक क्षेत्र की इकाई को निजी क्षेत्र के व्यवसायियों को बेचने से है। हमारे देश में ऐसा नहीं हुआ है, परन्तु बंगलादेश, चिली आदि देशों में कुछ सरकारी उपक्रम निजी उद्योगपतियों को बेचे गये हैं।

5. निजीकरण का तात्पर्य निजी उद्योगपतियों को सार्वजनिक इकाइयों का प्रबन्ध अनुबन्ध पर देने से भी है। भारत में ऐसा कोई उदाहरण नहीं है।

वर्तमान में भारत में एक ऐसी आम सहमति बन गयी है कि सरकार को वाणिज्यिक उद्यम चलाने के कार्य में शामिल नहीं होना चाहिए। इसके कारणों में जन संसाधनों का अभाव, सरकारी क्षेत्र के मौजूदा उद्यमों का अकुशल और घाटा उठाने वाला प्रचालन शामिल है। तदनुसार, उदारीकरण की प्रक्रिया में भाग के रूप में सरकार ने सरकारी क्षेत्र के उद्यमों में सुधार प्रारंभ किये हैं। सरकारी क्षेत्र के उपक्रमों के प्रति सरकार की नीति के मुख्य घटक निम्नानुसार हैं—

(i) सरकारी क्षेत्र के सभी कम लाभकारी उपक्रमों में सरकारी इक्विटी को कम करनके 26 प्रतिशत या उससे भी कम स्तर पर लाना।

(ii) आर्थिक रूप से सक्षम होने की संभावना वाले सरकारी क्षेत्र के उपक्रमों की पुर्नसंरचना करना तथा उनका पुनः प्रचालन करना।

(iii) सरकारी क्षेत्र के जिन उपक्रमों को पुनः प्रचालित नहीं किया जा सकता, उन्हें बंद करना, तथा

(iv) कामगारों के हितों का पूर्ण संरक्षण करना।

निजीकरण का औचित्य अथवा निजीकरण के पक्ष में तर्क

(Need of Privatisation or Arguments in Favour of Privatisation)

भारत में सार्वजनिक उपक्रमों के निजीकरण की आवश्यकता निम्न कारणों से है अर्थात् निजीकरण के पक्ष में हम निम्न तर्क दे सकते हैं—

1. राजकीय उपक्रमों की अकुशलता को कम करना—हमारे देश में बहुत-से राजकीय उपक्रम घाटे में चल रहे हैं और जो उपक्रम लाभ कमा भी रहे हैं वे उनमें विनियोजित पूँजी की तुलना में बहुत कम लाभ कमा रहे हैं। सार्वजनिक उपक्रमों में साधनों का अपव्यय अधिक होता है। राजकीय उपक्रमों की अकुशलता को समाप्त करने के लिए उनका निजीकरण किया जाना उपयुक्त होता है, ताकि उपक्रम के साधनों का सदुपयोग हो सके तथा उपक्रमों के शुद्ध लाभों में वृद्धि की जा सके।

2. मुद्रा स्फीति के प्रभाव को कम करना—सार्वजनिक उपक्रमों के निजीकरण से देश में मुद्रा स्फीति की दर को नियंत्रित करने में सहायता मिलेगी। हमारे देश में केन्द्रीय तथा राज्य सरकारों के बजट घाटों में निरन्तर वृद्धि हो रही है। यह बजट घाटा मुद्रा स्फीति के कारण और भी बढ़ जाता है और साधारण नागरिकों को कठिनाइयों का सामना करना पड़ता है। बजट के घाटे को सार्वजनिक उपक्रमों के निजीकरण द्वारा नियंत्रित किया जा सकता है।

3. सरकारी प्राप्तियों में वृद्धि संभव—वर्तमान समय में सरकार पर भारी वित्तीय दबाव है। सरकार को अपनी योजनाओं के लिए अन्तर्राष्ट्रीय संस्थाओं जैसे विश्व बैंक तथा अन्तर्राष्ट्रीय मुद्रा कोष आदि तथा विदेशों से प्राप्त होने वाली सहायता में कमी आयी है तथा उनकी शर्तें भी कठोर होती जा रही हैं। सरकारी प्राप्तियों में वृद्धि के लिए निजीकरण का उपयोग किया जा सकता है। सार्वजनिक उपक्रमों के अंश निजी व्यक्तियों को बेचकर योजनाओं के लिए धन प्राप्त किया जा सकता है। भारत में 1992 से इस तरीके से धन प्राप्त करने का प्रयास किया जा सकता है और कुछ सार्वजनिक उपक्रमों के अंश जनता को बेचे गये हैं।

4. कार्यकुशलता एवं उत्पादकता में वृद्धि—निजीकरण की प्रक्रिया से विभिन्न प्रकार की मितव्ययिताएँ प्राप्त की जा सकती हैं। इससे लागतों में कमी आयेगी तथा उपक्रम की कार्यकुशलता एवं उत्पादकता में वृद्धि की जा सकती है। अपव्ययों पर रोक लगने से विकास तथा कल्याणकारी कार्यक्रमों के लिए धन की प्राप्ति होगी।

5. प्रतिस्पर्द्धा का लाभ प्राप्त होना—निजीकरण की प्रक्रिया का लाभ यह होता है कि आन्तरिक तथा अन्तर्राष्ट्रीय प्रतिस्पर्धा का लाभ उपभोक्ताओं को प्राप्त होता है। प्रतिस्पर्धा में टिकने के लिए निजी उपक्रम ग्राहकों के हितों पर अधिक ध्यान देते हैं तथा नवीनतम तकनीकी को अपनाते हैं। सार्वजनिक क्षेत्र में इसका अभाव पाया जाता है।

6. जनकल्याण पर सरकार का अधिक ध्यान—सार्वजनिक उपक्रमों का विस्तृत जाल हो जाने के कारण सरकार जनसामान्य की समस्याओं पर ध्यान नहीं दे पाती है। अत: निजीकरण करके सरकार जनकल्याण कार्यक्रमों का अधिक प्रभावशाली ढंग से क्रियान्वयन कर सकती है।

7. राजनैतिक प्रभावों एवं प्रतिबद्धताओं से मुक्ति—राजकीय उपक्रमों का संचालन करने में सरकार पर अपने राजनैतिक दल की विचारधारा तथा पूर्वाग्रहों का प्रभाव पड़ता है। इससे उपक्रम की कार्यशैली पर प्रतिकूल प्रभाव पड़ता है। इसलिए सरकार द्वारा जनहित तथा राष्ट्रीय महत्त्व के उद्योगों को छोड़कर शेष का निजीकरण कर देना चाहिए।

8. राष्ट्रीयकरण के उद्देश्यों की पूर्ति नहीं होना—हमारे देश में जिन उद्देश्यों को लेकर उद्योगों तथा व्यावसायिक उपक्रमों का राष्ट्रीयकरण किया गया वे अपने इन उद्देश्यों का पूरा करने में सर्वथा असमर्थ रहे हैं। इसी प्रकार सरकार द्वारा स्थापित अनेक उपक्रम जन–आकांक्षाओं के अनुरूप अपनी स्थापना के उद्देश्यों को पूरा नहीं कर पाये हैं। अत: ऐसी स्थिति में इन सार्वजनिक उपक्रमों का निजीकरण करना अधिक उपयुक्त रहेगा।

निजीकरण के विपक्ष में तर्क

(Arguments against Privatisation)

सार्वजनिक उपक्रमों के निजीकरण के विपक्ष में निम्न तर्क दिये जाते हैं—

1. सार्वजनिक क्षेत्र की कार्यकुशलता में सुधार के प्रयास—वर्तमान समय में भारत में राजकीय उपक्रमों की अकुशलता का प्रमुख कारण उनकी संचालन संबंधी

कमियों का होना है। सरकार को निजीकरण की बात करने की अपेक्षा इन उपक्रमों की संचालन संबंधी कमियों को दूर करने का प्रयास करना चाहिए तथा इनकी कुशलता में सुधार का प्रयास करना चाहिए। बहुत से सार्वजनिक उपक्रम पर्याप्त मात्रा में लाभ कमा रहे हैं तथा अपने उत्पादन तथा सेवाओं के लिए अन्तर्राष्ट्रीय बाज.ार में प्रतिष्ठा समर्पित की है। हिन्दुस्तान मशीन टूल्स तथा भारत हैवी इलेक्ट्रिकल्स लि. इसके प्रमुख उदाहरण हैं।

2. निजी क्षेत्र में भी बीमार औद्योगिक इकाइयों की विद्यमानता—निजी क्षेत्र में बीमार औद्योगिक इकाइयों की संख्या निरनतर बढ़ती जा रही है। सूती वस्त्र उद्योग की 104 बीमार मिलों को राष्ट्रीय कपड़ा निगम द्वारा लिया गया है। निजीकरण का विरोध करने वाले लोगों का कहना है कि एक तरफ से सरकार स्वयं निजी क्षेत्र की बीमार इकाइयों का अधिग्रहण कर सार्वजनिक क्षेत्र का विस्तार कर रही है और दूसरी तरफ राजकीय उपक्रमों के निजीकरण की बात की जा रही है। यह एक हास्यास्पद स्थिति है।

3. बीमार राजकीय उपक्रमों को कोई लेने को तैयार नहीं—लाभप्रद स्थिति में संचालित राजकीय उपक्रमों में निजी क्षेत्र के व्यवसायी भी धन विनियोजित करने को तत्पर हैं, परन्तु आर्थिक दृष्टि से असक्षम एवं बीमार सार्वजनिक इकाइयों को कोई भी निजी उद्योगपति लेने को तैयसार नहीं होता है।

4. निजी क्षेत्र दीर्घकालीन आधार प्रदान नहीं करता—निजी क्षेत्र की कुशलता अल्पकालीन परिस्थितियों पर निर्भर करती है। अल्पकाल में अनुकूल बाजार परिस्थितियों के कारण जब निजी उपक्रम लाभ कमा लेते हैं तो वे कुशल लगने लगते हैं, परन्तु दीर्घकाल में व्यापार चक्रों के प्रभाव तथा बाजार परिस्थितियों में परिवर्तन के कारण निजी उपक्रम लाभ की स्थिति में नहीं होते हैं। इसी प्रकार से निजी उपक्रम अर्थव्यवस्था को किसी प्रकार का संरचनात्मक आधार प्रदान नहीं करते हैं, जो कि केवल सार्वजनिक उपक्रमों द्वारा ही संभव है।

5. निजी उपक्रमों में सार्वजनिक अभिकरणों का विनियोजन अधिक—निजी क्षेत्र के उपक्रमों में औद्योगिक विकास बैंक, भारतीय औद्योगिक वित्त निगम, यूनिट ट्रस्ट ऑफ इण्डिया, जीवन बीमा निगम तथा राज्य वित्त निगम आदि सार्वजनिक अभिकरणों की पूँजी बड़ी मात्रा में लगी हुई है।

▣▣▣

9

विकासात्मक भारतीय नीतियाँ

1947 में जब भारत स्वतंत्र हुआ, उसका औद्योगिक ढाँचा चरमराया हुआ था। भारत अधिकतर वस्तुओं के लिए विदेशों पर निर्भर था। अत: एक ऐसी नीति की आवश्यकता थी जिससे वह अपना तीव्र औद्योगिक विकास कर सके। 1948 में स्वतन्त्र भारत की प्रथम औद्योगिक नीति घोषित की गयी। इस नीति को सुचारू रूप से कार्यान्वित करने के लिए 1951 में 'औद्योगिक (विकास एवं नियमन) अधिनियम' पारित किया गया। इसके साथ ही देश के चहुँमुखी विकास के लिए योजनाबद्ध प्रारूप अपनाया गया जिसके तहत 1951 में प्रथम पंचवर्षीय योजना बनाई गई। इस योजना में औद्योगिक विकास को कोई प्राथमिकता नहीं दी गई। किन्तु इसके बाद भी योजनाओं में औद्योगिक विकास को अत्यधिक महत्त्व प्रदान किया जाने लगा जिससे इन योजनाओं के तहत भारत में तीव्र औद्योगिक विकास हुआ। पंचवर्षीय योजनाओं के दौरान भारत में औद्योगिक विकास निम्न बिन्दुओं से स्पष्ट है—

1. औद्योगिक विनियोग में वृद्धि—योजनाओं के दौरान भारत में औद्योगिक विनियोग में निरन्तर वृद्धि हुई है। प्रथम योजना में विनियोग 288 करोड़ रुपये था, दूसरी योजना में बढ़कर 1788 करोड़ रु. तथा सातवीं योजना में औद्योगिक विनियोग

1,04,627 करोड़ रु. होने का अनुमान है, जिसमें सार्वजनिक क्षेत्र मं 42,455 करोड़ रु. तथा निजी क्षेत्र में 62,172 करोड़ रु. होगा।

2. औद्योगिक उत्पादन में वृद्धि—पिछले 58 वर्षों में योजनाबद्ध औद्योगिक विकास के कारण सभी प्रकार के उद्योगो में उत्पादन बढ़ा है।

3. औद्योगिक विकास दर में वृद्धि—1950-51 में औद्योगिक विकास की दर 2.5% थी जो 1976-77 तक बढ़कर 10.4% हो गई। इसके बाद देश में विभिन्न प्रकार के उद्योगों में वार्षिक विकास की दर में काफी परिवर्तन देखने को मिले। इतना ही नहीं, सामान्य विकास की औद्योगिक दर भी काफी परिवर्तनशील रही। वर्ष 1995-96 में देश में औद्योगिक विकास की सामान्य दर बढ़कर 12.8 प्रतिशत हो गई थी जो वर्ष 1997-98 में कम होकर 4.0 प्रतिशत रह गयी, जिसका प्रमुख कारण सामान्य मन्दी है। 2000-01 में औद्योगिक विकास की दर 5% रही है। 2001-02 में यह 2.3% रहने का अनुमान है।

4. संगठित उद्योगों का तीव्र गति से विकास—योजनाओं के दौरान संगठित उद्योगों का विकास अधिक तीव्र गति से हुआ है। जहाँ 1948-49 में कुल औद्योगिक उत्पादन का 60 प्रतिशत छोटे उद्योगों से तथा 40% बड़े पैमाने के उद्योगों से प्राप्त होता था, वहाँ 1979-80 में लघु उद्योगों का कुल औद्योगिक उत्पादन में भाग 49 प्रतिशत ही रह गया जबड़क बड़े पैमाने के उद्योगों का भाग 40 प्रतिशत से बढ़कर 51 प्रतिशत हो गया, जबड़क बड़े पैमाने के उद्योगों में पूँजी की गहनता औद्योगिक प्रगति की सूचक है।

5. उद्योगों में विविधीकरण—योजनाओं के दौरान ओद्योगिक विकास कार्यक्रमों से न केलव औद्योगिक उत्पादन में वृद्धि तथा ढाँचे में परिवर्तन हुआ है, बड़ल्क उद्योगों में विविधता आई है। जो भारत पहले आलपिन तक के लिए विदेशों पर आश्रित था अब अनेक प्रकार का इन्जीनियरिंग, रासायनिक, उपभोक्ता माल का उत्पादन करने लगा है। देश में टेलीफोन, घड़ियाँ, टेलीविजन सेट, चीनी, सीमेन्ट व कागज, कपड़ा, उद्योग की मशीनें, प्लास्टिक, सामुद्रिक जहाज, हवाई जहाज, विभिन्न प्रकार की दवाइयाँ, सिलाई की मशीनें, पंखे आदि कतिपय उदाहरण हैं। ये अब विदेशों को भी बड़ी मात्रा में भेजे जाने लगे हैं।

6. औद्योगिक विकास पर व्यय में उत्तरोत्तर वृद्धि—योजनाबद्ध विकास के पिछले 51 वर्षों में सार्वजनिक एवं निजी क्षेत्र में औद्योगिक विकास पर व्यय में उत्तरोत्तर वृद्धि हुई है। जहाँ प्रथम योजना में औद्योगिक विकास पर सार्वजनिक क्षेत्र का व्यय

117 करोड़ रु. था, वहाँ सातवीं योजना में 29220.4 करोड़ रु. व्यय हुआ तथा आठवीं योजना में 46921.7 करोड़ रु. व्यय का प्रावधा था। नौवीं योजना के पाँच वर्षों में उद्योगों पर 65,148 करोड़ रु. व्यय का प्रावधान है।

7. आधारभूत उद्योगों का विकास—आधारभूत उद्योग किसी देश के विकास के आधारस्तम्भ होते हैं। विभिन्न योजनाओं के दौरान बुनियादी एवं आधारभूत उद्योगों के विकास को महत्त्वपूर्ण माना गया है, अत: लौह-इस्पात उद्योग की प्रमुख इकाइयाँ-राउरकेला, भिलाई, दुर्गापुर तथा बोकारो में स्थापित की गईं। भोपाल में हैवी इलेक्ट्रॉनिक कारखाना, बंगलौर में एच.एम.टी., कई रासायनिक उद्योग, सीमंट के कारखाने तथा एल्यूमीनियम कारखाने स्थापित किये गये। खनिज तेल की बढ़ती आवश्यकता के कारण सार्वजनिक क्षेत्र में तेल शेधक कारखाने स्थापित किये गये हैं। छठी योजना में भी आधारभूत उद्योगों के विकास एवं विस्तार पर बल दिया गया। सातवीं एवं आठवीं योजना में भी आधारभूत उद्योगों के विकास को महत्त्व दिया गया।

8. उपभोग उद्योगों का तीव्र विकास—भारत में पंचवर्षीय योजनाओं में आधारभूत उद्योगों के विकास को सर्वोच्च प्राथमिकता देने के साथ-साथ निजी क्षेत्र को उपभोक उद्योगों के विकास में महत्त्वपूर्ण योगदान के लिए प्रोत्साहन दिया गया।

उपभोग उद्योगों में सूती वस्त्र का उत्पादन 1950-51 में 4215 मिलियन वर्गमीटर था, जो कि 2000-01 में लगभग 19718 मिलियन वर्गमीटर हो गया। चीनी का उत्पादन 1950-51 में 1134 हजार टन था जो कि 1990-91 में 12047 हजार टन तथा 1999-2000 तक 18200 हजार टन हो गया था। कागज का उत्पादन 1950-51 में 116 हजार टन था जो कि 2000-01 में लगभग 3090 हजार टन हो गया था। जूट के वस्त्र का उत्पादन 1950-51 में 837 हजार मी. टन था, जो कि 2000-01 में 1591 हजार मी. टन हो गया था। रेडिया रिसीवर्स का उत्पादन 1950-51 में 54000 था जो कि 1999-2000 तक 0.1 हजार हो गया है। बिजली के पंखों का उत्पादन 1950-51 में 0.2 मिलियन था, जो कि 2000-01 में 6.2 मिलियन हो गया है।

इस प्रकार पिदले 51 वर्षों में सूती वस्त्र का उत्पादन 10 गुना, कागज का उत्पादन 34 गुना तथा पंखों का उत्पादन लगभग 31 गुना बढ़ा है। चीनी का उत्पादन 2000-01 में 182 लाख टन से अधिक हो गया है जो 1950-51 के मुकाबले लगभग 16 बुना है।

9. लघु एवं कुटीर उद्योगों का विकास—भारत में लघु एवं कुटीर उद्योगों का विकास आर्थिक, सामाजिक तथा राजनैतिक दृष्टि के साथ मानवीय दृष्टि से भी

महत्त्वपूर्ण है। इनके विकास से अधिक लोगों को रोजगार, अनेक लोगों को नये रोजगार, उत्पादन में अल्पकाल में वृद्धि विकेन्द्रीकरण तथा समाजवाद का आधार बनता है। इन बातों को ध्यान में रखते हुए प्रथम योजना में लघु उद्योगों के विकास के लिए 42 करोड़ रुपये, द्वितीय योजना में 180 करोड़ रुपये, तृतीय योजना में 241 करोड़ रुपये व्यय किये गये। 1965 में लघु उद्योगों (लघु एवं कुटीर) में उद्योगों की कुल पूँजी का केवल 11.3% भाग था, पर फिर भी वे कुल औद्योगिक उत्पादन का 32.2% भाग उत्पादन कर रहे थे, अब 49% भाग है। फिर भी यह सत्य है कि बड़े पैमाने के उद्योगों का विकास लघु एवं कुटीर उद्योगों की अपेक्षाकृत तेजी से हुआ है। पाँचवीं योजना में लघु एवं कुटीर उद्योगों के विकास लघु एवं कुटीर उद्योगों की अपेक्षाकृत तेजी से हुआ है। पांचवीं योजना में लघु एवं कुटीर उद्योगों के विकास पर सार्वजनिक क्षेत्र में 592.5 करोड़ रुपये व्यय होने का अनुमान है। छठी योजना में 1945 करोड़ रु. व्यय हुआ। सातवीं योजना में 3249 करोड़ रु. व्यय होने का अनुमान है, जबड़क आठवीं योजना में 7093.8 करोड़ रु. व्यय का प्रावधान किया गया था। 2000-01 के अन्त में देश में लघु उद्योगों की संख्या बढ़कर 37.70 लाख तथा उनमें उत्पादन बढ़कर 6,45,496 करोड़ रु. पहुँच गया है। उनमें रोजगार बढ़कर 185.6 लाख होने का अनुमान है।

10. उद्योगों में सार्वजनिक क्षेत्र का तीव्र विस्तार—उद्योगों में एकाधिकार एवं केन्द्रीकरण को रोकने तथा समाजवादी लक्ष्य की पूर्ति के लिए सार्वजनिक क्षेत्र का तेजी से विस्तार हुआ है। प्रथम योजना में 1520 करोड़ रुपये हो गया। तीन पंचवर्षीय योजनाओं में सार्वजनिक क्ष्त्रेत्र के उद्योगों पर 2513 करोड़ रुपये विनियोग हुआ। जहाँ 1950-51 में सार्वजनिक उपक्रमों की संख्या 5 थी और उनमें 29 करोड़ रुपये की पूँजी विनियोजित थी, 1965-66 में सार्वजनिक उपक्रमों की संख्या 74 और विनियोजित पूँजी 2415 करोड़ रुपये हो गई। 1995 के अप्रैल में उपक्रमों की संख्या 246 तथा विनियोजित पूँजी 1,65,500 करोड़ रुपये से अधिक थी। भारत की सम्पूर्ण उत्पादक सम्पदा में लोक क्षेत्र का भाग 1950-51 में केवल 3% था, वह अब बढ़कर 35 प्रतिशत हो गया है। आर्थिक उदारीकरण तथा सार्वजनिक उपक्रमों में घाटे की समस्या के कारण उनमें सरकारी विनिवेश बढ़ने लगा है। इससे 2000-01 में सार्वजनिक उपक्रमों की संख्या घटकर 234 रह गई है तथा उनमें पूँजी निवेश बढ़कर 3,30,649 करोड़ रु. हो गया है। इसके अलावा जहाँ 1951 में संगठित उद्योगों में सार्वजनिक क्षेत्र का भाग 3% था, वहाँ वह बढ़कर 1966 में 30% तथा छठी योजना के अन्त तक सार्वजनिक क्षेत्र का भाग 35% हो जाने का अनुमान है।

11. औद्योगिक ढाँचे में परिवर्तन—भारत में योजनाओं के दौरान औद्योगिक ढाँचे में आश्चर्यजनक परिवर्तन देखने को मिलता है। भारत के परम्परागत उद्योगों-सूती वस्त्र, जूट, चीनी, चमड़ा में विकास अपेक्षाकृत धीमी गति से हुआ है, जबकि उत्पादक व मध्यवर्ती उद्योगों की अभूतपूर्व प्रगति से औद्योगिक ढाँचे का कायापलट-सा हो गया है। जहाँ 1950-51 में कुल औद्योगिक उत्पादन में पूँजीगत उद्योगों का भाग केवल 8 प्रतिशत था, वह 1985-86 में बढ़कर 28.5% हो गया। इसी प्रकार उपभोग उद्योगों का भाग कुल औद्योगिक उत्पादन में 68% से घटकर 20% रह गया है। इस प्रकार भारतीय औद्योगिक ढाँचे में यह आमूलचूल परिवर्तन औद्योगीकरण के उज्ज्वल भविष्य का संकेत देता है। औद्योगिक ढाँचे में तेजी से परिवर्तन का श्रेय द्वितीय तथा तृतीय पंचवर्षीय योजनाओं को जाता है।

भारत ने योजनाओं के दौरान तीव्र गति से औद्योगिक विकास किया है। यहाँ तक कि भारत एक औद्योगिक राष्ट्र भी कहलाने लगा है। यह न केवल आत्मनिर्भर हुआ है, बल्कि विदेशों को निर्यात भी करता है।

▣▣▣

10

आर्थिक प्रक्रिया में श्रम की अवधारणा

19वीं शताब्दी में भारत में औद्योगिक संघर्ष की कोई विशेष समस्या नहीं थी। 1877 में एम्प्रेस मिल, नागपुर और 1882 में बम्बई (मुम्बई) की सूती मिलों की हड़तालों, दो ही ऐसे उदाहरण मिलते हैं, जिनसे लगता है कि 19वीं शताब्दी के अन्तिम वर्षों में भारत में औद्योगिक संघर्ष का बीजारोपण हो चुका था। प्रथम विश्व युद्ध के दौरान कीमतों में वृद्धि होने, परन्तु मजदूरी में वृद्धि न होने के कारण मजदूरों ने साम्यवादी प्रभाव में आकर 1920 में हड़ताल आयोजित की। फिर तो उद्योगों में हड़तालों का ताँता लग गया। केवल 1930 से 1937 तक कुछ औद्योगिक शांति का काल रहा। द्वितीय विश्व युद्ध के समय भारत सुरक्षा कानून ने हड़तालों और तालाबड़न्दयों पर रोक लगा दी तथा समझौते के लिए अनिवार्य पंचनिर्णयों की व्यवस्था कर दी गई। स्वतन्त्रता के पश्चात् भी हड़तालों और तालाबड़न्दयों की काफी घटनाएँ हुई। हड़तालों और तालाबड़न्दयों से श्रम दिवसों की हानि होती है जिसकी कि कभी पूर्ति नहीं की

जा सकती। उदाहरण के लिए, 1999 के वर्ष में ही 540 हड़तालों और 387 तालाबन्दी से लगभग 268 लाख मानव-दिवसों की हानि हुई है।

औद्योगिक संघर्ष के कारण

(Causes of Industrail Disputes)

भारत में होने वाले औद्योगिक संघर्षों के निम्नलिखित कारण हैं—

1. मालिक-मजदूरों के विरोधी हित—कारखानों से प्राप्त होने वाले लाभ में से अधिकाधिक हिस्सा लेने के लिए मिल-मालिकों और मजदूरों में संघर्ष होता है। मालिक अधिक लाभ प्राप्त करना चाहते हैं, परन्तु मजदूरी वे बहुत कम देते हैं। श्रमिक वर्ग इसके विपरीत अपने लिए अधिकाधिक सुविधाएँ प्राप्त करने की माँग करते हुए कारखाने के लाभ का अच्छा हिस्सा लेना चाहता है। इस प्रकार मिल-मालिक एवं मजदूरों के दो परस्पर विरोधी हित होते हैं, जिससे कि उद्योगों में संघर्ष को जन्म मिलता है—(अ) मिल-मालिकों द्वारा मजदूरों का शोषण करने की प्रवृत्ति, तथा (ब) मजदूरों द्वारा मजदूरी में वृद्धि की माँग।

2. मजदूरों द्वारा काम के घण्टे कम करने पर बल—मजदूर चाहते हैं कि उनके काम करने के घण्टे कम किये जायें, जबड़क मालिक मजदूरों से अधिक घण्टों तक काम लेना चाहते हैं। इससे संघर्ष को जन्म मिलता है।

3. छुट्टियों की मांग—कम घण्टे काम करने के अतिरिक्त मजदूर छुट्टियों की माँग करते हैं, जिनको कि मिल-मालिक या तो देना ही नहीं चाहता है और यदि उसको देना भी पड़े, तो वह कम से कम देना चाहते हैं। इससे श्रमिकों में असन्तोष बढ़ता है और औद्योगिक संघर्ष बढ़ते हैं।

4. काम करने की दशाओं में सुधार की माँग—कारखानों में वातावरण दूषित होता है, जो स्वास्थ्य के लिए हानिकारक होता है। श्रमिक अपने लिए सस्ते दर पर सामान देने वाले जलपान गृहों, चिकित्सालयों आदि को खोलने पर बल देते हैं, जिसको करने में मिल-मालिक आनाकानी करते हैं। इससे भी श्रमिकों में असन्तोष बढ़ता है और औद्योगिक संघर्ष की उत्पत्ति होती है।

5. बोनस की माँग—श्रमिक यह सोचते हैं कि कारखानों से प्राप्त होने वाला लाभ उसके श्रम का ही फल है, अतः उनको लाभ्ज्ञ में से अधिक से धिक हिस्सा मिलना चाहिए इनको प्राप्त करने के लिए श्रमिक बोनस की माँग करते हैं जिसे मिल-मालिक देना नहीं चाहते। इससे मिल-मालिकों तथा श्रमिकों के बीच विवाद व संघर्ष

हो जाता है।

6. श्रमिक संघों को मिल-मालिक.ों द्वारा मान्यता न देना—कई बार मिल-मालिक श्रमिक संघों को मान्यता नहीं देते और श्रमिकों के नेताओं का अपमान कर देते हैं जिससे बात ही बात में विवाद एक बड़े संघर्ष का रूप ले लेता है।

7. श्रमिकों को निलम्बित कर देना या उनकी छँटनकी कर देना—जब कभी मिल-मालिक किसी श्रमिक या श्रमिकों को निलम्बित कर देते हैं या उनकी छँटनी कर देते हैं तो ऐसे कार्यों के विरोध स्वरूप मजदूर मिल-मालिकों के विरुद्ध खड़े हो जाते हैं।

8. कारखानों का आधुनिकीकरण—आजकल नई-नई मशीनों का आविष्कार हो रहा है जिससे कि मानवीय श्रम के स्थान पर मशीन काफी सस्ती लागत पर सामान तैयार करने लगती है। मशीनों के कारण होने वाली मानवीय श्रम की बचत मिल-मालिक के लिए तो लाभकारी है, परन्तु श्रमिक वर्ग के लिए अहितकर है। इसी अहित के कारण भी उद्योगों में संघर्ष पैदा होता है। सन् 1955 में सूती वस्त्र मिलों में नई आधुनिक मशीनों के लगाने के विरोध में करीब 45,000 श्रमिकों ने 80 दिन की लम्बी हड़ताल की थी।

9. साम्यवादी विचारधारा का प्रभाव—1917 की रूसी क्रान्ति का प्रभाव मजदूरों पर पड़ा है। साम्यवादी विचारधारा, जिसका कि जन्मदाता रूस है, पूँजीपतियों की कट्टर विरोधी है। साम्यवादी विचारधारा मजदूरों में असन्तोष जाग्रत कर औद्योगिक संघर्ष को जनम देती है।

10. राजनैतिक दलों का स्वार्थ—भारत में प्रमुख राजनैतिक दलों ने अपने-अपने श्रमिक संघ बना लिए हैं जो अपने स्वार्थों की पूर्ति हेतु औद्योगिक संसार में संघर्ष कराया करते हैं। इससे औद्योगिक शांति भंग होती है।

औद्योगिक विवादों के निपटारे व औद्योगिक संघर्षों के रोकथाम की व्यवस्था

(Efforts to Prevent and Settle the Industrial Disputes)

सरकार ने औद्योगिक संघर्षों के कारण देश को होने वाली अपार हानि को देखा है, अतः औद्योगिक विवादों को निपटा कर औद्योगिक शान्ति बनाये रखने के लिये समय-समय पर अनेक कानूनी व्यवस्थाएँ की गयी हैं। संक्षेप में, हम उनका वर्णन निम्नलिखित प्रकार से कर सकते हैं—

1. 1929 का औद्योगिक विवाद कानून—औद्योगिक विवादों का निपटारा करने के लिए यह सबसे पहला महत्त्वपूर्ण कार्य था।

(i) इस अधिनियम के अनुसार सार्वजनिक जन-उपयोगी उद्योगों, जैसे—रेल, डाक-तार, बिजली, पानी आदि में हड़ताल करने के लिए 14 दिन की अग्रिम सूचना देना अनिवार्य कर दिया।

(ii) इसके साथ ही साथ सार्वजनिकसेवा और अन्य औद्योगों में भी यह व्यवस्था कर दी गयी।

(iii) औद्योगिक विवादों को निपटाने के लिए अस्थायी जाँच अदालतों की स्थापना की गई जो कि अपना प्रतिवेदन समझौता बोर्डों को देते थे। समझौता बोर्ड दोनों पक्षों को पास लाकर उनमें समझौता कराने का प्रयास करते थे और अपने प्रयासों में सफल न होने पर उसकी सूचना सरकार को देते थे।

(iv) इस अधिनियम के अन्तर्गत सरकार ने यह अधिकार ले लिया कि वह ऐसी हड़तालों को, जो सामाजिक दृष्टि से अहितकर हों, अवैधानिक घोषित कर सकती थी।

इस अधिनियम के दोषों की ओर देखें तो पता चलता है कि बोर्डों के फैसले लागू करने के लिए कोई व्यवस्था नहीं थी। इसके अतिरिक्त इस अधिनियम में स्थायी औद्योगिक न्यायालयों के गठन के लिए भी कोई व्यवस्था नहीं थी।

2. भारत सुरक्षा अधिनियम—द्वितीय विश्व युद्ध के दौरान भारत में उस समय की ब्रिटिश सरकार ने भारत सुरक्षा अधिनियम के अन्तर्गत हड़तालों एवं तालाबड़न्दयों पर रोक लगा दी। इससे उस काल में औद्योगिक शान्ति बनी रही।

3. औद्योगिक विवाद अधिनियम, 1947—फरवरी, 1947 में पारित औद्योगिक विवाद अधिनियम में निम्नलिखित व्यवस्थाएँ की गईं—

(i) **कार्य समितियाँ**—प्रत्येक फैक्टरी में, जहाँ 100 से अधिक श्रमिक कार्य करते हों, एक कार्य समिति बनाई जाये, जो मालिक-मजदूरों के दिन-प्रतिदिन के झगड़ों को निबटावे।

(ii) **समझौता अधिकारी**—समझौता अधिकारी नियुक्त किये जायें जो कि दोनों पक्षों में विवाद की स्थिति में समझौता करा देवें।

(iii) समझौता बोर्ड और जाँच अदालतों की स्थापना की जाए।

(iv) **औद्योगिक अदालतों की स्थापना**—इस प्रकार की अदालत में उच्च न्यायालयों के दो या इससे कम न्यायाधीश होते हैं। मालिक-मजदूरों में परस्पर समझौता न होने पर सरकार औद्योगिक विवाद को इस न्यायालय को सौंप देती है। इस न्यायालय का निर्णय सर्वोच्च होता है तथा इसका निर्णय दोनों पक्षों को मानना अनिवार्य है।

(v) सार्वजनिक उपयोगिता वाले उद्योगों में यह अनिवार्य कर दिया गया कि हड़ताल करने के लिये श्रमिक उससे 6 सप्ताह पहले नोटिस देंगे।

इस अधिनियम ने श्रमिकों के हड़ताल करने का अधिकार ही छीन लिया। पंच-निर्णय को लागू करने की अनिवार्यता के आगे श्रमिकों को कुछ करने के लिए रह ही नहीं गया।

4. औद्योगिक विवाद (श्रम अपील अदालत) अधिनियम, 1950—इस अधिनियम के अनुसार, 1950 में श्रम अपील अदालतों की स्थापना की गई, जिनमें औद्योगिक अदालतों व समझौता बोर्डों के फैसलों के विरुद्ध अपीलें की जा सकती हैं। 1956 के अधिनियम में श्रम अपील अदालतों की व्यवस्था को समाप्त कर दिया।

5. 1956 का औद्योगिक विवाद अधिनियम—इस अधिनियम की मुख्य बातें निम्नलिखित हैं—

(i) 500 रु. प्रतिमाह तक पाने वाले सभी कर्मचारी 'मजदूर' कहलायेंगे।

(ii) श्रम अपील अदालतें समाप्त कर दी जायें।

(iii) **श्रम अदालतों की स्थापना**—जो मजदूरों को हटाने से सम्बड़न्धत विवादों, हड़तालों की वैधानिकता आदि पर विचार करेंगी।

(iv) **औद्योगिक अदालतें**—जो मजदूरी, काम के घण्टे, बोनस, छँटनी आदि के प्रश्नों को तय करेंगी।

(v) **राष्ट्रीय न्यायाधिकरण** की नियुक्ति केन्द्रीय सरकार द्वारा की जायेगी, जो कि राष्ट्रीय महत्त्व के उद्योगों के औद्योगिक विवादों को तय करेगी।

(vi) सरकार को औद्योगिक फैसले बदलने का अधिकार होगा।

6. 1958 की अनुशासन संहिता—भारतीय श्रम सम्मेलन ने मई, 1958 में अपने सोलहवें सम्मेलन में एक औद्योगिक अनुशासन संहिता तैयार की, जिसकी मुख्य बातें निम्नलिखित थीं—

(i) मालिक व मजदूर एक-दूसरे के अधिकारों व कर्त्तव्यों को समझने की कोशिश करेंगे।

(ii) किसी भी औद्योगिक विवाद में एक-पक्षीय कार्यवाही नहीं की जायेगी।

(iii) बिना उपयुक्त नोटिस के हड़ताल या तालाबन्दी नहीं हो सकेगी।

(iv) न तो मिल-मालिक मजदूर संघों की कार्यवाही में किसी प्रकार का हस्तक्षेप करेंगे और न मजदूर कारखाने कीसम्पत्ति को नुकसान पहुँचायेंगे और धीमी गति से काम करने का रवैया अपनायेंगे।

(v) प्रचलित पद्धति या व्यवस्था से ही मामलों को सुलझाया जायेगा।

(vi) पंच फैसलों को अविलम्ब स्वीकार किया जायेगा।

इस अनुशासन संहिता को लगू करने एवं उसका मूल्यांकन करने के लिए एक कार्यान्वयन समिति बनाई गई, जो यह देखेगी कि अनुशासन संहिता के विरुद्ध कोई कार्य तो नहीं किया जा रहा है।

7. 1962 का औद्योगिक शान्ति प्रस्ताव—1962 में चीन के भारत पर आक्रमण के समय **श्री गुलजारीलाल नन्दा** की अध्यक्षता में श्रमिक संगठनों एवं मालिकों के संगठनों की एक सभा बुलाई गई, जिसमें एक औद्योगिक शान्ति प्रस्ताव पास करने के साथ-साथ अधिकतम उत्पादन के लक्ष्य को स्वीकार किया गया। इस औद्योगिक शान्ति प्रस्ताव की निम्न पाँच बातें हैं—

(i) अधिकमत उत्पादन के लिए अनुकूल वातावरण बनाये रखना।

(ii) औद्योगिक शान्ति कायम रखना।

(iii) पारी में काम करना तथा गैर हाजिरी कम करना।

(iv) मूल्य स्थिरता की आवश्यकता पर बल।

(v) बचत बढ़ाने की आवश्यकता पर बल।

दिसम्बर, 1971 में पाकिस्तान के आक्रमण के समय राष्ट्रपति तथा प्रधानमन्त्री द्वारा तीन वर्ष तक हड़ताल न करने की अपील की गई थी।

8. आपातलकाल में औद्योगिक सम्बन्ध—26 जून, 1975 को देश में आपात स्थिति की घोषणा कर दी गई, जो मार्च, 1977 तक रही। इस काल में भारत में औद्योगिक सम्बन्धों को शान्तिपूर्ण बनाये रखने के लिए निम्नलिखित कार्य किये गये—

(i) **'राष्ट्रीय शीर्ष संस्था'** की स्थापना की गई जिनमें श्रम संघों व मालिकों के 22 सदस्य हैं।

(ii) विभिन्न उद्योगों में औद्योगिक शानित बनाये रखने तथा उत्पादन वृद्धि के लिए **'राष्ट्रीय औद्योगिक समितियाँ'** गठित की गई।

(iii) न्यूनतम मजदूरी भुगतान अधिनियम में संशोधन करने की उसकी राशि, क्षेत्र व उसमें परिवर्तन करने की अवधि वर्तमान के 5 वर्षों से घटाकर 3 वर्ष कर दी गई।

(iv) बोनस भुगतान को लाभ से जोड़ा गया।

(v) बन्धक मजदूरों को स्वतन्त्र कर दिया गया और इस प्रथा का उन्मूलन किया गया।

(vi) श्रमिकों की प्रबन्ध में भागीदारी को विस्तृत किया गया।

(vii) मजदूरी भुगतान अधिनियम के अन्तर्गत संशोधन से 1000 रु. वेतन पाने वाले कर्मचारियों को शामिल कर लिया गया, जबड़क पहले यह सीमा 500 रु. वालों तक थी।

(viii) कारखानों में छँटनी, तालाबन्दी, हड़ताल व ले-ऑफ बिना सरकार की पूर्वानुमति करने पर अवैधानिक व दण्डनीय घोषित कर दिये गये।

9. श्रम संघ एवं औद्योगिक विवाद (संशोधन) बिल, 1988—यह बिल भी औद्योगिक सम्बन्धों के दृष्टिकोण में एक महत्त्वपूर्ण बिल था, लेकिन श्रमिक संघों के भारी विरोध के कारण इस बिल को स्वीकृति प्राप्त नहीं हो सकी थी। इसके अलावा अभी कुछ वर्ष पूर्व भारत सरकार ने बोनस भुगतान अधिनियम में आवश्यक संशोधन करके बनोस भुगतान के लिए वेतन सीमा 1600 रुपये प्रतिमाह से बढ़ाकर 2500 रुपये प्रतिमाह कर दी है। समाचार पत्रों के कर्मचारियों को भी सरकार के द्वारा अन्तरिम राहत की घोषणा कर दी गयी है।

श्रमिक संघ का अर्थ

(Meaning of Trade Union)

श्रमिक संघ का अर्थ उस संगठन से होता है, जो उद्योगपतियों के शोषण से बचाते हुए श्रमिकों के अधिकारों व हितों की रक्षा करने के उद्‌देश्य से संगठित किया जाता है।

पिड़नी और **वैब** के अनुसार, "श्रमिक संघ श्रमिकों के ऐसे स्थायी संगठन को कहते हैं जिसका उद्‌देश्य काम की दशाओं को बनाये रखना और उनमें सुधार करना होता है।" संक्षेप में, हम कह सकते हैं कि श्रमिक संघ श्रमिकों द्वारा स्वेच्छा से बनाये गये संगठन को कहते हैं, जो श्रमिकों के हितों के संरक्षण के उद्‌देश्य से बनाये जाते हैं।

श्रमिक संघ के कार्य

(Functions of Trade Union)

श्रमिक संघ के कार्य दो प्रकार के होते हैं—

(i) **संघर्षात्मक कार्य**—श्रमिक संघ श्रमिकों के हितों के लिए जैसे श्रमिकों की मजदूरी बढ़ाने, काम के घण्टे कम करने, काम की दशाओं में सुधार करने, श्रमिकों को उद्योगों के प्रबन्ध आदि में हिस्सा दिलाने के लिए संघर्ष करता है। एक रूप में श्रमिकों को उद्योगपतियों द्वारा शोषण किये जाने के विरुद्ध संघर्ष करना है।

(ii) **कल्याणकारी कार्य**—श्रमिक संघ का दूसरा कार्य रचनात्मक है और आजकल इस पर अधिक बल दिया जा रहा है। श्रमिक संघ मजदूरों के लिए उनकी शिक्षा, चिकित्सा व मनोरंजन आदि की सुविधाओं का विस्तार करके श्रमिकों की कार्य-कुशलता में वृद्धि करते हैं। श्रमिक संघ के इस कार्य से मजदूरों में अनुशासन की भावना बढ़ती है।

श्रमिक संघ अपने मजदूरों के हितों के लिए जो कार्य करते हैं या उद्योगपतियों तथा सरका से संघर्ष करते हैं। श्रमिक संघ के ऐसे कार्यों को ही श्रमिक संघ आन्दोलन कहा जाता है।

भारत में श्रमिक संघ आन्दोलन की प्रगति

(Progress of Labour Union Movement in India)

श्रमिक संघ बनाने का वास्तविक प्रयास प्रथम विश्व युद्ध की समाप्ति पर 1918 में प्रारम्भ हुआ। विश्व युद्ध ने महँगाई तो बढ़ा दी, परन्तु मजदूरों की मजदूरी न बढ़ने से उनमें असन्तोष की लहर फैल गई। रूस की 1917 की क्रान्ति ने भारत में भी श्रमिकों को संगठित होने के लिए उत्साहित किया। मजदूरों को सुविधाएँ दिलाकर उनकी दशा सुधारने के लिए हड़ताल एक प्रभावशाली साधन समझा गया। जैसे-जैसे हड़तालों को सफलता मिलती गई, अनेक श्रमिक संघ बनते चले गये। परन्तु अधिकांश श्रमिक संघ हड़ताल करने के उद्देश्यों की पूर्ति होते ही समाप्त हो जाते थे। 1920 में श्रमिकों का प्रथम भारतीय संगठन अखिल भारतीय ट्रेड यूनियम कांग्रेस (All India Trade Union Congress) (AITUC) की स्थापना हुई।

1926 का श्रमिक संघ कानून—1926 का श्रमिक संघ कानून भारत में श्रमिक संघ आन्दोलन की पहली प्रमुख घटना थी। इस कानून से रजिस्टर्ड श्रमिक संघों को बहुत-से अधिकार मिल गये। उन पर मुकदमा नहीं चलाया जा सकता था। उनको चल व अचल सम्पत्ति के अधिकार मिल गये। परन्तु रजिस्टर्ड संघों को नियमानुसार कार्य करना पड़ता था। उन पर कई जिम्मेदारियाँ डाल दी गयीं और अनेक प्रतिबन्ध लगा दिये गये। प्रतिवर्ष उनको अपने हिसाब की जाँच करवानी पड़ती थी। अपनी प्रबन्ध समिति के सदस्यों के नाम सरकार के पास भेजने पड़ते थे, कुछसमय बाद श्रमिक संघों के नेताओं में आपसी फूट पड़ गई। साम्यवादियों ने, जो कि उग्रवादी थे, AITUC पर नियन्त्रण कर लिया और उदार दल वालों ने एक और संघ बना लिया। द्वितीय महायुद्ध काल में औद्योगिक अशान्ति बढ़ने से श्रमिक संघ आन्दोलन को प्रोत्साहन मिला।

स्वतन्त्रता प्राप्ति से पूर्व श्रमसंघों का विकास—सन् 1939 में द्वितीय विश्व युद्ध प्रारम्भ हुआ था। युद्धोत्तर काल में महँगाई बढ़ गयी थी। महँगाई बढ़ने के कारण श्रमिक असन्तोष बढ़ गया और श्रमिकों ने अनेक हड़तालें कीं और श्रमिक संघों की संख्या व सदस्यता में भारी वृद्धि हुई। जहाँ 1939-40 में रजिस्टर्ड संघों की संख्या 667 थी तथा सन् 1947-48 में बढ़कर 2766 हो गयी तथा 1939-40 में संघों में सदस्य संख्या 5.11 लाख थी, वह 1947-48 में बढ़कर 16.68 लाख हो गयी थी। इस प्रकार स्वतन्त्रता प्राप्ति से पहले ही श्रमिक संघों का विकास हो चुका था।

1947 के बाद श्रमिक संघ आन्दोलन—स्वतन्त्रता प्राप्ति के बाद श्रमिक संघ आन्दोलनों ने बहुत उन्नति की। देश के विभाजन के कारण मजदूरों की दशा बिगड़ गई और देश में बहुत-सी हड़तालें हुई। 1948 में श्रमिक संघ कानून में संशोधन किया गया, जिसके अनुसार मिल-मालिकों को श्रमिक संघों को मान्यता देना अनिवार्य हो गया। यदि कोई मिल-मालिक मान्यता प्राप्त श्रमिक संघ के प्रतिनिधियों से बातचीत करने से इनकार करें, तो उस पर 1,000 रुपये तक का जुर्माना किया जा सकता है। स्वतन्त्रता प्राप्ति के बाद श्रमिक संघों एवं उनके सदस्यों की संख्या दोनों में काफी वृद्धि हुई।

भारत में अब लगभग 63 हजार से अधिक रजिस्टर्ड श्रमिक संघ हैं, जिनकी सदस्य संख्या 230 लाख के लगभग है। 6 श्रमिक संघों की सदस्य संख्या 8 लाख से अधिक होने के कारण वे ही अखिल भारतीय श्रमिक संघ कहलाने योग्य हैं। जैसा निम्नलिखित तालिका से स्पष्ट है—

केन्द्रीय श्रम संघों की सदस्यता

श्रमसंघ	सदस्य संख्या (लाख में)
1. भारतीय मजदूर संघ (BMS)	40.81
2. इण्डियन नेशनल ट्रेड यूनियन कांग्रेस (INTUC)	54.36
3. सेन्टर ऑफ इण्डियन ट्रेड यूनियन (CITU)	23.80
4. ऑल इण्डिया ट्रेड यूनियन कांग्रेस (AITUC)	29.74
5. हिन्द मजदूर सभा (HMS)	43.56
6. (लेनिनवादी) यूनाइटेड ट्रेड यूनियन कांग्रेस (UTUC)	11.89
7. यूनाइटेड ट्रेड यूनियन कांग्रेस (UTUC)	7.85
8. नेशनल फ्रंट ऑफ इण्डियन ट्रेड यूनियन (NFTIU)	7.61
9. नेशनल लेबर संगठन	6.61
10. ट्रेड यूनियन को-ऑर्डिनेशन सेन्टर	5.13

सबसे अधिक संख्या में श्रमिक संघ पश्चिमी बंगाल में हैं। इसके बाद केरल और महाराष्ट्र का स्थान है।

श्रमिक संघों की यह उन्नति तीन कारणों से हुई—(i) श्रमिक अपने रहन-सहन को ऊँचा करने की आवश्यकता महसूस करने लगे, जो कि संगठित समूहों के बिना कठिन था। (ii) केन्द्रीय श्रमिक संस्थाएँ श्रमिकों को संगठित करने का प्रयत्न कर रही हैं। (iii) केन्द्रीय तथा राज्य सरकारों ने श्रमिक संघों को बल देने वाले कई कानून पास किये। स्वतन्त्रता प्राप्ति के बाद ही कांग्रेस ने भारतीय स्तर के एक श्रमिक संघ Indian National Trade Union Congress (INTUC) की स्थापना 1948 में की।

भारतीय श्रमिक संघों की समस्याएँ

(Problems of Indian Labour Unions)

भारतीय श्रमिक संघों की कुछ समस्याएँ हैं जो इनकी सफलता के मार्ग में बाधक हैं, इनको हम भारतीय श्रमिक संघों की त्रुटियाँ या दोष भी कह सकते हैं। इनके कारणों से श्रमिक आन्दोलन की प्रगति बड़ी धीमी रही है। ये समस्याएँ निम्नलिखित हैं—

1. अनपढ़ और अशिक्षित श्रमिक—भारत में अधिकांश श्रमिक अनपढ़ और अशिक्षित हैं। अपनी ही समस्याओं को समझ न सकने के कारण श्रमिक आन्दोलन में वे अपने उत्तरदायित्व को निभाने में असफल रहते हैं। अशिक्षित होने के कारण उन श्रमिकों में यही समझ नहीं हो पाती कि उनका मूल हक क्या है। उन्हें अपनी समस्याओं का पूरी तरह से ज्ञान नहीं हो पाता है और साथ ही वे श्रमिक आन्दोलन की भावना से भी डरते हैं, क्योंकि उन्हें संगठन की शक्ति का ज्ञान ही नहीं हो पाता है।

2. श्रमिकों में जाति, धर्म, भाषा, प्रान्तीयता आदि की विभिन्नताएँ—इन विभिन्नताओं के कारण सभी श्रमिक एकसूत्र में नहीं बँध पाते और यह श्रमिक आन्दोलन की सफलता में एक रोड़ा बनकर खड़ा हो जाता है। मिल-मालिक इन विभिन्नताओं से लाभ उठाने की कोशिश करते हैं।

3. श्रमिकों में अपने अधिकारों के प्रति उदासीनता—भारतीय श्रमिक काफी समय से गुलामों जैसी जिन्दगी बिता रहे हैं, इससे उनमें मानसिक दासता-सी छा गई है। उससे उनको अधिकारों के प्रतिसचेत करना भी कठिन हो गया है। दासता की भावना धीरे-धीरे निकलती जा रही है और उनमें अधिकारों के प्रति चेतना जागृत हो गई है।

4. श्रमिक संघों की कमजोर वित्तीय स्थिति—भारत में अधिकांश श्रमिक संघों के आर्थिक साधन इनते कम होते हैं कि न तो वे हड़ताल के दिनों में अपने मजदूरों को आर्थिक मदद दे सकते हैं और न उनके लिए कोई रचनात्मक कार्य कर सकते हैं। श्रमिकों को स्वयं कम मजदूरी मिलने के कारण वे श्रमिक संघ को पर्याप्त चन्दा भी नहीं दे पाते।

5. सीमित सदस्य संख्या—किसी भी संस्था की शक्ति उसके सदस्यों की संख्या होती है। भारत में केवल 24 प्रतिशत श्रमिक, श्रम संघों के सदस्य हैं।

6. छोटे श्रमिक संघ—भारत में अनेक श्रमिक संघ छोटे-छोटे आकार के हैं। ऐसे संघों के पास धन का अभाव होने के साथ-साथ भी व्यवस्थित एवं मजबूत नहीं होता। अत: वे मालिकों को प्रभावित करने में असमर्थ रहते हैं।

7. बाहरी नेतृत्व—श्रमिकों के अशिक्षित एवं साधनहीन होने के कारण श्रमिक संघों का नेतृत्व ऐसे लोगों के हाथों में होता है, जो श्रमिक नहीं होते। ये नेता श्रमिकों के हितों का पूरा ख्याल नहीं रखते, बड़ल्क अवसर पाकर श्रमिकों का अहित करके अपने तुच्छ व्यक्तिगत स्वार्थ पूरे कर लेते है। श्रमिकों के बीच से नेता बनने पर श्रमिक संघ आन्दोलन सफलता के चरणों पर सहज पहुँच सकेगा।

8. श्रमिकों की प्रवास प्रवृत्ति—काफी मात्रा में ऐसे श्रमिक होते हैं, जिनको स्थायी श्रमिक नहीं कहा जा सकता। ये लोग खेतों पर काम न होने के समय शहरों में आकर श्रमिक बन जाते हैं और फिर गाँवों में खेतों पर काम शुरू होने पर पुन: गाँव वापस चले जाते हैं। ऐसे श्रमिकों को श्रमिकों के हित या श्रमिक आन्दोलन की सफलता से कोई सरोकार नहीं होता है। इससे भी श्रमिक संघ आन्दोलन को धक्का पहुँचता है।

9. विभिन्न श्रमिक संघों में आपीस फूट—श्रमिक संघों में आपसी फूट पाई जाती है। एक ही उद्योग में यहाँ तक कि एक ही औद्योगिक संस्थान में दो या दो से अधिक श्रमिक संघ होते हैं जो कि आपस में ही एक-दूसरे का विरोध कर लड़ते हैं। ऐसा होने पर सर्वाधिक लाभ नियोजकों को होता है और कई बार उन संगठनों में आपसी फूट नियोजकों की एक नीति होती है जिसका प्रतिकूल प्रभाव श्रमिकों पर ही पड़ता है।

10. श्रमिक संघों पर राजनीतिक प्रभाव—श्रमिक संघों पर राजनीतिक प्रभाव के कारण राजनीतिक उद्देश्यों की पूर्ति के लिए श्रमिक संघों को मोहरा बना लिया जाता है, जिसमें श्रमिकों के कल्याण जैसी बात कम ही रहती है।

11. रचनात्मक कार्यों का अभाव—भारत में अधिकतर श्रमिक संघ अपनी वित्तीय स्थिती खराब होने के कारण अपने श्रमिक सदस्यों के लिए कोई रचनात्मक कार्य, जैसे—उनकी शिक्षा, चिकित्सा, मनोरंजन आदि की व्यवस्था नहीं कर पाते, जिससे उनकी अज्ञानता दूर नहीं होने के साथ-साथ उनकी कुशलता में भी वृद्धि नहीं हो पाती।

12. भर्ती का गलत तरीका—उद्योगों में श्रमिकों की भर्ती मध्यस्थों के द्वारा होती है, जो कि सरदार या जाँवर कहलाते हैं। ये सरदार श्रमिक संघों के विरोधी होते हैं। अधिकांशतया सरार मिल-मालिकों या नियोजकों के वफादार होते हैं और खुर का फायदा लेकर शेष श्रमिकों को उनको पूरा हक ना लेने पर बाध्य करते हैं।

13. मिल-मालिकों के हथकण्डे—मिल मालिक श्रमिक संघों से बहुत डरते हैं, अतः वे श्रमिक संघों को कमजोर बनाने, उनको नष्ट करने तथा उनमें फूल डालने के सभी हथकण्डों का प्रयोग किया करते हैं। इससे श्रमिक संघ आन्दोलन को आघात लगता है।

14. सरकारी दृष्टिकोण—स्वतन्त्रता से पूर्व श्रमिकों के प्रति सरकारी दृष्टिकोण ने भी श्रमिक संघ के हितों को चोट पहुँचाई है।

श्रमिक संघों को प्रभावशाली बनाने के लिए सुझाव

(Suggestions for Effectiveness of Trade Unions)

श्रमिक संघों को प्रभावशाली बनाने के लिए निम्न सुझाव हैं—

1. श्रमिक संघ अधिनियम में अनुकूल परिवर्तन—सरकार को श्रमिक संघों को प्रभावशाली बनाने के लिए श्रमिक संघ अधिनियम में परिस्थितियों के अनुकूल परिवर्तन करने चाहिए। सार्वजनिक उद्योगों में श्रम संघों को प्रबन्ध व लाभ में हिस्सा देना चाहिए तथा उनके रचनात्मक कार्यों को बढ़ावा देने के लिए अनुदान व आर्थिक सहयोग देना चाहिए।

2. सरकार द्वारा प्रोत्साहन—सरकार द्वारा श्रमिक संघों को प्रभावशाली बनाने के लिए यथासम्भव प्रोत्साहन दिया जाना चाहिए।

3. श्रमिक संघों द्वारा रचनात्मक कार्य—श्रमिक संघों को अपना कार्यक्षेत्र केवल हड़ताल तक ही सीमित नहीं रखना चाहिए, बड़ल्क उन्हें श्रमिकों की शिक्षा, स्वास्थ्य, मनोरंजन और आवास आदि की व्यवस्था सुधारने की ओर भी ध्यान देना चाहिए।

4. कार्यकर्त्ताओं का प्रशिक्षण—श्रमिक संघों के कार्यकर्त्ताओं के प्रशिक्षण के लिए विशेष प्रशिक्षण संस्थाओं की स्थापना करनी चाहिए।

5. पारस्परिक फूट की समाप्ति—श्रमिक संघों की आपसी फूट से यह आन्दोलन बेहद कमजोर हो जाता है, अत: उनमें आपसी पारस्परिक फूट को विभिन्न उपायों द्वारा समाप्त करना चाहिए।

6. उद्योगपतियों द्वारा मान्यता—उद्योगपतियों को श्रम संघों के प्रति अपनी विरोधी नीति का परित्याग कर औद्योगिक शान्ति व उत्पादन वृद्धि के लिए स्वस्थ उदार नीति अपनानी चाहिए। उन्हें श्रम संघों को मान्यता प्रछान करनी चाहिए।

7. शिक्षा का प्रसार—श्रमिकों में शिक्षा का प्रसार करना चाहिए जिससे उनको अपने हित-अहित को सोचने की शक्ति स्वयं ही मिल सके। यदि सभी श्रमिक शिक्षित हों तो वे एक हो जाएँगे और नियोजकों को मनमानी करने का मौका नहीं मिल पायेगा। अत: श्रमिक संघों को प्रभावशाली बनाने के लिए श्रमिकों का शिक्षित होना अनिवार्य है।

8. एक उद्योग में एक ही संघ—श्रम संघों की प्रभावशीलता के लिए एक उद्योग में एक ही श्रम संघको मान्यता मिलनी चाहिए। एक ही उद्योग में एक से अधिक श्रम संघ होने पर वे अपनी परस्पर विरोधी विचारधारा के आधार पर एक-दूसरे का विरोध करते रहते हैं और असफल रहते हैं।

9. राजनीति से दूर करना—श्रमसंघों की प्रभावशीलता के लिए उन्हें राजनीति से दूर रखना चाहिए। परन्तु आज के माहौल में चूँकि श्रम संघ आन्दोलन राजनीति से सर्वथा अछूता नहीं रह सकता, अत: कम से कम उसे दलगत राजनीति का मोहरा बनाना व उनके द्वारा अपने राजनीतिक स्वार्थों की पूर्ति का प्रयास करने की प्रवृत्ति का तो अन्त होना ही चाहिए।

10. आर्थिक दशा सुधारना—प्रभावशाली श्रम संघों के लिए उनकी आर्थिक दशा में सुधार किया जाना चाहिए। इसके लिए सदस्यों से चन्दे की नियमित वसूली, मालिकों व सरकार द्वारा सहायता देने की व्यवस्था होनी चाहिए।

औद्योगिक संबंध का अर्थ एवं परिभाषाएँ

(Meaning and Definitions of Industrial Relations)

औद्योगिक सम्बन्ध का अभिप्राय मुख्य रूप से श्रमिकों एवं औद्योगिक नियोक्ताओं के बीच पाये जाने वाले सामान्य संबंधों के जाल से है।

अन्तर्राष्ट्रीय श्रम संगठन के अनुसार, "औद्योगिक संबंध या तो सरकार एवं नियोक्ताओं तथा श्रमिक संघों के मध्य अथवा विभिन्न व्यावसायिक संगठनों के मध्य संबंध है।"

वी. अग्निहोत्री के मतानुसार, "औद्योगिक संबंध शब्द श्रमिकों/कर्मचारियों एवं प्रबन्धकों के बीच उन संबंधों को व्यक्त करता है जो प्रत्यक्ष्चा या अप्रत्यक्ष रूप में श्रमिक संघ तथा नियोक्ता के बीच संबंधों के फलस्वरूप उत्पन्न होते हैं।"

जॉन डनलप के अनुसार, "औद्योगिक संबंधों का अभिप्रय श्रमिकों, प्रबन्धकों तथा सरकार के अन्तर्सम्बन्धों से है जो एक-दूसरे को प्रभावित करते हैं और औद्योगिक सम्बन्धों का ढाँचा तैयार करते हैं।"

भारत में औद्योगिक सम्बन्ध

(Industrial Relations in India)

यह कटु सत्य है कि भारत में औद्योगिक सम्बन्ध विभिन्न प्रकार के सन्देह एवं अविश्वास से परिपूर्ण हैं। इस प्रकार के औद्योगिक सम्बन्धों के कारण ही औद्योगिक संघर्षों का जन्म होता है। आधुनिक बड़े पैमाने की उत्पत्ति से युग में श्रम संघर्ष सामान्य बन गये हैं। औद्योगिक संघर्षों से उत्पादन गिरता है, श्रमिकों की कार्यकुशलता घटती है, परस्पर वैमनस्य से विरोध बढ़ता है और समूची उत्पादन क्षमता पर बुरा प्रभाव पड़ता है। भारत में औद्योगिक समाज में औद्योगिक सम्बन्धों में श्रमिकों एवं नियोक्ता के सम्बन्धों को सम्मिलित किया जाता है। व्यवसाय में सफलता प्राप्त करने हेतु यह समझना आवश्यक है कि श्रम एक वस्तु न होकर एक मानव मात्र है। भारत में इन सबका कारण मालिकों व श्रमिकों के बीच तनाव ही रहा है, जिसका कारण भाषा, जाति आदि की भिन्नता भी रही है। प्रबन्धकों व मालिकों ने भी श्रमिकों पर अनेक प्रकार के अत्याचार किये हैं, जिनसे उनमें मधुर संबंध हो ही नहीं पाये, जिसके अनेक कारण रहे हैं, जैसे—मजदूरी, बोनस, महंगाई भत्ता, कार्य और रोजगार की दशाएँ, कार्य के घण्टे, निरीक्षकों तथा मध्यस्थों द्वारा दुर्व्यवहार, अनुचित बर्खास्तगी, एक या अधिक श्रमिकों को पुनः काम पर लगाने की माँग, छुट्टियाँ व वेतन सहित अवकाश, निर्वाचन निर्णय को कार्यान्वित करने में देर करना आदि। प्रबन्धकों ने भी श्रमिकों पर अनेक अत्याचार तो किये ही हैं, साथ ही उन्होंने श्रमिक संघों को मान्यता देने से इन्कार कर दिया है। जिससे भारतीय औद्योगिक सम्बन्धों में सन्देह का वातावरण रहा है। प्रबन्धकों एवं श्रमिकों में परस्पर अविश्वास ही बना रहा है, इन सबके पीछे सामाजिक, आर्थिक, मनोवैज्ञानिक तथा राजनीतिक कारण भी रहे हैं। मधुर औद्योगिक

संबंध न होने के कारणों से ही मालिकों एवं श्रमिकों के बीच अविश्वास का वातावरण बना रहा है।

औद्योगिक संघर्षों के दुष्प्रभाव—इस प्रकार के औद्योगिक संबंधों से श्रमिकों में काम के प्रति लगाव भी नहीं रहता है। इससे श्रमिकों में अनेक कटु भावनाएँ भर जाती हैं। औद्योगिक संघर्षों के इस दुष्प्रभाव से सम्पूर्ण अर्थव्यवस्था ही अस्त-व्यस्त हो जाती है, जिसका विवेचन इस प्रकार कर सकते हैं—

(i) इस प्रकार के कटु औद्योगिक सम्बन्धों से श्रमिकों में कार्य संलग्नता की बजाय कार्य में अरुचि उत्पन्न हो जाती है, परिणामस्वरूप उत्पादन में कमी आ जाती है।

(ii) इससे श्रमिकों को भी हानि होती है। उनको हड़ताल के समय का वेतन नहीं मिलता है, उनका श्रम व्यर्थ जाता है, आय घटती है, निराशा बढ़ती है।

(iii) इस परिस्थिति से उद्योगपतियों को लाभ की बजाय हानि तो होती ही है। साथ ही ब्याज, टूट-फूट व प्रशासन व्यय का भार भी उठाना पड़ता है।

(iv) समाज में दूषित वातावरण अनैतिकता को जन्म देता है।

अत: औद्योगिक सम्बन्धों में पारस्परिक कटुता, सन्देह व वैमनस्यता की स्थिति होती है, तो उससे श्रमिकों में किसी भी प्रकार के संलग्नता की भावना जागृत नहीं होती।

अच्छे औद्योगिक सम्बन्धों की स्थापना हेतु सुझाव

औद्योगिक शान्ति की स्थापना के लिए, औद्योगिक उत्पादन बढ़ाने के लिए औद्योगिक संघर्षों की रोकथाम आवश्यक है। मालिकों व श्रमिकों में मधुर संबंध कायम रखना अनिवार्य है, इसके लिए निम्न सुझाव दिये जा सकते हैं—

1. श्रमिकों की प्रबन्ध एवं पूँजी में भागीदारिता को बढ़ावा—प्रबन्ध एवं पूँजी में श्रमिकों की भागीदारी को बढ़ाकर अच्छे औद्योगिक संबंध स्थापित किये जा सकते हैं।

2. एक औद्योगिक इकाई में एक श्रमिक संघ—अभी तक एक उद्योग में कई श्रमिक संघ कार्यरत हैं, इससे प्रतिनिधित्व के निर्धारण में बाधा आती है। इसके

लिए सामूहिक सौदेबाजी को बढ़ावा दिया जाना चाहिये। एक औद्योगिक इकाई में एक संघ की अवधारणा को मूर्त रूप दिया जाना चाहिए। इससे मधुर औद्योगिक सम्बन्धों की स्थापना में सहायता मिलेगी।

3. मजदूर-मालिक के दृष्टिकोण में परिवर्तन—अच्छे औद्योगिक सम्बन्धों की स्थापना के लिए मजदूर व मालिक को अपने दृष्टिकोणों में परिवर्तन लाना चाहिए। अब तक उनमें शोषक एवं शोषित का दृष्टिकोण गहरे रूप में जमा हुआ है। वे एक-दूसरे को अपने हितों का विरोधी मानते हैं। दोनों को एक-दूसरे को अपना मित्र व हितैषी मानकर चलना चाहिए।

4. ऐच्छिक समझौतों एवं पंचनिर्णय के अमल पर जोर—औद्योगिक विवादों के निपटारे में ऐच्छिक समझौतों एवं पंचनिर्णय के अमल पर जोर दिया जाना चाहिए। आवश्यकता होने पर सरकार द्वारा नैतिक दबाव डाला जाना चाहिए।

5. एक समग्र नीति का अनुसरण—औद्योगिक शान्ति, मजदूरी, उत्पादकता, बोनस तथा अन्य अनेक औद्योगिक मसले परस्पर एक-दूसरे से जुड़े हुए मसले हैं। इनके निराकरण के लिए देश में एक व्यापक एवं समग्र नीति का अनुसरण आवश्यक है।

6. औद्योगिक सम्बन्ध आयोगों की स्थापना—अच्छे औद्योगिक सम्बन्धों की स्थापना के लिए केन्द्रीय तथा राज्यती स्तर पर औद्यागिक सम्बन्ध आयसोगों की स्थाना की जानी चाहिए।

7. श्रमिक संघों का पंजीकरण—श्रमिक संघों के पंजीकरण में आनेवाली बाधाओं को दूर किया जाना चाहिए ताकि सामूहिक सौदेबाजी के लिए प्रतिनिधि संस्था का मार्ग प्रशस्त हो सके।

8. प्रेरक नेतृत्व—नेतृतव वह क्षमता है जिसके द्वारा अनुयायियों के एक समूह से वांछित कार्य, इच्छापूर्वक एवं बिना दबाव कराये जा सकते हैं। एक उपक्रम का प्रबन्ध अच्छे मधुर सम्बन्ध तथा उत्पादकता बढ़ाने वाले तभी सफल हो सकता है, जबड़क उसमें कुशल नेतृत्व की क्षमता हो।

9. प्रभावी सन्देशवाहन—सन्देशवाहन से आशय उन समस्त साधनों से होता है, जिनको एक व्यक्ति अपनी विचारधारा को दूसरे व्यक्ति के मस्तिष्क पर डालने के लिए या समझने के लिए अपनाता है। पर यह वास्तव में दो व्यक्तियों के मस्तिष्क के बीच की खाई को पाटने वाला पुल है। इसके अन्तर्गत कहने, सुनने तथा समझने

की एक वैज्ञानिक प्रक्रिया सदैव चालू रहती है। यह प्रभावी सन्देशवाहन, उपक्रम के साधनों के प्रभावी उपयोग के लिए अत्यन्त आवश्यक होता है।

10. प्रभावी पर्यवेक्षण—प्रभवी पर्यवेक्षण का उद्देश्य श्रमिकों को अच्छा और अधिक काम की प्रेरणा देना तथा उनके व्यक्तिगत गुणों को स्वीकृति प्रदान करना होता है। एक कुशल पर्यवेक्षक श्रमिकों की कार्यकुशलता बढ़ने में सहायता देता है। इससे भी मधुर औद्योगिक सम्बन्धों में सहायता मिलती है।

11. समन्वय—किसी निश्चित उद्देश्य से व्यावसायिक संस्था में काम आने वाले विभिन्न श्रमिकों, कर्मचारियों व विभागों की क्रियाओं को व्यवस्थित ढंग से एकताबद्ध करना समन्वय कहलाता है। जिस उपक्रम की क्रियाओं में प्रभावी समन्वय स्थापित करने में प्रबन्धक सफल होता है, उस उपक्रम में अच्छे औद्योगिक सम्बन्ध तथा उत्पादकता बढ़ती ही चली जाती है।

11

आर्थिक विकास में निगमीकरण

साधारण शब्दों में बहुराष्ट्रीय निगम का आशय एक ऐसी कम्पनी या व्यावसायिक संस्था से लिया जाता है जिसका उत्पादन या व्यवसाय और वितरण की क्रियाएँ एक से अधिक राष्ट्रों में फैली हुई होती हैं।

आई. बी. एम. वर्ल्ड ट्रेड कॉरपोरेशन के अध्यक्ष के अनुसार, ''एक बहुराष्ट्रीय निगम वह होता है जो—(i) अनेक देशों में अपने कार्यों का संचालन करता है, (ii) उन देशों में विकास, निर्माण और अनुसंधान सम्बन्धी कार्य करता है, (iii) जिसका बहुराष्ट्रीय प्रबन्ध होता है, और (iv) जिसका स्कन्ध स्वामित्व बहुराष्ट्रीय प्रकृति का होता है।''

बी. एल. ओझा के अनुसार, ''बहुराष्ट्रीय निगम एक ऐसी संस्था अथवा कम्पनी होती है जिसका व्यवसाय तथा कारोबार अपने जन्म-स्थान के देश से बाहर अनेक देशों तक फैला होता है।''

इसी वजह से इस प्रकार के निगमों की बहुराष्ट्रीय कम्पनी अथवा अन्तर्राष्ट्रीय कम्पनी या निगम के नाम से पुकारा जाता है।

बहुराष्ट्रीय निगमों की विशेषताएँ या तत्त्व

(Characteristics/Elements of Multi-Nationals)

यदि हम बहुराष्ट्रीय निगमों के उपर्युक्त अर्थ एवं परिभाषाओं का गहराई से अध्ययन करें तो इसकी निम्नलिखित विशेषताएँ उभर कर सामने आती हैं—

1. अन्तर्राष्ट्रीय क्रियाएँ—बहुराष्ट्रीय निगमों के क्रिया-कलाप एक ही राष्ट्र तक सीमित न होकर अनेक राष्ट्रों में फैले हुए होते हैं तथा इनका मुख्य निग साधारणतया उसी राष्ट्र में होता है जहाँ पर इनका जन्म-स्थान होता है तथा अन्य राष्ट्रों में उसकी शाखाएँ या सहायक कम्पनियाँ कार्य करती हैं और इनके स्वामित्व एवं नियन्त्रण पर मुख्य निगम का अधिकार होता है।

2. वृहत् आकार—बहुराष्ट्रीय निगमों का आकार बहुत बड़ा होता है, क्योंकि इनमें पूँजी, बिक्री, लाभ, उत्पादन मात्रा, प्रशासन और प्रबन्ध की मात्रा बहुत अधिक होती है।

3. बहुराष्ट्रीय स्कन्ध स्वामित्व—बहुराष्ट्रीय निगमों की अंशपूँजी में स्वामित्व भी अनेक राष्ट्रों में विभाजित होता है।

4. बहुराष्ट्रीय प्रबन्ध—बहुराष्ट्रीय निगमों का प्रबन्ध भी बहुराष्ट्रीय स्तर का होता है, क्योंकि इनके प्रबन्ध मण्डल में अनेक राष्ट्रों के व्यक्ति सम्मिलित होते हैं।

5. साधनों का बहुराष्ट्रीय हस्तान्तरण—बहुराष्ट्रीय निगमों में साधनों का हस्तान्तरण एक ही राष्ट्र तक सीमित न होकर अनेक राष्ट्रों में देखने को मिलता है। उदाहरण के लिए कच्चा माल, निर्मित माल, उत्पादन तकनीक तथा प्रौद्योगिकी, प्रबन्ध, कर्मचारी इत्यादि संसाधनों का हस्तान्तरण एक देश तक ही सीमित न होकर अनेक देशों में स्थित अपनी शाखाओं तथा सहायक कम्पनियों तक फैला हुआ होता है।

भारत में बहुराष्ट्रीय निगम तथा कम्पनियाँ

(Multi-National Corporations/Companies in India)

भारत में बहुराष्ट्रीय निगमों तथा कम्पनियों का इतिहास ईस्ट इण्डिया कम्पनी के भारत में आने से प्रारम्भ होता है जो भारत में बहुराष्ट्रीय कम्पनी के रूप में आई थी, इसके बाद अमेरिकन बहुराष्ट्रीय कम्पनियों में तेल एवं पेट्रोल क्षेत्र में ऐसो (ESSO) और कॉल्टेक्स (CALTEX) का नाम विशेष रूप से उल्लेखनीय है। भारत में 1978 में बहुराष्ट्रीय निगमों एवं कम्पनियों से सम्बड़न्धत 833 सहायक कम्पनियाँ कार्यरत थीं। भारत में वर्तमान में अनेक बहुराष्ट्रीय निगम कार्यरत हैं जिनका व्यवसाय एवं

कारोबार अनेक शाखाओं एवं सहायक कम्पनियों के रूप में भारत के साथ-साथ बाहर अनेक राष्ट्रों तक फैला हुआ है जिनमें सीबा, फिलिप्स इण्डिया लिमिटेड, कोका कोला कम्पनी, गुडलस, ल्यूपिन कम्पनी, कॉलगेट, पॉमोलिव, हिन्दुस्तान लीवर लिमिटेड, पौण्ड्स इण्डिया लिमिटेड, वारेन टी., ग्लेक्सो इत्यादि बहुराष्ट्रीय कम्पनियाँ एवं निगम प्रमुख रूप से उल्लेखनीय हैं। भारत में वर्ष 1973-74 में बहुराष्ट्रीय निगमों की शाखाएँ 540, सहायक कम्पनियों की संख्या 188 और उनकी परिसम्पत्तियाँ 3155 करोड़ रुपये के तुल्य थीं वह वर्ष 1978-79 में बहुराष्ट्रीय निगमों की शाखाएँ कम होकर 385, सहायक कम्पनियों की सं,या कम होकर 125 और उनकी परिसम्पत्तियाँ बढ़कर 4108 करोड़ रुपये हो गयीं। वर्ष 1985 में बहुराष्ट्रीय निगमों की शाखाएँ कम होकर 224 तथा सहायक कम्पनियों की संख्या कम होकर 75 ही रह गयी थी, लेकिन उनकी परिसम्पत्तियाँ बढ़कर 6355 करोड़. रुपये तक पहुँच गयी थीं। वर्ष 1974 के बाद भारत में बहुराष्ट्रीय निगमों तथा कम्पनियों की शाखाओं एवं सहायक कम्पनियों की संख्या में काफी कमी आई है, क्योंकि भारत सरकार की नीति इन बहुराष्ट्रीय निगमों के भारतीयकरण करने की रही थी तथा उन पर विदेशी पूँजी का भाग 40 प्रतिशत करने का दबाव डाला गया था, जिसके फलस्वरूप कोका कोला और आई. बी. एम. जैसी बहुराष्ट्रीय कम्पनियों को भारत में अपना व्यवसाय रोकना पड़ा। इसी प्रकार अनेक बहुराष्ट्रीय कम्पनियों ने अपने कारोबार को कुछ सीमा तक रोक दिया अथवा बन्द कर दिया था। भारत में राजीव बाँधी के शासन काल में प्रौद्योगिकी उन्नयन और विदेशी अंश पूँजी को बढ़ावा देने की नीति अपनाने के फलस्वरूप बहुराष्ट्रीय निगमों को और प्रोत्साहन मिला तथा इस प्रकार के निगमों एवं कम्पनियों को अपना व्यवसाय बढ़ाने की प्रवृत्ति को बढ़ावा मिला था। वर्ष 1991 में घोषित नवीन आर्थिक नीति के परिणामस्वरूप विदेशी निजी विनियोगों को अनेक सुविधाएँ तथा प्रोत्साहन मिलने के कारण वर्ष 1991-95 की पाँच वर्ष की अवधि में कुल 60 हजार करोड़ रुपये के प्रत्यक्ष पूँजी विनियोग प्रस्तावों को स्वीकृति प्राप्त हुई जिसमें से वास्तविक पूँजी प्रवाह लगभग 12150 करोड़ का सम्भव हुआ। वर्तमान में भारत में अनेक बहुराष्ट्रीय कम्पनियाँ एवं निगमों के आने की प्रवृत्ति बनी हुई है।

भारत में बहुराष्ट्रीय निगमों की भूमिका/योगदान/महत्त्व

(Role or Importance of Multinational Corporations in India)

गत वर्षों में भारत जैसे विकासशील राष्ट्र में बहुराष्ट्रीय निगमों तथा कम्पनियों एवं निजी पूँजी विनियोगों की अर्थव्यवस्था के आर्थिक विकास में एक महत्त्वपूर्ण

भूमिका देखने को मिली है, जैसा कि अग्रलिखित तथ्यों से स्पष्ट है—

1. भारत में विदेशी पूँजी विनियोगों में वृद्धि—भारत में गत वर्षों में बहुराष्ट्र.य निगमों तथा निजी क्षेत्र की वजह से विदेशी पूँजी विनियोगों में लगातार वृद्धि देखने को मिली है। जहाँ वर्ष 1973-74 में बहुराष्ट्रीय कम्पनियों तथा निगमों की परिसम्पत्तियाँ मात्र 3155 करोड़ रुपये की थीं, वह वर्ष 1985 में बढ़कर 6355 करोड़ रुपये की हो गयीं। इसी प्रकार अप्रवासी भारतीयों के विनियोग भी जो वर्ष 1980 में मात्र 100 करोड़ रुपये के थे, वे वर्ष 1986-87 में बढ़कर 500 करोड़ रुपये के हो गये। भारत सरकार की आर्थिक उदारीकरण की नीति के फलस्वरूप विदेशी पूँजी विनियोगों को प्रोत्साहन मिला है जिसके फलस्वरूप वर्ष 1991 से 2001 तक की 11 वर्षों की अवधि में लगभग 2,70,064 करोड़ रुपये के प्रत्यक्ष विनियोगों के प्रस्तावों को स्वीकृति दी गयी थी। भारत सरकार के आर्थिक सर्वेक्षण 2000-01 के अनुसार भारत में प्रत्यक्ष विदेशी विनियोग और पोर्टफोलियो विनियोगों का प्रवाह निम्नलिखित तालिका में दर्शाया गया है—

भारत में विदेशी विनियोग प्रवाह

(**1991-2002**) (राशि मिलियन डॉलर में)

वर्ष	प्रत्यक्ष विदेशी	पोर्टफोलियो	कुल विदेशी
1991-92	129	4	133
1992-93	315	244	559
1993-94	586	3567	4153
1994-95	1314	3824	5138
1995-96	2144	2748	4892
1996-97	2821	3312	6133
1997-98	3557	1828	5385
1998-99	2462	(-)61	2401
2000-01	2339	2760	5099
2001-02	2365	1315	3680

(अप्रैल-नवम्बर)

उपरोक्त तालिका से यह स्पष्ट है कि प्रत्यक्ष विदेशी विनियोगों की तुलना में पोर्टफोलियो विनियोगों में वृद्धि तीव्र गति से सम्भव हुई है, पर पिछले वर्षों में निवेशों में कमी आयी है।

2. विदेशी प्रत्यक्ष विनियोगों को स्वीकृति तथा वास्तविक प्रवाह में बढ़ोत्तरी—भारत सरकार के द्वारा आर्थिक उदारीकण की नीति अपनाने से विदेशी प्रत्यक्ष विनियोगों के प्रस्तावों पर स्वीकृतियाँ प्राप्त हुई हैं, लेकिन वास्तविक प्रवाह बहुत कम देखा गया है जैसा कि अग्रलिखित तालिका से स्पष्ट है—

वर्ष	मँजूरियाँ (करोड़ रुपयों में)	वास्तविक प्रवाह (करोड़ रुपयों में)	वास्तविक प्रवाह का मँजूरियों से प्रतिशत
1991	534	351	65.73
1992	3888	675	17.36
1993	8859	1787	28.17
1994	14187	3289	23.18
1995	32072	6820	21.26
1996	36147	10389	28.74
1997	54891	16425	29.92
1998	30814	13340	44.19
1999	28367	16868	59.46
2000	37099	19342	52.14
2001 (जनवरी-अक्टूबर)	23266	16127	69.31

3. अर्थव्यवस्था के आधारभूत क्षेत्रों के विकास में महत्त्वपूर्ण भूमिका—भारत में गत वर्षों में विदेशी बहुराष्ट्रीय कम्पनियों एवं निगमों के द्वारा आधारभूत उद्योगों के विकास में उन्नत प्रोद्योगिकी तथा तकनीकी ज्ञान प्रदानकरने, बड़ी मात्रा में पूँजी विनियोग करने और जोखिम उठाने सम्बन्धी महत्त्वपूर्ण भूमिका अदा की है। बहुराष्ट्रीय

कम्पनियों एवं निगमों के द्वारा प्रत्यक्ष पूँजी विनियोगों में से लगभग 18,000 करोड़ रुपये के विनियोग टेली कम्यूनिकेशन में, 11700 करोड़ रुपये के पूँजी विनियोग ईंधन क्षेत्र में, 4100 करोड़ रुपये के पूँजी विनियोग धात्विक उद्योगों में, 3600 करोड़ रुपये के पूँजी विनियोग रासायनिक उद्योगों में और 3000 करोड़ रुपये के पूँजी विनियोग यातायात क्षेत्र में विकास करने सम्बन्धी प्रस्तावों पर स्वीकृत हुए हैं। भारत में विद्युत विकास में एनरोन कम्पनी अपना महत्त्वपूर्ण योगदान देगी, इसी प्रकार सौर ऊर्जा विकास और अन्य क्षेत्रों में भी बहुराष्ट्रीय कम्पनियों एवं निगमों का योगदान काफी अधिक प्राप्त होने की सम्भावना है।

4. जोखिम उठाने की शक्ति—भारत जैसे विकासशील देशों के व्यवसायियों एवं उद्योगपतियों में जोखिम उठाने के साहस का अभाव है, इसलिए बहुराष्ट्रीय कम्पनियों एवं निगमों के द्वारा अपने विशाल संसाधनों तथा दीर्घ अनुभव के आधार पर नवीन उद्योगों की स्थापना में जोखिम उठाने में वे अच्छी भूमिका निभाते हैं। भारतीय अर्थव्यवस्था में सड़क निर्माण, सौर ऊर्जा विकास, ऊर्जा तथा टेली-कम्पयूनिकेशन इत्यादि में बहुराष्ट्रीय निगम एवं कम्पनियाँ काफी आगे आ रही हैं।

5. रोजगार के अवसरों में वृद्धि—भारतीय अर्थव्यवस्था के विकास में बहुराष्ट्रीय कम्पनियों एवं निगमों का अच्छा योगदान होने की वजह से भारत में रोजगार के अवसरों में अच्छी वृद्धि सम्भव हुई है। इनके सहयोग के फलस्वरूप बड़े पैमाने के उत्पादन, वितरण एवं प्रबन्ध व्यवस्था में योगदान के कारण रोजगार के रास्ते काफी खुले हैं। उच्च प्रशिक्षण व्यवस्था के फलस्वरूप भी रोजगार के अवसरों में वृद्धि सम्भव होती है। भारत में वर्तमान में बहुराष्ट्रीय कम्पनियों एवं निगमों में अनेक भारतीयों को रोजगार प्राप्त है।

6. शोध तथा विकास में योगदान—बहुराष्ट्रीय कम्पनियाँ एवं निगमों में शोध एवं विकास सम्बन्धी कार्य करने की क्षमता होती है तथा इनका लाभ सम्बड़न्धत समस्त देशों को पूरी तरह प्राप्त होता है। भारत जैसे विकासशील राष्ट्र भी शोध एवं विकास के क्षेत्र में बहुराष्ट्रीय कम्पनियों एवं गिनमों से अच्छी तरह लाभान्वित हुए हैं।

7. विपणन में योगदान—बहुराष्ट्रीय निगम तथा कम्पनियाँ उपभोग उद्योगों के विकास और उनके उत्पादों में अधिक रुचि रखते हैं। इन्होंने भारत के विशाल उपभोक्ता बाजार में अनेक प्रकार की उपभोग सामग्री का विक्रय करके अच्छे लाभ अर्जित किये हैं। उदाहरणर्थ इनके द्वारा हिन्दुस्तान लीवर, पेप्सी कोला, कोका कोला, ग्लेक्सो की दवाइयाँ, सीबा, कोलगेट, पॉमोलिव इत्यादि उपभोक्ता पदार्थ बेचे गये हैं।

इतना ही नहीं, इन निगमों एवं कम्पनियों के द्वारा विदेशों में अपने उत्पादों का विक्रय करके समय-समय पर निर्यात भी बढ़ाये गये हैं।

8. प्राकृतिक साधनों के विदोहन में सहयोग—भारत सरीखे विकसाशील राष्ट्रों में प्राकृतिक संसाधनों की बाहुल्यता पायी जाती है, लेकिन पूँजीगत संसाधन, तकनीकी विकास और प्रशिक्षित कर्मचारियों के अभाव में देश में उपलब्ध प्राकृतिक संसाधनों का पूरी तरह विदोहन सम्भव नहीं हो पाता है। बहुराष्ट्रीय निगमों एवं कम्पनियों में ये समस्त साधन एवं सुविधाएँ पर्याप्त मात्रा में देखने को मिलती हैं, जिसके फलस्वरूप उपलब्ध प्राकृतिक संसाधनों का भारत में अच्छी तरह सदुपयोग सम्भव हो सका है। इसी क्रम में भारत में खनिज तेल की खोज और उसके समुचित विदोहन में बहुराष्ट्रीय निगमों एवं कम्पनियों की एक महत्त्वपूर्ण भूमिका रही है।

9. तकनीकी ज्ञान एवं प्रशिक्षण में सुविधा—बहुराष्ट्रीय निगमों एवं कम्पनियों के पास उत्पादन की उन्नत तकनीकी होती है जिसकी वजह से वे अनुसंधान और विकास से प्रौद्योगिकी का विकास कर सकते हैं। इसलिए विदेशी पूँजी विनियोगों के साथ-साथ विदेशी बहुराष्ट्रीय निगमों की उन्नत तकनीक भी देखने को मिलती है। भारत में पेट्रोलियम, औषधि, रसायन और इंजीनियरिंग तथा इलेक्ट्रॉनिक उद्योगों में उन्नत तकनीक के काफी अच्छे परिणाम देखने को मिले हैं तथा इनमें काम करने वाले कर्मचारियों को भी उनके प्रबन्ध एवं संचालन सम्बन्धी प्रशिक्षण स्वयं ही प्राप्त हो जाता है।

10. प्रबन्धकीय कार्यकुशलता में वृद्धि—भारतीय उद्योगों को बहुराष्ट्रीय निगमों एवं कम्पनियों से उच्च प्रबन्ध कुशलता का लाभ प्राप्त हुआ है और इनके सहयोग से भारतीय प्रतिस्पर्द्धी कम्पनियों एवं उद्योगों ने अपनी प्रबन्धकीय कुशलता एवं प्रतिस्वर्द्धात्मक क्षमता को निरन्तर बढ़ाया है।

भारत में बहुराष्ट्रीय कम्पनियों एवं निगमों के सम्भावित खतरे

(Expected Dangers of Multi-National Companies/Corporations in India)

बहुराष्ट्रीय कम्पनियों एवं निगमों की स्थापना एवं कार्यों से उत्पन्न होने वाले सम्भावित खतरों का अध्ययन अग्र प्रकार किया जा सकता है—

1. विदेशों को बड़ी मात्रा में धन का प्रेषण करना—बहुराष्ट्रीय कम्पनियाँ एवं निगम विदेशी निजी क्षेत्र विनियोजक अपने द्वारा विनयोजित पूँजी की तुलना में कहीं अधिक धन अधिकार शुल्क भुगतान, अपने द्वारा प्रदान की गयी तकनीकी सहायता

का पारिश्रमिक और व्यवसाय एवं उद्योगों से कमाया गया लाभ अपने प्रधान कार्यालय वाले राष्ट्रों को भेज देते हैं, जिसके फलस्वरूप धन का स्थानान्तरण देश से दूसरे देशों को होता है। संयुक्त राज्य अमेरिका की ऐसो तेल कम्पीन जिसकी भारत में 30 करोड़ रुपये की पूँजी लगी हुई थी, इसने 1968-70 की अवधि में 83 करोड़ रपुये के लाभ अमेरिका को भेजे थे। ऐसे ही अमेरिकन तेल कम्पनी काल्टेक्स ने भी इसी अवधि में भारत से 43 करोड़ रुपये के लाभ अमेरिका को भेजे थे। इसी तरह अन्य बहुराष्ट्रीय निगमों एवं कम्पनियों के द्वारा भारत में कमाये गये बड़े-बड़े लाभ अपने देशों में भेजकर बड़ी मात्रा में भारत से विदेशी को कोषों का बड़हर्वाह किया है।

2. अधिक लाभार्जन और उपभोक्ताओं का शोषण—बहुराष्ट्रीय कम्पनियाँ तथा निगम और विदेशी निजी कम्पनियाँ विदेशी ब्राण्डों तथा ट्रेडमार्कों के उपयोग के द्वारा ऊँची कीमतों पर अपने उत्पाद बेचकर भारतीय उपभोक्ताओं का शोषण करते हैं तथा बहुत बड़ी मात्रा में लाभ कमाते हैं।

3. भुगतान सन्तुलन पर प्रतिकूल प्रभाव—जब भारत से बड़ी मात्रा में बहुराष्ट्रीय कम्पनियों एवं निगमों के द्वारा विदेशों को लाभ, फीस तथा अधिकार शुल्क के रूप में रकम भेजी जाती है और बड़ी मात्रा में निर्मित अथवा कच्च माल विदेशों में आयात किया जाता है तो विदेशी मुद्रा हमारे देश से दूसरे देशों को जाती है और हमारे देश के भुगतान सन्तुलन पर उसका प्रतिकूल प्रभाव पड़ता है। वर्तमान में न केवल भारत में बड़ल्क समस्त विकासशील राष्ट्रों में बहुराष्ट्रीय कम्पनियों एवं निगमों के द्वारा बड़ी मात्रा में विदेशों को धन भेजे जाने के कारण यह विदेशी विनिमय संकट व्यापक रूप लेता जा रहा है।

4. स्वेदशी हितों की उपेक्षा—साधारणतया समस्त बहुराष्ट्रीय कम्पनियाँ एवं निगम अपने कार्य संचालन में अपने लाभों को अधिकमत करने का प्रयास करती हैं जिससे स्वेदशी हितों की अपने आप अवहेलना हो जाती है और देश के भावी विकास में बाधा पड़ती है। इसी वजह से कोका कोला और आई. बी. एम. जैसी अमेरिकन कम्पनी को भारत में अपना व्यापक रूप लेता जा रहा है।

5. क्षेत्रीय असन्तुलन को बढ़ावा—निजी क्षेत्र की विदेशी कम्पनियाँ या बहुराष्ट्रीय निगम सदैव अधिकतम लाभ अर्जित करने के उद्देश्य से किन्हीं विशेष क्षेत्रों में ही अपनी औद्योगक इकाई स्थापित करते हैं, जिसके कारण पिछड़े हुए क्षेत्रों में औद्योगिक विकास सम्भव नहीं हो पाता है और क्षेत्रीय असमानता को प्रोत्साहन मिलता है जो किसी भी राष्ट्र के हित में नहीं समझा जाता है।

6. दीर्घकालीन औद्योगिक विकास के विरुद्ध—किसी भी देश की अर्थव्यवस्था में यदि बहुराष्ट्रीय कम्पनियाँ एवं निगम तथा निजी क्षेत्र की विदेशी कम्पनियाँ अधिक स्थापित हो जाती हैं तो वह उस राष्ट्र के औद्योगिक विकास के लिए अनुकमूल नहीं होता है, क्योंकि ये कम्पनियाँ अपने विशाल आर्थिक संसाधनों तथा महँगे भ्रमात्मक विज्ञापनों के माध्यम से देश के उद्योगों के साथ प्रतिस्पर्द्धा करने लगती हैं। इतना ही नहीं, ये कम्पनियाँ अपने उत्पादों को घाअे पर बेचकर अपनी प्रतिस्पर्द्धी फर्मों को बाजार में टिकने भी नहीं देती हैं या उन्हें अपने में मिलने के लिए बाध्य करदेती हैं जिससे वे एकाधिकरी की स्थिति का लाभ उठा सकें जिसके कारण स्वदेशी उद्योगपति औद्योगिक क्षेत्र में आगे नहीं आ पाते हैं तथा देश भी अपने औद्योगिक विकास के लिए बहुराष्ट्रीय कम्पनियों तथा निगमों पर निर्भर हो जाता है जो दीर्घकाल में घातक भी सिद्ध हो सकता है।

7. पुरानी तकनीक का आयात—यद्यपि बहुराष्ट्रीय कम्पनियों एवं निगमों तथा निजी क्षेत्र की कम्पनियों के द्वारा अपने और अपने सहभागी उद्योगों में उन्नत प्रौद्योगिकी और उच्च तकनीक का प्रयोग किया जाता है, लेकिन ये कम्पनियाँ विकसित राष्ट्रों के द्वारा छोड़ी गयी को विकसशीलत राष्ट्रों को हस्तान्तरिक कर देती हैं और उसकी ऊँची कीमतें वसूल करती हैं। इन कम्पनियों के द्वारा ऐसा करने से भारत जैसे विकासशील राष्ट्रों को भारी हानि उठानी पड़ती है, क्योंकि ये तकनीक देश के अनुकूल नहीं होती हैं तथा उसकी भारी कीमत भी चुकानी पड़ती है।

8. अन्तरण कीमत से भारी लार्भाजन तथा कर-अपवंचन—बहुराष्ट्रीय कम्पनियाँ एवं निगम तथा निजी क्षेत्र की कम्पनियाँ अन्तरण कीमत से भारी मात्रा में लाभ अर्जित करती हैं। वे ऊँची कीमतों पर अपनी विदेशी सहायक कम्पनियों से कच्चा माल क्रय करती हैं और दूसरी ओर वे ही विदेशी सहायक कम्पनियों को निर्मित माल बहुत कम कीमत पर विक्रय करती हैं जिसके फलस्वरूप बहुराष्ट्रीय कम्पनियों के लाभ्ज्ञ कम हो जाते हैं तथा विदेशों में बढ़ जाते हैं। इनके द्वारा करों की चोरी भी की जाती है जिससे देश की सरकार को हानि उठानी पड़ती है।

9. कट्टर प्रतिस्पर्द्धा तथा देश की दूसरे राष्ट्रों पर निर्भरता—ये कम्पनियाँ अपने विशाल संसाधनों तथा उन्नत तकनीक के प्रयोग से उत्पादन लागत में कमी लाती हैं वहीं दूसरी ओर ये स्वदेशी उद्योगों के साथ कट्टर प्रतिस्पर्द्धा करके उनके भविष्य को भी खतरे में डाल देती हैं। विदेशी ब्राण्डों, ट्रेडमार्कों और भ्रमात्मक प्रचार के माध्यम से ये कम्पनियाँ बाजार में अपनी प्रभुसत्ता जमाने में सफल हो जाती हैं जिसके फलस्वरूप स्वदेशी उद्योगों का पतन होने लगता है और राष्ट्र आखिकर में

अपनी आवश्यकताओं को पूरा करने के लिए बहुराष्ट्रीय निगमों एवं कम्पनियों पर आश्रित हो जाता है। ऐसा होने से देश की आत्म-निर्भरता तथा सुरक्षा दोनों को खतरा उत्पन्न हो जाता है।

10. राजनैतिक भ्रष्टाचार और राजनैतिक हस्तक्षेप का डर—ये कम्पनियाँ एवं निगम अपने विशाल संसाधनों तथा उन्नत तकनीक के आधार पर अपने व्यावसायिक हितों की अभिवृद्धि एवं रक्षा के लिए अनेक बार राजनैतिक भ्रष्टाचार का सहारा लेती हैं। राजनेताओं को ये कम्पनियाँ मोटी-मोटी रकमें देकर अपने हित में काम करवा लेती हैं और ये राजनैतिक हस्तक्षेप में भी भाग लेने लग जाती हैं जिसका देश की अर्थव्यवस्था पर बहुत बुरा प्रभाव पड़ता है।

11. घरेलू बाजार में अधिकर रुचि—ये निगम निर्यात की अपेक्षा घरेलू बाजार में ज्यादा रुचि दर्शाते हैं। उनकी अधिक रुचि भारत के विस्तृत घरेलू बाजार की माँग का उपयोग करने की पायी गयी है। इस सम्बन्ध में भारत को चाहिए कि वह बहुराष्ट्रीय निगमों से समझौता करते समय चीन की तरह निर्यात की शर्त पर अधिक जोर दें।

12

भारत के आर्थिक विकास में विदेशी मुद्रा और व्यापार

वैसे तो विश्व का कोई भी देश आत्मनिर्भर नहीं है, सभी देशों को कम या अधिक रूप से विदेी सहायता व पूँजी पर निर्भर रहना पड़ता है। विश्व का सबसे अधिक धनीदेश अमेरिका किस प्रकार विदेशी पूँजी पर निर्भर है।

विदेशी सहायता का अर्थ एवं विशेषताएँ—एक देश के द्वारा दूसरे देशों को ऋणों, अनुदानों अथवा किसी विशेष सहायता के रूप में पूँजीगत साधनों का हस्तान्तरण विदेशी सहायता कहा जाता है।

संयुक्त राष्ट्र संघ U.N.O. के अनुसार, ''विदेशी सहायता का आशय गैर-सैनिक उद्देश्यों के लए विभिन्न विदेशी सरकारों अथवा अन्तर्राष्ट्रीय संस्थाओं द्वारा दिये गये दीर्घ्रकालीन ऋणों एवं अनुदानों से है। इसमें उन पूँजीगत आगमनों का भी समावेश होता है जो बाजार के सामान्य प्रोत्साहनों से सम्भव नहीं होते।''

विदेशी सहायता की विशेषताएँ

(i) विदेशी सहायता के अन्तर्गत विदेशी सरकारों से प्राप्त द्विपक्षीय ऋण व सहायता अथवा अन्तर्राष्ट्रीय संस्थाओं, जैसे—विश्व बैंक, अन्तर्राष्ट्रीय मुद्राकोष आदि एवं प्रादेशिक वित्तीय संस्थाओं जैसे एशियन विकास बैंक द्वारा दिये जाने वाले ऋण तथा आर्थिक सहायता आती है। इसके अतिरिक्त इसके अन्तर्गत विदेशी बैंकों से प्राप्त व्यापारिक कर्ज भह आते हैं।

(ii) विदेशी सहायता केवल गैर-सैनिक उद्देश्यों के लिए दी जाती है।

(iii) विदेशी सहायता की शर्तें प्राय: उदार होती हैं।

(iv) विदेशी सहायता दीर्घकालीन ऋणों, अनुदानों, तकनीकी ज्ञान एवं पूँजीगत साधनों के रूप में एक देश से दूसरे देश को हस्तान्तरण है।

(v) इसमें निजी विदेशी कम्पनियों के विनियोग शामिल नहीं किये जाते।

विकासशील देशों में विदेशी सहायता की आवश्यकता के कारण

(Causes of Need of Foreign Aid in Developing Countries)

विकासशील देशों को निम्नलिखित कारणों से विदेशी सहायता की आवश्यकता अनुभव होती है—

1. निर्धनता के कुचक्र को तोड़ना—विश्व के अर्द्ध-विकसित देश निर्धनता के कुचक्र से जकड़े होते हैं। एक ओर बाजार में माँग का सामान्य अभाव है जो कि लोगों की निर्धनता का परिणाम है और दूसरी ओर इन क्षेत्रों में पूँजी का अभाव है। निर्धनता के कारण बचतों की मात्रा कम होती है जिससे आर्थिक विकास के लिए पूँजी सम्बन्धी आवश्यकता पूरी नहीं हो पाती। विनियोजना का यह नीचा स्तर, जो अल्प आय व अल्प बचत का परिणाम होता है, अर्थव्यवस्था को सदैव आय, उत्पादन और रोजगार के न्यूनतम स्तर पर बनाये रखता है। निर्धनता के इस दुष्चक्र को तोड़ने के लिए यह आवश्यक होता है कि आन्तरिक पूँजी के अभाव को दूर करने के लिए बहुत बड़ी मात्रा में विदेशी पूँजी प्राप्त की जाये।

2. प्राविधिक ज्ञान एवं प्रबन्ध योग्यता की कमी को पूरा करना—अर्द्ध-विकसित देशों में पूँजी की कमी के साथ-साथ तकनीकी ज्ञान व प्रबन्ध योगतया की

कमी भी पायी जाती है। इन देशों में ऐसे बहुत कम लोग होते हैं जिन्हें नया उद्योग व व्यापार चलाने का अनुभव होता है। विदेशी सहायता के साथ-साथ तकनीकी जानकारी व प्रबन्ध कुशलता का ज्ञान आवश्यक भी हो जाता है, जिसके अभाव में अर्द्धविकसित देश अपना विकास नहीं कर पाते हैं।

3. आर्थिक विकास की गति को बढ़ाना—अर्द्ध-विकसित देशों मे प्राकृतिक साधन उपलब्ध रहते हैं, परन्तु पूँजी के अभाव में उनका विदोहन नहीं हो पाता, लेकिन विदेशी सहायता प्राप्त हो जाने से इनका पूरा-पूरा लाभ उठाया जा सकता है। इस प्रकार बड़े-बड़े उद्योग, सिंचाई व विद्युत उत्पादन के कार्यक्रम तथा खनें आदि खोदेन के लिए देश के आन्तरिक साधनों में से पर्याप्त पूँजी प्राप्त नहीं हो सकती, उनके विकास के लिए विदेशी पूँजी अत्यन्त आवश्यक है। अतः विदेशी सहायता की मात्रा निश्चित व स्थिर हो तो देश के आर्थिक विकास के लिए एक दीर्घकालीन योजना बनाई जा सकती है और आर्थिक विकास की गति को तीव्र किया जा सकता है।

4. विदेशी मुद्रा सम्बन्धी कठिनाइयाँ—विकास की प्रारम्भिक अवस्था में विदेशी मुद्रा अथवा विनिमय सम्बन्धी कठिनाइयाँ भी उत्पन्न हो जाती हैं, क्योंकि विकासोन्मुख अर्थव्यवस्था में निर्यात योग्य वस्तुओं का अभाव होता है जबड़क आयातों की बहुत आवश्यकता होती है। देश के विकास कार्यक्रमों को चलाने के लिए बहुत-सी वस्तुओं के आयात की आवश्यकता होती है, जैसे—(अ) पूँजीगत वस्तुएँ, मशीनरी तथा अन्य साज-सामान, (ब) औद्योगिक कच्चा माल तथा मध्यवर्ती माल, (स) तकनीकी जानकारी। इन सब वस्तुओं का अर्द्ध-विकसित देशों में अभाव पाया जात है। अतः इन वस्तुओं के अभाव के कारण विकास की प्रारम्भिक अवस्था में आयातों की मात्रा निरन्तर बढ़ती जाती है, निरन्तर आयातों का मूल्य चुकाने के लिए निर्यातों में वृद्धि करना आवश्यक होता है, परन्तु प्रारम्भिक अवस्था में विकासशील अर्थव्यवस्था अधिक निर्यात नहीं कर सकती, क्योंकि (अ) अधिकांश घरेलू उत्पादन देश में ही खप जाता है, (ब) देश का स्तर इनता उन्नत नहीं होता कि सेवायें निर्यात की जा सकें, (स) उसे निर्यात उद्योग का निर्मा . करना होता है, (द) विकसशील अर्थव्यवस्था में बढ़ते हुए व्यय के कारण मुद्रास्फीति उत्पन्न हो जाती है जिसके कारण वस्तुओं का मूल्य बढ़ जाता है।

5. घरेलू अर्थव्यवस्था के भार में कमी—अर्द्ध-विकसित देशों में आय का स्तर निम्न होने के कारण यदि आर्थिक विकास के लिए पूँजी प्राप्त करने का प्रयत्न किया जाये तो आन्तरिक उपभोग को कम करना पड़ेगा, परन्तु इन देशों में उपभोग का स्तर पहले से ही बहुत गिरा हुआ रहता है। इसलिए यदि इसमें कटौती की गई

तो उनके स्वास्थ्य पर बुरा प्रभाव पड़ेगा। अतः एक ऐसे राष्ट्र से, जहाँ उपभो का स्तर पहले से ही न्यूनतम हो, विकास की प्रारम्भिक अवस्था में विदेशी पूँजी की सहायता से उपभोग को उच्च स्तर पर रखा जा सकता है। देश के उपभोग स्तर में वृद्धि होने से लोगों के स्वास्थ्य व कार्यकुशलता में वृद्धि होती है, फलतः उत्पादन भी बढ़ता है। ऐसी परिस्थिति में उपभोग वस्तुओं की पूर्ति में वृद्धि करने हेतु किया गया व्यय विनियोग का रूप ले लेता है।

6. पुराने ऋण चुकाने के लिए आवश्यक—पुराने ऋणों को चुकाने के लिए भी नये ऋण लेने आवश्यक हो जाते हैं। योजनाकाल में हमने जो ऋण लिया, किन्हीं कारणों से इस काल में हम निर्यातों को इतना नहीं बढ़ा सके कि इससे वर्तमान आयातों का तथा पुराने ऋणों का भुगतान कर सकें। ऐसी स्थिति में हमें बाध्य होकर विदेशी ऋणों के भुगतानों को आगे के लिए टालना पड़ा है और इस हेतु विदेशों से नये ऋण लिये हैं। इस प्रकार हम अभी तक विदेशी सहायता पर आश्रित बने हुए हैं।

7. पैट्रोल के भावों में वृद्धि—1990-91 में पैट्रोल निर्यातक देशों के संगठन—ओपेक के द्वारा पैट्रोल के भावों में अत्यधिक वृद्धि कर दी गई, इससे हमारा आयात-बिल अत्यधिक बढ़ गया। इससे व्यापार का घाटाा और बढ़ गया। यद्यपि 1998-99 में पैट्रोल के भावों में गिरावट आने से भारत को राहत मिली है, तथापि अभी भी भारत का व्यापार सन्तुलन इसके कारण विपरीत बना हुआ है। इस हेतु भारत को स्वयं तेल निर्यातक देशों से ही कर्ज लेने की व्यवस्था करनी पड़ी है।

8. अन्य लाभ—(i) विदेशी विनियोन से देश की वास्तविक आय में वृद्धि होती है जिससे लोगों के जीवन-स्तर में वृद्धि होती है। (ii) विदेशी पूँजी से देश में मुद्रास्फीति विहीन विकास होता है। (iii) विदेशी पूँजी से देश में बाह्य मितव्ययिताओं का सृजन होता है। (iv) विदेशी पूँजी के विनियोजक कुछ विशिष्ट परियाजनाओं में धन विनियोजित करते हैं। ये विशिष्ट परियोजनाएँ देश को प्रत्यक्ष रूप से प्रभावित करती हैं। (v) विदेशी पूँजी से सकरार को विदेशी विनियम के अतिरिक्त लाभ पर कर भी प्राप्त होता है।

संक्षेप में, यदि अन्य बातें समान रहें तो, विदेशी पूँजी के आगमन से देश के उपभोग, बचत, पूँजी निर्माण, उत्पादन, रोजगार व आय में वृद्धि होती है।

भारत में विदेशी सहायता की स्थिति

योजनाबद्ध विकास के पिछले 51 वर्षों में भारत को कुल 2,41,801 करोड़ रु. तुल्य विदेशी सहायता स्वीकृति हुई है, उसमें से केवल 182743 करोड़ रु. तुल्य

विदेशी सहायता का उपयोग हुआ है। प्राप्त विदेशी सहायता में 149961 करोड़ रु. तुल्य ऋण, 15709 करोड़ रु तुल्य अनुदान तथा 2818.8 करोड़ रु. तुल्य अन्य सहायता प्राप्त हुई है। पिछले दस वर्षों में विदेशी सहायता में तीव्र वृद्धि हुई है। जहाँ 1990-91 में प्राप्त विदेशी सहायता 6704 करोड़ रुपये थी, वहाँ 1999-2000 में यह बढ़कर 14404.5 करोड़ रुपये तुल्य हो गई है।

भारत को विदेशी सहायता के प्रमुख स्रोत—भारत को विदेशी सहायता के प्रमुख स्रोत हैं—विश्व बैंक व विकास संघ, जापान, अमरीका, जर्मनी, यू.के. तथा ओपेक देश। मार्च, 2001 तक इन स्रोतों से भारत को प्राप्त विदेशी सहायता को निम्न तालिका में दिखाया गया है—

भारत को प्राप्त विदेशी सहायता (ऋण) के प्रमुख स्रोत

(मार्च, 2001 तक)

राशि करोड़ रुपये में

क्रम सं.	विवरण (स्रोत)	प्राप्त विदेशी सहायता
1.	विश्व बैंक एवं विकास संघ	90261
2.	जापान	31086
3.	अमरीका (U.S.A.)	7082
4.	जर्मनी	10375
5.	यू.के.	6788
6.	ओपेक देश	1954
योग		**182743**

51 वर्षों की अवधि में भारत को जो 1,82,743 करोड़ रुपये के तुल्य विदेशी सहायता प्राप्त हुई उसमें से विदेशी ऋणों एवं ब्याज के पुनर्भुगतान के लिए 84477 करोड़ रुपये चुकाने के बाद केवल 98266 करोड़ रुपये की विदेशी सहायता बची, जो प्राप्त कुल विदेशी सहायता का मात्र 53.77% ही है।

पिछले 10 वर्षों में विदेशी सहायता में तीव्र वृद्धि हुई है। जहाँ 1990-91 में विदेशी सहायता 6704 करोड़ रुपये थी, वहीं यह 2000-01 में बढ़कर 14254.3 करोड़ रुपये हो गई है।

भारत में विदेशी सहायता का प्रवाह—भारत में विदेशी सहायता का शुद्ध प्रवाह पहले निरनतर बएने के बाद पिछले कुछ वर्षो में घटा, लेकिन अब विदेशी सहायता में वृद्धि के कारण विशुद्ध प्रवाह भी बढ़ रहा है। इसका कारण यह है कि ज्यों-ज्यों विदेशी सहायता में वृद्धि होती जा रही है, भारत पर ऋणों एवं ब्याज के पुनर्भुगतान का भार बढ़ता जा रहा है। इससे विदेशी विनिमय संकअ को बढ़ावा मिला है।

विदेशी सहायता के उद्देश्य, लाभ अथवा महत्त्व

(Objects, Advantages or Importance of Foreign Aid)

वर्तमान युग में विकसित व अविकसित देशवासियों के मध्य असमानता की एक खाई है, जो कभी भी विश्वशान्ति को खतरे में डाल सकती है। अतः इस खाई को पाटने हेतु विकासशील देशों को विदेशी सहायता दी जानी चाहिए। विदेशी सहायता से किसी भी देश, विशेषतः भारत के विकास पर निम्न अनुकूल प्रभाव पड़ता है—

1. विकास दर में वृद्धि—विदेशी सहायता द्वारा भारत आर्थिक विकास की दर में वृद्धि करने में सफल हो सका है। योजनाकाल में देश के आन्तरिक साधनों में अधिक विनियोग किया गया है।

2. निर्धनता का निवारण—विकासशील देशों में विदेशी सहायता उनकी निर्धनता दूर करने में सहायक सिद्ध हुई है। उनका जीवन-स्तर ऊँचा उठा है, जिसके फलस्वरूप बचत को प्रोत्साहन मिला है। उद्योगों का शीघ्र विकास भी इसी के द्वारा सम्भव हो सकता है। औद्योगीकरण भी गरीबी मिटाने में काफी सहायक हुआ है। वास्तव में विश्व के किसी भी कोने में गरीबी का होना प्रत्येक भाग की सम्पन्नता के लिए खतरा है।

3. तकनीकी एवं प्रशिक्षण सम्बन्धी सहायता—विदेशी सहायता का सबसे अनकूल प्रभाव यह पड़ता है कि अविकसित देश, विकसित देशों से तकनीकी ज्ञान और प्रबन्धकीय कौशल का आयात कर देश का आर्थिक उत्थान कर सके हैं। विदेशी सहायता, प्रविधि ज्ञान और आधुनिक प्रबन्ध कला का आयात कर उनसे कर्मचारियों को अवगत कराने और नई शोध व नई प्रशिक्षण संस्थाओं की स्थापना करने में सदैव सहायक रही है।

4. घरेलू बचत को प्रोत्साहन—विदेशी पूँजी के आगमन से देशवासियों को स्वयं अधिक बचत करने का प्रोत्साहन मिलता है। आर्थिक विकास की गति को तेज करने हेतु घरेलू बचत पर्याप्त मात्रा में न होने की दशा में विदेशी सहायता का अन्तः

प्रवाह नितान्त आवश्यक है। विदेशी पूँजी को अब शोषण का एक साधन नहीं, वरन् प्रगति का एक साधन समझा जाता है।

5. विदेशी मुद्रा अर्जन—देश के निर्यात सम्बवर्द्धन में विदेशीसहायता का महान योगदान रहा है। विदेशों से पूँजीगत सामान, कच्चा माल और नूतन तकनीकी का आयात विदेशी सहायता पर निर्भर रहता है। अत: विदेशी मुद्रा अर्जन हेतु विदेशी सहायता की आवश्यकता की अवहेलना करना स्वयं आर्थिक प्रगति की रहा में रोड़े अटकाना है।

6. प्राकृतिक साधनों का उपयोग—विकासशील देशों के गर्भ में अपार खनिज सम्पत्ति विद्यमान है, जिसका उपयोग बिना पूँजी के सम्भव नहीं है। अत: विदेशी पूँजी द्वारा प्राविधिक ज्ञान की जानकारी करके व आयातित मशीनों का उपयोग करके देश का औद्योगिकरण सम्भव है।

7. नये उद्योगों की स्थापना—आर्थिक उत्थान की प्रारम्भिक अवस्था में नये उद्योगों की स्थापना जोखिमों से खाली नहीं है। अत: विदेशी पूँजी के विनियोग की स्थिति में व्यापारिक जोखिम अक्सर विदेशी विनियोजकों द्वारा उठाई जाती है। जैसे-जैसे उद्योगों का विकास होता है, देशवासी अपनी पूँजी लगाकर भावी लाभ उठाते रहते हैं।

8. बेरोजगारी में कमी—विकासशील देशों में दिन-प्रतिदिन बढ़ती हुई बेरोजगारी की समस्या सरकार के लए एक सिरदर्द हो गई है। विदेशी सहायता द्वारा देश में औद्योगीकरण को प्रोत्साहन देकर बेरोजगारी को निश्चित सीमा तक कम करना सम्भव है।

9. बढ़ते हुए मूल्य स्तरों पर रोक—निर्धन देशों में उपभोक्ता सामान के कम उत्पादन के कारण मूल्य स्तरों में नियमित वृद्धि होती है। विदेशों से यंत्रों और उपभोक्ता सामग्री का आयात करके मूल्य स्तरों पर नियन्त्रण रखना सम्भव है।

10. योजनाओं की सफलता—तेजी से आर्थिक विकास के लिए सभी देशों ने योजनाओं का सहारा लिया है। भारत में योजनाबद्ध विकास के पिछले 50 वर्षों में भारत को लगभग 223676 करोड़ रुपये तुल्य की विदेशी सहायता स्वीकृत हुई है, सिमें से 168489 करोड़ रुपये तुलय की विदेशी सहायता का उपयोग किया गया है।

11. स्थायी पूँजीगत सम्पत्ति का निर्माण—विदेशी आर्थिक सहायता के फलस्वरूप रेलों, बाँधों, नहरों, विुत केन्द्रों, सड़कों का निर्माण हुआ है, जिसका उपयोग

दीर्घकाल तक देशवासियों को मिलता रहा है और मिलता रहेगा। इससे मूलधन व ब्याज की अदायगी भी आसान हो जाती है।

12. पारस्परिक सहयोग—विदेशी सहायता के दाता और प्राप्तकर्त्ता देश दोनों ही एक-दूसरे के घनिष्ठ सम्पर्क में आते हैं और पारस्परिक सहयोग द्वारा एक-दूसरे की समस्याओं का समाधान भी करते हैं। इससे न केवल आर्थिक विकास में, बड़ल्क विश्व शान्ति की स्थापना में पर्याप्त सहयोग मिलता है।

13. पूँजी विनियोगकर्त्ता देशों को भी लाभ—पूँजी निर्यातकों को दो लाभ हो सकते हैं, प्रथम, वे अपनी पूँजी पर लाभ प्राप्त करते हैं, जो विकासशील देशों में पिछड़ी हुई स्थिति होने से अधिक मिलता है। द्वितीय, विकसित देश, निर्धन देशों में सस्ते भावों में कच्चा माल खरीद कर इससे निर्मित माल को बेचते हैं, जिससे देश में औद्योगीकरण को बढ़ावा मिलता है।

14. भुगतान असन्तुलन—भुगतान असन्तुलन को दूर करने के लिए भी विदेशी सहायता काफी लाभदायक सिद्ध हुई है। भारत व अन्य देशों के भुगतान सन्तुलन के कुप्रभावों को दूर करने हेतु 'अन्तर्राष्ट्रीय मुद्रा कोष' (I.M.F.) ने कई बार सहायता दी है।

विदेशी सहायता की समस्याएँ (कठिनाइयाँ)

(Problems of Foreign Aid)

विदेशी सहायता के बारे में यह सोचना गलत होगा कि यह सदैव वरदान सिद्ध हागी। यह अनेक समस्याओं को भी जन्म देती है, जिससे कभी-कभी आर्थिक विकास की गति मन्द पड़ जाती है। विश्व बैंक के भूतपूर्व अध्यक्ष यूजीन ब्लैक की यह धारणा कि, "जो सहायता राजनीतिक हवाओं पर निर्भर रहती है, आर्थिक विकास कार्यक्रम का केवल क्षीण आधार होगी," सत्य प्रतीत होती है। विदेशी सहायता की प्रमुख समस्याएँ निम्नलिखित हैं—

1. विदेशी सहायता का द्विपक्षीय आधार—विदेशी सहायता का अधिकांश भाग द्विपक्षीय आधार पर दिया गया है। ऐसी स्थिति में विदेशी सहायता का क्षेत्र सीमित हो जाता है। बहुपक्षीय आधार पर बहुत कम ही विदेशी सहायता दी जाती है।

2. राजनीतिक अस्थिरता—विकासशील देशों में राजनीतिक अस्थिरता बनी रहती है। इन देशों में शासन बदलते रहते हैं और सैनिक क्रान्तियाँ होती रहती हैं।

एसेसी स्थिति में सरकारें तथा नीतियों के बार-बार परिवर्तन होने से विदेशी सहायता प्राप्त करने में कठिनाई आती है।

3. राष्ट्रीयकरण की नीति—अधिकांश विकासशील देशों ने बड़े पैमाने पर देशी व विदेशी उद्योगों के राष्ट्रीकरण की नीति को अपनाया है। इससे विदेशी पूँजी व सहायता के आगमन पर प्रतिकूल प्रभाव पड़ता है। विदेशी पूँजीगत सदैव राष्ट्रीकरण के भय से आतंकित रहते हैं।

4. लालफीताशाही—अल्पविकसित देशों में प्रशासनतन्त्र अकुशल होता है तथा लालफीताशाही की प्रवृत्ति होने से काम में अनावश्यक विलम्ब होता है। आवश्यक आयातों, आर्थिक सहयोग, लाइसेंसों आदि की अनुमति प्राप्त करने में काफी लम्बा समय लग जाता है। इस बेकार के झंझट से विदेशी पूँजी हतोत्साहित होती है।

5. कानून का अभाव—विदेशी पूँजी को आकर्षित करने के लिए क़ानून व्यवस्था निश्चित एवं उपर्युक्त होनी चाहिए। अर्द्धविकसित देशों में विदेशी पूँजी के सम्बन्ध में ठोस कानून नहीं होने से कुछ देश-विदेश पूँजी पर विभेदात्मक कर लगा देते हैं अथवा विदेशी पूँजी को जब्त करने सम्बन्धी कानून बना लेते हैं। कुछ देशों द्वारा पूँजी, ब्याज तथा लाभ को विदेशां में ले जाने पर प्रतिबन्ध लगा दिया जाता है। इस प्रकार निश्चित व ठोस कानून के अभाव में विदेशी पूँजी हतोत्साहित होती है।

6. विदेशी विनिमय पर नियन्त्रण—विदेशी विनिमय पर नियन्त्रण होने से विदेशी विनियोजक अपनी पूँजी का निरीक्षण नहीं कर पाता है। विनिमय नियन्त्रण के कारण वह आवश्यकतानुसार अपने उद्योग का विस्तार नहीं कर पाता। इसी प्रकार पूँजी को वापस ले जाने की स्वीकृति प्राप्त करने में भी कठिनाई होती है।

7. प्रबन्ध एवं कौशल का अभाव—अर्द्ध-विकसित देश-विदेशों से पूँजी तो प्राप्त कर लेते हैं, लेकिन पूँजी के उचित प्रयोग के लिए इन देशों में अच्छे प्रबन्ध का अभाव है। प्रबन्ध की कमी के कारण ही सहायता का पूरा उपयोग नहीं हो सकता है। जैसाकि भारत की प्रथम पंचवर्षीय योजना में अधिकृत विदेशी सहायता का 50 प्रतिशत भाग ही उपयोग ही पाया था।

8. ऋणों के उपयोग पर प्रतिबन्ध—विदेशी सहायता या ऋण की शर्तें कठोर होती हैं। अधिकांश विदेशी सहायता बंधी हुई होती है अर्थात् प्राप्त सहायता की शर्तों के अनुसार ही उपयोग करना होता है। प्रोजेक्ट सहायता का प्रयोग किसी प्रोजेक्ट विशष के कार्यों में ही किया जा सकता है। कभी-कभी तो ऋणदाता देश इतनी कठोर शर्तें लगा देते हैं कि ऋण का उपयोग करना असम्भव हो जाता है।

9. विकसित देशों में सहायता सम्बन्धी समझौते का अभाव—विकसित देशों में विदेशी सहायता प्राप्त करने के सम्बन्ध में कोई संयुक्त समझौता नहीं होने के कुछ देशों को तो सभी विकसित देश सहायता देने लगते हैं और कुछ देशों को सहायता देने के लिए कोई भी देश तैयार नहीं होता है। इस प्रकार असन्तुलित विकास को प्रोत्साहन मिलता है।

10. मुद्रा प्रसार—विकासशील देशों में तेजी से मुद्रा प्रसार हुआ है। ऐसी स्थिति में देश की मुद्रा का मूल्य गिर जाता है। मुद्रा मूल्यों में अस्थिरता के कारण विदेशी सहायता प्राप्त करने में कठिनाई होती है।

11. करारोपण—कुछ देश विदेशी पूँजी के आयात पर ऊँचे कर लगा देते हैं। इससे सहायता प्राप्त करने में कठिनाई होती है।

12. देश में एकाधिकारी प्रवृत्ति हतोत्साहित—देश के उद्योगपतियों को विदेशीं पूँजी के सहयोग से उद्योग स्थापित करने के लिए औद्योगकि लाइसेन्स, कच्चे माल के आयात लाइसेन्स, सरकारी वित्त सहायता व विपणन सम्बन्धी सुविधायें प्रदान की जाती हैं। इससे देश में आर्थिक सहायता का केन्द्रीकरण होता है।

13. देश का तकनीकी ज्ञान व साहसी प्रवृत्ति को प्रोत्साहन—विदेशी सहायता प्राप्त करने पर विदेशी तकनीकी ज्ञान व विदेशी साहस को प्रोत्साहन मिलता है। विदेशी सहायता प्राप्त योजनाओं में विदेशी तकनीकों को ही काम में लिया जाता है। इससे देश की तकनीकी व साहसी हतोत्साहित होते हैं। इस प्रकार विदेशी सहायता प्राप्त करने में अनेक कठिनाइयों व समस्याओं का सामना करना पड़ता है। विदेशी ऋणों की मात्रा अधिक हो जाने से देश-विदेशों के सामने अपना सिर ऊँचा नहीं उठा सकता है। विदेशी सहायता से उनकी स्वतन्त्रता में भी दखल पड़ता है।

1947 में विभाजन के फलस्वरूप भारत के विदेशी व्यापार पर प्रतिकूल प्रभाव पड़ा। भारत को कच्चे जूट और लम्बे रेशे की कपास के लिए पाकिस्तान पर निर्भर होना पड़ा। इसी प्रकार विभाजन के परिणामस्वरूप देश में खाद्यान्नों के उत्पादन में कमी हो गई और खाद्यान्नों का पर्याप्त मात्रा में विदेशों से आयात करना पड़ा। इन सबका परिणाम यह हुआ कि स्वतत्रता प्राप्ति के बाद भारत के व्यापार की प्रतिकूलता में वृद्धि हुई। सितम्बर, 1949 में ब्रिटेन की मुद्रा पौण्ड का 30.6% अवमूल्यन किया गया। भारत सरकार ने रुपये का भी इतने ही दर से अवमूल्य कर दिया। अवमूल्य के परिणामस्वरूप भारत के आयातों में कमी हुई और निर्यातों में वृद्धि हुई। इसका परिणाम यह हुआ कि भारत के विदेशी व्यापार की प्रतिकूलता में पर्याप्त कमी हो गई।

भारत में विदेशी व्यापार की विशेषताएँ
(Characteristics of India's Foreign Trade)

1. अधिकांश विदेशी व्यापार समुद्री मार्गों द्वारा—भारत की भोगोलिक स्थिति इस प्रकार की है कि उसका 92% से अधिक विदेशी व्यापार समुद्री मार्गों एवं बन्दरगाहों द्वारा होता है। भारत की उत्तरी और उत्तरी-पूर्वी सीमाएँ अत्यन्त दुर्गम हैं, अत: इन सीमाओं के पार स्थलीय मार्गों से व्यापार होना संभव नहीं है। इसके अतिरिक्त भारत की स्थानीय सीमाओं वाले अधिकांश देश बर्मा (म्यामांर), नेपाल, पाकिस्तान बंगलादेश इत्यादि पिछड़े हुए देश हैं, जिससे इनके साथ भारत का अधिक मात्रा में व्यापार नहीं होता है।

2. कुछ ही देशों से व्यापार अधिक—भारत के विदेशी व्यापार का अधिकांश भाग विश्व के कुछ उन्नत देशों के साथ ही होता है। विश्व के शेष देशों के साथ भारत का व्यापार बहुत कम मात्रा में होता है। विश्व में भारतीय माल के सबसे बड़े क्रेता देश सोवियत रूस, संयुक्त राज्य अमेरिका, जापान तथा ब्रिटेन हैं। इसके अतिरिक्त आर्थिक नियंत्रणों तथा भुगतानों के ढंगों के आधार पर निर्यात व्यापार, स्वतन्त्र व्यापार क्षेत्र, यूरोपीय साझा बाजार, इकाफे देश, रुपयों के भुगतान वाले देश, अफ्रीका के देशों इत्यादि के साथ भी किया जाता है। 1951-52 में हमारे आयात-निर्यात में ब्रिटेन का क्रमश: 21% और 25% भाग था, वह घटकर 1999-2000 में क्रमश: 6% और 5.8% ही रह गया है। इससे स्पष्ट होता है कि भारत का विदेशी व्यापार अब जहाँ यू.के. से कम हुआ है, वहीं विकासशील देशों के साथ यह बढ़ा है। 1999-2000 में ओपेक व अन्य विकासशील देशों के साथ भारत के विदेशी व्यापार की आयात-निर्यात की मात्रा 10.6 प्रतिशत से 23 प्रतिशत के बीच तक पहुँच गई है। अमरीका का द्वितीय महायुद्ध के समय भारत के आयात-निर्यात में क्रमश: 5.9% और 16% हो गया था, लेकिन बाद के वर्षों के सोवियत संघ के विघटन के बाद यह कम हो गया। 2000-01 में इसका आयात-निर्यात का भाग घटकर क्रमश: 1% तथा 2% रह गया।

3. प्रतिकूल व्यापार संतुलन—भारत के विदेशी व्यापार की एक प्रमुख विशेषता यह है कि स्वतन्त्रता प्राप्ति के बाद उसका विदेशी व्यापार निरन्तर प्रतिकूल रहता आया है। 1972-73 में भारत का विदेशी व्यापार पहली कार 104 करोड़ रुपयों से अनुकूल रहा, किन्तु 1973-74 से पुन: प्रतिकूल रहने लगा है। अन्तर्राष्ट्रीय तेल संकट के परिणामस्वरूप भारत के विदेशी व्यापार का प्रतिकूल शेष बढ़कर अरबों रुपये प्रतिवर्ष हो गया है। सन् 1999-2000 में भारत का विदेशी व्यापार 41658 करोड़

रुपये से प्रतिकूल रहा है। 2001-02 में व्यापार घाटा 27743 करोड़ रु. होने का अनुमान है जो पिछले वर्ष्ज्ञ से 8.9% कमी का सूचक है।

4. विदेशी व्यापार में सरकारी क्षेत्र का बढ़ा हुआ महत्व—विदेशी व्यापार में सरकारी क्षेत्र का महत्त्व व भाग निरन्तर बढ़ रहा है। इस क्षेत्र में राजकीय व्यापार निगम, खनिज एवं धातु व्यापार निगम तथा हैण्डीक्राफ्ट्स एक्सपोर्ट कॉरपोरेशन इत्यादि संस्थाएँ कार्यरत हैं। इन संस्थाओं की स्थापना के उपरान्त अब सरकारी क्षेत्र में शक्कर, सीमेंट, साइकिलें, कपड़े सिलने की मशीनें, खनिज लोहा एवं मैगनीज, प्लास्टिक वस्तुएँ, रबड़ के जूते, हस्तकला की वस्तुएँ, इस्पात का फर्नीचर, रेजर, ब्लेड, डीजल इंजन, फिल्म प्रोजेक्टर्स ऊनी मोजे, बड़नयान इत्यादि वस्तुओं का व्यापार होने लगा है।

5. विश्व के विदेशी व्यापार में भारत का घटता हुआ अनुपात—विश्व के विदेशी व्यापार में पिछले वर्षों में तेजी से वृद्धि हुई है। भारत का विदेशी व्यापार भी योजनाकाल में तेजी से बढ़ा है, किन्तु यह विश्व व्यापार के अनुपात के लिए, 1960 से 1972 की अवधि में भारत के निर्यात व्यापार में 81.2% की वृद्धि हुई, जबड़क इसी काल में कुल विश्व निर्यात में 227% की वृद्धि थी जो भारत की निर्यात वृद्धि का 2.8 गुना है। इसलिए विश्व के कुल निर्यात में भारत का प्रतिशत घटता जा रहा है। 1950 में यह 2%, 1963 में 1.2% और अब यह घटकर केवल 0.46 प्रतिशत रह गया है और इस प्रकार विश्व में इस दृष्टि से भारत का 28वां स्थान है।

6. परम्परागत निर्यात पदार्थों के अनुपात में कमी—भारत के निर्यात व्यापार में परम्परागत निर्यात पदार्थों की प्रधानता रही है, किन्तु अब इसमें कमी हो रही है। सन् 1947-48 में छह मुख्य परम्परागत मदें, जूट, धागा एवं निर्मित माल, कच्ची वेस्ट रुई, हड्डियाँ व खालें, रेजिन व लाख, तिलहन व सुपारी का कुल निर्यात में 67 प्रतिशत भाग था, जो अब घटकर 35 प्रतिशत ही रह गया है। पिछले कुछ वर्षों में भारत में इन वस्तुओं का निर्यात बढ़ रहा है, जैसे—इंजीनियरिंग वस्तुएँ, लोहा एवं इस्पात, चीनी, खनिज लोहा, सिले हुए वस्त्र, जूते, खली आदि।

7. निर्यात प्रोत्साहन एवं आयात नियंत्रण—विदेशी व्यापार के भुगतान संतुलन की प्रतिकूलता को समाप्त करने के लिए सरकार द्वारा गत कुछ वर्षों में विशेष प्रयास किये गये हैं। इसके लिए निर्यातों को प्रोत्साहन दिया गया तथा आयातों पर नियंत्रण लागू किये गये। अनेक निर्यात योग्य वस्तुओं को निर्यात लाइसेन्स से मुक्त कर दिया गया है तथा निर्यात वृद्धि हेतु अनेक निर्यात सम्वर्द्धन परिषदें एवं संगठन स्थापित किये गये हैं।

8. विदेशों का अधिक प्रभाव—विदेशी व्यापार से संबंधित अधिकांश क्रियाओं-बीमा, बैंकिंग, परिवहन इत्यादि पर आज भी विदेशियों का ही आधिपत्य है। भारतीय जल परिवहन की भार क्षमता सीमित होने के कारण भारतीय आयात-निर्यात व्यापार का अधिकांश भाग विदेशी जहाजों द्वारा ही हेता है। भारतीय व विदेशी जहाजों का विदेशी व्यापार में भाग वर्तमान में क्रमशः 30.5 व 69.5 प्रतिशत है।

9. मात्रा व मूल्य दोनों में वृद्धि—भारतीय विदेशी व्यापार की मात्रा सन् 1950-51 में 1,214 करोड़ रुपये के लगभग थी जो 1996-97 में बढ़कर 2,57,736 करोड़ रुपये हो गई और 1998-99 में बढ़कर 4,34,344 करोड़ रुपये हो गई तथा 2001-02 में बढ़कर 4,55,243 करोड़ रुपये होने का अनुपात है। किन्तु यह वृद्धि मुख्यतः वस्तुओं की अधिक मात्रा के कारण नहीं, वरन् मूल्य वृद्धि के फलस्वरूप हुई है। इसे निम्न तालिका में दिखाया गया है—

भारत के विदेशी व्यापार की मात्रा

(करोड़ रु. में)

वर्ष	आयात	निय्रत	कुल मात्रा
1950-51	608	606	1214
1981-82	13608	7806	21414
1990-91	43198	32553	75751
1996-97	138919	118817	257736
1998-99	128332	139753	318085
1999-2000	215236	159561	374797
2000-01	230873	203571	434444
2001-02 (संभावित)	241493	213750	455243

10. अधिकांश व्यापार कुछ ही बन्दरगाहों द्वारा—भारतीय विदेशी व्यापार की यह भी एक प्रमुख विशेषता है कि यहाँ का अधिकांश विदेशी व्यापार कुछ ही बन्दरगाहों द्वारा किया जात है जिनमें मुम्बई, कोलकाता, चेन्नई, विशाखापट्टनम, कांडला व मंगलौर प्रमुख हैं।

11. देश के निर्यातों में निरन्तर वृद्धि—गत वर्षों में भारत के निर्यात व्यापार में निरन्तर वृद्धि हुई है। वर्ष 1950-51 में भारत के कुल निर्यात 601 करोड़ रुपये के थे जो वर्ष 1974-75 में बढ़कर 3329 करोड़ रुपये के हो गये। इस प्रकार इस

अवधि में कुल निर्यातों में लगभग 6 गुना वृद्धि हुई। इसके बाद भी निर्यात निरन्तर बढ़ रहे हैं। वर्ष 1996-97 में भारत से होने वाले कुल निर्यात, 1 18,817 करोड़ रुपये के थे जो वर्ष 1999-2000 में बढ़कर 159561 करोड़ रुपये हो गया जबड़क 2000-01 में निर्यात 203571 करोड़ रु. होने का अनुमान है। इस प्रकार निर्यातों में लगभग 341 गुना वृद्धि हुई है। 1990-91 में निर्यातों में वृद्धि दर जहाँ 17.5% रही, 2000-2001 में यह 27.6% रहने का अनुमान है। 2001-02 में निर्यातों में वृद्धि दर 5% रहने का अनुमान है।

निर्यातों का विवरण

(राशि करोड़ रु. में)

वर्ष	1950-51	1970-71	1990-91	2001-02 (App.)
निर्यात	606	1535	32553	213750

12. देश के आयातों में निरन्तर वृद्धि—जिस प्रकार भारत के कुछ निर्यात बढ़ रहे हैं, उसी प्रकार भारत के आयातों में भी निरन्तर वृद्धि हुई है। यद्यपि भारत सरकार के द्वारा समय-समय पर आयातों को कम करने के प्रयत्न किये गये हैं, लेकिन फिर भी पंचवर्षीय योजनाओं के आयात निरन्तर बढ़ रहे हैं। वर्ष 1950-51 में 608 करोड़ रुपये के कुल आयात किये गये थे जो वर्ष 1981-82 में बढ़कर 13,635 करोड़ रुपये तथा 1990-91 में 43193 करोड़ रु. के हो गये तथा 2001-02 में आयात 241493 करोड़ रु. क्रे लगभग होने का अनुमान है।

विदेशी व्यापार के तहत आयात

(राशि करोड़ रु.)

वर्ष	1950-51	1970-71	1990-91	2000-01	2001-02 (P)
आयात	608	1634	43193	230873	241493

13. राष्ट्रीय आय की तुलना में निर्यातों का गिरना—उपर्युक्त विवेचन से यह स्पष्ट है कि गत वर्षों में भारत के निर्यातों में वृद्धि हुई है, लेकिन राष्ट्रीय आय की तुलना में निर्यात कम हुए हैं। वर्ष 1960-61 में कुल राष्ट्रीय आय का 6.8 प्रतिशत निर्यात किया गय था जो अब मात्र 0.46 प्रतिशत रह गया है।

14. विदेशी व्यापार की रचना में परिवर्तन—भारत के विदेशी व्यापार की संरचना, में स्वतन्त्रता पाप्ति के बाद आमूल-चूल परिवर्तन देखने को मिले हैं। स्वतन्त्रता प्राप्ति से पूर्व भारत के कच्चे माल व अर्द्ध-निर्मित माल का निर्यात करता था तथ निर्मित माल का आयात करता था, जबड़क अब कच्चा माल, अर्द्ध-निर्मित माल व तकनीकी सेवाएँ आयात की जाती हैं तथा निर्मित माल निर्यात किया जाता है।

15. विदेशी व्यापार नीतियों में क्रान्तिकारी रुख—भारत के विदेशी व्यापार में गत वर्षों में आयात प्रतिस्थापन और निर्यात संवर्द्धन की नीतियों के माध्यम से एक विकासोन्मुख रुख काम में लिया गया है। वर्ष 1970-71 से ही भारत की आयात-निर्यात नीतियों का उत्पादन और निर्यातोन्मुखी किया गया है। वैसे भारत के विदेशी व्यापार का अभी राष्ट्रीयकरण नहीं किया गया है। लेकिन भारत सरकार के द्वारा समय-समय पर इस संबंध में ऐसी नीतियाँ अपनाई गई हैं और राजकीय व्यापार निगम जैसी संस्थाएँ स्थापित की गई हैं जिससे विदेशी व्यापार संबंधी रुख भारत के हित में हो। अब उदारीकरण की प्रवृत्ति जारी है जिसके तहत 1 अप्रैल, 2001 से भारत के व्यापार को विदेशी माल के लिए खुला छोड़ा जा रहा है। नई आयात-निर्यात नीति 2002-07 इस दिशा में महत्वपूर्ण कदम है।

16. निर्यात संवर्द्धन संबंधी प्रयत्नों में वृद्धि—स्वतन्त्रता प्राप्ति के बाद भारत सरकार के द्वारा समय-समय पर ऐसे प्रयत्न किये गये हैं जिससे निर्यातों में निरन्तर वृद्धि हो तथा भुगतान संतुलन की प्रतिकूलता को सुधारा जा सके। इस उद्देश्य की पूर्ति के लिए भारत सरकार के द्वारा वर्ष्ज 1949, 1966 व 1991 में रुपये का अवमूल्य भी किया गया है। वर्ष 1993-94 के बजट में भारत के विदेशी व्यापार में वृद्धि के लिए भारतीय रुपये को पूर्ण रूप से परिवर्तनशील घोषित कर दिया है। इस व्यवस्था से पूर्व मा 60 प्रतिशत परिवर्तनशीलता की व्यवस्था ही विद्यमान थी। पिछले वर्षों के साथ-साथ 2002-03 तक के बजटों में सीमा शुल्क तथा उत्पादन शुल्क में कटौती की गयी है जिससे निर्यातों को बढ़ाया जा सके। 2002-07 की वर्तमान आयात-निर्यात नीति में भी कई रियायतें दी गई हैं।

17. संशोधित नवीन निर्यात-आयात नीति (1997-2002)—श्री पी.वी. नरसिम्हा राव सरकार के द्वारा अप्रैल, 1992 में घोषित नवीन निर्यात-आयात नीति निर्यातोन्मुख होने के साथ-साथ आयातों में भी उदारीकरण की प्रवृत्ति जारी हुई। अप्रैल, 1998 में घोषित आयात-निर्यात नीति भी निर्यातोन्मुखी होने के साथ-साथ आयातों में काफी उदारीकरण की नीति है। इससे देश में विदेशी तकनीक और बजट में उत्पादन शुल्क में कटौती से निर्यातों में वृद्धि होगी। सीमा शुल्क में कटौती से आयात बढ़ेगा।

2002-07 की संशोधित आयात-निर्यात नीति में भी कई वस्तुओं के आयात की छूट दी गई है।

भारत के विदेशी व्यापार की मात्रा, रचना और दिशा

(Volume Composition and Directions of India's Foreign Trade)

भारत के विदेशी व्यापार की रचना अथवा संरचना का आशय यह है कि भारत के निर्यात आयात व्यापार में कौन-कौन सी वस्तुएँ एवं सेवाएँ सम्मिलित हैं? दूसरे शब्दों में, भारत किन-किन वस्तुओं एवं सेवाओं का निर्यात करता है तथा किन-किन वस्तुओं एवं सेवाओं का आयात करता है? यद्यपि पहले परम्परागत वस्तुओं एवं सेवाओं का ही निर्यात, आयात किया जाता था तथा इनकी संख्या भी सीमित थी। लेकिन गत वर्षों में इस दिशा में काफी परिवर्तन देखने को मिले हैं जिसका विवेचन आगे विस्तारपूर्वक किया गया है।

भारत के विदेशी व्यापार की दिशा का आशय यह है कि भारत किन-किन देशों के साथ निर्यात व आयात व्यापार करता है? यद्यपि पहले कुछ ही राष्ट्रों के साथ भारत का विदेशी व्यापार होता था, लेकिन अब भारत अनेक देशों के साथ विदेशी व्यापार में संलग्न है।

भारत में विदेशी व्यापार की रचना अथवा संरचना

(Composition of India's Foreign Trade)

भारत के विदेशी व्यापार की रचना अथवा संरचना में यह बात सम्मिलित की जाती है कि भारत किन-किन वस्तुओं एवं सेवाओं का निर्यात एवं आयात करता है? इसलिए यहाँ पर भारत के द्वारा निर्यात की जाने वाली वस्तुओं एवं सेवाओं तथा आयात की जाने वाली वस्तुओं एवं सेवाओं का अलग-अलग विवेचन किया गया है।

भारत के प्रमुख निर्यात

(Principal Exports of India)

भारत निम्नलिखित वस्तुओं का विदेशों को निर्यात करता है—

1. इंजीनियरिंग का सामना—भारत का विश्व व्यापार में इंजीनियरिंग के सामान का हिस्सा बहुत कम है, फिर भी भारत में बना इंजीनियरिंग का सामान

विकासशील और विकसित देशों में बहुत पसन्द किया जा रहा है। भारत में श्रम की बहुलता है, इसलिए हम इंजीनियरिंग का सामान बनाने में लाभ की स्थिति में रहते हैं और इसलिए इनका निर्यात बढ़ रहा है। जहाँ 1970-71 में इंजीनियरिंग का सामान केवल 116 करोड़ रुपये का निर्यात किया गया था, वहीं 1982-83 में बढ़कर 886 करोड़ रुपये हो गया। सन् 2001-02 में इनका निर्यात बढ़कर 31,870 करोड़ रुपये हो गया। भारत से अमेरिका, रूस तथा अन्य विकसित राष्ट्रों को इंजीनियरिंग के सामान का निर्यात किया जाता है।

2. चमड़ा व चमड़े का सामान—अप्रैल, 1973 से कोटा प्रणाली में अर्द्ध-विधायित चमड़े का निर्यात नियमित कर दिया गया था। इससे सन् 1974-75 में चर्म और खालों के निर्यात में कमी आ गई। अब चमड़े से तैयार सामार के निर्यात में लगातार वृद्धि हो रही है। चमड़े और चमड़े से बने माल का 1970-71 में 71.6 करोड़ रुपये का निर्यात हुआ, जो 1990-91 में बढ़कर 2600 करोड़ रुपये हो गया तथा 2000-01 में इनका कुल निर्यात 8914 करोड़ रुपये हो गया। रूस, संयुक्त राज्य अमेरिका, फ्रांस, पूर्वी जर्मनी, जापान, इटली इत्यादि देशों को चमड़े के सामान का निर्यात किया जाता है।

3. रासायनिक पदार्थ—भारत रासायनिक पदार्थों में मुख्यत: रंग, सोडा-ऐश, चन्दन का तेल, सर्जिकल ड्रेसिंग, टायर और ट्यूब, औषधि वाला अरण्डी का तेल, कृत्रिम इनामेल, प्लाइवुड और प्लाइवुड का सामान, एस्बेस्टस सीमेंट की चद्दरों का निर्यात करता है। रासायनिक और संबंधित पदार्थों का निर्यात 1970-71 में 29 करोड़ रुपये का हुआ जो सन् 1990-91 में बढ़कर 2544 करोड़ रुपये का हो गया तथा 2000-01 में निर्यात बढ़कर 22850 करोड़ रुपये हो गया। ये पदार्थ प्रमुखत: जापान, अमेरिका व ब्रिटेन इत्यादि देशों को निर्यात किये जाते हैं।

4. दस्तकारी का सामान—दस्तकारी के सामान का निर्यात लगातार बढ़ रहा है। दस्तकारी के सामान का निर्यात सन् 1970-71 में 70 करोड़ रुपये का हुआ था। यह सन् 1994-95 में बढ़कर 16730 करोड़ रुपये तथा 1997-98 में कम होकर 3433 करोड़ रुपये हो गये हैं। विश्व में लगभग सभी देशों को दस्तकारी के सामान का निर्यात किया जाता है।

5. जूट का सामान—भारत द्वारा 1950-51 में 113 करोड़ रुपये के जूट के सामान का निर्यात हुआ था जो सन् 1990-91 में बढ़कर 298 करोड़ रुपये हो गया और 2000-01 में 933 करोड़ रुपये हो गया। जूट के निर्यात को बढ़ाने के लिए सरकार ने 'कारपेट बैंकिंग' पर 200 रुपये प्रति टन का शुल्क हटा दिया है। इसी

प्रकार हैसियन पर भी 600 रुपये प्रति टन का उत्पादन शुल्क हटा दिया गया है। जूट का सामान प्रमुखतया पेरू, आस्ट्रेलिया, न्यूजीलैण्ड, अमेरिका, अर्जेन्टाइना, कनाडा, बर्मा (म्यांमार) को निर्यात किया जाता है।

6. चाय और कॉफी—भारत का चाय के निर्यात में पहले बहुत कम हिस्सा था। सन् 1950-51 में चाय का निर्यात लगभग 81 करोड़ रुपये का था जो सन् 1998-99 में बढ़कर 2302 करोड़ रुपये हो गया, किन्तु 1999-2000 में घटकर 1760 करोड़ रु. ही रह गया। चाय के निर्यात में सन् 1962-67 की अवधि में लगातार कमी आई है, क्योंकि अब घरेलू माँग बढ़ गयी है और विदेशी प्रतियोगिता भी बढ़ गयी है। भारत की चाय का सबसे अधिक निर्यात ब्रिटेन को किया जाता है। इसके अलावा कनाड़ा, अमेरिका, सूडान, मिस्र, पश्चिमी जर्मनी इत्यादि देश हैं। भारत को चाय के निर्यात में श्रीलंका के साथ प्रतिस्पर्द्धा करनी पड़ती है। चाय के निर्यात विकास का काम 'भारतीय चाय बोर्ड' करता है। चाय के साथ-साथ भारत से काफी के निर्यात में भी तेजी से वृद्धि हुई है। 1950-51 में कॉफी का निर्यात 1.4 करोड़ रुपये था जो 2000-01 में बढ़कर 1185 करोड़ रुपये हो गया।

7. तम्बाकू—भारत से तम्बाकू का निर्यात लगातार बढ़ रहा है। भारत सबसे अधिक निर्यात ब्रिटेन को करता है। इसके अलावा जापान, नेपाल, रूस, बंगलादेश, बेल्जियम इत्यादि देश है। सन् 1950-51 में 14 करोड़ रुपये की तम्बाकू का निर्यात हुआ जो सन् 1970-71 में बढ़कर 33 करोड़ रुपये और 1998-99 में 762 करोड़ रुपये का हो गया। 2000-01 में 871 करोड़ रुपये के निर्यात हुए।

8. सूती वस्त्र—भारत सूत्री मोआ कपड़ा तथा अच्छी किस्म के कपड़े का निर्यात करता है। भारत से मोटा कपड़ा विशेष रूप से पूर्वी अफ्रीका, बर्मा (म्यांमार), इराक, ईरान, सऊदी अरब, आस्ट्रेलिया, दक्षिण अफ्रीका, श्रीलंका, पाकिस्तान, टर्की, मिस्र, मलेशिया, थाइलैण्ड इत्यादि देशों को निर्यात किया जाता है। सन् 1950-51 में भारत से 138 करोड़ रुपये का सूती कपड़ा निर्यात किया गया जो 2000-01 में बढ़कर 49831 करोड़ रुपये का हो गया।

9. चीनी एवं शीरा—भारत चीनी व शीरा भी कई देशों को निर्यात करता है। सन् 1950-51 में चीनी व शीरा का निर्यात 17 लाख रुपये का था, जो सन् 1970-71 में 28 करोड़ रुपये तथा 1982-83 में 62 करोड़ रुपये हो गया। देश की आंतरिक माँग को सरकारी नीति द्वारा पूरा करके सन् 1992-93 में चीनी व शीरा का 354 करोड़ रुपये का निर्यात हुआ तथा वर्ष्ज 1994-95 में कम होकर 62 करोड़ रुपये तथा 2000-01 में 511 करोड़ रु. हो गया।

10. खनिज लोहा—भारत में खनिज लोहे के निर्यात में पिछले वर्षों में बहुत वृद्धि हुई है। भारत खनिज लोहा मुख्यतया जापान, ब्रिटेन, चेकोस्लोवाकिया, रूमानिया, नीदरलैण्ड, पोलैण्ड, पश्चिमी जमग्री, हंगरी, पूर्वी जर्मनी, यूगोस्लाविया इत्यादि देशों को निर्यात करता है। सन् 1950-51 में खनिज लोहे का सिर्फ 20 लाख रुपये का निर्यात हुआ। सन् 1970-71 में यह 117 करोड़ रुपये का और 1982-83 में 373 करोड़ रुपये का हो गया। 1997-98 में निर्यात बढ़कर 1770 करोड़ रुपये का हो गया, जबड़क 2000-01 में घटकर 1634 करोड़ रु. रहने का अनुमान है।

11. लोहा व इस्पात—लोहा एवं इस्पात उद्योग में वृद्धि होने से लोहे एवं इस्पात का निर्यात भी बढ़ा है। जहाँ योजनाओं के आरंभ में अल्प विकास के कारण इसका निर्यात नगण्य था, वहीं सन् 1970-71 में बढ़कर 67 करोड़ रुपये व 1997-98 में 110 करोड़ रु. हो गया तथा 2000-01 में 2450 करोड़ रु. हो जाने का अनुमान है। लोहा व इस्पात का निर्यात विकसित और अविकसित दोनों ही देशों को किया जाता है, इनमें रूस, अमेरिका, जापान व पश्चिमी जर्मनी प्रमुख हैं।

12. मछली एवं मछली उत्पादन—भारत द्वारा किये जाने वाले निर्यातों में मछली एवं मछली उत्पादन का निर्यात लगातर बढ़ रहा है। सन् 1988-89 व 1990-91 में इसका निर्यात क्रमशः 633 व 960 करोड़ रुपये का हुआ तथा 2000-01 में 6387 करोड़ रुपये के मछली व मछली उत्पाद निर्यात किये गये।

13. हीरे-जवाहरात—भारत में हीरे व जवाहरात के निर्यात में वृद्धि की पर्याप्त संभावनाएँ हैं। सन् 1992-93 में 8897 करोड़ रुपये के हीरे-जवाहरात का निर्यात हुआ। वर्ष 2000-01 में 33734 करोड़ रुपये के हीरे-जवाहरात निर्यात किये जाने का अनुमान है।

14. काजू एवं मसाले—भारत के द्वारा निर्यात की जाने वाली वस्तुओं में काजू एवं मसालों का भी महत्त्वपूर्ण स्थान है। 1965-66 में इनका क्रमशः 27.4 करोड़ रुपये तथा 36.4 करोड़ रुपये का निर्यात किया गया था जो बढ़कर वर्ष 1981-82 में 169 करोड़ रुपये तथा 113 करोड़ रुपये हो गये। इनमें बाद में भी लगातार काफी वृद्धि हुई है। वर्ष 2000-01 में इनका निर्यात क्रमशः 1883 करोड़ रु. तथा 1619 करोड़ रु. हो गया।

15. अभ्रक—अन्य वस्तुओं की भाँति भारत अभ्रक का भी निर्यात करता है। वर्ष 1970-71 में 16 करोड़ रुपये की अभ्रक निर्यात की गयी जो वर्ष 1992-93 में निर्यात बढ़कर 24 करोड़ रुपये और 2000-01 में 64 करोड़ रुपये हो गये।

16. अन्य वस्तुएँ—उपर्युक्त के अलावा भारत के द्वारा कपास, चावल, वनस्पति तेल तथा औषधियों एवं एवं औषधि उत्पादों का भी निर्यात किया जाता है। भारत से उपरोक्त समस्त वस्तुओं के अलावा खली का निर्याल वर्ष 1991-92 में 922 करोड़ रुपये का किया गया था, जो वर्ष 2000-01 में बढ़कर 2045 करोड़ रुपये का हो गया। इसी प्रकार वर्ष 1990-91 में भारत से कपास का निर्यात 846 करोड़ रुपये का हुआ जो वर्ष 2000-01 में घटकर 224 करोड़ रुपये हो गया।

भारत के प्रमुख आयात
(Principal Imports of India)

भारत की प्रमुख आयात मदें निम्नलिखित हैं—

1. मशीनें व बिजली का सामान व पूँजीगत सामान—भारत में औद्योगिक विकास तेज गति से होना आवश्यक है और हो भी रहा है, जिसके लिए मशीनरी तथा पूँजीगत सामान विदेशों से मंगाना आवश्यक है। आजकल भारत ऐसी मशीनों का आयात ग्रेट ब्रिटेन, अमेरिका, जापान, फ्रांस, रूस आदि देशों से कर रहा है जिससे कि आगे भारत में आवश्कय मशीनों का निर्माण किया जा सके। अब तो सीमेंट, चीनी इत्यादि के कारखानों की मशीनों का निर्माण भी भारत में होने लगा है। 1950-51 में भारत ने इस क्षेत्र के सामान के आयात में 91 करोड़ रुपये व्यय किये थे, वहाँ 1960-61 में 560 करोड़ रुपये, 1990-91 में 10466 करोड़ रुपये व्यय किये गये। 2000-01 में इसका आयात 25281 करोड़ रुपये का रहा।

2. लोहा-इस्पात—हमारे यहाँ जितना लोहे और इस्पात का उत्पादन होता है माँग उससे काफी अधिक है। इस माँग की पूर्ति के लिए ही हमको लोहा-इस्पात का आयात करना पड़ता है। 1995-96 में 4838 करोड़ रुपये तथा 2000-01 में 3569 करोड़ रुपये के लोहा-इस्पात का आयात करना पड़ा। लोहा-इस्पात मुख्यतः इंग्लैण्ड, अमेरिका और पश्चिमी जर्मनी से मंगाया जाता है।

3. खाद्यान्न—भारत में अमेरिका से गेहूँ व चावल का आयात किया जाता है। इसके अतिरिक्त कनाडा, बर्मा (म्यांमार) व ऑस्ट्रेलिया से भी खाद्यान्नों का आयात किया जाता है। धीरे-धीरे खाद्यान्नों का हमारा आयात कम होता जा रहा है। 1958-86 में खाद्यान्नों का आयात 1341 करोड़ रुपये का था, वह 1992-93 में बढ़कर 966 करोड़ रुपये हो गया। जो वर्ष 1994-95 में घटकर 92 करोड़ रुपये रह गया तथा 2000-01 में घटकर 90 करोड़ रुपये हो गया है।

4. खनिज तेल एवं पैट्रोलियम पदार्थ—भारत में खनिज तेलों का विशेषकर पैट्रोलियम का अभाव है। पैट्रोलियम की माँग हमोर देश में निरनतर बढ़ती जा रही है। इस मद का हमारे आयातों में प्रथम स्थान है। बर्मा (म्यांमार), रूस, ईरान आदि से पैट्रोलियम का आयात किया जाता है। जहाँ 1950-51 में इसका आयात केवल 55 करोड़ रुपये था, वहाँ 1970-71 में 136 करोड़, 1980-81 में 5264 करोड़ तथा 1991-92 में 13132 करोड़ रुपये का रहा। 2000-01 में पैट्रोलियम पदार्थों का आयात बढ़कर 71497 करोड़ रुपये रहने का अनुमान है, जबड़क 1997-98 में 30341 करोड़ रुपये के पैट्रोलियम का आयात किया गा था। वर्तमें में इस मद का हमोर आयातों में लगभग 22.2 प्रतिशत है।

5. रासायनिक खाद व रसायन पदार्थ—धीरे-धीरे इन चीजों का अधिकाधिक उत्पादन करके हम इनका आयात कम करते जा रहे हैं। 1995-96 में इनका आयात जहाँ 5628 करोड़ रुपये रहा, वहाँ 2000-01 में घटकर 3034 करोड़ रुपये रह जाने का अनुमान है। रासायनिक खाद का आयात भारत मुख्यत: अमरीका, रूस, जापान, पश्चिमी जर्मनी से करता है।

6. कपास व जूट—भारत अच्छे किस्म के कपास का आयात अमेरिका, सूडान, मिस्त्र इत्यादित से करता है। परन्तु मोटे रेशे की कपास का निर्यात करता है। अब हमारे देश में भी कपास का उत्पादन बढ़ता जा रहा है। भारत में विभाजन के पश्चात् जूट का उत्पादनकरने वाले क्षेत्र पाकिस्तान के पास चले गये। अत: भारत को जूट का आयात करना पड़ता है। अधिकांश जूट उत्पादन क्षेत्र बांग्लादेश के पास है। वर्ष 1998-99 में 381 करोड़ रुपये का कपास आयात किया गया जो कि 2000-01 में 1185 करोड़ रुपये रहने का अनुमान है। 2000-01 में जूट का आयात 84 करोड़ रुपये रहने का अनुमान है।

7. वनस्पति एवं खाद्य तेल—गत वर्षों में भारत में खाद्य तेल की आन्तरिक माँग बढ़ जाने से इसके आयात अधिक हुए हैं। वर्ष 1950-51 में मात्र 3 करोड़ रुपये के आयात किये गये थे जो वर्ष 1970-71 में बढ़कर 23 करोड़ रुपये तथा 1992-93 में 167 करोड़ रुपये तथा वर्ष 2000-01 में 6093 करोड़ रुपये के आयात हुए। भारत के द्वारा वनस्पति एवं खाद्य तेल का आयात मुख्यत: अमेरिका, रूस व कनाडा से किया जाता है।

8. कागज, गत्ता और अखबारी कागज—भारत में गत वर्षों में कागज की माँग में बहुत अधिक वृद्धि हुई है। इस माँग को स्वदेशी उत्पादन से पूरा नहीं किया जा सकता है, इसलिए कागज, गत्ता तथा अखबारी कागज के आयात निरन्तर बढ़े

हैं। वर्ष 1950-51 में इनके आयात मात्र 6 करोड़ रुपये के थे, जो 1975-76 में बढ़कर 180 करोड़ रुपये और 1992-93 में बढ़कर 922 करोड़ रुपये के हो गये। यद्यपि वर्तमान में देश में ही कागज के उत्पादन की ओर विशेष रूप से ध्यान दिया जा रहा है, लेकिन फिर भी वर्ष 2000-01 में बढ़कर 2005 करोड़ रुपये के मूल्य का कागज आयात हुआ। भारत कागज का आयात अमेरिका, नार्वे, बंग्लादेश, कनाडा, ब्रिटेन, पश्चिमी जर्मनी और स्वीडन से करता है।

9. हीरे-जवाहरात एवं बहुमूल्य पत्थर—गत कुछ वर्षों से भारत हीरे-जवाहरात और बहुमूल्य पत्थरों का आयात भी तेजी से करने लगा है। वर्ष 1975-76 में इनका आयात मात्र 94 करोड़ रुपये था जो वर्ष 1979-80 में बढ़कर 247 करोड़ रुपये तथा 2000-01 में बढ़कर 22101 करोड़ रुपये तक पहुँच गया।

10. अन्य वस्तुएँ—उपर्युक्त वस्तुओं के अलावा भारत के द्वारा घड़ियाँ, वैज्ञानिक उपकरण, फोटोग्राफिक सामान इत्यादि का भी आयात किया जाता है। वर्ष 1950-51 में इन समस्त वस्तुओं के आयात मात्र 28 करोड़ रुपये के थे जो वर्ष 1979-80 में बढ़कर 33.6 करोड़ रुपये के तथा वर्ष 1989-90 में बढ़कर 1253 करोड़ रुपये के हो गये, लेकिन वर्ष 1990-91 में घटकर 1102 करोड़ रुपये हो गये जो वर्ष 1996-97 में यह बढ़कर 3925 करोड़ रुपये हो गये, जबड़क 2000-01 में घटकर 2462 करोड़ रुपये रह गया है।

भारत के विदेशी व्यापार की दिशा

(Directions of India's Foreign Trade)

जैसाकि ऊपर बतया गया है कि भारत के विदेशी व्यापार की दिशा का आशय यह है कि भारत विश्व के किन-किन राष्ट्रों के साथ आयात-निर्यात करता है? कुछ वर्षों पहले भारत का विदेशी व्यापार कुछेक राष्ट्रों तक ही सीमित था, लेकिन अब अनेक राष्ट्रों के साथ भारत विदेशी व्यापार में संलग्न है, जैसाकि निम्न विवेचन से स्पष्ट है—

1. अमेरिका—भारत के विदेशी व्यापार में 1999-2000 में अमरीका का दूसरा स्थान रहा है। भारत अमेरिका से जहाज व पैट्रोलियम पदार्थ, रासायनिक तत्त्व, मशीनें, पूँजीगत सामान तथा यातायात उपकरण आयात करता है तथा हस्तकला एवं चमड़े का सामान, खनिज, हीरे-जवाहरात, चाय, काजू तथा जूट का सामाना अमेरिका को निर्यात करता है। वर्ष 1951-52 में आयात-निर्यात में अमेरिका के प्रतिशत क्रमशः 20.4 तथा 18.1 थे जो वर्ष 1984-85 में घटकर क्रमशः 9.8 तथा 15.3 रह गये,

लेकिन वर्ष 2000-01 में यह प्रतिशत क्रमशः 6% व 20.9% हो गये। वर्ष 1999-2000 में भारत में अमरीकाका आयात 15727 करोड़ रुपये तथा अमरीका को निर्यात 36960 करोड़ रुपये का रहा।

2. रूस—स्वतन्त्रता प्राप्ति के बाद भारत के रूस के साथ विदेशी व्यापार में कापुी प्रगति हुई है। वर्ष 1984-85 में भारत में विदेशी व्यापार में रूस का सर्वप्रथम स्थान था। वर्ष 1951-52 में रूस का हमारे आयात-निर्यात का प्रतिशत क्रमशः 9. प्रतिशत तथा 0.9 प्रतिशत था वह 1984-85 में बढ़कर क्रमशः 10.6% तथा 14.3% हो गया तथा 2000-01 में कम होकर क्रमशः 1.0% व 2.0% प्रतिशत रह गये। भारत रूस से पूँजीगत सामान, मशीनें, खाद्य एवं खनि तेल तथा रासायनिक पदार्थ आयात करता है और रूस को तम्बाकू, चमड़े का सामान, कॉफी व काजू निर्यात करता है। वर्ष 2000-01 में भारत से रूस को निर्यात 4061 करोड़ रुपये के हुए तथा आयात 2365 करोड़ रुपये के हुए।

3. जापान—वर्ष 1988-89 में भारत के विदेशी व्यापार में जापान का द्वितीय स्थान था। वर्ष 1951-52 में भारत का आयाता-निर्यात जापान के साथ क्रमशः 2 प्रतिशत तथा 2.6 प्रतिशत थे जो वर्ष 1989-90 में बढ़कर क्रमशः 9.5 प्रतिशत तथा 10.6 प्रतिशत हो गया। भारत के विदेशी व्यापार में वर्ष 1994-95 में जापान के आयात का प्रतिशत 7.1 तथा निर्यात का प्रतिशत 7.7 था। 1999-2000 में आयाता-निर्यात क्रमशः 5% व 4.5% रहे। भारत जापान से मशीनें, लोहा-इस्पात, परिवहन का सामान, जहाज तथा रंग एवं प्लास्टिक आयात करता है तथा कोयला, चमड़ा, तम्बाकू, अभ्रक व खनिज लोहा निर्यात करता है। वर्ष 2000-01 में भारत में जापान को 8198 करोड़ रुपये के निर्यात हुए तथा 8146 करोड़ रुपये के आयात हुए।

4. ब्रिटेन—स्वतन्त्रता प्राप्ति के समय भारत के विदेशी व्यापार में ब्रिटेन का सर्वप्रथम स्थान था जो अब गिरक तीसरा हो गया है। वर्ष 1951-52 में ब्रिटेन का हमारे आयात-निर्यात में क्रमशः 17.6 प्रतिशत तथा 25.9 प्रतिशत भाग थे। यह वर्ष 1988-89 में कम होकर क्रमशः 5.2 प्रतिशत तथा 6.3 प्रतिशत रह गये। वर्ष 1999-2000 में भारत के विदेशी व्यापार में ब्रिटेन के प्रतिशत बढ़कर आयात में 6 प्रतिशत व निर्यात में 5.8 प्रतिशत रह गये। भारत ब्रिटेन को अभ्रक, लोहा, मैंगनीज, ऊन, कपास, जूट का सामाना और चाय निर्यात करता है तथा लोहा-इस्पात, मशीनें, रासायनिक पदार्थ, कागज और शराब आयात करता है। वर्ष 2000-01 में ब्रिटेन से आयात 14472 करोड़ रुपये के हुए तथा निर्यात 10502 करोड़ रुपये के हुए।

5. तेल उत्पादक राष्ट्र (OPEC)—इनमें ईरान, इराक, कुवैत, नाइजीरिया, अल्जीरिया इत्यादि राष्ट्र सम्मिलित हैं। पिछले दशक में इन राष्ट्रों के साथ भारत का विदेशी व्यापार तेजी से बढ़ा है। परिणामस्वरूप तेल उत्पादक देशों का भारत के विदेशी व्यापार में प्रथम स्थान हो गया है। वर्ष 1970-71 में भारत के आयात-निर्यात में इन राष्ट्रों का भाग क्रमशः 7.7 प्रतिशत तथा 6.7 प्रतिशत था जो वर्ष 1988-89 में क्रमशः 13.5 प्रतिशत तथा 5.9 प्रतिशत हो गया। यह वृद्धि खनिज तेल के मूल्यों में होने वाली वृद्धि के फलस्वरूप हुई। वर्ष 1999-2000 में भारत के आयात-निर्यात में इन राष्ट्रों का भाग बढ़कर क्रमशः 23.8 प्रतिशत व 10.6 प्रतिशत हो गया। वर्ष 1999-2000 में भारत के आयात तेल उत्पादक राष्ट्रों से 48394 करोड़ रुपये का निर्यात 16910 करोड़ रुपये के हुए।

6. जर्मनी—भारत के विदेशी व्यापार में पश्चिमी जर्मनी का भी एक महत्त्वपूर्ण स्थान है। गत वर्षों में पश्चिमी जर्मनी से आयात बहुत अधिक मात्रा में किये गये हैं, जबड़क निर्यातों में वृद्धि बहुत अधिक नहीं हुई है। वर्ष 1988-89 में भारत के आयात-निर्यात में पश्चिमी जर्मनी का प्रतिशत क्रमशः 8.8 प्रतिशत और 6.0 प्रतिशत था। वर्ष 2000-01 में ये प्रतिशत कम होकर 3.5 तथा 4.3 रह गये। भारत जर्मनी को मैंगनीज, कॉफी, चाय, अभ्रक, मसाल तथा मेवा निर्यात करता है तथा पूँजीगत सामान, लोहा, इस्पात, मशीनें, रासायनिक तत्त्व और विद्युत उपकरण आयात करता है। वर्ष 1999-2000 में भारत से जर्मनी को निर्यात 8718 करोड़ रुपये के हुए तथा आयात 8039 करोड़ रुपये के हुए।

7. कनाडा—भारत के विदेशी व्यापार में कनाडा का भाग बहुत कम है। भारत कनाडा को सूती वस्त्र, जूट का सामान, चाय, चमड़ा व काजू निर्यात करता है तथा मशीनें, खाद्यान्न, कागज, लुग्दी व लोहे का सामान आयात करता है। वर्ष 1999-2000 में भारत के विदेशी व्यापार में कनाडा का भाग आयातों में 1.0 प्रतिशत व निर्यातों में 1.2 प्रतिशत था। वर्ष 2000-01 में कनाडा से आयात 1814 करोड़ रुपये के हुए तथा निर्यात 2999 करोड़ रुपये के हुए।

8. फ्रांस—गत वर्षों से भारत के विदेशी व्यापारी में फ्रांस का स्थान बढ़ रहा है। वर्ष 1960-61 में भारत के विदेशी व्यापार में फ्रांस का हिस्सा आयातों में 1.9 प्रतिशत व निर्यातों में 1.4 प्रतिशत था जो वर्ष 1997-98 में घटकर क्रमशः 1.0 प्रतिशत व 2.2 प्रतिशत हो गया। भारत फ्रांस को मैंगनीज, अभ्रक, चाय, कॉफी,मेवा व मसाले निर्यात करता है तथा पूँजीगत सामान, मशीनें, लोहा, इस्पात, रासायनिक तत्त्व व विद्युत

उपकरण आयात करता है। वर्ष 2000-01 में फ्रांस से आयात 2928 करोड़ रुपये के हुए तथा निर्यात 4660 करोड़ रुपये के हुए।

9. अन्य राष्ट्र—भारत उपर्युक्त राष्ट्रसें के अलावा, अफ्रीका, पूर्वी यूरोपियन देश, दक्षिणी अमेरिका, ऑस्ट्रेलिया से भी विदेशी व्यापार करता है। इन राष्ट्रों को भारत निर्मित माल-निर्यात करता है और आन्तरिक आवश्यकता की वस्तुओं को आयात करता है। वर्ष 1999-2000 में भारत के विदेशी व्यापार में अन्य राष्ट्रों का हिस्सा आयात व निर्यात में क्रमश: 7.2 प्रतिशत व 3.6 प्रतिशत था।

भारत की विदेश व्यापार नीति एवं आयात-निर्यात नीति
(Foreign Trade Policy and Exim Policy of Govt. of India)

जून, 1991 में नई आर्थिक नीति का दौर चालू हुआ जिसमें औद्योगिक नीति, व्यापार नीति, विदेशी विनिमय दर नीति तथा राजकोषीयच नीति में भारी परिवर्तन किए गए।

जुलाई, 1991 से भारत सरकार की विदेशी व्यापार नीति की प्रमुख विशेषताएँ इस प्रकार हैं—

1. सरकार ने पूँजीगत माल के आयातों की व्यवस्था सरल करते हुए बताया कि पूँजीगत माल के आयातों की वित्तीय व्यवस्था विदेशी इक्विटी से होने पर RBI से लाइसेंस की आवश्यकता नहीं होगी।

2. सरकार ने REP लाइसेंस के विस्तार करने, आयातों को कम करने, निर्यातों को बढ़ाने तथा आयात लाइसेंसों को कम करने के उद्देश्य से इस नीति में व्यापक परिवर्तन किए थे।

3. आवश्यक आयातों को बढ़ाने के लिए प्रतिबड़न्धत सूची से 98 मदें इजाजत वाली सूची में तथा 37 मदें सीमित इजाजत वाली सूची से खुली सूची में स्थानान्तरित की गयीं।

4. आयात शुल्क कम किया—बजट के अन्तर्गत आयात शुल्क 300% से घटाकर 150% कर दिया गया था।

5. ट्रेडिंग घराने स्थापित किए—निर्यात बढ़ाने के लिए ट्रेडिंग घराने 51 प्रतिशत विदेशी इक्विटी से स्थापित किए जा सकते हैं। इस प्रकार ट्रेडिंग घरनों, निर्यात घरानों को विकास के अधिक अवसर दिए गए।

6. प्रतिस्पर्द्धात्मक शक्ति में वृद्धि—देश के निर्यातकों हेतु शुल्क-मुक्त इन्पुटों का आयात करने के लिए अग्रिम लाइसेंस व्यवसथा को सुदृढ़ किया जिससे निर्याताकें की प्रतिस्पर्द्धात्मक शक्ति में वृद्धि होगी।

7. एक्विज स्क्रिप्ट स्कीम—इस स्कीम को शुरू किया गया। इसके अन्तर्गत निर्यातक अपनी विदेशी विनिमय आय का तीस प्रतिशत भाग प्रीमियम पर बेच सकते थ्ज्ञे। इससे जो निर्यातक आयातों पर निर्भर नहीं थे या कम निर्भर थे उनको बहुत लाभ मिला। इस स्कीम से निर्यातों को प्रोत्साहन मिला है।

8. विदेशी मुद्रा खातों की सुविधा—इसके तहत निर्यातक अधिकृत बैंकों में विदेशी मुद्रा का खाता खोल सकते हैं, साथ ही वे निर्यातक बाहर से उधार की व्यवस्था भी कर सकते हैं, जिससे वे अपने आयातों के भुगतान की व्यवस्था कर सकें।

इस प्रकार से ये सभी कदम उठाकर सरकार ने विदेशी व्यापार नीति के माध्यम से उदारीकरण की दिशा को प्रेरणा दी है तथा निर्यात बढ़ाने के साथ-साथ पूँजीगत आयातों को सुगम बनाने में महत्त्वपूर्ण भूमिका निभायी है।

इन सभी कदमों को नीय आयात-निर्यात नीति (2000-07) में आगे बढ़ाया है और निम्न बातों का विस्तार किया गया—

(i) **विदेशी व्यापार को स्वतन्त्र किया**—इस नीति के अन्तर्गत विदेशी व्यापार को काफी हद तक मुक्त कर दिया गया। निर्यातों व आयातों दोनों के लिए नकारात्मक सूची रखी गयी। आयातों की नकरात्मक सूची के अन्तर्गत प्रतिबन्धात्मक मदें (जैसे—शराब, खेल का सामान, इलेक्ट्रॉनिक्स वस्तुएँ, दूरसंचार, उपकरण, घड़ियाँ, केसर आदि) लाइसेंस से ही आयात की जा सकती हैं। इसी प्रकार निर्यातों की नकारात्मक सूची के अन्तर्गत निषेधात्मक सूची (जिसमें वन्य जीवन के सभी रूप, विदेशी पक्षी, गौमांस आदि आते हैं) के निर्यात की सख्त मनाही है। कच्चा रेशम, वेस्ट पेटर, ऊँट आदि का निर्यात के लिए लाइसेंस अनिवार्य है।

(ii) **शुल्क-मुक्त आयातों में वृद्धि**—इस नीति के अनुसार शुल्क मुक्त आयातों के क्षेत्र में वृद्धि की गयी। इसके अन्तर्गत मात्रा-आधारित अग्रिम लाइसेंस के अलावा मूल्य-आधारित अग्रि लाइसेंस को भी शामिल किया गया।

(iii) **पूँजीगत वस्तुओं के आयात में उदारता**—इसके अन्तर्गत पूँजीगत माल के आयात पर पच्चीस प्रतिशत का रियायती शुल्क लगाया गया। साथ ही इसके लिए निर्यात का दायित्व आयात के मूल्य का तीन गुना रखा गया।

(iv) **विशेष आयात लाइसेंस**—कुछ निर्यातकों को विशेष रूप से माने गए निर्यातों, निर्यात घरानों व अन्य घरानों को विशेष आयात लाइसेंस प्रदान किए गए।

इस प्रकार इस नीति में विदेशी व्यापार को अधिक उदार बनाया गया।

भारत सरकार की नवीन आयात-निर्यात नीति (2002-07) की प्रमुख विशेषताएँ

भारत सरकारने पिछले कुछ वर्षों में आयातों पर मात्रात्मक प्रतिबन्धों को हटाने के साथ-साथ निर्यातों में संवर्धन के प्रयासों को तेज किया है। जहाँ एक ओर सुस्थिर आर्थिक विकास को गति प्रदान करने तथा देश में उत्पादन बढ़ाने के लिए आवश्यक पूँजीगत सामान एवं कच्चे माल के आयात को सुगम बनाया है, वहीं दूसरी ओर बढ़ते वैश्विक बाजार अवसरों का लाभ उठाने के लिए भारतीय अर्थव्यवस्था को वैश्वीकरणोन्मुख करने के प्रयास भी तेज किए हैं। 31 मार्च, 2002 को केन्द्रीय वाणिज्य एवं उद्योग मंत्री मुरासोली मारन ने अगले पांच वर्षों के लिए नयी 'निर्यात-आयात नीति (2002-07)' की घोषणा की है। इस नीति की प्रमुख विशेषताएं इस प्रकार हैं—

1. **आयात-निर्यात प्रक्रिया का सरलीकरण**—इसके अन्तर्गत सेंट्रल बोर्ड ऑफ एक्साइज एण्ड कस्टम तथा डाइरेक्टर जनरल ऑफ फोरेन ट्रेड द्वारा कॉमन कॉमोडिटी क्लासिफिकेशन अपनाया गया है ताकि वर्गीकरण विवादों को दूर कर सौदा लागत को घटाया जा सके। इसके साथ ही निर्यात प्राप्तियों की वसूली की अवधि सीमा में 180 दिन की वृद्धि की गई है।

2. **राज्यों के सक्रिय सहयोग एवं सहभागिता पर बल**—राज्यों को निर्यात बढ़ाने के लिए बुनियादी सुविधा विकास सहायता (एसाइड) नामक इस योजना से राज्यों को कुछ निर्यात और निर्यात वृद्धि दर, इन दो मानदण्डों के आधार पर 80% राशि राज्यों में बाँटी जाएगी जबड़क शेष 20% राशि का उपयोग केन्द्र बुनियादी सम्बन्धी गतिविधियों पर करेगा। योजना के तहत चालू वर्ष 2001-02 में लिए 49.50 करोड़ रुपये तथा वित्त वर्ष 2002-03 के लिए 330 करोड़ रुपये का प्रावधान किया है।

3. विश्व व्यापार में भारत की हिस्सेदारी 0.67% के मौजूदा स्तर से बढ़ाकर 2006-07 के अन्त तक 1% करने का लक्ष्य—नई निर्यात-आयात नीति में भारत की विश्व व्यापार में हिस्सेदारी को अगले पाँच वर्षों में 0.67% से बढ़ाकर 1% करने का लक्ष्य है। पिछले 40 वर्षों से भारत का विश्व व्यापार में हिस्सा करीब 0.6% पर अटका है।

4. निर्यात संवर्द्धन पूँजीगत सामान (EPCG) के तहत निर्यात दायित्व (Export Obligation) को पूरा करने की अवधि को 12 वर्ष तक के लिए बढ़ाया—निर्यात को प्रोत्साहन देने के उद्‌देश्य से पहले से लागू इस योजना के तहत निर्यात दायित्व को पूरा करने की अवधि को ऐसे मामलों में 12 वर्ष तक के लिये बढ़ा दिया गया है जिनमें ई.पी.सी.जी. आयात 100 करोड़ रुपये अथवा अधिक के हों।

5. 20 कृषि निर्यात क्षेत्रों की स्थापना की स्वीकृति—इन कृषि निर्यात क्षेत्रों की स्थापना से कृषि उत्पादों के निर्यात को कई प्रकार की सुविधायें प्रदान करने से उनके निर्यातों में भारी वृद्धि की अपेक्षा इस नई नीति में की गई है।

6. 'औद्योगिक क्लस्टर्स' से निर्यात संवर्द्धन हेतु अतिरिक्त सुविधायें (More Facilities for Exports from Industrial Clusters)—भारत के निर्यातों में ऊपनी वस्त्रों के निर्यात में लुधियाना, कम्बलों के निर्यात में पानीपत तथा हौजरी के निर्यात में तिरुपुर की भूमिका के मद्‌देनजर नई नीति में ऐसे औद्योगिक क्लस्टर्स के निर्यातकों के लिये कई आकर्षक सुविधाओं की घोषणा भी महत्त्वपूर्ण है।

7. रत्नों एवं आभूषणों के निर्यात संवर्द्धन हेतु भी विशेष पैकेज—विश्व के रत्न एवं आभूषण बाजार में भारत का लगभग 16% हिस्सा है। उसके अन्तर्गत कच्चे हीरों पर 5% सीमा शुल्क समाप्त कर दिया है। इसी प्रकार आभूषणों के लिये स्वर्ण आयात की छूट निर्यातकों को देने का प्रावधान किया गया है। सादे जेवरात पर मूल्वर्द्धन 10% से घटाकर 7% करने तथा मशीन-निर्मित आभूषणों के निर्यात पर मूल्यवर्द्धन 5% से घटाकर 3% करना एक उपर्युक्त कदम है।

8. निर्यात बाजार के विस्तार हेतु अफ्रीका पर फोकस—भारत के निर्यात बाजार का विस्ता करने हेतु नई नीति में अफ्रीका पर फोकस एक प्रमुख विशेषता है। इस रणनीति के तहत पहले चरण में सात देशों-नाईजीरिया, दक्षिण अफ्रीका, कीनिया, घाना, तन्जारिया, इथोपिया और मॉरिशस को शामिल किया गया है।

9. कॉटेज सेंटर तथा हस्तशिल्प पर विशेष फोकस—भारत के निर्यातों में लघु उद्योगों की लगभग 50% भागीदारी के मद्देनजर नई निर्यात-आयात नीति में कॉटेज सेन्अर तथा हस्तशिल्प के निर्यातों पर विशेष फोकर है।

10. सुस्थिर आर्थिक विकास हेतु निर्यातोन्मुख नीति—यह नीति विकास प्रेरित निर्यातोन्मुख नीति है, जिसमें अगले पांच वर्षों में निर्यातों में 11.9% की वार्षिक वृद्धि का लक्ष्य है ताकि भारत के कुछ निर्यातों को 46 अरब डॉलर के मौजूदा स्तर से बढ़ाकर 2006-07 के अन्त तक 80 अरब डॉलर सालाना किया जा सके।

11. परिवहन सब्पिड़ी—प्रसंस्कृत फलों, सब्जियों, पोल्ट्री एवं डेयरी उत्पादों तथा गेहूँ एवं चावल उत्पादों पर परिवहन सब्पिड़ी की व्यवस्था इस नीति की मुख्य विशेषता है।

12. विशेष आर्थिक क्षेत्रों में स्थापित बैंक शाखाओं को समुद्रपारीय बैंकि (Overseas Banking) के तुल्य सुविधायें—नई नीति में यह व्यवस्था है कि विशेष आर्थिक क्षेत्रों में स्थापित बैंक शाखाओं को ओवरसीज बैंकि यूनिट (OBU) की तरह माना जाएगा तथा इस रूप में उन्हें नकद आरक्षण अनुपात (CRR), सांविधिक तरलता अनुपात (SLR) तथ्रा प्रथमिक क्षेत्रों के ऋण दायित्व के बन्धनों से मुक्ति मिल जाने से ये शखायें अन्तर्राष्ट्रीय स्तर की नीची ब्याज दरों पर इन क्षेत्रों में स्थापित इकाइयों को ऋण उपलबध करा सकेंगी, जिससे इन क्षेत्रों में स्वदेशी के साथ-साथ विदेशी निवेशों को भी बढ़ावा मिलेगा।

13. खुर्जा से पोटरी निर्यात बढ़ाने के लिये अध्ययन—खुर्जा से पोटरी निर्यात बढ़ाने के लिये अध्ययन कराने की घोषणा इस नीति में सम्मिलित है। आकर्षक डिजायनों की सजावट हेतु इसकी विदेशों में निर्यात की काफी गुंजाइश है।

14. निर्यातों पर से परिमाणात्मक प्रतिबन्धों की समाप्ति—कुछेक संवेदनशील व्रस्तुओं-प्याज, माइलर सीड, जूट, लौह अयस्क एवं कुछेक रसायनों को छोड़ कृषिगत उत्पादों सहित सभी प्रकार की वस्तुओं के निर्यात पर से मात्रात्मक प्रतिबन्धों को समाप्ति का इस नीति में प्रावधान किया गया है।

15. इंजीनियरिंग निर्यातों के लिये आयात—इंजीनियरिंग निर्यातों के लिए आयात किये जाने वाले उच्च श्रेणी की विशेष पड़तों (Highly Specialised Inputs) की जाँच-पड़ताल ब्यूरो ऑफ इण्डियन स्टैण्डर्ड्स (BIS) के द्वारा नहीं हो सकेगी। इसके कारण सौदा लागत में कमी होगी और इंजीनियरिंग उत्पादों का निर्यात बढ़ाने में मदद मिलेगी।

16. कृषिगत निर्यातों को विशेष प्रोत्साहन—इसमें कृषिगत निर्यातों को विशेष प्रोत्साहन देने की व्यवस्था हे, जिसमें 20 कृषि निर्यात क्षेत्रों की स्थापना, प्रसंस्कृत फलों, सब्जियों, पोल्ट्री व डेयरी उत्पादों के साथ-साथ गेहूँ तथा चावल उत्पादों पर परिवहन सब्पिड़ी रुपया ऋण भुगतान योजना के अन्तर्गत रूस को किये जाने वाले कृषि उत्पादों के निर्यात को कई बन्धनों से मुक्त करना शामिल है।

17. विशेष आर्थिक क्षेत्रों (Special Economic Zones—SEZs) में सुविधाओं का विस्तार—नई निर्यात-आयात नीति में इन क्षेत्रों में स्थापित इकाइयों को कई और सुविधायें प्रदान करने का समावेदश है। जहाँ एक ओर इन क्षेत्रों में स्थापित इकाइयों को अन्तर्राष्ट्रीय स्तर की नीची ब्याज दरों पर ऋण सुविधा मिल सकेगी। वहाँ दूसरी ओरउत्पादन शुल्क, सीमा शुल्क तथा आयकर में छूट की सुविधा का लाभ मिलेगा। इस प्रकार नई नहीति में इन विशेष्ज्ञ आर्थिक क्षेत्रों को अन्तर्राष्ट्रीय स्तर पर प्रतिस्पर्द्धी बनाने का प्रयास है।

18. नये आकर्षणों के साथ शुल्क पात्रता पास बुक (Duty Entitlement Pass Book—DEPB)—अग्रिस लाईसेंस (Advance Licence) तथा पूंजीगत सामान निर्यात प्रोत्साहन (Export Promotion Capital Goods—EPCG) योजनाओं को अधिक लोचदार एवं बेहरत बनाकर जारी रखने की घोषणा इस नीति में की गई है।

19. हस्तशिल्प निर्यात इकाइयों को मार्केट एक्सेस इनीशियटिव (Market Access Initiative—MAI)—योजना के तहत उपलब्ध कोष का लाभ उठाने का भी अतिरिक्त अवसर इस नीति में दिया गया है।

20. हार्डवेयर क्षेत्र के निर्यात संवर्द्धन हेतु विशेष पैकेज—भारतीय कम्प्यूटर सॉफ्टवेयर क्षेत्र की अन्तर्राष्ट्रीय बाजार में अच्छी पहचान बनने के बाद इलेक्ट्रॉनिक हार्डवेयर क्षेत्र में भी भारत की अच्छी पहचान बनाने तथा निर्यात बढ़ाने के लिये एक विशेष्ज्ञ पैकेज की घोषणा इस नीति में की गई है। इसके तहत इलेक्ट्रोनिक हार्डवेयर टैक्नोलोजी पार्क (EHTP) योजना में ऐसे संशोधन किये जा रहे हैं ताकि इस क्षेत्र में स्थापित हार्डवेयर इकाइयों को विश्व व्यापार संगठन (WTO) समझौते के अन्तर्गत ही शून्य प्रशुल्क (Zero Duty) तथा अन्य लाभ मिल सकेंगे।

21. निर्यात उत्पादों को ईंधन लागत में रिबेट—फोर्जिंग उद्योग को निर्यात किये जाने वाले उत्पादों पर ईंधन लागत (Fuel Costs) में अधिकतम 7% तक की रिबेट दिये जाने का प्रावधान नई नीति में किया गया है।

22. निर्यातकों के लिये निर्यात अर्जित विदेशी विनिमय के प्रेषण की अवधि को 180 दिन से बढ़ाकर 360 दिन की गई—नई नीति के अन्तर्गत उपरोक्त सुविधा के अतिरिक्त निर्यातकों को अपने अर्जित विदेशी विनिमय को विदेशी मुद्रा खाते में जमा रखने का भी अधिकार दिया गया है ताकि विनियम दरों में उतार-चढ़ाव की जोखिम से बचा जा सके।

23. खादी एवं ग्रामोद्योग के अन्तर्गत 5 करोड़ रुपये का कोष—खादी एवं ग्रामोद्योग के अन्तर्गत हस्तशिल्प निर्यातों को बढ़ावा देने हेतु 5 करोड़ रुपये का कोष्ष रखा गया है।

24. कुटीर और हस्तशिल्प क्षेत्र की 5 करोड़ रुपये की निर्यातक इकाइयों को निर्यात घरानों का दर्जा देने का प्रावधान इस नीति में किया गया है।

25. रुपया ऋण पुनर्भुगतान योजना के तहत रूस को निर्यात सम्बन्धी बन्धनों से मुक्ति—रूस को रुपया ऋण पुनर्भुगतान (Rupee Debt Repayment) योजना के अंतर्गत मक्खन, गेहूँ, मोटे अनाज, मूँगफली तेल और काजू आदि के निर्यात में पूंजीकरण की आवश्यकता, न्यूनतम निर्यात मूल्य एवं राज्य व्यापार एजेंसियों के माध्यम से ही निर्यात की अनुमति जैसे अनिवार्य बन्धनों से मुक्ति मिल गई। इससे इन उत्पादों का रूस में निर्यात बेरोकटोक सम्भव हो गया।

नई निर्यात-आयात नीति (2002-07) की आलोचनायें

1. निर्यातों का लक्ष्य यथार्थ से परे—जहाँ एक ओर निर्यातों पर से मात्रात्मक प्रतिबन्धों को हटाने, विशेष आर्थिक क्षेत्रों में सुविधाओं के विस्तार, कृषिगत निर्यातों को विशेष प्रोत्साहन, हार्डवेयर क्षेत्र के निर्यात संवर्द्धन के लिये नया पैकेज तथा आयात-निर्यात प्रक्रिया के सरलीकरण की सराहना की गई है। वहाँ दूसरी ओर निर्यात लक्ष्य के अन्तर्गत भारत के निर्यातों का स्तर 46 अरब डॉलर वार्षिक के मौजूदा स्तर से 2006-07 के अन्त तक 80 अरब डॉलर वार्षिक के स्तर पर पहुंचाने के लक्ष्य को महज कल्पना एवं यथार्थ से परे स्वप्न बताया है।

2. निर्यात में दोगुनी वृद्धि असम्भव—नई नीति पर प्रतिक्रिया व्यक्त करते हुए NCAER के मुख्य अर्थशास्त्री शशांक भिण्डे ने कहा कि, ''पाँच साल में निर्यात में दो गुना वृद्धि का लक्ष्य यथार्थवादी नहीं है।''

3. आधार संरचना की कठिनाइयां—फिक्की के अध्यक्ष आर. एस. लोढा ने जहाँ एक ओर विशेष आर्थिक क्षेत्रों में सुविधाओं के विस्तार और आयात-निर्यात

प्रक्रिया के सरलीकरण की सराहना की है, वहां दूसरी ओर आधार संरचना की मुश्किलों को दूर करने का कोई प्रभावी कदम नहीं उठाने तथा आर्थिक क्षेत्रों में श्रम अधिनियमों को लोचदार बनाने का प्रयास नहीं होने पर चिंता जताई है।

4. निर्यात प्रतिस्पर्द्धा नहीं—तकनीक के मामलों में भारतीय निर्यात प्रतिस्पर्द्धी नहीं है। ज्यादातर भारतीय निर्यात सस्ता, घटिया तकनीक वाला और गुणवत्ता में हल्का होता है।

5. निर्यात की प्रक्रिया पेचीदा व अपर्याप्त—भारतीय निर्यात संगठनों के महासंघ के पूर्व अध्यक्ष और दवाओं के थोक निर्यातक रामू देवड़ा का कहना है कि नीतियाँ तो हमेशा अच्छी ही होती हैं बात तो उन्हें लागू करने की है। उनके अनुसार मुरासोली मारन की इस नीति को बड़ा खतरा निर्यात की पेचीदा प्रक्रिया और अपर्याप्त बुनियादी ढाँचे से है।

इस सबके विश्लेषण से यह कहा जा सकता है कि नई नीति की घोषणा एक साहसिक और सराहनीय कदम है किन्तु महत्त्वकांक्षी लक्ष्यों की प्राप्ति के लिये समयबद्ध कार्यवाही जरूरी है।

13

भारतीय आर्थिक नियोजन

आर्थिक नियोजन आधुनिक काल की एक नवीन प्रवृत्ति है। आज विश्व में सभी देश, चाहे वे पूँजीवादी हों या समाजवादी या साम्यवादी, आर्थिक नियोजन को अपना रहे हैं। वर्तमान समय में प्रत्येक देश व उसमें निवास करने वाले व्यक्तियों की आवश्यकताएँ बढ़ रही हैं, जबड़क आवश्यकताओं को पूरा करने हेतु साधन काफी कम मात्रा में उपलब्ध हैं। अत: सीमित साधनों के अनुकूलत उपयोग द्वारा मनुष्य की अनन्त आवश्यकताओं को पूरा करना ही आर्थिक नियोजन कहलाता है। नियोजन के सम्बन्ध में विभिन्न विद्वानों द्वारा दी गई परिभाषाएँ निम्न प्रकार हैं—

1. **श्रीमती बारबरा बूटन** के अनुसार, ''किसी सार्वजनिक सत्ता द्वारा विचारपूर्वक एवं जान-बूझकर आर्थिक प्राथमिकताओं के चयन करने की क्रिया को आर्थिक नियोजन कहते हैं।'' इस परिभाषा में केवल प्राथमिकताओं के निर्धारण पक्ष पर जोर दिया गया है तथा स्वतन्त्र बाजार तन्त्र में जान-बूझकर हस्तक्षेप से एक अलग व्यवस्था कायम करने की बात कही गयी है। इन तीनों तत्त्वों के अतिरिक्त आर्थिक नियोजन के अधिक महत्त्वपूर्ण तत्त्वों की अवहेलना अनुपयुक्त है।

2. प्रो. एच. डी. डिकिन्सन के अनुसार, "आर्थिक नियोजन प्रमुख आर्थिक निर्णय करने की वह क्रिया है जिसमें समस्त अर्थव्यवस्था के व्यापक सर्वेक्षण के आधार पर एक निर्धारक सत्ता द्वारा विचारपूर्वक निर्णय लिये जाते हैं कि क्या और कितना उत्पादन किया जाये? कैसे, कब और कहां उत्पादन किया जाये? और इसका वितरण किनें हो?"

3. भारतीय योजना आयोग के अनुसार, "आर्थिक नियोजन साधनों के संगठन की वह विधि है जिसके द्वारा साधनों का अधिकतम लाभप्रद उपयोग, निश्चित सामाजिक लाभों की पूर्ति हेतु किया जाता है।"

4. प्रो. हेयक के अनुसार, "आर्थिक नियोजक का अर्थ एक केन्द्रीय सत्ता द्वारा उत्पादन क्रियाओं का निर्देशन है।"

5. प्रो. रोबिन्स के अनुसार, "सच्चे मायने में सम्पूर्ण आर्थिक जीवन नियोजन से भरा है। आयोजन का अभिप्राय वायदे के साथ कार्य करना है, चयन करना है और चयन ही आर्थिक क्रियाओं का सार है।"

6. विट्ठल बाबू के अनुसार, "नियोजन जनता के अधिकतम लाभ के लिए देश के वर्तमान, भौतिक, मानसिक एवं आर्थिक शक्तियों अथवा साधनों का उपयोग करने की प्राविधि है।" उपर्युकत परिभाषाओं में से कोई भी परिभाषा अपने आप में पूर्ण नहीं है। कुछ अर्थशास्त्रियों ने सार्वजनिक नियन्त्रण को नियोजन कहा हे, जबड़क कुछ व्यापक दृष्टिकोण को अपनाते हैं। इन्होंने नियोजन के अन्तर्गत सार्वजकिन सत्ता द्वारा सर्वेक्षण के आधार पर आर्थिक निर्णयों, नियन्त्रणों तथा निद्रेशनों को महत्त्व प्रदान किया है जिससे निश्चित अवधि में पूर्व-निर्धारित लक्ष्यों की पूर्ति द्वारा अधिकतम सामाजिक कल्याण सम्भव हो सके।

आर्थिक नियोजन के उद्देश्य

(Objectives of Economic Planning)

नियोजन एक प्रावैगिक विचारधारा है। यह केवल साधनों तक ही सीमित नहीं है। इसमें अर्थव्यवस्था के विभिन्न पक्षों को ध्यान में रखते हुए विशिष्ट उद्देश्यों के अन्तर्गत कार्य करना अनिवार्य हो जाता है। नियोजन की परिभाषा से यह भी मालूम होता है कि नियोजन के अन्तर्गत सरकार अपने साधनों द्वारा विशिष्ट उद्देश्यों की पूर्ति के प्रयास करती है। नियोजन के उद्देश्यों को प्रमुख रूप से निम्न तीन वर्गों में विभाजित किया जा सकता है—

I. आर्थिक उद्देश्य (Economic Objectives),

II. सामाजिक उद्देश्य (Social Objectives), तथा

III. राजनीतिक उद्देश्य (Political Objectives)।

I. आर्थिक उद्देश्य (Economic Objectives)—

आर्थिक उद्देश्य परिस्थिति के अनुसार भिन्न-भिन्न हो सकते हैं। प्रमुख आर्थिक उद्देश्य निम्नलिखित हैं—

1. प्राकृतिक साधनों का शोषण—विकासशील राष्ट्रों में नियोजन का उद्देश्य उपलब्ध प्राकृतिक साधनों का आर्थिक विकास के लिए पूर्ण शोषण करना होता है। साधनों के पूर्ण शोषण से व्यक्तियों के जीवन-स्तर, आय, उत्पादन, रोजगार इत्यादि में तीव्र गति से वृद्धि होती है।

2. मूल्य स्थायित्व—अनियोजित अर्थव्यवस्था में व्यापार चक्रों के कारण कभी मंदी व कभी तेजी की स्थिति सामने आती है। इसके अर्थव्यवस्था के विभिन्न क्षेत्रों का विकास रुक जाता है। आर्थिक नियोजन का उद्देश्य अर्थव्यवस्था में आने वाले व्यापार-चक्रों पर रोक लगाकर स्थायित्व के साथ विकास करना होता है।

3. युद्धोपरान्त पुनर्निर्माण—आर्थिक नियोजन का एक उद्देश्य युद्ध जर्जरित अर्थव्यवस्था का पुननिर्माण करना है जिससे वह अपनी खोई हुई आर्थिक शक्ति, उत्पादन, क्षमता, साधन इत्यादि को फिर से प्राप्त कर सके तथा विकास में आगे बढ़ सके। यूरोप में मार्शल योजना इसका प्रमुख उदाहरण है।

4. आत्म-निर्भरता—प्रारम्भिक अवस्था में नियोजन का मुख्य उद्देश्य आर्थिक विकास करना होता है। चूँकि एक निश्चित स्तर के बाद प्रत्येक देश आत्म-निर्भर बनना चाहता है, अत: आर्थिक नियोजन में आत्म-निर्भरता प्राप्त करने के प्रयत्न करने चाहिए। वर्तमान समय में भारत खाद्यान में आत्म-निर्भरता प्राप्त करने के लिए प्रयत्नशील है।

5. अवसर की समानता—नियोजन में प्रयत्न किया जाता है कि सभी व्यक्तियों को प्रशिक्षण तथा अपनी कुशलता का प्रयोग करने का समान अवसर प्राप्त हो। वितरण की असमानता को समाप्त करके सम्पत्ति का समान विरतण स्थापित करना नियोजन का उद्देश्य होता है। इसके लिए योजनाओं में विभिन्न प्रणालियाँ अपनाई जाती हैं, जैसे नये कर लगाकर धनवानों से पूँजी को निर्धनों के पास पहुँचाया जा सकता है।

6. साज-सज्जा—आर्थिक नियोजन में उपर्युक्त साज-सज्जा की व्यवस्था को प्रमुख माना गया है क्योंकि किसी भी देश के आर्थिक विकास में रेलें, बिजली, जलापर्ति इत्यादि की सुविधाएँ काफी महत्त्व रखती हैं। ये सुविधाएँ वास्तव में आर्थिक विकास के लिए आधार का कार्य करती है।

7. साधनों का श्रेष्ठतम प्रयोग—अल्प-विकसित राष्ट्रों में पूँजी तथा प्राकृतिक साधनों की कमी होती है तथा इनका उपयोग ठीक प्रकार से नहीं हो पाता है। आर्थिक नियोजन का आर्थक उद्देश्य उपलब्ध सीमित साधनों का श्रेष्ठतम उपयोग करना माना जाता है तथा इन्हें समाज के सर्वाधिक हित के लिए प्रयोग में लाया जाता है।

8. आर्थिक सुरक्षा—आर्थिक उद्देश्य के अनुसार श्रमिकों को उचित मजदूरी, साहसियों को उचित लाभ, पूँजी नियोजकों को उपयुक्त ब्याज व भू-स्वामियों को उपर्युक्त लगान प्राप्त होना चाहिए जिससे वे सभी अपने जीवन को बिना किसी कठिनाई के चला सकें।

9. उत्पादन वृद्धि या अधिकतम उत्पादन—अधिकतम उत्पादन किसी भी अर्थव्यवस्था का प्रमुख उद्देश्य माना जाता है। आर्थिक नियोजन के आर्थिक उद्देश्य के रूप में अधिकतम उत्पादन के लिए निम्न उपाय आवश्यक समझे गये हैं—

(i) मौद्रिक स्थिरता रखी जाये तथा उसे अनुकूल बनाया जाए।

(ii) विवेकीकरण तथा वैज्ञानिक पद्धति को उद्योग में लागू करके इसके लाभों का उपयोग किया जाए।

(iii) राष्ट्रीय साधनों एवं जन-समुदाय का उपयोग उपयुक्त प्रकार से किया जाये।

(iv) उद्योग शाखाओं व अन्य क्षेत्रों में शासन सम्बन्धी सुधार किये जायें।

(v) नवीनतम तकनीकी ज्ञान, कुशल श्रमिक व दक्ष साहसियों द्वारा देश में उपलब्ध साधनों का ठीक ढंग से प्रयोग किया जाए।

(vi) प्रतिस्पर्द्धा व निजी उत्पादकों की कुरीतियों पर रोक लगाई जाए।

(vii) पूँजी निर्माण एवं विनियोग दर में वृद्धि करके बचत की दर को बढ़ाया जाये।

(viii) उद्योगों का समुचित उत्थान किया जाये तथा उपर्युक्त सहायता दी जाये।

(ix) उद्योगों को कच्चा माल सरलता से प्राप्ति के लिए कृषि के दोषों को दूर करना चाहिए।

10. पिछड़े हुए क्षेत्रों का विकास—किसी देश के सम्पूर्ण क्षेत्रों का उपर्युक्त एवं सर्वांगीण विकास करने पर ही पूर्ण विकास सम्भव हो पाता है। नियोजन तभी सफल हो सकता है जबड़क पिछड़े हुए क्षेत्रों के विकास के लिए प्रयत्न किये जायें। नियोजन में पिछड़े हुए क्षेत्रों का विकास प्रमुख उद्देश्य है।

II. सामाजिक उद्देश्य (Social Objectives)—

किसी भी अर्थव्यवस्था में आर्थिक उद्देश्यों के साथ-साथ सामाकि सुधारों व सामाजिक कल्याण कार्यों की पूर्ति के लक्ष्य भी निर्धारित किये जाते हैं। प्रमुख सामाजिक उद्देश्य निम्नलिखित है—

1. सामाजिक सुरक्षा—नियोजन के उद्देश्यों में सामाकि तथा आर्थिक दानों ही तत्त्व सम्मिलित होते हैं। सामाजिक सुरक्षा का तात्पर्य जन-समूह के लिए ऐसी सुविधाओं से है जिनकी सहायता से व्यक्ति विभिन्न आकस्मिक विपत्तियों से सुरक्षित हो सके। बीमारी, बेकारी, वृद्धावस्था व गरीबी ऐसी विपत्तियाँ हैं जिनका प्रत्येक मनुष्य को सामना करना पड़ता है। सामाजिक सुरक्षा के अन्तर्गत इन सभी विपत्तियों के लिए सामाजिक बीमा व सामाजिक सहायता की व्यवस्था की जाती है।

2. वर्ग-संघर्ष पर रोक—आर्थिक विषमता व सामाजिक असमानता के कारण समाज धनी व निर्धन वर्ग में बँट जाता है। आर्थिक नियोजन के द्वारा आर्थिक समानता, सामाजिक समानता व सुरक्षा के माध्यम से वर्ग-संघर्ष पर रोक लगाकर इसे समाप्त किया जा सकता है।

3. सामाजिक समानता—सर्वांगीण एवं समुचित विकास के लिए समानता आवश्यक होती है। आर्थिक नियोजन का उद्देश्य आर्थिक समानता के द्वारा समाज के प्रत्येक सदस्य को समान अवसर प्रदान करना है जिससे समाज के सभी व्यक्तियों को बिना किसी भेदभाव के समान अवसर प्राप्त हो सकें। सामाजिक समानता आ जाने पर गरीबों और अमीरों के बीच की खाई समाप्त हो जाती है तथा प्रत्येक को अपनी योग्यता व क्षमता के अनुसार विकास करने का अवसर प्राप्त होने लगता है।

4. नैतिक तथा बौद्धिक उत्थान—व्यक्तियों का नैतिक तथा बौद्धिक उत्थान करना आर्थिक नियोजन का लक्ष्य माना गया है। व्यक्तियों के लिए रोजगार की उपलब्धि करके, निजी लाभ को समाप्त करके, आर्थिक विषमता को दूर करके, व्यक्तियों के

नैतिक स्तर को बढ़ाया जाता है। बौद्धिक विकास हेतु व्यक्तियों के लिए अनिवार्य व प्रौढ़ शिक्षा की व्यवस्था की जाती है।

III. राजनीतिक उद्देश्य (Political Objectives)—

आर्थिक नियोजन के राजनीतिक उद्देश्य देश में आन्तरिक शान्ति व व्यवस्था लाते हैं। परिस्थिति के आधार पर प्रमुख उद्देश्य निम्न प्रकार हैं—

1. शक्ति प्रसार एवं निवेश पर आक्रमण—परिस्थिति के अनुसार कुछ राष्ट्र अपनी शक्ति व सत्ता को बढ़ाने व आक्रमण आकांक्षाओं को पूर्ण करने के लिए नियोजन को आवश्यक समझते हैं, जैसे—हिटलर ने साम्राज्य विस्तर के लिए नियोजन को अपनाया था।

2. अन्तर्राष्ट्रीय सहयोग—अन्तर्राष्ट्रीय स्तर पर विभिन्न देशों के सज्ञाी राजनीतिक व पारस्परिक सहयोग के लिए भी नियोजन आधार का कार्य करता है।

3. शांति एवं व्यवस्था—नियोजन का राजनीतिक उद्देश्य देश में आन्तरिक शान्ति व व्यवस्था लाना है। यह कार्य आर्थिक समृद्धि व सामाजिक समानता के माध्यम से ही सम्भव है।

4. विशेष आक्रमणों से सुरक्षा—आज नियोजन कार्यक्रमों में रक्षा व्यवस्था पर भी व्यय किया जाता है। रक्षा व्यवस्था को सुदृढ़ बनाकर कोई भी देश बाह्य आक्रमणों से बच सकता है। भारत में चीनी व पाकिस्तानी आक्रमणों के पश्चात् बाह्य आक्रमणों से सुरक्षा के लिए व्यवस्था की गई है। पंचवर्षीय योजनाओं को विकास के साथ सुरक्षायुक्त बनाया गया है।

योजनाकाल में उद्देश्यों को प्राप्त करने की दिशा में हुई प्रगति : एक मूल्यांकन

भारत में योजना में विभिन्न क्षेत्रों में आर्थिक प्रगति हुई है। कुल राष्ट्रीय आय व प्रति व्यक्ति राष्ट्रीय आय में वृद्धि हुई है। 1950-51 से 1990-2000 की अवधि में वास्तविक राष्ट्रीय आय (1993-94 के मूल्यों पर) 7.64 गुनी तथा प्रति व्यक्ति आय 2.77 गुनी हो गई है। 1980 से विकास की वार्षिक दर लगभग 5.5 प्रतिशत रही है, इससे पूर्व यह लगभग 3.5 प्रतिशत ही थी। कृषिगत व औद्योगिक उत्पादन बढ़ा है, परिवहन व संचार की.सुविधाओं का विस्तार हुआ है, औद्योगिक क्षेत्र की उत्पादन क्षमता बढ़ती है तथा कृषि में अधि उपज देने वाली किस्मों का प्रयोग होने से कृषिगत क्षेत्र में क्रान्ति का प्रभव गेहूँ, चावल व अन्य फसलों में प्रकट होने लगा

है। लेकिन योजनाकाल में लक्ष्यों व वास्तविक प्राप्ति में अन्तर पाया जाता है। यथा—

1. बेरोजगारी की विकट समस्या—देश में योजनाकाल में जहाँ रोजगार के अवसर बढ़े हैं, वहाँ बेरोजगारी की संख्या भी बढ़ी है। आर्थिक नियोजन देश को पूर्ण रोजगार की तरफ ले जाने में असमर्थ रहा है।

2. विदेशी साधनों पर निर्भरता—आज भी भारत में उर्वरक, क्रूड तेल व पेट्रोल भारी मात्रा में आयात किया जाता है। विदेशी सहायता पर हमारी निर्भरता बढ़ती ही गई है। देश पर इस काल में विदेशी ऋणों व ब्याज के भुगतान का वार्षिक भार उत्तोत्तर बढ़ता जा रहा है।

3. आर्थिक असमानता में वृद्धि—भारतीय नियोजन के उद्देश्यों में सर्वाधिक विफलता सामाजिक न्याय व आर्थिक समानता के उद्देश्यों को प्राप्त करने के सम्बन्ध में रही है। योजनाकाल में आय व धन असमानताएँ बढ़ी हैं। वर्तमान में मिश्रित अर्थव्यवस्था 'समाजवादी' रुख से 'पूँजीवादी रुख' धारण कर गई है। सरकार बड़े औद्योगिक घरानों पर प्रभावी नियन्त्रण रखने में असफल रही है।

4. मूल्य स्तर में वृद्धि—द्वितीय योजनाकाल से अब तक बीच के कुछ वर्षों को छोड़कर मूल्य स्तर बढ़ता रहा है और देश को मुद्रास्फीति का सामना करना पड़ा है। यद्यपि 1995-96 से 2000-01 के वर्षों में मुद्रास्फीति नियन्त्रण में रही है। इस काल में मूल्य वृद्धि की दर 3.3 प्रतिशत से 7.7 प्रतिशत के बीच रही है। अतः मुद्रास्फीति ने विकास की प्रक्रिया को प्रभावित किया है।

5. काली अर्थव्यवस्था—योजनाकाल में भारत में काली अर्थव्यवस्था भी निरन्तर बढ़ती गई है, जिसके कारण उद्देश्यों को पूर्णतः प्राप्त नहीं किया जा सकता है। प्रो. अरुण कुमार के अनुसार, 1995-96 में भारत में काली अर्थव्यवस्था का आकार सकल घरेलू उत्पाद का 40 प्रतिशत हो गया था। इसमें 32 प्रतिशत अंश तो कानूनी क्षेत्रों में तथा 8 प्रतिशत गैर-कानूनी क्षेत्रों में उत्पन्न आमदनी से सम्बड़न्धत था। भारत में व्याप्त बड़े व्यवसासियों, नौकरशाहों, राजनीतिज्ञों व अपराधियों के बीच गहरी सांठ-गांठ ने काली मुद्रा को बढ़ावा दिया है, इसमें मुद्रास्फीति बढ़ी है तथा अर्थव्यवस्था का अनियन्त्रित प्रसार हुआ है।

14

आर्थिक विकास में योजनात्मक अवधारणा

भारत में निर्धन जनता को समृद्ध जीवनयापन के नये अवसर प्रदान करने रोजगर के अवसरों में वृद्धि करके जीवनयापन को उन्नत करने व समस्त अर्थव्यवस्था के समुचित (overall) विकास के लिए 1 अप्रैल, 1951 से भारतीय अर्थव्यवस्था में आर्थिक नियोजन की शुरुआत हुई। अब तक आठ पंचवर्षीय योजनाएं तथा अनेक वार्षिक योजनाएँ पूरी हो चुकी हैं। प्रमुख रूप से प्रथम योजना में अल्पकालीन समस्याओं के समाधान पर ध्यान देकर विकास के लिए आधार तैयार करना था, यह योजना कृषि प्रधान योजना थी। द्वितीय योजना में उद्योगों को प्रथमिकता दी गई। तृतीय योजना का उद्‌देश्य अर्थव्यवस्था को स्वदंस्फूर्त अवस्था की ओर बढ़ाना था। चतुर्थ योजना में आत्मनिर्भरता के उद्‌देश्यों को प्रेरित किया गया। पांचवीं योजना का एक वर्ष पहले ही परित्याग कर जनता सरकार की आर्थिक नीतियों को अपनाया गया तथा गरीबी हटाओं व आत्मनिर्भरता प्रमुख योजना के लक्ष्य रखें गये। इसके बाद इन्दिरा सरकार द्वारा 1980 में छठी पंचवर्षीय योजना निर्धनता व बेरोजगारी की समस्या के हल के

लिए प्रारम्भ की गई। वर्ष 1985 में छठी योजना और 31 मार्च, 1990 को सातवीं योजना तथा आठवीं पंचवषीय योजना 31 मार्च, 1997 में पूरी हो चुकी है। वर्तमान में 1 अप्रैल, 1997 से देश में नवीं पंचवर्षीय योजना प्रारम्भ हो चुकी है जो 31 मार्च, 2002 को पूरी होगी।

योजनाओं के दौरान हुई आर्थिक प्रगति

(Economic Progress Under the Plans)

विभिन्न क्षेत्रों में योजनाओं की प्रगति निम्न प्रकार हैं—

1. राष्ट्रीय आय एवं प्रति व्यक्ति आय—आर्थिक विकास की दर को मापने का एक महत्त्वपूर्ण साधन राष्ट्रीय आय एवं प्रति व्यक्ति आय है। इस परिप्रेक्ष्य में देखने पर योनाबद्ध विकास के पिछले 51 वर्षों में वास्तविक राष्ट्रीय आय तथा प्रति व्यक्ति आय में क्रमशः 6 गुना और 2.5 प्रतिशत हुई है। हमारी राष्ट्रीय आय चालू मूल्यों के आधार पर 1950-51 में 9144 करोड़ रुपये थी जो बढ़कर 2000-01 में 1679962 करोड़ रुपये हे. गयी। इसी तरह प्रति व्यक्ति आय चालू मूल्यों के आधार पर 1950-51 में 254.7 रुपये थी जो वर्ष 2000-01 में बढ़कर 16486.6 रुपये हो गयी है। राष्ट्रीय आय की तुलना में प्रति व्यक्ति आय में धीमी प्रगति हुई है। इसका प्रमुख कारण जनसंख्या का तेजी से बढ़ना है। राष्ट्रीय आय तथा प्रति व्यक्ति आय में स्थिर मूल्यों के आधार पर वृद्धि की दर धीमी रही है।

2. कृषि विकास—नियोजित विकास में पिछले 51 वर्षों में कृषि क्षेत्र में उल्लेखनीय प्रगति हुई है। भारत में कृषि उत्पादन का सूचकांक (1981-82 = 100) 1950-51 में 46.2 था जो 2000-01 में बढ़कर 163.9 हो गया।

नवीन कृषि नीति के अन्तर्गत 1966-67 के बाद देश में रासायनिक खाद, उन्नत बीज तथा कीटनाशक दवाइयों के प्रयोग में उल्लेखनीय प्रगति हुई है। नवीन कृषि नीति को अपनाने से देश में हरित क्रान्ति सामने आयी है।

3. सिंचाई—मानसून की अनिश्चितता के कारण भारत के कृषि क्षेत्र में भी अनिश्चितता की स्थिति है। इसलिए राष्ट्रीय विकास योजनाओं में सिंचाई को उच्च प्राथमिकता दी गई है। स्वाधीनता प्राप्ति के बाद लगभग 690 बड़ी एवं मध्यम सिंचाई परियोजनाओं पर कार्य प्रारम्भ किया गया था जिसमें से 421 पूरी हो गई हैं। लघु सिंचाई योजनाओं का भी तेजी से विकास किया गया है। 1950-51 में कुल सिंचित क्षेत्र 208 लाख हैक्टेयर था जो बढ़कर 1960-61 में 283 लाख हैक्टेयर तथा 1975-

76 में 453 लाख हैक्टेयर हो गया। 1980-81 में सिंचित क्षेत्र 580 लाख हैक्टेयर था जिसके 2000-01 में बढ़कर 870 लाख हैक्टेयर होने का अनुमान है। इस तरह सिंचित क्षेत्र में लगभग चार गुना वृद्धि सम्भव हुई है। आठवीं पंचवर्षीय योजना में सिंचाई के क्षेत्र के विकास को प्राथमिकता दी जाएगी।

वित्तीय वर्ष 1996-97 से 2000-01 के दौरान राज्यों को त्वरित सिंचाई कार्यक्रम के अधीन केन्द्रीय ऋण सहायता के रूप में 5878 करोड़ रुपये की राशि जारी की गई। इसके अतिरिक्त नवम्बर, 2001 के अंत तक 984 करोड़ रुपये की केन्द्रीय ऋण सहायता जारी की गई।

4. विद्युत विकास—स्वतन्त्रता प्राप्ति के समय विद्युत उत्पादन की स्थापित क्षमता 19 लाख किलोवाट थी जो बढ़कर 1950-51 में 23 लाख किलोवाट हो गयी थी। पंचवर्षीय योजनाओं के शुरू होने से बिजली के उत्पादन कार्यक्रमों में बहुत प्रगति हुई है। बिजली उत्पादन के लिए अनेक बहुउद्देश्यीय नदी घाटी योजनाओं पर कार्य प्रारम्भ किया गया है। तााप एवं अणु विद्युत विकास पर भी ध्यान दिया गया है। विद्युत उत्पादन की संस्थापित क्षमता बढ़कर 1960-61 में 56 लाख किलोवाट, 1970-71 में 164 लाख किलोवाट तथा 1990-91 में 747 लाख किलोवाट हो गई। 31 मार्च, 2001 की स्थिति के अनुसार देश में विद्युत उत्पादन की संस्थापित क्षमता 101630 मेगावाट थी जिसमें से 72 प्रतिशत तापीय वि्तु उत्पादन तथा 25 प्रतिशत पन बिजली और 3 प्रतिशत नाभिकीय ऊर्जा शामिल है। 31 अक्टूबर, 2001 की स्थिति के अनुसार संस्थापित क्षमता 102907 मेगावाट को पार कर गई।

इसी प्रकाद देश में विद्युतीकृत बड़स्तयों की संख्या जो 1950-51 में 3671 थी वह वर्ष 1970-80 में बढ़कर 2.6 लाख हो गयी थी तथा 2000-01 में 5.8 लाख होने का अनुमान है।

5. बचत एवं पूँजी निर्माण में वृद्धि—योजनाबद्ध विकास के 50 वर्षों में बचत व पूँजी निर्माण की दर में लगातार वृद्धि निम्न प्रकार रही है—

भारत में पूँजी निर्माण दर व आन्तरिक बचत दर में वृद्धि

वर्ष	घरेलू सकल बचत दर (प्रतिशत में)	सकल घेरलू पूँजी निर्माण दर (प्रतिशत में)
1950-51	8.9	8.7
1960-61	11.6	14.4
1970-71	14.6	15.4
1980-81	18.9	20.3
1990-91	23.1	26.3
1995-96	25.1	26.9
1998-99	21.7	22.7
1999-2000	23.2	24.3
2000-01	23.4	24.0

इस प्रकार स्पष्ट है कि जहाँ 1950-51 में सकल घरेलू बचत दर 8.9 प्रतिशत और सकल घरेलू पूँजी निर्माण दर 8.7 प्रतिश्त थी वह वर्ष 1990-91 में बढ़कर क्रमश: 23.1 प्रतिशत तथा 26.3 प्रतिशत हो गयी है। 2000-01 में घरेलू सक बचत दर 23.4 प्रतिशत एवं पूँजी निर्माण दर 24.0 प्रतिशत हो गई।

6. उद्योग एवं खनिज विकास—देश में तीव्र आर्थिक विकास के लिए औद्योगीकरण की तरफ पर्याप्त ध्यान दिया गया। प्रथम योजना में उद्योगों के बिजली एवं परिवहन जैसे आधारभूत सुविधाओं का विस्तर किया गया, जबड़क द्वितीय योजना तथा बाद की योनाओं में बुनियादी तथा आधारभूत उद्योगों के विस्तार की तरफ अधिक ध्यान दिया गया है। औद्योगिक विकास के लिए सार्वजकिन क्षेत्र का तेजी से विस्तार किया गया है तथा निजी क्षेत्र के विकास के लिए अनेकसुविधाएँ एवं प्रोत्साहन दिये गये हैं। पिछले 50 वर्षों में औद्योगिक क्षेत्र में उल्लेखनीय प्रगति हुई है। इस अवधि में औद्योगिक उत्पादन में 300 प्रतिशत से 800 प्रतिशत की वृद्धि हुई है। औद्योगिक उत्पादन सूचकांक (1993-94 = 100) के आधार पर 1999-2000 में 154.7 तथा 2000-01 में 159.6 होने का अनुमान है।

7. सामाजिक सेवाएँ—स्वतन्त्रता प्राप्ति के समय, देश में सामाजिक सेवाओं का स्तर बहुत निम्न था। देश में तकनीकी शिक्षा ही नहीं, बड़ल्क सामान्य शिक्षा सुविधाओं का भी अभाव था। लोगों को न्यूनतम आवश्यक चिकित्सा सुविधाएँ भी उपलब्ध नहीं थीं। पंचवर्षीय योजनाओं में शिक्षा तथा पिछड़े वर्गों की कल्याण सेवाओं में उल्लेखनीय प्रगति हुई है।

(i) शिक्षा के क्षेत्र में प्रगति—भारत में वर्ष 1950-51 में विद्यालयों की संख्या 5.3 लाख थी जो वर्ष 2001-02 में बढ़ाकर 12 लाख होने का अनुमान है। इसी प्रकार इस अवधि में विद्यार्थियों की संख्या 2.4 करोड़ से बढ़कर 24 करोड़ होने का अनुमान है। इसी प्रकार देश में विश्वविद्यालयों की संख्या 25 से बढ़कर 302 और महाविद्यालयों की संख्या 700 से बढ़कर 12800 हो गयी है। इनके अलावा वर्तमान में 1,200 पोलिटेक्निक कॉलेज हैं। देश में आजादी के समय विश्वविद्यालयों एवं महाविद्यालयों में छात्रों की संख्या 2 लाख थी जो वर्ष 2001-02 में बढ़कर लगभग 150 लाख हो चुकी है, जिसके फलस्वरूप देश में साक्षरता का प्रतिशत जो वर्ष 1951 में मात्र 16.6 था वह वर्ष 2001 में बढ़कर 65.4 हो गया है। इसके अलावा व्यावसायिक शिक्षा के क्षेत्र में भी तीव्र गति से वृद्धि सम्भव हुई है। देश में वर्ष 1951 में व्यावसायिक शिक्षा महाविद्यालयों की संख्या 208 थी जो वर्ष 2001-02 में बढ़कर 2000 होने का अनुमान है।

देश में पंचवष्रीय योजनाओं में शिक्षा के क्षेत्र में संख्यात्मक विस्तार के साथ-साथ गुणात्मक सुधार पर भी बड़ी मात्रा में बल दिया गया है। आठवीं पंचवर्षीय योजना में शिक्षा की सर्वव्यापकता, 15 से 35 वर्ष की आयु में निरक्षरता की समाप्ति और व्यावसायिक शिक्षा को मजबूत करने पर बल दिया गया है।

(ii) स्वास्थ्य एवं चिकित्सा सुविधाएँ—भारत सरकार द्वारा देश में पंचवर्षीय योजनाकाल में लोगों को रोगों से मुक्ति तथा उत्तम स्वास्थ्य सेवाएँ प्रदान करने के लए चिकित्सा एवं स्वास्थ्य सेवाओं का तीव्र गति से विकास एवं विसतार किया गया है। देश में वर्ष 1950-51 में अस्पतालों तथा डिस्पेंसरियों की संख्या जो लगभग 9110 थी वह वर्ष 2001-02 में बढ़कर लगभग 52,500 तब पहुँच गयी है। इसके अलावा इसी वअधि में देश में सामुदायिक स्वास्थ्य केन्द्रों, प्राथमिक स्वास्थ्य केन्द्रों तथा उपक्रेन्द्रों की संख्या भी 725 से बढ़कर 2 लाख हो गयी है। अस्पतालों तथा चिकित्सालयों में रोगी शैयाओं की सं,या भी 1ङ लाख से बढ़कर वर्ष 2000-01 में 15 लाख होने का अनुमान है। इनमें सेवारत डॉक्टरों तथा नर्सों की संख्या भी 78590 से बढ़कर 15 लाख होने का अनुमान है। देश में वर्तमान में मेडिकल कॉलेजों की संख्या लगभग

180 है जो वर्ष 1951 में मात्र 28 थी। भारत सरकार के द्वारा इन स्वास्थ्य सेवाओं के विकास एवं विस्तार के फलस्वरूप जहाँ देश में औसत आयु जो वर्ष 1951 में मात्र 32 वर्ष थी वह वर्ष 2000-01 में बढ़कर 63-64 वर्ष हो गयी है तथा साथ ही मलेरिया, चेचक और छुआछूत जैसी बीमारियों पर भी नियन्त्रण स्थापित हो चुका है। ये स्वास्थ्य एवं चिकित्सा सुविधाएँ अब ग्रामीण क्षेत्रों में भी फैलती जा रही हैं। भारत ने 1978 की आल्मा एटा घोषणा-पत्र पर हस्ताक्षर किये हैं और इसने प्रथमिक स्वास्थ्य रक्षा पर बल देते हुए वर्ष 2002 तक सभी के लिए स्वास्थ्य का लक्ष्य निर्धारित किया है जिसे पूरा करने के लिए भारत प्रयत्नशील है। अनुसूचित जाति, अनुसूचित जनजाति एवं पिछड़े वर्ग में कल्याण कार्यों की भी प्रगति हुई। सभी सरकारी सेवाओं में इन जातियों के लोगों के लिए स्थान सुरक्षित किए गए हैं। सामान्य कल्याण कार्यक्रमों तथा पिछड़े वर्ग के कार्यक्रमों में आठवीं पंचवर्षीय योजना में पूरा ध्यान दिया गया है।

8. परिवहन एवं संचार—परिवहन एवं संचार का विकास, आर्थिक विकास में अत्यधिक सहायक होता है। देश में परिवहन एवं सचार की अपर्याप्त व्यवस्था होने के कारण इसके विकास को उच्च प्राथमिकता प्रदान की गई है।

भारत की जहाजरानी क्षमता पिछले 50 वर्षों में लगभग 18 गुना बढ़ गई है। 35 राष्ट्रों को भारत के वायुयान जाते हैं, 100 हवाई जहाज के अड्डे हैं तथा लगभग 500 सामुद्रिक जहाज हैं। सतहदार सड़कों की लम्बाई भी 12 गुनी हो गई है। रेलों के माल ढोने की क्षमता में वृद्धि हुई है।

9. रोजगार—मानव शक्ति सदुपयाग के मानवीय एवं सामाजिक पहलुओं को ध्यान में रखते हुए पिछले 51 वर्षों में विभिन्न क्षेत्रों में लगभग 21 करोड़ अतिरिक्त व्यक्तियों को रोजगार दिया गया है। पहली योजना में 75 लाख, दूसरी योजना में 92 लाख, तृतीय योजना में 145 लाख अतिरिक्त लोगों को रोजगार प्रदान किया गया। फिर भी देश में जनसंख्या की विस्फोटक वृद्धि, विकास की धीमी गति व याजनाओं में मानव शक्ति नियोजन की दोषपर्णू व्यवस्था के कारण बेरोजगारों की संख्या आठवीं योजना के प्रारम्भ में 17 मिलियन आकी गयी थी जिसमें से 7 मिलियन शिक्षित बेरोजगार थे। भयंकर अल्प-बेरोजगारी 6 मिलियन थी। आठवीं पंचवर्षीय योजना और 1997-2002 की अवधि में श्रम बल में निबल वृद्धि क्रमशः 35 और 36 मिलियन आंकी गयी है। वर्ष 2002 तक बेरोजगारी को नगण्य स्तर तक घटाने का अभिप्राय यह है कि 1992-2002 की 10 वर्ष की अवधि में रोजगार में लगभग 2.6 से 2.8 प्रतिशत तक की वार्षिक वृद्धि की जानी चाहिए।

10. उपभोग एवं जीवन-स्तर में सुधार—योजना में 50 वर्षों में उपभोग, आय व रोजगार में काफी सुधार हुआ है। स्वास्थ्य सेवाओं व शिक्षा में वृद्धि हुई है। उपभोग के स्तर में काफी वृद्धि हुई है। देश में औद्योगीकरण का सुदृढ़ आधार तैयार हुआ है। कृषि में हरित क्रांति के कारण तेजी से वृद्धि हुई है। विदेशी व्यापार 1950-51 की तुलना में 375 गुना हो गया है। परिवहन एवं प्रचार की प्रति से विभिन्न क्षेत्रों को विकास का मौका मिला है, परन्तु इन सब के बाद भी देश का पूरी तरह विकास नहीं हो पाया है।

योजनाओं की असफलताएँ/विफलताएँ

(Failures of Plans)

योजनाओं की सफलताओं के साथ-साथ असफलताएँ अधिक रही हैं। प्रमुख असफलताएँ निम्न प्रकार हैं—

1. लक्ष्यों व उपलब्धियों में अन्तर—छठी योजना में आर्थिक विकास की वार्षिक दर 5.2 प्रतिशत निर्धारित की गई थी, जबड़क विकास की वास्तविक दर 1982-83 में केवल 2 प्रतिशत तथा 1984-85 में केवल 5 प्रतिशत रही।औद्योगिक उत्पादन में 8 से 10 प्रतिशत वृद्धि का लक्ष्य था, वहाँ वास्तविक वृद्धि 1982-83 में केवल 3.9 प्रतिशत ही रही। खाद्यान्न में आत्मनिर्भरता की कल्पना थी, पर विदेशी आयातों पर निर्भरता सामान्यतया बनी रही है। ग्ररीबी का भयंकर रूप सामने आया है। आठवीं पंचवर्षीय योजना में आर्थिक विकास की दर का लक्ष्य 5.6 प्रतिशत निर्धारित किया गया था।

2. बेकारी की समस्या में निरन्तर वृद्धि—योजनाबद्ध विकास के पिछले 50 वर्षों में बेकारी की समस्या के उन्मूलन की बात तो दूर रही, यह समस्या निरन्त जटिल होती जा रही है। जहाँ बेकारों की संख्या, 1950-51 में केवल 40 लाख थी वह 2000-01 के अन्त तक 6.5 करोड़ आंकी गयी थी, जिसमें से लगभग 2.50 करोड़ शिक्षित बेरोजगार थे। रूस ने अपनी पहली योजना के 5 वर्षों में ही बेकारी का उन्मूलन कर दिया था, वहाँ भारत 50 वर्षों में योजनाबद्ध विकास में भी इस समस्या को दूर नहीं कर पाया है, बड़ल्क समस्या अधिक जटिल व व्यापक होती जा रही है।

3. बढ़ते मूल्य की समस्या व उपयुक्त मूल्य नीति का अभाव—पहली व दूसरी योजनाओं में तो कोई निश्चित मूल्य नीति नहीं अपनायी गयी थी, परन्तु तृतीय योजना में पहली बार मूल्य नियंत्रण की एक ऐसी नीति की घोषणा की गई जो उपभोक्ता तथा उत्पादकों के हितों को दृष्टिगत रखते हुए विकासोन्मुख हो। पर इस नीति के

कुशल क्रियान्वयन के अभाव, अनिवार्य वस्तुओं के उत्पादन में वृद्धि की धीमी गति तथा बड़े पैमाने पर हीनार्थ प्रबन्ध तथा अप्रत्यक्ष करों से मूल्यों में अप्रत्याशित वृद्धि हुई है। देश में वर्ष 1950-51 के थोक मूल्यों की तुलना में वर्ष 1970-71 में थोक मूल्य लगभग दो गुना हो गये तथा वर्ष 1980-81 में लगभग 6 गुना हो गये, जिसके फलस्वरूप अर्थव्यवस्था में चोर-बाजारी, मुनाफाखोरी तथा भ्रष्टाचार को बढ़ावा मिला। जनसाधारण को जीवन बिताना बहुत मुश्किल हो गया तथा उपभोक्ता वर्ग की कमर टूट चुकी थी। आधार वर्ष 1981-82 = 100 की तुलना में थोक मूल्य सूचकांक वर्ष 1990-91 में 183 तथा वर्ष 1994 में 285 हो गया था। देश में 5 जुलाई, 1997 को समाप्त होने वाले सप्ताह के अंत में थोक मूल्य निर्देशांक 325 होने का अनुमान है। वर्ष 1994-95 में देश में मुद्रास्फीति की दर लगभग 10.2 प्रतिशत थी जो वर्ष 1996-97 में लगभग 5 से 6 प्रतिशत रही। वह गत तीन वर्षों से इकाई में बनी हुई है। 1998-99 में मुद्रास्फीति की वार्षिक दर 4.5% तक रही, जबड़क 1999-2000 में घटकर 3.3% रह गई, लेकिन 2000-01 में यह पुनः 5.5% तक पहुँच गई है। फिर भी थोक मूल्यों में वार्षिक वृद्धि दर 4.7% होने का अनुमान है।

4. विदेशी सहायता व हीनार्थ प्रबन्ध पर अत्यधिक आश्रितता—इस कारण देश में विदेशी विनिमय संकट की समस्या उत्पन्न हुई है। 1966 में रुपये का 36.5 प्रतिशत अवमूल्य करना पड़ा। 1991 में भी रुपये का दो बार अवमूल्य किया गया। हीनार्थ प्रबन्ध से प्रथम 18 वर्षों में 3262 करोड़ रुपये जुटाये गये। चतुर्थ योजना में इस स्रोत से केवल 857 करोड़ रुपये जुटाने का प्रावधान था, पर योजना के अन्तर्गत हीनार्थ प्रबन्ध 2858 करोड़ रुपये से भी अधिक होने का अनुमान था। छठी योजना में हीनार्थ प्रबन्धन से 15684 करोड़ रुपये जुटाये गये, जबड़क लक्ष्य केवल 5000 करोड़ रुपये प्राप्त करने का था। सातवीं पंचवर्षीय योजना में हीनार्थ प्रबन्धन से 14000 करोड़ रुपये जुटाये जाने का प्रावधान था जबड़क वास्तव में इस योजनाकाल में 36,320 करोड़ रुपये हीनार्थ प्रबन्धन से जुटाये गये। 50 वर्षों में हीनार्थ प्रबन्धन से 1,50,000 करोड़ रुपये से भी अधिक जुटाये गये थे। आठवीं पंचवर्षीय योजना में हीनार्थ प्रबन्धन से 20000 करोड़ रुपये जुटाने का प्रावधान रखा गया, पर वास्तव में यह राशि बढ़कर 45,000 करोड़ रु. होने का अनुमान है।

5. आर्थिक विषमता व आर्थिक शक्ति के केन्द्रीकरण में वृद्धि—यद्यपि पंचवर्षीय योजनाओं में आर्थिक समानता व आर्थिक सत्ता में विकेन्द्रीकरण का उद्देश्य था, पर वास्तव में आर्थिक विषमता बढ़ी है। धनी और गरीब क्रमशः अधिक धनी और अधिक गरीब हुए हैं। आर्थिक सत्ता का केन्द्रीकरण कतिपय पूँजीपतियों व

सत्ताधारियों के हाथ में हुआ है। पुराने जागीरदारों व जमींदारों के स्थान पर नये पूँजीवादी सामन्त सामने आये हैं। इसमें आर्थिक नियंत्रण, घाटे की वित्त व्यवस्था व लाइसेंस पद्धति सहायक रही है। **डॉ. के.एन. राज** के शब्दो में, "आज आय व धन की असमानताएँ नियोजित विाकस की अवधि के प्रारंभ की तुलना में अधिक हो गयी हैं। मिश्रित अर्थव्यवस्था के तत्व इसे समाजवाद की अपेक्षा पूँजीवादी प्रारूप के ही अधिक समीप ले जा रहे हैं।" **डॉ. आर.के. हजारी, दत्त समिति व एकाधिकार आयोग** आदि सबके प्रतिवेदन इस मत की पुष्टि करते हैं।

6. समाजवाद व आत्मनिर्भरता के लक्ष्य कोरी कल्पना रहे—50 वर्षों के नियोजन के बावजूद भी भारत खाद्यान्न की पूर्ति में आत्मनिर्भर नहीं हो पाया है। प्रथम योजना में खाद्यान्न का आयात 595 करोड़ रुपये का था वह बढ़कर द्वितीय व तृतीय योजना में क्रमश: 850 करोड़ रुपये व 1150 करोड़ का हो गया। वर्तमान में प्रतिवर्ष भारत को 25281 करोड़ रुपये की मशीनरी तथा पूंजीगत सामान, 3569 करोड़ रुपये का लोहा एवं इस्पात तथा 71497 करोड़ रुपये का पेट्रोलियम आयात करना पड़ता है। समाजवाद की कल्पना केवल सिद्धान्त बनकर रह गयी है। गरीबी की सीमा बढ़ती जा रही है। आर्थिक विषमता व आर्थिक सत्ता का केन्द्रीकरण हुआ है। देश की 26 प्रतिशत जनसंख्या निर्धनता का जीवन बिता रही है। कार्यशील जनसंख्या का लगभग 30 प्रतिशत भाग बेकारी का शिकार है।

7. वृहद् योजनाओं के कारण लघु उद्योगों की उपेक्षा—भारतीय नियोजकों ने बड़ी योजनाओं के निर्माण व क्रियान्वयन पर अधिक ध्यान दिया है तथा लघु योजनाओं की उपेक्षा की है। बड़ी तथा दीर्घावधि योजनाओं में अधिक विनियोग करने तथा दीर्घकाल में लाभ मिलने से अर्थव्यवस्था में मुद्रास्फीति उत्पन्न होती है तथा निश्चित क्षेत्र के लोगों को ही लाभ मिलने से क्षेत्रीय विषमताएँ बढ़ती हैं। परिणामस्वरूप छोटी-छोटी सिंचाई योजनाओं, लघु एवं कुटीर उद्योगों पर कम ध्यान दिये जाने से आशानुकूल लाभ नहीं मिल पाता है। इसी प्रकार आधारभूत उद्योगों के विकास में उपभोग उद्योगों की उपेक्षा की गई। इसका दुष्प्रभाव यह हुआ कि मूल्यों में अप्रत्याशित वृद्धि से लोगों के जीवन-स्तर में सुधार नहीं हुआ।

8. आत्मनिर्भरता का अभाव—योजनाबद्ध विकास के 50 वर्षों की समाप्ति के बाद भी देश आत्म-निर्भर नहीं हो पाया। हमें अब तक विदेशों से खाद्यान्न का आयात करना पड़ता है। इसी प्रकार ओद्योगिक कच्चे माल, मशीनरी व खनिज तेल आदि के लिए विदेशी आयातों पर निर्भर रहना पड़ता है। अब तेल संकट बढ़ जाने के कारण सातवीं योजना के दौरान साधनों पर भार बढ़ रहा है।

9. क्षेत्रीय विषमताओं में वृद्धि तथा असंतुलित विकास—देश की बड़ी-बड़ी योजनाओं पर अधिक बल, लाइसेन्स नीति के क्रियान्वयन में व्याप्त भ्रष्टाचार, परियोजनाओं में राजनीतिक स्वार्थ व अविवेकपूर्ण नीति से क्षेत्रीय विषमताएँ बढ़ी हैं। विकास कार्यों का अधिकांश लाभ बड़े भू-स्वामियों, राजनीतिज्ञों तथा पूँजीपतियों को मिलता है। हरित क्रांति का लाभ बड़े व समृद्ध किसानों को मिला है। इस प्रकार धनी अधिक धनी व गरीब अधिक गरीब हो गये हैं।

10. केन्द्र तथा राज्यों में सहयोग का अभाव—पिछले 15-16 वर्षों से राज्यों व केन्द्र के बीच मतभेद, भूमि सुधार कार्यक्रमों को लागू करना, योजनाओं के लिए अतिरिक्त वित्तीय साधन जुटाने, कुछ योजनाओं के पारस्परिक विवाद इत्यादि के कारण योजनाओं के लक्ष्यों व उपलब्धियों में अन्तर रहा है। धीरे-धीरे यह प्रवृत्ति बढ़ती जा रही है। राज्यों में राजनीतिक अस्थिरता विकास में बाधक बन रही है।

11. विविध—इसके अतिरिक्त योजनाओं की विविधता विभिन्न क्षेत्रों मे दृष्टिगोचर हुई है। सरकारी आन्दोलन में गुणात्मक प्रगति का अभाव रहा है। भारत में जनसंख्या की विस्फोटक वृद्धि को रोकने के लिए किए गए प्रयासों की सफलता बहुत कम है, क्योंकि अब तक केवल 500 लाख अतिरिक्त बच्चों के जन्म को रोका गया है, जबड़क इससे भी अधिक वृद्धि केवल एक वर्ष में हो जाती है। आज देश में जनसंख्या में 2.5% की दर से वार्षिक वृद्धि हो रही है। वित्तीय व्यय पर अधिक ध्यान दिया गया है, जबड़क भौतिक लक्ष्यों की प्राप्ति को गौण स्थान दिया गया है।

इस प्रकार भारत के योजनाबद्ध विकास के 50 वर्षों की स्थिति की जानकारी के बाद ऐसा प्रतीत होता है कि यहाँ सफलताओं व असफलताओं में विचित्र संयोग रहा है। अत: योजना निर्माताओं को भविष्य में अधिक सतर्क रहना होगा जिससे योजनाओं के विवेकपूर्ण निर्माण, कुशल क्रियान्वयन तथा आवश्यक परिश्रम व त्याग से आर्थिक विकास की संभावनाओं को अधिक किया जा सके।

पंचवर्षीय योजनाओं में वित्त व्यवस्था एवं सार्वजनिक विनियोग

(I) प्रथम पंचवर्षीय योजना (1951-56)—प्रारम्भ में इस योजना में सार्वजनिक क्षेत्र में कुल 2,069 करोड़ रुपये खर्च करने का प्रावधान था। 1953 में बेरोजगारी की समस्या को दूर करने के उद्‌देश्य से कुल राशि बढ़ाकर 2,356 करोड़ रुपये कर दी गयी थी। इनके पश्चात् कुल व्यय की राशि बढ़ाकर 2,378 करोड़ रुपये कर दी गयी थी। योजना में वास्तविक व्यय 1,960 करोड़ रुपये के बराबर था। इस राशि का 9.6 प्रतिशत **विदेशी सहायता** के रूप में प्राप्त किया गया था। विदेशी सहायता

का लक्ष्य 512 करोड़ रु. का, लेकिन वास्तविक सहायता 189 करोड़ रु. की ही प्राप्त की गई। **घाटे की वित्त व्यवस्था** का लक्ष्य 290 करोड़ रुपये का था, लेकिन वास्तव में वह 333 करोड़ रुपये की ही रही। इस योजना के लिए 9.4 प्रतिशत साधन घरेलू स्रोतों से ही जुटाये गये।

(II) द्वितीय पंचवर्षीय योजना (1956-61)—प्रथम योजना में परिस्थिति के अनुसार कृषि को महत्त्व दिया गया था, किन्तु द्वितीय योजना में उद्योग को प्राथमिकता प्रदान की गई थी। इस योजना में लघु व वृहत् उद्योगों पर कुल व्यय का 24 प्रतिशत भाग व्यय किया गया। इस योजना में सार्वजनिक क्षेत्र में 4,800 करोड़ रुपये खर्च करने का लक्ष्य था, किन्तु वास्तविक व्यय 4,672 करोड़ रुपये के बराबर था। इस योजना में **विदेशी सहायता** का लक्ष्य 800 करोड़ रुपये का था, जबकि वास्तविक सहायता 1049 करोड़ रुपये की प्रात हुई जो कि वित्तीय व्यवस्था में विदेशी सहायता का अंश 22.5 प्रतिशत रहा। **घाटे की वित्त व्यवस्था** का लक्ष्य 1200 करोड़ रुपये का था, जबड़क घाटे की वित्त-व्यवस्था 954 करोड़ रुपये की हुई जो कि लक्ष्य से कम रही। द्वितीय योजना में मूल्यों पर दबाव काफी बढ़ गये थे और घाटे की वित्त-व्यवसथा ने इसमें अपना योगदान दिया था।

(III) तृतीय पंचवर्षीय योजना (1961-66)—इस योजना में कुल 11,600 करोड़ रुपये खर्च करने का प्रावधान था जिसमें से 7,500 करोड़ रुपये सार्वजनिक क्षेत्र में वें 4,100 करोड़ रुपये निजी क्षेत्र में व्यय किये जाने थे। योजना काल में सार्वजनिक क्षेत्र में 8,577 करोड़ रुपये खर्च किये गये। तृतीय योजना की वित्तीय व्यवस्था में **विदेशी सहायता** का योगदान 28.2 प्रतिशत का रहा। **घाटे की वित्त-व्यवसथा** का लक्ष्य 550 करोड़ रुपये था, लेकिन वास्तविक घाटे की व्यवस्था 1133 करोड़ रुपयों की हुई जो लक्ष्य से दुगुनी थी। **अतिरिक्त साधन संग्रह** 2892 करोड़ रुपये के हुए, जबड़क लक्ष्य 1710 करोड़ रुपये का था। चालू राजस्व से 419 करोड़ रुपये ऋणात्मक रही, जबड़क इस मद के अन्तर्गत लक्ष्य 550 करोड़ रुपये का था। इस प्रकार इस मद के अन्तर्गत 969 करोड़ रुपये की कमी रही।

(IV) चतुर्थ पंचवर्षी योजना—चतुर्थ योजना 1 अप्रैल, 1966 से प्रारम्भ होने वाली थी, परन्तु मूल्यों में अप्रत्याशित वृद्धि, उद्योग क्षेत्र में शिथिलता व साधनों की कमी के कारण तीन वार्षिक योजनाएँ (1966-69) बनाई गईं। अत: चतुर्थ योजना का कार्यकाल 1 अप्रैल, 1969 से आरम्भ हुआ। इस योजना में पहली बार मूल्य स्थायित्व को महत्त्व दिया गया।

इस योजना में 15,902 करोड़ रुपये सार्वजनिक क्षेत्र में व्यय किये जाने थे, परन्तु वास्तविक व्यय की संशोधित राशि 16160 करोड़ रुपये रही जिसकी वित्त-व्यवस्था इस प्रकार रही—

चालू राजस्व से 1673 करोड़ रुपये प्राप्त करने का लक्ष्य था जो बाद में (–) 236 करोड़ रुपये रहा। इस प्रकार लक्ष्य की तुलना में 1909 करोड़ रुपये की गिरावट आई।

सार्वजनिक उपक्रमों से 1431 करोड़ रुपये मिले जो लक्ष्य से 100 करोड़ रुपये कम थे। **अतिरिक्त साधन संग्रह** से 4280 करोड़ रुपये प्राप्त हुए जो लक्ष्य से 1082 करोड़ रुपये अधिक थे। **विदेशी सहायता** के अन्तर्गत वास्तविक प्राप्ति 2087 करोड़ रुपये की हुई, जबड़क लक्ष्य 2614 करोड़ रुपये का था। इस प्रकार इस याजना में बाह्य सहायता का योगदान लगभग 13 प्रतिशत रहा। **घाटे की वित्त-व्यवस्था** का लक्ष्य इस योजना में 850 करोड़ रुपये का था, जबड़क वास्तविक घाटे की वित्त व्यवस्था 2060 करोड़ रुपये की रही जो लक्ष्य से ढाई गुना अधिक थी।

(V) पाँचवी पंचवर्षीय योजना—पाँचवी योजना (1974–79) में सार्वजनिक क्षेत्र में व्यय की प्रस्तावित राशि 39303 करोड़ रुपये रखी गई थी, जबड़क वास्तविक व्यय 40712 करोड़ रुपये हुआ। इस योजना में **चालू राजस्व** से बकाया राशि 6639 करोड़ रुपये, **अतिरिक्त साधन संग्रह** से 10300 करोड़ रुपये, **सार्वजनिक उपक्रमों से अंशदान** के रूप में 2583 करोड़ रुपये, **आन्तरिक ऋणों से** 12424 करोड़ रुपये, **घाटे की वित्त-व्यवस्था** से 35600 करोड़ रुपये एवं **विदेशी सहायता** से 5209 करोड़ रुपये प्राप्त होने का अनुमान प्रस्तुत किया गया है।

(VI) छठी पंचवर्षीय योजना—छठी योजन में सार्वजनिक क्षेत्र का प्रस्तावित व्यय 97500 करोड़ रुपये था, जबड़क वास्तविक व्यय 110821 करोड़ रुपये रहा। इस याजना में आन्तरिक साधनों से 102292 करोड़ रुपये की प्राप्ति हुई और विदेशी सहायता से 8529 करोड़ रुपये की रही। छठी योजना में **चालू राजस्व** से वास्तविक बकाया राशि लक्ष्य से काफभ नीची रही, क्योंकि गैर-योजना व्यय पर नियन्त्रण नहीं रखा जा सका। **सार्वजनिक उपक्रमों** का अंशदान भी लक्ष्य से कम रहा, **अतिरिक्त साधन संग्रह** से वित्तीय साधन लक्ष्य से 50 प्रतिशत अधिक जुटाये गये। इनसे प्राप्त होने वाली राशि का लक्ष्य 21302 करोड़ रुपये था, जबड़क वास्तविक प्राप्ति लगभग 32970 करोड़ रुपये रही जो कुल साधन संग्रह का लगभग 30 प्रतिशत थी।

(VII) सातवीं पंचवर्षीय योजना—सातवीं योजना (1985-90) में गरीबी उन्मूलन, सुदृढ़ और आत्मनिर्भर अर्थव्यवस्था का निर्माण तथा न्याय और समानता पर आधारित सामाजिक व्यवस्था जैसे महत्त्वपूर्ण उद्देश्य सम्मिलित थे। इस योना काल में कुल प्रस्तावित व्यय 3,48,148 करोड़ रुपये रखे गये, जिसमें से 1,80,000 करोड़ रुपये सार्वजनिक क्षेत्र में और 1,68,148 करोड़ रुपये निजी क्षेत्र में व्यय का प्रावधान था, पर सार्वजनिक क्षेत्र में वास्तविक व्यय 2,26,638 करोड़ रुपये रहा।

चालू राजस्व के मद में 5249 करोड़ रुपये का घटा प्रस्तावित था जो वास्तव में बढ़कर 11803 करोड़ रुपये हो गया। सार्वकिन उपक्रमों का अंशदान प्रस्तावित राशि के लक्ष्य से काफी कम रहा। आनतरिक ऋण से राशि प्रस्तावित राशि से कहीं अधिक प्राप्त हुई। प्रत्यक्ष व परोक्ष करों, रेलों व अन्य सार्वजकिन उपक्रमों (आन्तरिक साधन संग्रह) से 44702 करोड़ रुपये मिलने प्रसतवित थे, लेकिन वास्तव में 25023 करोड़ रुपये प्राप्त हुए जो लक्ष्य से काफी कम रहे। विदेशी पूँजी से शुद्ध आगम लक्ष्य 18000 करोड़ रुपये से अधिक राह। घाटे की वित्त-व्यवस्था योजना में 14000 करोड़ रुपये प्रस्तावित की गई थी, जबड़क वास्तव में 38542 करोड़ रुपये रही जो कि लक्ष्य से 2.5 गुने से अधिक है।

(VIII) आठवीं पंचवर्षीय योजना—सातवीं पंचवर्षीय याजना 31 मार्च, 1990 को पूरी हो चुकी थी, लेकिन राजनीतिक अड़चनों व अन्य कारणों की वजह से आठवीं पंचवषीय योजना समय पर प्रारम्भ नहीं की जा सकी और वर्ष 1990-92 में दो वार्षिक योजनाएँ अस्थायी तौर पर चलायी गयीं। इसके बाद 1 अप्रैल, 1992 से देश में आठवीं पंचवर्षीय योजना प्रारम्भ की जा चुकी थी जिसका कार्यकाल 5 वर्ष (1 अप्रैल, 1992 से 31 मार्च, 1997) रहा।

आठवीं योजना में सार्वजनिक क्षेत्र का कुल परिव्यय 434100 करोड़ रुपये प्रस्तावित किया। इसके लिए प्रस्तावित वित्तीय व्यवस्था में घरेलू साधनों का योगदान 88.8 प्रतिशत आंका गया, विदेशी पूँजी का शुद्ध आगम 6.6 प्रतिशत घाटे की वित्त-व्यवस्था से 4.6 प्रस्तावित किया गया। इस घाटे की वित्त-व्यवस्था सहित आंतरिक साधनों पर निर्भरता 93.4 प्रतिशत आंकी गई।

योजनाओं की वित्तीय व्यवस्था की समीक्षा

विभिन्न योजनाओं में वित्तीय व्यवस्था के प्रारूप के अध्ययन से स्पष्ट होता है कि इस सम्बन्ध में अतिरिक्त साधन संग्रह, आन्तरिक ऋणों, घाटे की वित्त व्यवस्था तथा विदेशी सहायता का योगदान उल्लेखनीय रहा है। यथा—

1. अतिरिक्त साधन संग्रह—अतिरिक्त साधन-संग्रह का नियोजन की वित्तीय व्यवस्था में महत्त्वपूर्ण स्थान होता है। बढ़ी हुई आय का उत्तरोत्तर अंश नियोजन से उपलबध होने से ही विकास की प्रक्रिया जारी रह सकती है। इस कार्य को अतिरिक्त करारोपण तथा सब्पिड़ी में कमी के द्वारा किया जाता है। 1950-51 में कुल कर-रास्व राष्ट्रीय आय का लगभग 6.7 प्रतिशत था जो बढ़कर 1990-91 में 16.4 प्रतिशत हो गया तथा 1999-2000 के बजट अनुमानों में यह लगभग 15 प्रतिशत ही आंका गया है। इसमें प्रत्यक्ष करों का अंश 3.24 प्रतिशत तथा अप्रत्यक्ष करों का अंश 11.74 प्रतिशत है। इसमें केन्द्र व राज्यों, दोनों का कर-राजस्व शामिल है। अत: स्पष्ट होता है कि अतिरिक्त साधन संग्रह का उत्तरोत्तर बढ़ती हुई मात्रा में उपयोग किया गया है। संघीय कर-राजस्व में राज्यों के कर-राजस्व की तुलना भी अधिक वृद्धि हुई है। प्रत्यक्ष करों की अपेक्षा परोक्ष करों का योगदान ज्यादा ऊँचा रहा है।

2. सार्वजनिक उपक्रमों से लाभ प्राप्त करना—करारोपण से अतिरिक्त साधन जुटाने में कठिनाइयों के कारण सार्वजनिक उपक्रमों से अधिक बचत प्राप्त करने का प्रयास किया गया। 1995-96 में सार्वजकिन क्षेत्र की इकाइयों में लगी पूँजी पर कर के पश्चात् शुद्ध लाभ की राशि मात्र 5.7 प्रतिशत रही जो 9880 करोड़ रुपये थी। सार्वजकिन उपक्रमों की मूल्य नीति में परिवर्तन करके उनकी लागत में कमी करके एवं प्रबन्धकीय कार्यकाशलता में सुधार लाकर प्रतिफल बढ़ाया जा सकता हैं।

3. घाटे की वित्त-व्यवस्था—घाटे की वित्त-व्यवस्था साधन संग्रह का एक जोखिमभरा साधन है। इसमें मुद्रास्फीति का भय बना रहता है। भारतीय योजनाओं में द्वितीय योजनावधि को छोड़कर घाटे की वित्त-व्यवस्था सदैव योजना में निर्धारित लक्ष्यों से अधिक रही है और यह मुद्रास्फीति का एक प्रमुख कारण मानी गई है।

4. विदेशी सहायता—भारत में नियोजित विकास के लिए विदेशी साधनों का उपयोग किया गया है। प्रतिवर्ष विनियोग की दर बचत दर के अन्त के बराबर विदेशी साधनों का प्रयोग किया जाता है। इसके क्रारण देश में ऋण सेवा का भार बढ़ता गया है और भारत आज भी विदेशी सहायता पर आश्रित बना हुआ है।

15

आय की विकासात्मक प्रक्रिया

किसी भी राष्ट्र की अर्थव्यवस्था का सही ढंग से आर्थिक विकास हो रहा है अथवा नहीं। इस बात की जानकारी हमें केवल उस राष्ट्र की राष्ट्रीय आय तथा उत्पादन में वृद्धि से नहीं मिलती है, बड़ल्क हमें यह भी देखना है कि आय एवं उत्पादन का सही वितरण किया जा रहा है अथवा नहीं। यदि आय एवं सम्पत्ति का वितरण सही नहीं है तो आर्थिक विकास अच्छी तरह नहीं माना जायेगा। इसके लिए हम यह जानने का प्रयत्न करते हैं कि उस देश में आय एवं सम्पत्ति के वितरण का स्वरूप किस प्रकार का है? व्यक्तिगत तथा प्रादेशिक वितरण की स्थिति किस प्रकार की है? वितरण में समानता है या असमानता तथा विषमता का आर्थिक जीवन पर क्या प्रभाव पड़ा है?

अर्थव्यवस्था में आय के वितरण का महत्त्व

(Importance of Distribution of Income in an Economy)

जैसाकि ऊपर बताया गया है कि किसी देश की अर्थव्यवस्था पर उसकी आय और सम्पत्ति के वितरण का गहरा प्रभाव पड़ता है। यदि आय और सम्पत्ति का वितरण

व्यक्तिगत तथा प्रादेशिक स्तर पर समान है तो समृद्धि बढ़ती है, आर्थिक विकास को बढ़ावा मिलता है, साथ ही राजनीतिक शान्ति के साथ-साथ सामाजिक सद्भावना भी पाई जाती है। व्यक्तिगत कुशलता एवं प्रेरणा को बढ़ावा मिलता है, सामाजिक कल्याण में वृद्धि होती है। अमीरों और गरीबों के बीच की खाई पटती चली जाती है और सभी स्थानों पर शान्ति और सद्भावना का वातावरण देखने को मिलता है।

उपर्युक्त स्थिति के विपरीत यदि अर्थव्यवस्था में आय और सम्पत्ति का वितरण असमान होता है तो अनेक प्रकार की आर्थिक, सामाजिक एवं राजनीतिक समस्याएँ पैदा हो जाती हैं। आर्थिक विकास में बाधा पड़ती है, वर्ग संघर्ष को प्रोत्साहन मिलता है, साथ ही राजनीतिक शान्ति एवं सुदृढ़ता ढीली पड़ जाती है। यदि इस संबंध में यह कहा जाये कि गरीबी विश्व समृद्धि को खतरे में डाल सकती है तो कोई अतिश्योक्ति नही होगी। यदि अर्थव्यवस्था में विषमताएँ पायी जाती हैं तो आर्थिक शोषण को बढ़ावा मिलता है। जो लोग गरीब होते हैं, वे अपनी गरीबी अर्थात् निम्न स्तर के कारण और भी गरीब होते जाते हैं। साथ ही धनिक लोग देश में उपलब्ध साधनों को कम उपयोगी क्षेत्रों में काम में लेकर गरीबों के सामाजिक कल्याण में कमी कर देते हैं।

वास्तव में किसी देश की अर्थव्यवस्था में धन व सम्पत्ति का असमान वितरण एक अभिशाप है जिसमें धनी वर्ग अपनी विलासितापूर्ण वस्तुओं के लिए गरीबी, भुखमरी तथा बेरोजगारी की बड़ल चढ़ा देते हैं। इसमें खूनी क्रान्ति को बढ़ावा मिलता है। इन सब परिस्थितियों को ध्यान में रखते हुए निष्कर्ष के तौर पर हम यह कह सकते हैं कि यदि किसी देश की अर्थव्यवस्था में सन्तुलित आर्थिक विकास करना है तो आय एवं सम्पत्ति का वितरण समान होना चाहिए।

भारतीय अर्थव्यवस्था में आर्थिक विषमताओं अथवा आय की असमानताओं के कारण
(Causes of Economic Disparities or Income Inequality in Indian Economy)

भारतीय अर्थव्यवस्था में अनेक प्रकार की आर्थिक विषमताएँ विद्यमान हैं। आर्थिक विषमताओं अथवा आय की असमानताओं के कारणों को निम्नलिखित बिन्दुओं के अन्तर्गत स्पष्ट किया गया है—

1. जन्मजात योग्यताओं में विभिन्नता—इस प्रकार की विभिन्नता वैयक्तिक आय एवं सम्पत्ति के वितरण में असमानताओं का प्रमुख कारण मानी जाती है। जो लोग दूसरों की तुलना में अधिक योग्य, परिश्रमी तथा बुद्धिमान होते हैं, उनके पास

धन एवं सम्पत्ति अधिक मात्रा में पायी जाती है। इसके विपरीत जो लोग तुलनात्मक कम बुद्धिमान, कम योग्य व अकुशल होते हैं उनकी आय कम होती है अर्थात् कम धनवान होते हैं।

2. कर चोरी—जो लोग कर की चोरी करने में बड़ी मात्रा में सफल हो जाते हैं उनके पास धन व सम्पत्ति अधिक शेष रह जाती है। इसके विपरीत जो लोग कर की चोरी करने में सक्षम नहीं होते हैं उनकी आय का बड़ा भाग सरकार को हस्तान्तरित हो जाता है जिससे उनके पास शेष धन कम मात्रा में बचता है। व्यावहारिक जीवन में ऐसा देखा गया है कि धनवान एवं चतुर व्यक्ति अधिक कर की चोरी करते हैं, जबड़क ईमानदार व कम आय वर्ग के लोग बहुत कम कर की चोरी करते हैं। इस प्रकार कर की चोरी से आर्थिक विषमता में वृद्धि होती है।

3. मुद्रास्फीति—भारत में आर्थिक विषमता के लिए मुद्रास्फीति भी जिम्मेदार होती है। मुद्रास्फीति के कारण वस्तुओं और सेवाओं के मूल्यों में वृद्धि होती है और बढ़े हुए मूल्यों का लाभ उत्पादकों और पूँजीपतियों को प्राप्त होता है, जबड़क कम आय वर्ग के लोगों का शोषण होता है और उनकी क्रय-शक्ति भी कम हो जाती है। ऐसा होने से धनी और अधिक धनी तथा निर्धन और होते जाते हैं अर्थात् आर्थिक विषमता बढ़ती है।

4. जनसंख्या में तीव्र गति से वृद्धि—गत वर्षों में भारत में जनसंख्या में तीव्र गति से वृद्धि हुई है। यह वृद्धि आर्थिक असमानता के लिए स्वयं उत्तरदायी है। देश में उपलब्ध प्राकृतिक साधनों पर जनसंख्या का भार तीव्र गति से बढ़ने के कारण प्रति व्यक्ति आय तथा जीवन-स्तर में वृद्धि संभव नहीं हो सकी है। इसके साथ निर्धन वर्ग द्वारा अधिक बच्चे पैदा करना एक सामान्य प्रवृत्ति पाई गई है, जबड़क धनी वर्ग के लोग परिवार नियोजन अपनाकर अपने जीचवन का आनन्द उठाते हैं।

5. अवसरों की असमानता—इस संबंध में यह कहा जाता है कि जिन व्यक्तियों को अपने जीवन में धन कमाने के अच्छे अवसर मिल जाते हैं वे अधिक धनवार हो जाते हैं चाहे उनमें व्यक्तिगत योग्यता, कुशलता तथा परिश्रम करने की इच्छा न हो। धनी वर्ग के साधारण बुद्धि वाले लड़के-लड़कियाँ अच्छे अवसर प्राप्त कर अधिक धन कमाने में सफल हो जाते हैं। इसके विपरीत जिन व्यक्तियों को अच्छे अवसर प्राप्त नहीं होते हैं वे अधिक धन कमाने में सफल नहीं हो पाते हैं, चाहे वे कितने ही मेहनती, कुशल और ईमानदार क्यों न हो?

6. व्यवसाय के स्वरूप में अन्तर—कुछ व्यवसाय इस तरह के होते हैं जिनमें बहुत अधिक आय प्राप्त होती है, जैसे—जोखिमपूर्ण कोई भी व्यवसाय तथा फिल्मी दुनिया में एक अभिनेता का पारिश्रमिक। इसके विपरीत कुछ व्यवसाय अथवा पेशे इस प्रकृति के होते हैं जिनमें काम करने वाले व्यक्तियों को बहुत कम आय प्राप्त होती है, जैसे—निजी स्कूल के अध्यापक का वेतन। इस प्रकार स्वाभाविक है कि इन दोनों प्रकार के व्यवसायों में काम करने वाले व्यक्तियों में आर्थिक विषमता पर्याप्त मात्रा में पायी जायेगी।

7. आर्थिक शोषण की प्रवृत्ति—जब पूँजीपतियों एवं उत्पादकों के मन में आर्थिक शोषण की प्रवृत्ति जन्म लेती है तो वे श्रमिकों, उपभोक्ताओं, सरकार देश व समाज का बड़ी मात्रा में शोषण करते हैं जिससे आर्थिक विषमता को बढ़ावा मिलता है। गरीबी और अमीरी के बीच की खाई निरन्तर बढ़ती चली जाती है। धनी वर्ग के लोग विलासितापूर्ण वस्तुओं का उपभोग करते हैं, जबड़क निर्धन वर्ग के लोग अपनी अनिवार्य आवश्यकताओं को भी ढंग से पूरा नहीं कर पाते हैं।

8. बेरोजगारी की समस्या—बेरोजगारी की समस्या भी आर्थिक विषमता को बढ़ावा देती है। भारत जैसे विकासशील राष्ट्र में यह समस्या बहुत अधिक मात्रा में पायी जाती है। भारत में रोजगार कार्यालयों में पंजीकृत बेरोजगारों की संख्या वर्तमान में लगभग 4.5 करोड़ है। कुछ लोग छिपी हुई बेरोजगारी की स्थिति में हैं तो कुछ मौसमी बेकारी के कारण पर्याप्त आय अर्जित नहीं कर पाते हैं। ग्रामीण क्षेत्रों में अर्द्ध-बेरोजगारी की स्थिति भी आर्थिक विषमता को बढ़ाने में सहायक रही है। इसके विपरीत जिन व्यक्तियों को रोजगार के साधन पर्याप्त मात्रा में उपलब्ध हो जाते हैं वे अच्छी आय कमा लेते हैं। इस प्रकार इन दोनों वर्गों के लोगों के बीच आर्थिक विषमता स्वत: बन जाती है।

9. सम्पत्ति एवं भू-स्वामित्व की विषमता—साधारणतया ऐसा देखा गया है कि जिन व्यक्तियों के पास सम्पत्ति अथवा भू-स्वामित्व अधिक होता है उनकी आय भी बहुत अधिक होती है, क्योंकि वे अपने साधनों का सदुपयोग निजी लाभों के लिए ही करते हैं और अपनी आय को निरन्तर बढ़ाते जाते हैं। इस प्रकार की स्थिति पूँजीवादी अर्थव्यवस्थाओं में बहुत अधिक देखने को मिलती है। भारत में भी जागीरदारों, भू-स्वामियों तथा उद्योगपतियों का कुल सम्पत्तियों में एक बहुत बड़े भाग पर स्वामित्व है जिसके कारण वे कुल राष्ट्रीय आय का एक बहुत बड़ा भाग प्राप्त करने में सफल हो जाते हैं, जबड़क निर्धन वर्ग एवं श्रमिकों को आय का एक बहुत छोटा भाग प्राप्त होता है जिसके कारण आर्थिक विषमता बढ़ती है।

10. उत्तराधिकार का नियम—भारत में प्रचलित उत्तराधिकार प्रथा के कारण भी आर्थिक विषमता को जन्म मिलता है। उत्तराधिकार के नियम के अनुसार पैतृक सम्पत्ति पीढी दर पीढी उत्तराधिकारी के रूप में बच्चों को मिलती जाती है। इस प्रकार जो बच्चे धनी परिवार में जन्म लेते हैं वे अधिक भाग्यशाली समझे जाते हैं। इसके विपरीत जो बच्चे निर्धन अथवा गरीब परिवार में जन्म लेते हैं वे सदैव गरीब बने रहते हैं। भारतीय कृषक के संबंध में यह कहा जाता है कि "वह ऋण में जन्म लेता है, ऋण में जीवित रहता है और ऋण में ही मरता है।" इस प्रकार आर्थिक विषमता निरन्तर विद्यमान रहती है।

11. एकाधिकारी नीतियाँ—अर्थव्यवस्था में अनेक वस्तुएँ एवं सेवाएँ ऐसी होती हैं जिनकी कोई दूसरी स्थानापन्न वस्तुऐं एवं सेवाएँ नहीं होती हैं जिसके कारण इनके उत्पादक एकाधिकारी स्थिति प्राप्त कर लेते हैं और बाजार में माल की कृत्रिम कमी बताकर कीमतें ऊंची करके अधिक लाभ कमाने में सफल होते हैं। इससे उपभोक्ताओं का शोषण होता है, इनकी क्रय शक्ति कम होती है और आर्थिक विषमता को बढ़ावा मिलता है।

12. मुनाफाखोरी एवं चोर-बाजारी की नीति—पूँजीपति एवं धनी वर्ग अधिक लाभ कमाने की लालसा में माल को गोदामों में रख लेते हैं और बाजार में कृत्रिम कमी बताकर कीमतों को बढ़ाने में सक्षम हो जाते हैं। इससे उनके लाभ बढ़ते हैं, चोर-बाजारी एवं मुनाफाखोरी को प्रोत्साहन मिलता है तथा उपभोक्ताओं का बड़ी मात्रा में शोषण होता है। इससे आर्थिक विषमता बढ़ती है।

13. शिक्षण एवं प्रशिक्षण सुविधाओं का लाभ उठाना—जो व्यक्ति देश में उपलब्ध शिक्षण एवं प्रशिक्षण सुविधाओं का पर्याप्त मात्रा में लाभ उठा लेते हैं उन्हें भविष्य में नौकरी एवं व्यवसाय के अच्छे अवसर प्राप्त होते हैं और अधिक आय कमाने में सफल होते हैं। इसके विपरीत जो व्यक्ति किन्हीं कारणों से इन सुविधाओं का लाभ नहीं उठा पाते हैं, वे पिछड़ जाते हैं और अच्छे अवसर प्राप्त नहीं कर पाते हैं जिसके कारण उनकी आय कम होती है और पहले वर्ग की तुलना में आर्थिक विषमता बनी रहती है।

14. प्राकृतिक संसाधनों की उपलब्धता—यदि हम आर्थिक विषमता को क्षेत्रीय आधार पर देखें तो पता चलता है कि देश के जिन भागों में प्राकृतिक साधन पर्याप्त मात्रा में उपलब्ध हैं और उनका समुचित ढंग से विदोहन किया गया है तो उन राज्यों में आय बहुत अधिक होगी। इसके विपरीत जिन राजयों में प्राकृतिक साधन

पर्याप्त मात्रा में उपलब्ध नहीं है या उनका सही ढंग से सदुपयोग नहीं किया गया है तो उन राज्यों की वार्षिक आय बहुत कम होगी और वे आर्थिक दृष्टि से पिछड़े हुए राज्य माने जाएंगे।

15. निर्धनता का कुचक्र—भारत एक विकासशील राष्ट्र है और यह प्रारंभ से ही कृषि प्रधान और गरीब राष्ट्र रहा है। यहाँ की लगभग 75% जनसंख्या इसी श्रेणी में आती है। इन परिस्थितियों के कारण कुल जनसंख्या का यह भाग अभी तक ऊपर नहीं उठ पाया है, जबड़क देश के कुल सम्पत्ति एवं धन का लगभग 47 प्रतिशत भाग चुने हुए चार औद्योगिक घरानों-टाटा, बिड़ला, मफतलाल और सिंघानिया के पास केन्द्रित है जिसके कारण भारतीय अर्थव्यवस्था में बड़ी मात्रा में आर्थिक विषमता बनी हुई है।

16. राजनीतिक चेतना की कमी—नागरिकों में राजनीतिक चेतना आर्थिक विकास के लिए उत्तरदायीह होती है। जिन लोगों में राजनीतिक चेतना बड़ी मात्रा में पाई जाती है, वे लोग केन्द्र पर दबाव डालकर अपने क्षेत्र का विकास करने में सफल हो जाते हैं तथा जिन लोगों में इस प्रकार की भावना का अभाव होता है, उनका क्षेत्र तुलनात्मक बहुत पिछड़ा होता है जिसके कारण आर्थिक विषमता पाई जाती है।

17. विकास संबंधी सुविधाओं की उपलब्धता—जिन क्षेत्रों में विकस संबंधी सुविधाएँ-परिवहन, संचार, बीमा, बैंकिंग, विद्युत तथा जल आपूर्ति पर्याप्त मात्रा में उपलब्ध होती हैं उन क्षेत्रों का तीव्र गति से विकास संभव होता है। इसके विपरीत जिन क्षेत्रों में इस प्रकार की सुविधाएँ विकसित नहीं हो पाती हैं, उन क्षेत्रों में विकास की गति बहुत मन्द होती है। इससे आर्थिक विषमता को जन्म मिलता है।

18. सरकार की उपेक्षा—जिन क्षेत्रों में सरकार पंचवर्षीय योजनाओं में पर्याप्त ध्यान देती है उन क्षेत्रों का तीव्र गति से विकास संभव होता है। इसके विपरीत जिन क्षेत्रों में सरकार किन्हीं कारणों से विकास के लिए ध्यान नहीं दे पाती है उन क्षेत्रों में तुलनात्मक कम विकास होता है। इससे आर्थिक विषमता पैदा होती है और निरन्तर बढ़ती जाती है।

भारत सरकार द्वारा आर्थिक विषमता अथवा आय की असमानता को दूर करने के लिए किए गए उपाय

(Measures adopted by Government of India to remove the Economic Disparities or Income Inequality)

उपर्युक्त विवेचन से यह पूर्ण रूप से स्पष्ट है कि भारतीय अर्थव्यवस्था में आर्थिक विषमता अनेक रूपों में देखने को मिलती है और इसके लिए अनेक कारण उत्तरदायी हैं। यदि भारतीय अर्थव्यवस्था का सन्तुलित आर्थिक विकास करना है तो इस असमानता को शीघ्र ही दूर करना होगा। इस संबंध में भारत सरकार द्वारा समय-समय पर अनेक प्रयसा किये गये हैं जिनका संक्षिप्त विवेचन निम्न प्रकार है—

1. प्रगतिशील कर नीति—यद्यपि भारत सरकार के द्वारा करों को वसूल करने में इसी नीति का पालन किया जाता है, लेकिन इसेक और अधिक प्रभावी बनाने की आवश्यकता है जिससे धनिकों पर उनकी बढ़ती हुई आय पर अधिक कर लगाया जा सके और गरीबों पर कम। ऐसा करने से आर्थिक विषमता में कमी आएगी।

2. सम्पत्तियों के उत्तराधिकार एवं हस्तान्तरण संबंधी नियमों को प्रभावी बनाना—निजी क्षेत्र की सम्पत्तियों के संबंध में उत्तराधिकार तथा हस्तान्तरण संबंधी नियमों में परिवर्तन करने की आवश्यकता है। उत्तराधिकार के रूप में अधिक सम्पत्ति निजी क्षेत्र में ही न रह जाए, इसके लिए प्रगतिशील मृत्यु कर लगाये जा सकते हैं तथा आवश्यकता से अधिक सम्पत्ति बच्चों को हस्तान्तरित न हो, इस पर सरकार अधिग्रहण संबंधी कार्यवाही कर सकती है।

3. जनसंख्या पर नियंत्रण—जनसंख्या वृद्धि पर प्रभावी नियंत्रण करके आर्थिक विषमता को समाप्त किया जा सकता है। इस दिशा में भारत सरकार द्वारा काफी प्रयत्न किये गये हैं। पिछले 51 वर्षों में इस मद पर 26,500 करोड़ रु. व्यय किया गया है और उसमें नसबन्दी, लूप तथा परिवार नियोजन पद्धतियों से लगभग 25 करोड़ बच्चों का जन्म रोका गया है।

4. मुद्रास्फीति पर नियंत्रण—रिजर्व बैंक अर्थव्यवस्था में व्याप्त मुद्रास्फीति पर नियंत्रण करने के लिए अनेक प्रयत्न करती है। यदि इस दिशा में निजी क्षेत्र का भी सहयोग मिले तो आर्थिक विषमता को और भी कम करने में मदद मिलेगी। भारत सरकार द्वारा देश में मुद्रास्फीति को कम करने के लिए आवश्यकता की वस्तुओं के लिए 4.65 लाख दुकानें खोली गई हैं। मुनाफाखोरी एवं चोरबाजारी पर नियंत्रण किया गया है।

5. बेरोजगारी का अन्त—भारत में बेरोजगारी की समस्या बड़ी मात्रा में उपलब्ध है। इसको कम करके आर्थिक विषमता को समाप्त किया जा सकता है।

6. एकाधिकारी प्रवृत्ति पर रोक—बड़े-बड़े पूँजीपति एवं धनिक वर्ग के लोग कुछ विशेष प्रकार की वस्तुओं का उत्पादन करके एकाधिकार की स्थिति प्राप्त कर लेते हैं और अधिक लाभ कमाने में सफल हो जाते हैं। इन वस्तुओं की स्थानापन्न वस्तुएँ उत्पादित करके एकाधिकारी प्रवृत्ति पर रोग लगायी जा सकती है।

7. मुनाफाखोरी एवं चोरबाजारी पर रोक—अनेक पूँजीपति एवं उत्पादक माल को गोदाम में संग्रह करके बाजार में कृत्रिम कमी बता देते हैं और मूल्य बढ़ाकर अधिक लाभ कमाने में सफल हो जाते हैं। इस ओर सरकार को विशेष रूप से ध्यान देना चाहिए और यदि आवश्यक हो तो कुछ वस्तुओं का राष्ट्रीयकरण कर देना चाहिए।

8. जन-कल्याण कार्यों में वृद्धि—आर्थिक विषमता को समाप्त करने का यह एक सुलभ तरीका है जिसमें सरकार पंचवर्षीय योजनाओं तथा बीस सूत्रीय कार्यक्रमों के माध्यम से निर्धन वर्ग की छोटी-छोटी आवश्यकताओं को पूरा करने की ओर ध्यान दे, जैसे—बच्चों के स्कूल, अस्पताल, डाकघर, बैंक, मनोरंजन केन्द्र, बेकारी भत्ता इत्यादि। इस दिशा में समाज कल्यण विभाग द्वारा सहायता, अनुदान, बेकारी भत्ता, न्यायिक सहायता, नि:शुल्क शिक्ष आदि कार्यक्रमों पर ध्यान दिया गया है।

9. सार्वजनिक विनियोग तथा औद्योगिक लाइसेन्स नीति—सार्वजनिक क्षेत्रों में विनियोग की मात्रा को बढ़ाकर तथा निजी क्षेत्रों में दिये जाने वाले लाइसेंसों पर प्रतिबन्ध लगाकर आर्थिक विषमता को समाप्त किया जा सकता है।

10. अधिक निजी सम्पत्ति रखने पर रोक—यदि सरकार द्वारा इस प्रकार की कोई अधिकतम सीमा निश्चित कर दी जाए कि व्यक्ति इस निश्चित सीमा से अधिक निजी सम्पत्ति नहीं रख सकते हैं तो आर्थिक विषमता में स्वत: ही कमी आ जाएगी।

11. सामाजिक रीति-रिवाजों में परिवर्तन—सामाजिक रीति-रिवाजों में परिवर्तन करके भी आर्थिक विषमता को कम किया जा सकता है। भारत जैसे विकासशील एवं गरीब राष्ट्र में मृत्युभोज, दहेज प्रथा जैसी अनेक फिजूलखर्ची वाली प्रथाएँ विद्यमान हैं।

12. कर की चोरी पर रोक—सरकार के द्वारा कुछ इस प्रकार के विशेष प्रयास किये जाने चाहिए जिससे कि करों की चोरी पर रोक लगे। इससे आर्थिक विषमता को कम करने में मदद मिलेगी।

13. गरीबी हटाओ कार्यक्रमों का विस्तार—पंचवर्षीय योजनाओं में इस कार्यक्रम के अन्तर्गत समन्वित ग्रामीण विकास कार्यक्रम, राष्ट्रीय ग्रामीण रोजगार कार्यक्रम, ग्रामीण भूमिहीन श्रमिक रोजगार गारण्टी योजना इत्यादि लागू कर देश में लगभग 4.5 करोड़ लोगों को गरीबी रेखा से ऊपर उठाया गया है, जबड़क सातवीं पंचवर्षीय योजना में लगभग 6 करोड़ लोगों को गरीबी रेखा से ऊपर उठाने का लक्ष्य निर्धारित किया गया था। लेकिन इन्हें और अधिक प्रभावशाली बनाने की आवश्यकता है। निर्धनता दूर होने पर आर्थिक विषमता में कमी आएगी।

विकास का आधार ढाँचा सामान्यत: दो भागों में बाँटा जाता है—(1) आर्थिक ढाँचा तथा (2) सामाजिक ढाँचा। आर्थिक ढाँचे में शक्ति, परिवहन तथा संचार का प्रमुख स्थान होता है। सामाजिक आधार ढाँचे में स्वास्थ्य व शिक्षा प्रमुख स्थान प्राप्त किये होते हैं।

भारत सरकार द्वारा आर्थिक विकास हेतु तैयार किया गया आधार ढाँचा

भारत एक विकासशील देश है। यहाँ की लगभग 75 प्रतिशत जनंसख्या कृषि व्यवसाय पर आश्रित है, इसीलिए प्रथम पंचवर्षीय योजना एक कृषि प्रधान योजना थी। इसके बाद देश में औद्योगिक विकास की ओर पूरा ध्यान दिया गया। द्वितीय पंचवर्षीय योजना उद्योग प्रधान योजना थी। द्वितीय योजना से देश में औद्योगिक विकास की ओर विशेष ध्यान दिया जाता है। औद्योगिक विकास के लिए अनुकूल वातावरण (Infrastructure) तैयार किया जाता है। दूसरे देशों से वित्तीय एवं तकनीकी सहायता आयात की जाती है। भारत सरकार ये समस्त कार्य पंचवर्षीय योजनाओं के माध्यम से करती है। अब तक देश में नौ पंचवर्षीय योजनाएँ व वार्षिक योजनाएँ पूरी हो चुकी हैं। इन योजनाओं में भारत सरकार के द्वारा देश के आर्थिक विकास के लिए जो इन्फ्रास्ट्रक्चर तैयार किया गया है, उसका विवेचन निम्न प्रकार है—

(1) शक्ति या विद्युत
(Power)

आधुनिक युग शक्ति-युग है, क्योंकि आज छोटे-बड़े सभी प्रकार के उद्योग, कृषि कार्य, परिवहन एवं संचार साधन, हवा, पानी सभी प्रकार के कार्यों में शक्ति (Power) की जरूरी पड़ती है। ऊर्जा के क्षेत्र में व्यावसायिक ऊर्जा में शक्ति साधनों में कोयला, पैट्रोल एवं विद्युत शक्ति का समावेश होता है।

विद्युत उत्पादन दो प्रकार से होता है—

(I) **जल विद्युत** (Hydel Power)—इसमें जल बहाव के दबाव से डाइनमो की सहायता से विद्युत शक्ति पैदा की जाती है।

(II) **थर्मल विद्युत** (Thermal Power)—इसमें कोयला, पैट्रोल, गैस तथा अणुशक्ति से ताप उत्पन्न कर पानी की भाव की शक्ति से विद्युत उत्पन्न की जाती है।

भारत में योजनाबद्ध विकास के दौरान शक्ति विकास को सर्वोच्च प्राथमिकता देकर तीव्र गति से विकास किया गया है।

भारत में विद्युत उत्पादन की स्थापित क्षमता 1950-51 में 23 लाख किलोवाट हो गई थी जो 2000-01 में बढ़कर 1170 किलोवाट पहुँचने का अनुमान है।

पंचवर्षीय योजनाओं के शुरू होने से बिजली के उत्पादन कार्यक्रमों में बहुत प्रगति हुई है। बिजली उत्पादन के लिए अनेक बहु-उद्देश्यीय नदी घाटी योजनाओं पर कार्य आरंभ किया गया है। ताप एवं अणु विद्युत विकास पर भी ध्यान दिया गया है। विद्युत उत्पादन की स्थापित क्षमता बढ़कर 1960-61 में 57 लाख किलोवाट, 1970-71 में 164 लाख किलोवाट हो गई। 1980-81 में स्थापित क्षमता बढ़कर 333 लाख किलोवाट थी। अब 1995-96 के अन्त तक विद्युत क्षमता 952 लाख किलोवाट तथा 1999-02 में 1125 लाख किलोवाट थी। इस समय देश में विद्युत उत्पादन माँग की तुलना में कम है। इसी प्रकार देश में विद्युत बड़स्तयों की संख्या जो वर्ष 1950-51 में 3671 थी वह वर्ष 1997-98 में बढ़कर 2.6 लाख हो गई थी तथा वर्तमान में 5.5 लाख से भी अधिक पहुँच गई है। 2000-01 में विद्युत की स्थापित क्षमता 1170 लाख किलोवाट होने का अनुमान है।

इसी प्रकार जहाँ सार्वजनिक उपयोगिता उपक्रमों द्वारा 1950-51 में केवल 5.1 अरब किलोवाट घण्टे (KWH) बिजली का उत्पादन किया जाता था, वहाँ 2000-01 में लगभग 555.4 अरब किलोवाट घण्टे बिजली का उत्पादन किया गया, जो लगभग 109 गुणा वृद्धि दर्शाता है।

थर्मल-विद्युत में तेज वृद्धि—पिछले दो दशकों में थर्मल पावर उत्पादन में तेजी से वृद्धि होने के कारण थर्मल पावर सर्वाधिक विद्युत उत्पादन कर रहा है। जहाँ 1980-81 में थर्मल पावर का कुल विद्युत उत्पादन में 53% भाग वह बढ़कर अब लगभग 62.9% हो गया है, जबड़क जल विद्युत का उत्पादन इसी अवधि में 35%

से घटकर कुल उत्पादन का केवल 21.5% रहने का अनुमान है। परमाणु शक्ति का कुल उत्पादन में लगभग 2.3% भाग है।

विद्युत उत्पादन में संलग्न संस्थान—भारत में योजनाबद्ध विकास के दौरान विद्युत उत्पादन के क्षेत्र में कई संस्थानों की स्थापना की गई है। जैसे—1. राष्ट्रीय ताप शक्ति निगम, 2. राष्ट्रीय जल विद्युत निगम, 3. ग्रामीण विद्युतीकरण निगम, 4. दामोदर घाटी निगम, 5. टिहरी जल विद्युत विकास निगम, 6. नाथपा झाकरी बिजली निगम आदि।

विद्युत उत्पादन व वितरण की समस्यायें—भारत में विद्युत उत्पादन एवं वितरण में कई समस्यायें हैं, जो इस प्रकार हैं—

1. **भारी निवेश**—विद्युत उत्पादन में भारी निवेश करना पड़ता है।
2. **विदेशी सहायता पर निर्भरता**—प्रौद्योगिकी के लिए विदेशी सहायता पर निर्भरता बढ़ रही है, जो महँगा पड़ता है।
3. **भारी घाटा**—विद्युत वितरण में राज्य विद्युत बोर्डों को भारी घाटा उठाना पड़ रहा है।
4. **विद्युत चोरी**—भारत में विद्युत की चोरी के बढ़ने के कारण उत्पादित बिजली का पूरा धन बोर्डों को नहीं मिल पाता है।
5. **असंतुलन**—विद्युत उत्पादन में थर्मल पावर व जल-विद्युत उत्पादन में असंतुलन की स्थिति उत्पन्न होती जा रही है।
6. **थर्मल पावर का अधूरा उपयोग**—थर्मल पावर का पूरा उपयोग नहीं हो पा रहा है।

(2) परिवहन एवं संचार
(Transport and Communication)

परिवहन एवं संचार का विकास आर्थिक विकास में अत्यधिक सहायक होता है। देश में परिवहन एवं संचार की अपर्याप्त व्यवस्था होने के कारण इसके विकास को उच्च प्राथमिकता प्रदान की गई है।

(I) रेल परिवहन (Rail Transport)—भारत में रेल परिवहन के क्षेत्र में काफी विकस हो चुका है। जहाँ 1950-51 में रेलवे मार्गों की लम्बाई 59,315 किमी. थी,

वह बढ़कर 1970-71 में 59.8 हजार किमी. हो गई। अब रेल मार्गों की लम्बाई बढ़कर 63.2 हजार किमी. से भी अधिक हो गई है। रेलों द्वारा 1950-51 में 128.4 करोड़ यात्री ले जाये जाते थे जो 1960-61 में 198.4 करोड़, 1970-71 में 248.1 करोड़ तथा 1992-93 में 346 अरब यात्री किमी. हो गई है। इसी तरह रेलों द्वारा 1950-51 में 9.3 करोड़ टन सामान ढोया जाता था जो 1960-61 में बढ़कर 15.6 करोड़ टन, 1970-71 में 19.7 करोड़ टन तथा 2002-03 में 51 करोड़ टन होने का अनुमान है।

रेलों के विकास की समस्यायें—

भारत में रेलों के विकास में कई समस्याये हैं। जैसे—

1. यात्री सुविधाओं में विस्तार की समस्या।

2. मीटर-गेज लाइनों को ब्रॉडगेज में बदलने में भारी वित्तीय साधनों की आवश्यकता।

3. रेल वैगनों से माल चोरी की समस्या।

4. रेलों में बिना टिकट यात्रा की समस्या।

5. रफ्तार तेज करने के लिए विद्युतीकरण की समस्या।

6. रेल-दुर्घटना की समस्या।

(II) सड़क-परिवहन (Road Transport)—भारत के योजनाबद्ध विकास के पिछले 51 वर्षों में 1951 से 2001-02 तक सड़कों के विकास पर सार्वजनिक क्षेत्र में लगभग 45000 करोड़ रु. व्यय किया गया है जबड़क आठवीं योजना में सड़कों के विकास पर लगभग 10000 करोड़ रु. से अधिक व्यय किया गया था। योजनाओं के अन्तर्गत पुलों एवं बाईपास सड़कों का भारी निर्माण किया गया। राज्यीय राजमार्गों को 8 लेन तक का बनाया गया है। सड़क परिवहन साधनों में भी वृद्धि हुई है। जहाँ 1951 में देश में बसों एवं ट्रकों की संख्या क्रमशः 34000 तथा 82000 थी वहाँ 1994-95 में बसों की संख्या 3 लाख व ट्रकों की संख्या 18 लाख पहुँचने का अनुमान है। सड़क परिवहन का यात्री ट्रेफिक में 60% व माल ट्रेफिक में 40% भाग है। पक्की सड़कों की लम्बाई 1950-51 में 1.56 लाख कि.मी. थी जो 1960-61 में बढ़कर 2.63 लाख कि.मी. हो गई एवं अब बढ़कर 16.5 लाख किलोमीटर होने का अनुमान है। सड़क परिवहन में मालवाहन क्षमता तथा यात्री वाहन क्षमता में 1950-51 की तुलना में क्रमशः अब तक 19 गुना तथा 13 गुना वृद्धि हुई है।

(III) वायु परिवहन (Air Transport)—भारत में 1920 में 1932 के बीच वाय्-परिवनह के विकास के विशेष प्रयास हुए। 1948 में सरकार ने टाटा कम्पनी के सहयोग से एयर इंडिया इन्टरनेशनल की स्थापना की, परन्तु 1953 में वायु परिवहन का राष्ट्रीयकरण कर दिया गया और वायु परिवहन के संचालन हेतु दो निगम स्थापित किये गए—

1. इंडियन एयरलाइंस कारपोरेशन
2. एयर इंडिया इन्टरनेशनल कारपोरेशन।

योजनाओं के दौरान 1960-61 में कुल वायुयानों की संख्या 101 थी जिसमें एयरइंडिया के 13 तथा इंडियन एयरलाइंस के 88 वायुयान थे। सन् 2000-01 में कुल वायुयानों की संख्या 78 है जिसमें 26 एयरइंडिया के तथा 52 इंडियन एयरलाइंस के वायुयान हैं। सन् 1960 में कुल 9.15 लाख यात्रियों को वायुयानों द्वारा ले जाया गया, जबड़क 2000-01 में 97.90 लाख यात्रियों को वायुयानों द्वारा ले जाया गया था। भारतीय अन्तर्राष्ट्रीय विमानन-पत्तन प्राधिकरण के हवाई अड्डों पर उतारे व चढ़ाये गये यात्रियों की संख्या 2000-01 में 420.25 लाख थी। वायुयानों द्वारा सन् 1960-61 में 17.56 करोड़ रुपये का राजस्व प्राप्त हुआ था, जो कि 2000-01 में 227.87 करोड़ रुपये हो गया है।

इस प्रकार भारत में पिछले 51 वर्षों में वायु परिवहन में बहुत अधिक प्रगति हुई है।

(IV) संचार (Communication)—**साधनों का विकास**—आज के युग में संचार, आधारभूत संरचना का एक महत्त्वपूर्ण अंग है और देश के तीव्र आर्थिक विकास के लिए आवश्यक है। इसके अन्तर्गत डाक-तार, टेलीफोन तथा टेलेक्स लाइनों का विकास उल्लेखनीय है।

(A) डाक-तार—भारत में डाक विभाग 1854 में खोला गया। उस समय देश में लगभग 700 डाकघर कार्यरत थे जो बढ़कर 1950-51 तक 36000 तक पहुँच गये थे। मार्च, 2001 तक देश में डाकघरों की संख्या बढ़कर 1.55 लाख से अधिक पहुँच गयी है।

(B) दूरसंचार सेवायें—दूरसंचार सेवाओं की देश के व्यापार, उद्योग एवं विदेशी व्यापार के विकास में महत्वपूर्ण भूमिका रहती है। दूर-संचार सेवाओं के द्वारा बहुत तेजी से समाचारों का आदान-प्रदान हो सकता है। 1948 में देश में 1.7 लाख टेलीफोन

कनेक्शन थे जो दिसम्बर, 1999 तक लगभग 159 लाख पहुँचने का अनुमान है। 2001 के अन्त तक देश में 32509 टेलीफोन एक्सचेंज कार्यरत थे। 1997-97 में 83 हजार गाँवों को टेलीफोन कनेक्शन देने का लक्ष्य पूरा हो गया है।

3. उद्योग एवं खनिज विकास—देश में तीव्र आर्थिक विकास के लिए औद्योगीकरण की तरफ पर्याप्त ध्यान दिया गया। प्रथम योजना में उद्योगों के बिजली एवं परिवहन जैसी आधारभूत सुविधाओं का विस्तार किया गया, जबड़क द्वितीय योजना तथा बाद की योजनाओं में बुनियादी तथा आधारीूत उद्योगों के विस्तार की तरफ अधिक ध्यान दिया गया है। औद्योगिक विकास के लिए सार्वजनिक क्षेत्र का तेजी से विस्तार किया गया है तथा निजी क्षेत्र के विकास के लिए अनेक सुविधाएँ एवं प्रोत्साहन दिये गये हैं। पिछले 48 वर्षों में औद्योगिक क्षेत्र में उल्लेखनीय प्रगति हुई है। सार्वजनिक क्षेत्र में औद्योगिक विकास पर 48 वर्षों में 1,25,000 करोड़ रुपये व्यय हो चुके हैं। वर्ष 1951 की तुलना में 1998-99 तक देश में औद्योगिक उत्पादन में 20 गुना वृद्धि संभव हुई है। औद्योगिक उत्पादन सूचकांक (1980-81 = 100) 1998-99 में 325 होने का अनुमान है।

आलोचनात्मक मूल्यांकन
(Critical Appraisal)

उपर्युक्त विवेचनसे यह स्पष्ट है कि भारत सरकार ने स्वतन्त्रता प्राप्ति के पश्चात् देश में इन्फ्रास्ट्रक्चर तैयार करने में महत्त्वपूर्ण योगदान दिया है और इसके अनुकूल परिणाम प्राप्त हुए हैं, लेकिन फिर भी भारत सरकार के द्वारा किये गये प्रयासों में निम्नलिखित कमियाँ देखने को मिलती हैं—

1. बढ़ते मूल्य की समस्या व उपयुक्त मूल्य नीति का अभाव—पहली व दूसरी योजना में तो कोई निश्चित मूल्य नहीं अपनायी गयी थी, परन्तु तृतीय योजना में पहली बार मूल्य नियंत्रण की एक ऐसी नीति की घोषणा की गई जो उपभोक्ता तथा उत्पादकों के हितों को दृष्टिगत रखते हुए विकासोन्मुख हो। पर इस नीहति के कुशल क्रियान्वयन के अभाव, अनिवार्य वस्तुओं के उत्पादन में वृद्धि की धीमी गति तथा बड़े पैमाने पर हीनार्थ प्रबन्ध तथा अप्रत्यक्ष करों से मूल्यों में अप्रत्याशित वृद्धि हुई है। देश में वर्ष 1950-51 के थोक मूल्यों की तुलना में वर्ष 1970-71 में थोक मूल्य लगभग दो गुना हो गये तथा वर्ष 1980-81 में लगभग 6 गुना हो गये जिसके फलस्वरूप अर्थव्यवस्था में चोर बाजारी, मुनाफोखारी तथा भ्रष्टाचार को बढ़ावा मिला है। जन साधारण को जीवन बिताना बहुत मुश्किल हो गया था तथा उपभोक्ता वर्ग

शिक्षा में राजनीतिक विकृतियों को उत्पन्न होने से रोका जाये और अनुशासन को बढ़ावा दिया जाये तो समस्या का समाधान संभव है।

II. स्वास्थ्य

(Health)

स्वास्थ्य सेवाओं के अन्तर्गत उन सब सेवाओं का समावेश होता है जो चिकित्सा, पेयजल, परिवार कल्याण कार्यक्रम, माताओं की गर्भावस्था एवं उसके बाद पूरी सेवाएँ उपलब्ध कराना, संक्रामक रोगों पर नियंत्रण, आवास सुविधाओं का विकास एवं विस्तार तथा स्वास्थ्यप्रद पर्यावरण का निर्माण आदि के रूप में देश में उपलब्ध होती है।

भारत में योजनाबद्ध विकास के पिछले 51 वर्षों में स्वास्थ्य सेवाओं पर भारी व्यय करके उनके विकास का प्रयास किया गया है जैसाकि निम्न तालिका से स्पष्ट है—

सार्वजनिक क्षेत्र में भारतीय योजनाओं में स्वास्थ्य सेवाओं के विकास पर व्यय

योजना	स्वास्थ्य सेवाओं पर कुल व्यय (करोड़ रु.)	सार्वजनिक क्षेत्र परिव्यय का भाग
1. प्रथम पंचवर्षीय योजना	65	3.3%
2. द्वितीय पंचवर्षीय योजना	140	3%
3. तृतीय पंचवर्षीय योजना	226	2.6%
4. चतुर्थ पंचवर्षीय योजना	336	2.1%
5. पाँचवीं पंचवर्षीय योजना	761	1.9%
6. छठी पंचवर्षीय योजना	1,821	1.9%
7. सातवीं पंचवर्षीय योजना	3,689	1.7%
8. आठवीं पंचवर्षीय योजना	8,138	1.7%
9. नौवीं पंचवर्षीय योजना	**20,600**	2.4%

शिक्षा में राजनीतिक विकृतियों को उत्पन्न होने से रोका जाये और अनुशासन को बढ़ावा दिया जाये तो समस्या का समाधान संभव है।

II. स्वास्थ्य

(Health)

स्वास्थ्य सेवाओं के अन्तर्गत उन सब सेवाओं का समावेश होता है जो चिकित्सा, पेयजल, परिवार कल्याण कार्यक्रम, माताओं की गर्भावस्था एवं उसके बाद पूरी सेवाएँ उपलब्ध कराना, संक्रामक रोगों पर नियंत्रण, आवास सुविधाओं का विकास एवं विस्तार तथा स्वास्थ्यप्रद पर्यावरण का निर्माण आदि के रूप में देश में उपलब्ध होती है।

भारत में योजनाबद्ध विकास के पिछले 51 वर्षों में स्वास्थ्य सेवाओं पर भारी व्यय करके उनके विकास का प्रयास किया गया है जैसाकि निम्न तालिका से स्पष्ट है—

सार्वजनिक क्षेत्र में भारतीय योजनाओं में स्वास्थ्य सेवाओं के विकास पर व्यय

योजना	स्वास्थ्य सेवाओं पर कुल व्यय (करोड़ रु.)	सार्वजनिक क्षेत्र परिव्यय का भाग
1. प्रथम पंचवर्षीय योजना	65	3.3%
2. द्वितीय पंचवर्षीय योजना	140	3%
3. तृतीय पंचवर्षीय योजना	226	2.6%
4. चतुर्थ पंचवर्षीय योजना	336	2.1%
5. पाँचवीं पंचवर्षीय योजना	761	1.9%
6. छठी पंचवर्षीय योजना	1,821	1.9%
7. सातवीं पंचवर्षीय योजना	3,689	1.7%
8. आठवीं पंचवर्षीय योजना	8,138	1.7%
9. नौवीं पंचवर्षीय योजना	20,600	2.4%

उपरोक्त तालिका से स्पष्ट है कि देश में सार्वजनिक क्षेत्र में स्वास्थ्य सेवाओं पर व्यय में निरन्तर वृद्धि हो रही है। जहां प्रथम योजना में स्वास्थ्य सेवाओं पर सार्वजनिक क्षेत्र का कुल व्यय 65 करोड़ रु. मात्र था वह आठवीं योज़ना में 8,138 करोड़ रु. पहुँच गया, किन्तु कुल व्यय में स्वास्थ्य सेवाओं का प्रतिशत निरन्तर घटता जा रहा है। जहाँ पहली योजना में यह कुल सार्वजनिक व्यय का 3.3% था वह घटकर अब लगभग 1.7% ही रह गया है।

भारत में रोगों की चिकित्सा तथा उनके प्रभावी नियंत्रण के लिए योजनाओं के दौरान चिकित्सा सेवाओं का एक सुदृढ़ आधार-ढ़ाँचा तैयार करने का प्रयास किया गया है। जहाँ 1951 में देश में अस्पतालों एवं औषधालयों की संख्या केवल मात्र 9,209 थी उनकी संख्या बढ़कर 1991 के अन्त तक 38,605 के लगभग हो गई थी। अस्पतालों में रोगी शैय्याओं की संख्या भी इस अवधि के दौरान 1.17 लाख से बढ़कर 8.1 लाख से अधिक हो गई है। इसके अतिरिक्त विभिन्न प्रकार के स्वास्थ्य केन्द्रों की संख्या में भी भारी वृद्धि हुई है। वित्त वर्ष 1997-98 के अन्त में सामुदायिक स्वास्थ्य केन्द्रों, प्राथमिक स्वास्थ्य केन्द्रों तथा स्वास्थ्य उपकेन्द्रों की संख्या 1,58,000 के लगभग थी।

जहाँ 1951 में प्रति दस हजार जनसंख्या पर 1.7 डॉक्टर तथा 3.2 रोगी शैय्याएँ थीं वहाँ 1991 में प्रति दस हजार जनसंख्या पर डॉक्टरों की संख्या 4.7 तथा रोगी शैयाओं की संख्या 9.6 से अधिक हो गई है। यह सुदृढ़ चिकित्सा सुविधाओं का सूचक है। भारत में स्वास्थ्य सेवाओं में सुधार से औसत जीवन आयु 1951 के 32 वर्ष से बढ़कर 1997-98 में 62.5 वर्ष होने का अनुमान है।

इतने विकास के बावजूद भी शिक्षा एवं स्वास्थ्य का गुणात्मक स्तर ऊंचा नहीं उठा है यद्यपि संख्यात्मक स्तर में काफी बढ़ोत्तरी हुई है।